"十四五"普通高等教育本科部委级规划教材

智能电子纺织品与可穿戴技术

田明伟◎主编

王航　刘红　曲丽君◎副主编

中国纺织出版社有限公司

内 容 提 要

本书围绕智能电子纺织品与纺织基可穿戴器件的设计开发、系统集成及其应用场景等内容进行编写，全面系统地介绍了智能电子纺织品柔性材料及其可穿戴器件设计、制备、应用中的共性和特性问题，涉及智能电子纺织品的概念和内涵、典型纺织材料和纺织加工技术、纺织基可穿戴器件的系统集成及应用领域等，重点介绍如何基于纺织加工技术开发设计各类可穿戴柔性器件。

本书系统性强，内容丰富、新颖、先进，可作为纺织、材料等相关专业学生和教师的教学用书，也可供相关领域的科研人员参考。

图书在版编目（CIP）数据

智能电子纺织品与可穿戴技术／田明伟主编 ；王航，刘红，曲丽君副主编． --北京：中国纺织出版社有限公司，2024.5

"十四五"普通高等教育本科部委级规划教材

ISBN 978-7-5229-0600-3

Ⅰ．①智… Ⅱ．①田… ②王… ③刘… ④曲… Ⅲ.①智能材料－纺织品－高等学校－教材 Ⅳ．①TS1

中国国家版本馆CIP数据核字（2023）第086213号

责任编辑：朱利锋 孔会云 责任校对：王花妮
责任印制：王艳丽

中国纺织出版社有限公司出版发行
地址：北京市朝阳区百子湾东里 A407 号楼 邮政编码：100124
销售电话：010 — 67004422 传真：010 — 87155801
http://www.c-textilep.com
中国纺织出版社天猫旗舰店
官方微博 http://weibo.com/2119887771
三河市宏盛印务有限公司印刷 各地新华书店经销
2024 年 5 月第 1 版第 1 次印刷
开本：787×1092 1/16 印张：21.75
字数：540 千字 定价：68.00 元

前言

智能电子纺织品（E-textiles）是基于电子技术与纺织品结合而发展的一种可实现"自适应"的智能柔性电子系统，其能够传感和分析人体各类生命信号。与以薄膜、纸张、橡胶、海绵等为基体的柔性电子器件相比，电子纺织品具有更优异的柔软性、穿着舒适性和尺寸稳定性，是新一代可穿戴人机交互最佳候选产品。随着人工智能科技的发展，智能电子纺织品迅速成为柔性电子领域的基础及应用研究热点，但由于其发展历史相对较短且尚在不断创新发展中，目前国内教学并无为纺织工程及相关专业教学使用的专用教材，给智能电子纺织品领域的专业化、系统化教学带来了难度。事实上，智能可穿戴类纺织品的设计应用范围很广，涉及运动传感、防护监测、能源电池等多个领域且在不断地丰富和发展，单纯地以"科研"引领"教学"的思路，或是通过课程教学过程中教授方法的多样性和差异性，很难为相关教学提供相对完善、统一的课程内容框架，这也影响了相关教学工作的专业性和基础性。因此，面向人工智能与可穿戴技术发展的迫切需要，对纺织材料与技术、智能纺织品器件、智能应用等一系列相关内容进行系统梳理，显得尤为重要。

《智能电子纺织品与可穿戴技术》是"十四五"普通高等教育本科部委级规划教材，全书由涵盖纺织、服装、材料、计算机、设计时尚等多学科专业理论扎实、教学经验丰富的专家团队共同编写而成。编写过程中，以智能纺织品及可穿戴技术发展为核心，紧密贴合专业内容，突出行业重点，打造了一套较为完整的内容体系，主要内容包括纺织材料、智能材料、纺织基可穿戴传感器件、纺织基能源转换与储能器件、纺织基可穿戴执行和响应器件、智能电子纺织品集成加工、智能电子纺织品可穿戴应用等。教材紧扣智能纺织发展方向及多学科交叉融合，对智能电子纺织技术的发展现状、智能导电材料种类与应用、智能纺织传感原理与性能、可穿戴能源转换器件与发展等进行了详细介绍，并将基础理论与最新研究引入内容体系中，注重图文并茂式解析，进一步将理论基础、行业发展、科研进展等贯通融合，形成了丰富的框架结构。

本书由青岛大学田明伟担任主编，青岛大学王航、刘红、曲丽君担任副主编，参加编写的还有青岛大学苗锦雷、胡希丽、陈富星、史宝会、赵洪涛、齐祥君、李明、李港华、刘圆沅，山东省纺织科学研究院杨琳，青岛理工大学王馨雨。具体分工如下：第一章由田明伟、胡希丽编写，第二章由胡希丽编写，第三章由苗锦雷、王航（导电油墨）编写，第四章由田明伟、齐祥君（可拉伸及多模态传感器）、李明（温湿度/化学传感器）编写，第五章由胡希丽、刘圆沅（应变不敏感导线）编写，第六章由王航编写，第七章由苗锦雷、李港华（纺织基发光及柔性显示器）、赵洪涛（纺织基自驱动器）编写，第八章由史宝会、苗锦雷（纺丝技术）、陈富星（针织、机织）、刘红（服装加工）编写，第九章由苗锦雷编写，第十章由杨琳编写，

第十一章由刘红编写，第十二章由王馨雨编写。全书由田明伟负责整体结构构思与内容统稿，胡希丽负责通稿检查。

由于作者水平所限，加之智能电子纺织品及可穿戴技术发展日新月异，书中难免存在不足与疏漏之处，敬请广大读者批评指正。

编者

2023 年 12 月

目录

第一章 智能电子纺织品概述

第一节 引言

面向21世纪社会经济的高速发展，信息、生命、能源、交通、环境科学、高科技产业和国防建设对新材料的需求比以往更为迫切。学科的交叉、融合给材料科学与工程的发展提供了新的机遇。1989年，日本学者将信息科学融合于材料的结构和功能中，首先提出了"智能材料（intelligent material）"概念，即对环境具有感知、可响应，并具有功能发现能力的新材料。随后，美国的纽纳姆（Newnham）教授提出了灵巧材料（smart material）的概念，也称机敏材料，即具有传感和执行功能的材料。众所周知，生命体不仅具有思维活动和思维能力，而且可以对外界或内部刺激具有响应能力，这种能力被称为"智能"，是生命体特有的属性。智能材料要求材料体系集感知、驱动和信息处理于一体，形成类似生物材料的智能属性，即不仅能够感知外界环境和内部状态所发生的变化，而且能够通过材料自身或外界的某种反馈机制，实时地将材料的一种或多种性质改变，做出所期望的某种响应。把感知、执行和信息处理等三种功能有机地复合或集成于一体就可能实现材料的智能化。

纺织品一直是人类技术进步的核心，纺织品的发展往往与塑造人类社会的重大发明密切相关。当前，智能纺织品作为一项较新的发明有望再次打破界限，并在国防、运动、医学和健康监测相关的服装应用中具有巨大潜力。智能纺织品是一类能够对环境条件，例如力、热、湿等物理刺激有感知，并能做出响应，同时保留纺织材料和纺织品风格的新型纺织品。智能材料的发展为智能纤维和智能纺织品的开发奠定了基础，促进了智能纺织品的发展。智能纤维是一种集传感和信息处理于一体的纤维，是通过将智能材料处理到纤维上而得到的。目前智能纤维材料主要分为两类。一类是对外界或内部刺激（如应力、应变、光、电、磁、热、湿、化学、生物和电磁辐射等）具有感知功能的纺织材料，称为"感知材料"，可以用来制成各种纺织基柔性传感器；另一类是能对外界环境或内部状态变化做出响应或驱动的材料，可以用来做成各种驱动（执行）器。1979年问世的形状记忆丝绸被认为是最早的智能纤维。目前已实现规模化生产的智能纤维包括光纤传感器、相变调温纤维、形状记忆纤维、变色纤维和选择性抗菌纤维等。

智能纺织品不仅具有传统机织、针织面料所具有的服用性能，而且至少具有一种实用功能。智能纺织品通常由传感器、制动器和控制单元三部分组成，能通过自身的感知进行信息处理，发出指令，并执行完成动作，从而实现自身的检测、诊断、控制、修复和适应等多种功能。根据对刺激响应的方式，智能纺织品大致可分为三类：被动智能型纺织品（passive smart textiles），只能感知外界的环境和刺激，具有预警能力，但不能自动调控；主动智能型纺织品（active smart textiles），不仅能感知外界环境刺激，还能做出响应；非常智能型纺织品（very smart textiles），属于纺织品与人工智能的完美结合，既是普通服装，又附加了信息计算和处理能力。目前，利用智能纤维开发的智能纺织品主要有智能温控纺织品、形状记忆纺织品、防水透湿纺织品、智能抗菌纺织品和智能电子纺织品等，其应用领域涉及生物医学、个人防护、运动休闲以及生活等方方面面。未来的纺织服装不仅时尚、保暖，可以根据环境变化进行光、热变色和调温，可以监测心跳、体温、血压、呼吸等生理指标用于维持身体健康，而且可以自动发出报警信号使人体远离危险，保障安全。

智能电子纺织品是将微电子元件与纺织品完美结合。作为一类特殊的智能纺织品，智能电子纺织品同样具备智能纺织品的基本特点，即感知、反馈和响应。其传感器能够感知外界环境变化并进行信息传输，通过电子信息处理器对信息进行处理并发出指令，再通过驱动（执行）器改变材料的状态，如颜色、形状、温度等，从而适应外界环境。整个过程中，智能电子纺织品能够实现自我感知、自我适应、自我诊断、自我修复等智能功能。智能电子纺织品的发展是伴随电子器件和新材料发展的，最早可追溯到19世纪末芭蕾舞剧 *La Farandole* 中使用的发光发带，至今大致经历了三个阶段发展（图1–1）。第一代的智能电子纺织品是采用一些手工的方法，将硬质微型电子元件缝制在服装上，在传统服装上实现智能化功能的嵌入[图1–2（a）]；20世纪后期，随着材料科学与电子学的发展，智能电子纺织品进入了第二个发展阶段，该阶段将传统的织物织造技术与新一代材料相结合，创造出可穿戴的电子功能织物器件，如电板、传感器和开关等[图1–2（b）]，实现了纤维、机械、无线和计算机技术的融合，达到了人机交互的目的，在纤维织物上实现了模块化、信息输入输出的传感技术；进入21世纪后，随着半导体等器件在纱线或纤维中的封装技术出现，开启了电子功能纱线时代[图1–2（c）]，当纱线被赋予了电子功能，再融合GPS、网络及蓝牙等专业技术，未来人们的内衣、服装、鞋帽的功能拓展空间潜力巨大。

智能电子纺织品的开发不仅需要传统纺织的纤维制备、纺、织、染、整、剪、裁、缝的紧密配合与协作，更需要材料、物理、化学、电子信息等多学科知识的相互交叉和融合。因此，本书主要围绕智能电子纺织品及其纺织基可穿戴器件的开发和应用进行介绍。

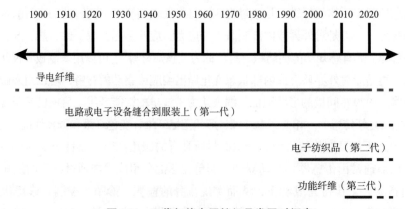

图1–1 三代智能电子纺织品发展时间表

　　（a）硬币电池座（第一代）　　　　　（b）针织物电极（第二代）　　　　　（c）功能LED纱线（第三代）

图1-2　三代智能电子纺织品实例

第二节　可穿戴技术与设备

一、可穿戴技术与设备概述

　　可穿戴技术主要探索和创造能直接穿在身上或是整合进用户的衣服或配件的设备的科学技术。20世纪60年代，美国麻省理工学院媒体实验室首先提出可穿戴技术。可穿戴技术是通过信号检测和处理、信号特征及数据传输等功能非介入性地实施人体监测的技术，具有低生理、心理负荷、可移动操作、使用方便、异常生理状况报警、支持长时间连续工作和无线数据传输等特点。利用该技术，可以把多媒体、传感器和无线通信等技术嵌入人们的衣物中，可支持手势和眼动操作等多种交互方式，主要探索和创造可直接穿戴的智能设备。随着计算机软硬件和互联网技术的高速发展，可穿戴式智能设备的形态开始多样化，逐渐在工业、医疗健康、军事、教育、娱乐等领域表现出广阔的应用潜力。

　　可穿戴设备是随着可穿戴技术的产生发展而逐渐衍生出来创新科技产品，它是一种可以穿在身上或贴近身体并能发送和传递信息的设备，更确切地说，是将设备整合到服装或配件中而具有某种特殊功能的便携式设备。它由传感器、驱动器、显示器和计算机等元素组成，可以利用信息传感设备接入移动互联网，实现人与物随时随地的信息交流。

　　自1960年可穿戴设备的概念和原型出现至今，已历经多年的发展。世界上第一款智能可穿戴产品是1977年国外某科学院为盲人做的一款背心，它把头戴式摄像头获得的图像通过背心上的网格转换成触觉意象，让盲人也能"看"得见。到了21世纪，可穿戴设备进入高速发展阶段，引起各个行业的高度关注，并发展到可以根据使用场景的需求设计相应的可穿戴设备。目前，包括苹果、谷歌、索尼等在内的行业巨头们都早已进驻该领域，从谷歌眼镜、苹果手表的横空出世到2014年的CES展览，多款英特尔的可穿戴产品，包括语音助理耳机Jarvis、微型电路板Edison、婴儿监测连身衣Mimo、智能手表等产品都有展出。可穿戴智能设备通过应用传感器技术进行智能化设计开发，且可穿戴智能设备具有可移动性、可穿戴性、可持续性、简单操作性、可交互性等特点。近年来，面向健康监测、智能机器人、工业检修等方面的广泛应用，智能可穿戴设备领域趋向于轻量化、小型化、自供电和集成化方向发展，在学术界、工业界以及医疗界都研发出了很多突破性的成果。

可穿戴设备根据不同的应用形态可分为头戴式、腕带式和身体穿戴式；根据不同的应用功能可分为健康监测、睡眠监测、体感控制等。目前智能可穿戴设备具有以下几个特点：

（1）穿戴牢固，满足穿戴者在剧烈运动时使用；

（2）操作方便，设计功能简单；

（3）可做配饰或穿戴者衣物的组成部分；

（4）实时性，用户可实时保持控制。

二、可穿戴智能设备关键技术

可穿戴智能设备在工作过程中能够完成数据的监视、收集、分析和呈现，这些都需要关键技术的支撑，其中包含柔性元件技术、传感器技术、通信技术以及操作系统等。

（1）柔性元件技术。由于可穿戴智能设备在使用过程中长时间贴合人体，所以开发的产品必须满足舒适性且符合人体工学的设计；舒适性的前提是具有柔软性，因此柔性元件技术是可穿戴智能设备的一项关键技术。

（2）传感器技术。传感器是可穿戴智能设备的核心部件，设备在应用的过程中，根据应用场景和使用群体的差异，采用不同类型的传感器将收集的信息转换后以另一种数据信息进行呈现。

（3）通信技术。通信技术可以对传感器收集的数据信息进行传递，通信技术包括蓝牙、WiFi、NFC等，根据设备添加的功能以及应用场景选择合适的通信技术。

（4）操作系统。通过通信技术进行数据信息传递，在设备上进行可视化呈现，需要设备的操作系统对其进行处理，便于用户查看。常用的操作系统包括Windows、Android、iOS等。

第三节　柔性可穿戴纺织技术与器件

一、柔性可穿戴纺织技术优势

材料技术的飞速发展，使可穿戴智能设备能够与纺织服装进行更好的结合，实现纺织品的智能化应用。可穿戴智能纺织品是基于通信、电子信息、传感器、纺织材料等相关领域的多种前沿技术而实现的。以穿戴的形式贴合人体，其目的是通过开发设计将设备的功能性整合到纺织品或配件上，满足用户穿戴过程中对产品的功能性需求。可穿戴智能纺织品基于可穿戴技术，并与智能纺织技术结合，实现纺织基柔性传感器、驱动器、显示器及计算机等配件，并将柔性器件有机整合，实现数据监视、收集和分析功能，并通过可视化的效果进行信息呈现。

早在20世纪70年代末，智能可穿戴技术与纺织服装已经有了结合，当时仅限于军事等特殊行业应用。随着柔性可穿戴技术的发展，新型导电纤维/纱线被制造出来，谷歌公司提出的Jacquard项目，设计的智能夹克就是得益于新型导电纱线的发展，通过导电纱线连接到比夹克纽扣还小的微型电路上，实现在织物上的触摸和手势交互，并可以控制接听电话和播放音乐。在此基础上，智能衬衫、智能内衣等产品相继问世。目前，可穿戴智能纺织技术的应用方向包括医疗、体育、运动休闲、资讯娱乐、军事以及工业等，应用辐射范围广，未来市场潜力巨大。

相较于传统嵌入式的可穿戴电子设备，基于纤维和织物的纺织基柔性可穿戴器件更具优势。纺织品形态多样、灵活可伸缩，为未来的可穿戴电子产品提供了一个有吸引力的平台。纺织材料基柔性可穿戴器件与传统的刚性器件相比，可以弯曲、折叠和拉伸，使得电子元器件的隐身、舒适、轻便、可清洗成为可能，从而简化了可穿戴器件的可实现性，更适合人体穿戴，并将逐渐代替传统智能服装中的硬质元器件。可穿戴智能纺织品通过植入导电纤维、传感器，并与信息和计算机技术结合，在应用过程中实时监视、跟踪和记录人体的生命体征，对于疾病或不正确的运动姿势进行辅助治疗与矫正。交互可控的纺织品的穿着温度可为用户带来舒适的体验感。这些都是可穿戴智能纺织品为用户带来的便利，也是未来智能纺织品发展的趋势。

（一）3D立体监测

可穿戴智能纺织技术的融入使得可穿戴设备的监测范围可以轻松满足3D立体监测的需求。使用者在穿着过程中无论是进行日常活动，还是做剧烈运动或肢体大幅度动作，可穿戴智能纺织技术都可以灵活监测到硬质器件难以佩戴监测到的部位。通过柔性电路设计与人工智能算法结合，及时获取人体生理信息并大幅度提高识别精确性。

（二）柔性轻质贴合特性

可穿戴智能纺织技术融合了纺织独有的特性，通过柔性材质取代硬质材料，打破了可穿戴设备刚性僵硬的桎梏，拓展了纺织服装的功能性，实现了可穿戴设备与人体大面积无缝贴合的需求，穿戴舒适性方面得到了质的提升。

（三）透气透湿等服用性好

可穿戴智能纺织品除了柔软，也被赋予了一定的纺织服装的服用特性，可编织性带来了透湿透气的舒适效果；通过纤维纱线设计可以满足穿着的耐磨耐久性；通过材质选择或后处理可以实现可水洗等功能。

（四）连接性能稳定

传统可穿戴设备的电子元器件之间的连接采用金属导线，金属导线弹性差，穿戴者在进行大幅度肢体活动时会对金属导线产生大幅度的拉伸和剪切，一方面影响其使用寿命，另一方面严重束缚人体活动。可穿戴智能纺织技术采用柔性连接技术，赋予柔性导线大幅度形变的特性，从而避免或降低因穿着活动造成的金属连接线性能不稳定或被破坏的情况。

（五）导电功能安全

从导电纤维/纱线设计层面考虑到导电功能使用的安全性，对导电纤维/纱线的制备和织造加工过程严格把控，设计满足生态纺织品要求、符合国家质量管理标准的智能纺织品。

二、柔性可穿戴纺织器件

研发纺织材料基可穿戴柔性器件，将为智能医疗、养老、健康等领域应用提供基础。按照纺织材料的形态，基于纺织材料的柔性可穿戴器件可分为纤维状柔性可穿戴器件、织物柔性可穿戴器件以及其他柔性可穿戴器件。

（一）纤维状柔性可穿戴器件

基于纤维的纺织品作为一种柔性、轻量化、耐用、可机械拉伸、可扭曲、可弯曲或剪切的柔性平台，是基于柔性服装的可穿戴电子产品的理想选择。按照纤维作为可穿戴器件的形态可以分为两类。一类是纤维嵌入柔性聚合物中，另一类是纤维单独成型或是有序排列成膜状。

纤维状柔性可穿戴器件可从三个方面实现。一是基于纤维自身的导电性或压电性能，例如纳米银纤维、碳纤维（CNFs）、聚偏氟乙烯（PVDF）和聚吡咯（PPy）纤维等；二是利用喷涂、聚合、填充等方法将导电材料包覆于纤维表面；三是将导电材料均匀混合掺杂到聚合物中制备匀质性的复合纳米纤维，所用的导电材料主要有石墨烯、碳纳米管（CNT）、纳米Ag颗粒、聚苯胺（PANI）等。

（二）织物柔性可穿戴器件

织物柔性可穿戴器件利用导电纱线，即金属纤维、碳基材料和本质导电聚合物等共混纺丝或纺包芯纱，通过编织或机织等方法获得，或在织物表面通过打印、喷涂、聚合等方式将导电材料复合到纱线内部和表面获得。

柔性可穿戴器件要有灵活、可拉伸、可反复变形的三维空间结构。机织、针织结构都可满足以上条件。据文献报道，机织柔性可穿戴器件应变范围大多难以超过10%，而人体的活动幅度需要有更大的应变来满足。针织结构因具有高弹性和高回复性等特点，在柔性可穿戴器件领域有广泛应用。除了直接利用复合纤维作为传感等单元结构进行机织或针织加工制成织物，还可用印刷、自旋涂覆、原位聚合等方法处理织物获得导电织物来制作传感器等可穿戴器件。

（三）其他柔性可穿戴器件

其他柔性可穿戴器件主要通过贴附于皮肤的形式进行穿戴，包括在皮肤上通过3D打印或印刷获得的柔性电路器件；在纹身墨水中添加导电成分或纳米导电纤维，设计隐藏在纹身中的微型传感器等柔性可穿戴器件；还可以将传感器应用到配饰、美妆以及假毛发上，如欧莱雅公司设计的可以检测紫外线照射强度的美容产品，以及日本美妆公司与LED发光技术相结合研发的闪闪发光的假睫毛。未来柔性可穿戴智能纺织技术还会向其他领域不断渗透。

第四节 智能电子纺织品发展现状

一、概述

智能纺织产品指由于热量、机械、化学、电磁、电气和其他条件对环境刺激而产生反应的材料，需要结合电子信息技术、传感器技术、纺织科学及材料科学等相关领域的前沿技术。通过以下两大类方法可实现纺织服装的智能化：一类是运用智能服装材料，包括形状记忆材料、相变材料、变色材料和刺激—反应水凝胶等；另一类是将信息技术和微电子技术引入人们日常穿着的服装中，包括应用导电材料、柔性传感器、无线通信技术和电源等。因此，智能纺织品比传统纺织品附加了更多功能。

近年来，随着电子产品的小型化趋势、面料和电子元件制造成本的降低、导电材料的引进和其他能实现一体化整合电子设备的快速发展，智能纺织品开始了从被动型转为主动型的巨大发展。第一代智能纺织品只能被动地感知环境刺激，而主动型智能纺织品包括传感器、执行器和控制单元等组件。主动型智能纺织品包括防水、形状记忆、蓄热、电热等织物。这些产品能够满足诸如极限运动、跑步、滑雪等运动织物产品的要求。智能纺织品市场可以分成四大应用主题：消费品、医疗保健、企业用品和工业用品。每种应用可以分为两个区域：非穿戴式智能纺织品和可穿戴式智能纺织品。

二、国内外发展现状

目前，智能纺织服装产品主要应用于健康医疗领域、军事工业领域等。智能纺织品在军事应用领域依然处于研究和发展阶段。弗吉尼亚理工大学等正专注于此领域的研究。在健康医疗领域，英特尔前CEO科再奇等高管对外发布了一款可以检测身体健康状况的T恤，2014年上市。此款智能T恤是和中国台湾AIQ公司进行合作开发（英特尔提供了监控芯片）的可穿戴设备，该产品植入了英特尔研发的许多监测用传感器，主要功能是身体健康监测，可以监测用户的心率、心电图等指标，还可以把大量采集的数据以可视化的方式提供给医生，从而判断穿着智能T恤者的身体状况。这款智能T恤也可以和智能手机上的一款专用软件互相传输数据，用户可在手机上了解各种监控指标的变化。这款T恤首先面向自行车运动员和爱好者设计生产，不过也可以用来对医院病人以及老年人的身体健康进行监测。

由于人们对健康关注的需求上升，加上可穿戴健康医疗服装能够帮助人们节约医疗成本、缩短诊疗流程，苹果、谷歌、索尼等行业巨头、IT大佬进军医疗界业。从2013年下半年开始，苹果公司就开始招募在医疗传感器领域内的顶尖精英加入iWatch团队，并试图将无感知血液检测技术应用到可穿戴智能设备上，以实现医疗检测技术和健康监控指标在移动智能终端设备上的无缝联接。谷歌正在研发一款内含测量眼泪中血糖水平传感器的隐形眼镜，并将所收集的数据发送到智能手机等移动设备中进行分析，以避免糖尿病患者通过刺破皮肤采集血样检测血糖水平。

实际上，在可穿戴健康医疗设备的早期阶段，以健身数据跟踪为主的智能腕带、智能手表等已然成为各大科技企业相互争夺的领域，也有越来越多的公司正在试验用智能蓝牙技术将传感器直接植入人体内。比如，美国传感器技术公司2016年已经宣布一款新的骨科膝关节稳定产品，通过蓝牙技术减少患者的手术和恢复时间。这也意味着可穿戴设备在医疗健康领域的技术发展有望不断推陈出新，成为巨头公司们未来盈利看好的重要方向。

2006年之后，面向智能纺织技术的成果急剧增加，研究主要集中在材料科学和电子工程方面，而电子技术与服装的交互研究尚处于初期阶段。智能纺织服装的研究更加注重智能功能的开发和评价，而较少考虑服装的舒适性、美学效果及可穿戴性。我国无论是在研发机构还是在消费市场都有巨大潜力。随着消费者需求和消费水平的不断提高，以及智能可穿戴产品的不断成熟，我国也将尝试智能服装产品的自主研发。

纵观国内，2014年4月，"可穿戴技术产业推进联盟"正式成立，中国工程院院士倪光南担任名誉理事长。上海复旦大学的研究人员首次制备出基于碳纳米管（CNT）的纤维状全锂离子电池，可被灵活地编织成高性能的柔性能源纺织品。碳纳米管复合纱线，可牢牢缠绕进棉纤维之中，制造出高性能的锂离子电池。该纤维的直径为1mm左右，可以编织成柔性的织物或布料，并且可与灵活的可佩戴电子设备兼容。这种纤维状电池与用于制衣的聚合物纤维兼容，实现了高性能的电池。

国内企业也紧锣密鼓地进入或拓展可穿戴领域。厦门凌拓通信科技有限公司将业务转型至物联网智能穿戴的发展方向，目前，产品包括智能手表、儿童手环、智能鞋传感器等可穿戴产品；九安医疗推出iHealth系列产品；国内智能可穿戴设备公司咕咚网宣布，由深圳市创新投资集团有限公司（深创投）进行领投，融资金额达到6000万元投入可穿戴领域，主要产品为智能手表、健康腕带、鞋袜等。

第五节　智能电子纺织品及可穿戴设备市场与前景

一、可视化分析

随着智能可穿戴技术的发展，近年来智能纺织品研究热度居高不下，相应的研究文献数量也在不断增加。针对智能电子纺织品的相关研究进展问题，本书运用Web of

Science网页中的Analyze Results功能对近十年（2011-01-01到2022-09-01）的相关文献进行了分析。以"smart textiles"作为关键词对SCI核心数据库进行检索，可以看到与"智能电子纺织品"相关的文献量共有3422篇，由2011年的23篇增长到2021年的597篇，被引频次由2011年的4次增长到2021年的20413次，可谓增长迅速，相关研究领域热度可见一斑，具体文献统计如图1-3和表1-1所示。同时，对2011~2022年收录于SCI来源期刊中的"Article"类文献进行检索，共获得2787条文献数据，其中被引用次数总和达73680次。

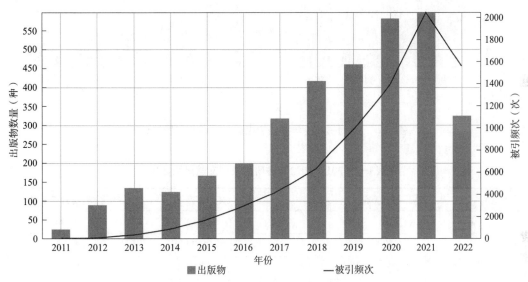

图1-3　2011~2022年文献量统计图

表1-1　2011~2022年文献量统计表

年份	2011	2012	2013	2014	2015	2016	2017	2018	2019	2020	2021	2022
出版物数量（种）	23	88	132	122	165	198	317	416	459	581	597	324
被引频次（次）	4	64	357	902	1694	2909	4361	6368	9890	13977	20413	15528

此外，从研究方向来看，通过对文献中研究领域进行分析，2011~2022年智能电子纺织品相关论文的领域分布如图1-4所示，包括工程学、材料科学、物理、化学、科学技术、仪器仪表等领域。其中在工程学、材料科学、物理和化学领域的分布最多，具体文献数据见表1-2。通过上述2011~2022年智能电子纺织品及相关技术的文献统计分析可以看出，近十年来智能电子纺织品的研究引起了广泛的关注，且研究文献数量一直处于快速增长上升趋势，特别是2017年以来，出版物数量和被引频次皆有大幅度提升，说明近五年该领域的研究热度和关注度明显增加。

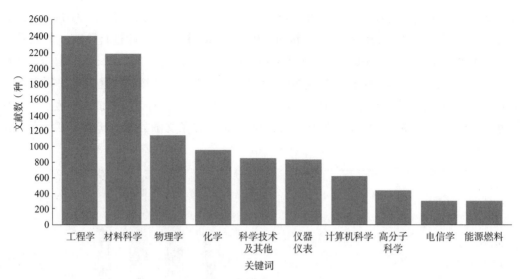

图1-4 2011~2022年各研究领域关键词文献量统计图

表1-2 2011~2022年各研究领域文献量统计表

字段/研究方向	文献数（种）	3422的百分位（%）
工程学	2419	70.690
材料科学	2170	63.413
物理学	1135	33.168
化学	950	27.762
科学技术其他	845	24.693
仪器仪表	829	24.226
计算机科学	616	18.001
高分子科学	433	12.653
电信学	301	8.796
能源燃料	297	8.679
放射学核医学成像（放射学、核医学与医学成像）	281	8.212
数学	274	8.007
数学与计算生物学	212	6.195
电化学	199	5.815

注 3422为所调查研究方向的文献总数。

二、智能可穿戴设备市场分析

2013年6月数据表明，消费者在移动设备上的点击和内容分享数量是计算机的2倍，这使得智能手机成了可穿戴技术爆发的核心驱动力。与此同时，智能手机的性能不断提升，渗透率急速增长，云互联、可穿戴技术的便携性能优势越来越明显。

IDC数据显示，2021年第三季度全球可穿戴设备出货量达1.38亿台，同比增长9.9%。全球可穿戴设备出货量前五名分别为苹果、三星、小米、华为、Imagine Marketing。其中，苹果2021年第三季度可穿戴设备出货量为3980万台，同比增长−3.6%；三星2021年第三季度可穿戴设备出货量为1270万台，同比增长13.8%；小米2021年第三季度可穿戴设备出货量为1270万台，同比增长−23.8%；华为2021年第三季度可穿戴设备出货量为1090万台，同比增长3.7%；Imagine Marketing 2021年第三季度可穿戴设备出货量为1000万台，同比增长206.4%。从排行榜来看，尽管苹果智能穿戴设备的出货量在2021年第三季度有所下降，但还是居于全球2021年第三季度出货量的榜首，Airpods和Beats的可穿戴设备帮助苹果巩固了在可穿戴设备市场的领导地位。

随着5G技术的普及和音视频等方面技术的成熟，智能可穿戴设备市场在近几年得到快速发展。智能手表/手环、VR/AR、智能眼镜等作为智能可穿戴设备最具代表性的产品，这两年来全球出货量不断攀升，产品的性能和用户使用体验也得到了很大的升级迭代。然而，智能可穿戴设备市场的顶峰尚未到来，市场还在持续酝酿发酵中，未来智能穿戴市场会保持稳步发展扩大的势头，竞争会越来越激烈，机遇也会渐渐浮出水面。

三、智能纺织品市场前景

目前，整个纺织服装行业，消费者的需求已经不再是简单的穿着保暖，对时尚、潮流、品质以及个性化的要求越来越高。而传统服饰品牌则普遍陷入同质化的僵局，如何在纺织服装上进行创新，融合更多的科技元素，契合当下人们对纺织服装的多元化和个性化需求，将为打破这个僵局带来一股不可忽视的力量。如果能突破可穿戴智能纺织品技术，在纺织服装上赋予一些附加功能或智能，如捕捉身体生理信息、监测身体活动状态、隔离外界病菌等，将达到刺激当前不太景气的纺织服装零售业的目的。近年来，智能可穿戴技术的热火蔓延到了传统的纺织服装市场，基于大数据、物联网、技术创新等层面应运而生的智能服装，因为极具想象和发挥的空间，正逐渐成为未来服装业发展的一个关键风口。

智能纺织品在制造过程中嵌入了特殊的技术，可以为佩戴者提供更多功能。它可以在感受刺激或环境条件（如热、机械、化学、磁性和其他来源）的基础上，做出特定的反应。由于智能纺织品在终端用户行业应用不断扩大，其全球范围内的需求不断增加。全球著名咨询公司Gartner的数据显示，智能服饰从2013年和2014年出货量几乎为零的冰冻状态，攀升到2016年的2600万件，成为智能可穿戴领域出货量最大的品类之一。德国海恩斯坦研究院预测，智能服装是一个数十亿人需要数百万种应用产品的市场。

从地域方面看，印度和中国等新兴经济体的需求日益增长。随着这些国家智能纺织品市场的研究与开发越来越频繁与深入，它们将在全球智能纺织市场上占据重要地位。

就目前来看，世界一流的服装企业在智能化、互联网化方面的布局仍在起步阶段，这对于中国企业来说是非常好的追赶机会。智能化会是服装企业新的战略落地点，抓住这个风口，就为未来的服装品牌转型与未来消费者的需求提前进行了布局。

本章小结

总体而言，智能电子纺织品是电子技术和纺织服装领域共同的研究热点。人们越来越离不开含有微处理器、数据传输和电力供应的手提电脑、智能手机、数字相机等设备。随着技术的发展，智能纺织品也会越做越柔软、灵活，可实现整合各种组件的完全可携带型智能纺织品。况且，智能电子纺织品已经贴近我们的生活，离我们很近。智能可穿戴的目的是探索人和科技全新的交互方式，为每个人提供专属的、个性化的服务。智能可穿戴设备是意义深远的一类科技设备，将极大地改变现代人的生活方式，并拥有强大的产业成长空间，因此，可穿戴式智能电子纺织品必将给传统纺织行业带来一场新的技术革命，具有无限的发展潜力和应用前景。

参考文献

[1] 宗亚宁，张海霞，等. 纺织材料学 [M]. 上海：东华大学出版社，2019.

[2] 杨大智，等. 智能材料与智能系统 [M]. 天津：天津大学出版社，2000.

[3] 高洁，王香梅，李青山，等. 功能纤维与智能材料 [M]. 北京：中国纺织出版社，2004.

[4] 姚康德，许美萱，等. 智能材料：21世纪的新材料 [M]. 天津：天津大学出版社，1996.

[5] 朱平，等. 功能纤维和功能纺织品 [M]. 北京：中国纺织出版社，2006.

[6] 弗拉丹·孔卡尔. 智能纺织品及其应用 [M]. 贾清秀，等，译. 北京：中国纺织出版社有限公司，2019.

[7] 姜怀. 智能纺织品开发与应用 [M]. 北京：化学工业出版社，2013.

[8] Hughes-Riley T, Dias T, Cork C. A historical review of the development of electronic textiles [J]. Fibers, 2018, 6(2): 34.

[9] 张祥磊，杨翠钰，于维晶. 浅谈可穿戴智能纺织品的发展现状 [J]. 棉纺织技术，2020, 48(9): 80-84.

[10] 张啸梅，杨凯，焦明立，等. 纺织材料基可穿戴柔性应力/应变传感器的发展及应用 [J]. 上海纺织科技，2020, 48(8): 17-21.

[11] 范艳苹，胡克勤，陶仁中，等. 智能纺织服装的发展现状与进展 [J]. 染整技术，2017, 39(7): 1-6.

第二章 纺织材料及其成型加工技术

第一节 引言

纺织材料隶属于材料科学领域，是指各种纤维及纤维集合体，具体表现为纤维、纱线、织物及其复合物。"纤维与纤维集合体"表明了纺织材料既是一种原料，用于纺织加工的对象，又是一种产品，是通过纺织加工而成的纤维制品。

纺织材料包括纺织加工用的各种纤维原料和以纺织纤维加工成的各种产品，如一维形态为主的纱、线、缆绳等，二维形态为主的网层、织物、絮片等，三维形态为主的服装、编结物、器具及其增强复合体等。这些产品可以作为最终产品由消费者直接使用，如内外衣、纱巾、鞋、帽等服用纺织品，被、帐、床单和椅罩、桌布等家用纺织品，绳索、牵引用缆绳、露天篷盖、武器中的炮衣等产业用纺织品。同时，这些产品也可以与其他材料复合制造最终产品，如帘子布与橡胶结合制造各种车辆的轮胎、作为纤维增强复合材料的增强体与基质结合制造各种机械设备和零件，即火车车厢、飞机壳体、风力发电设备的桨叶、公路和铁路路基增强和反渗透的土工布、防弹车的防弹装甲、火箭头端的整流罩及喷火喉管、飞机的刹车盘、海水淡化的滤材、烟囱烟气过油的滤材等。纺织材料是工程材料的一个重要分支。

纺织材料最关键和本质性的内容是以表面作用及排列组合为主要特征，以微小个体纤维构造的纤维集合体。通过人工方法，利用纤维的性状，将纤维排列、构造成具有实用结构、性质和形状的材料。这种人工行为可以实施到细长微小、形态和性质多变的单根纤维。现代纺织中，纺织新材料的研发，特别是纳米纤维的开发和使用，突破了传统意义上的纺织材料概念。纺织材料成为软物质材料的重要组成部分，以"形"及其复合形式为研究主体是纺织材料的基本特征之一。

第二节 纺织材料及其分类

纺织材料按形态可分为纺织纤维、纱线及其半成品、织物等。

一、纺织纤维

纺织纤维（textile fiber）是横截面呈圆形或各种异形的、横向尺寸较细、长度比细度大许多倍的、具有一定强度和韧性的（可挠曲的）细长物体，有连续长丝和短纤维之分。纤维不仅可以纺织加工，而且可以作为填充料、增强基体，或直接形成多孔材料，或组合构成刚性或柔性复合材料。

（一）纺织纤维的性质

作为纺织材料的基本单元，纤维必须具有一定的物理、化学和生理性质，以满足工艺加工和人类使用时的要求。这些性质包括：

（1）必须有一定的长度和细度；

（2）有必要的强度及变形能力、弹性、耐磨性和柔性；

（3）有一定的吸湿性、导电性和化学稳定性等；

（4）对穿着用和家用纤维要有良好的染色性能，是无害、无毒、无过敏的生理友好物质；

（5）对产业用纤维则还要求环境友好及满足特殊性能要求。

（二）纺织纤维的分类

纺织纤维分类方式很多，按材料来源和习惯分为天然纤维和化学纤维两大类，化学纤维又可分为再生（人造）纤维和合成纤维，如图2-1所示。

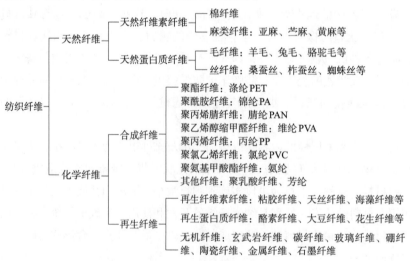

图2-1 纺织纤维分类

1. 天然纤维

凡是自然界里原有的或从经人工种植的植物中、人工饲养的动物毛发和分泌液中直接获取的纤维，统称为天然纤维。根据纤维的物质来源属性将天然纤维分为植物（类）纤维、动物（类）纤维和矿物（类）纤维。

2. 化学纤维

凡用天然的或合成的高聚物为原料，经过人工加工制成的纤维状物体，统称为化学纤维。其最为主要的特征是在人工条件下完成溶液或熔体—纺丝—天然纤维纤维的过程。按原料、加工方法和组成成分的不同，又可分为再生纤维、合成纤维两类。

（1）再生纤维。再生纤维又称为人造纤维，可由天然高聚物溶解后纺丝制得。较为准确的命名是依据高聚物来源的物质属性来命名，如再生纤维素纤维（黏胶纤维）、再生蛋白质纤维、再生淀粉纤维。天然高聚物化学改性后溶解纺丝制得的纤维，有人称为半合成纤维，如铜氨纤维、硝酯纤维（纤维素硝酸酯）、醋酯纤维（纤维素醋酸酯）等。

无机纤维有玻璃纤维、碳纤维、石墨纤维、金属纤维、陶瓷纤维等，属于人造纤维，其命名方式与天然纤维命名方式一致。

（2）合成纤维。合成纤维是以石油、天然气、煤、农副产品为原料人工合成高聚物纺丝制得的纤维，按纵向形态分为长丝（filament，连续长度数千米甚至更长）、短纤维（staple fiber，又区分为棉型、中长型、毛型等）。合成纤维是以化学组成命名，由于名称太长或专业化，一般以英文缩写或商品名命名，故带有较强的商业特征和实用简化特征，如常见的六大纶（涤纶、锦纶、腈纶、维纶、丙纶、氯纶）等。

此外，化学纤维按加工过程分为初生丝、未拉伸丝、预取向丝、拉伸丝、全取向丝等；按纤维粗细分为粗纤维、中纤维、细纤维、超细纤维和纳米纤维（静电纺丝的有机纤维和无机的碳纳米管等）等；按纤维截面形态分为圆形纤维、异形纤维（三角、三叶、四叶、五叶、中空、偏心中空、多中空、桥形、H形、王字形等）；按纤维成分分为单一成分纤维、多种成分纤维，其中多种成分纤维又可按特征分为混抽纤维、复合纤维（皮芯、海岛、多层等）等。具有某些特殊功能（如超高强度、超高模揽、耐高温、耐烧蚀等）或某些应用性能（如防紫外、防电磁辐射、抑菌、抗菌、防臭、防蚊虫等）的纺织纤维，有时也称高性能纤维和功能纤维。

二、纱线及其半成品

纱线是由纺织纤维平行伸直（或基本平行伸直）排列，利用加捻或其他方法使纤维抱合缠结形成连续的具有一定强度、韧性和可挠曲性的细长体。它们中较细的单股体称为纱（yarns），多股捻合体称为线（thread），很多股较粗的捻合体或编结体称为绳（cord、rope）或缆（cable、rope、hawser）。纱的半成品有粗纱、条（棉条、毛条、麻条等）、卷（棉卷等）。

实际上，纱线是纤维沿长度方向聚集成型的柔软细长的纤维集合体。不连续的短纤维和连续的长丝构成了纱的两大体系：不同纤维以及长、短混合构成了纱的混合或复合；而纱的单轴或多轴加捻合并又形成了股线及花式纱。从而使纱线的品种繁多、分类各异。纱线按结构和外形分为长丝纱线（长丝纱）、短纤维纱线（短纤纱）及两者组成的复合纱线，实物图如图2-2所示。

（a）长丝纱的外观形态　　　　（b）短纤纱的外观形态　　　　（c）花式纱的外观形态

图2-2　长丝纱、短纤纱、花式纱的外观形态图

1.长丝纱

长丝纱是由长丝构成的纱，又分为普通长丝和变形丝两大类。普通长丝有单丝、复丝、捻丝和复合捻丝等。变形丝按不同变形加工方法分为加弹长丝纱（又分为低弹长丝纱、中弹长丝纱、高弹长丝纱等）、空气变形长丝纱、网络长丝纱和复合长丝纱（不同纤维品种、不同加工方法、不同特性长丝的复合纱）等。

单丝纱指一根长丝构成的纱。复丝纱指两根或两根以上的单丝合并在一起的丝束。捻丝是由复丝加捻而成。复合捻丝是由两根或两根以上的捻丝再次合并加捻而成。变形丝（或变形纱）即特殊形态的丝，化纤长丝经变形加工使之具有卷曲、螺旋等外观特征，而呈现蓬松性、伸缩性。

2.短纤维纱

短纤维纱由短纤维通过纺纱工艺加工而成。由于纺纱的方法不同，短纤维纱又可分为环锭短纤维纱、新型短纤维纱。

（1）环锭短纤维纱。环锭短纤维纱是采用传统的环锭纺纱机纺纱方法纺制而成的纱。根据纺纱系统又可分为普（粗）梳纱、精梳纱和废纺纱，常见的品种有单纱、股线、竹节纱、复捻股线、花式股线、花式纱、紧密纱等。

（2）新型短纤维纱。新型短纤维纱是采用新型的纺纱方法（如转杯纺、喷气纺、平行纺、赛络纺等）纺制而成的纱。根据纺纱方法的不同，可分为转杯纱、涡流纱、喷气纱、平行纱、赛络纱和膨体纱等。

单纱是由短纤维集合成条，依靠加捻而形成。股线是由两根或两根以上的单纱合并加捻而成。复捻是由股线两根或两根以上的股线再次合并加捻而成。花式股线是由芯线、饰线加捻而成，饰线绕在芯线上带有各种花色效果。花式纱主要有膨体纱和包芯纱两种。

3.复合纱

由短纤纱（或短纤维）与长丝通过包芯、包缠或加捻复合而成的纱。常见品种有包芯纱、包缠纱、长丝短纤复合纱等。

（1）包芯纱。由两种纤维组合而成，通常多以化纤长丝为芯，以短纤维为外包纤维，常用的长丝有涤纶、氨纶，短纤维有棉、毛、丝、腈纶。

（2）包缠纱。以长丝为芯纱，外层包以棉纱、真丝、毛纱、锦纶丝、涤纶丝等加捻而成。常见的包缠纱品种有氨纶棉纱包缠纱、氨纶真丝包缠纱、氨纶毛纱包缠纱、氨纶锦纶包缠纱、氨纶涤纶包缠纱等。

三、织物

所谓织物（fabrics），是由纺织纤维和纱线用一定方法穿插、交编、纠缠形成的厚度较薄、长及宽度很大、基本以二维为主的纺织品（textiles）。常规概念中的织物是一种柔性平面片状物质，其大多由纱线织、编、结或纤维经成网固着而成。人类最早有的是编结物、毛皮和纤维絮，随后出现机织物、针织物和编织物，以及纸、毡类和非织造织物。严格意义上，片状织物在厚度方向也存在变化，可谓是三维结构；但织物一般看作二维结构，包括机织物、针织物、编结物和非织造布，其示意图如图2-3所示。

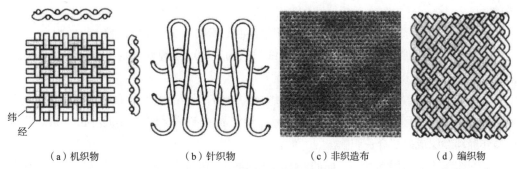

（a）机织物　　　　（b）针织物　　　　（c）非织造布　　　　（d）编织物

图2-3　各类织物结构示意图

织物按结构及其形成方式不同分为机织物（woven fabric，也可称为梭织物，它是由两组或两组以上纱线用有梭织机或无梭织机编织成的织物）、针织物（knitted fabric，它是由一组或多组纱线用针织机钩结成圆形互相串套编织成的织物，按织造方式的不同又可分为经编针织物和纬编针织物两大类）、编织物（braided fabric，它是由多组纱线用倾斜交编方法形成的织物）、非织造织物〔nonwoven fabric，它是纺织纤维层片利用各种方式（包括针刺、水刺、黏合剂黏结、热压黏结、纱线缝合等）加固所形成的织物；或是由平行均匀排列长丝用膜片粘托的片层形成的织物，也可称为无纬织物或无纬布〕和复合织物（composited fabrics，它是用上述四类织物和膜片等之中的两类或多类织物叠层复合而成的织物，包括机织物与针织物并联交织而成的织物，机织物、针织物或非织造织物与有机高聚物薄膜复合的织物等）。

1.机织物（woven fabric）

机织物是由互相垂直的一组经纱和一组纬纱在织机上按一定规律交织而成的制品。在机织物中垂直方向排列的是经纱，水平方向排列的是纬纱。从机织物边缘可拆出一根根纱线。机织物最重要的结构特征之一就是组织点（经纬纱相交处），经纬纱交织规律不同，机织物的外观千变万化，如图2-4所示。可拆散性是机织物的一大特点，由于机织物由经纱和纬纱相互垂直交织而成，因此较其他织物有较好的可拆散性。尤其是当纱线较粗、织物密度较小时，经纱或纬纱很容易从织物中拆离出来，通常可直接用手或挑针

图2-4　几种不同组织结构的机织物

将经纱或纬纱从织物的边缘或中间抽出。如果有布边可将布边剪去再拆。如果纱线较细、织物密度较大或织物经过涂层整理等，织物的可拆散性就会变差，但还是可以拆散的。

（1）机织物按原料分类，可分为纯纺织物、混纺织物、交织织物三种。

①纯纺织物。经纬纱用同一种纯纺纱线织成的织物，如纯棉织物、纯毛织物、纯化纤织物。

②混纺织物。经纬纱用同种混纺纱线织成的织物，如用同种65/35涤/棉纱作经纬纱织成的涤/棉织物；用同种55/45麻/棉纱作经纬纱织成的麻/棉织物；用同种60/20/20毛/黏/腈纱作经纬纱织成的三合一织物。

③交织织物。指经纬纱用不同的纤维纺成的纱线织成的织物。如经纱用棉纱，纬纱用锦纶长丝交织形成的棉/锦交织织物。

（2）机织物按纱线的结构和外形分类，可分为纱织物、线织物、半线织物。

①纱织物即经纬纱都是单纱的织物。

②线织物即经纬纱都是股线的织物。

③半线织物即经纱用股线、纬纱用单纱织成的织物。

（3）机织物按用途分类，可分为服装用织物、家纺用织物、产业用织物。

①服装用织物，如制作外衣、衬衣、内衣等的织物。

②家纺用织物，如床上用品、窗帘等。

③产业用织物，如包装布、过滤布、土工布、医药用布等。

2. 针织物（knitted fabric）

针织物具有柔软多孔、易脱散以及延伸性和弹性较大的特点。由于针织物特殊的线圈结构形态，弯曲的纱线在织物中占有较多空间，使针织物相对于机织物而言结构较疏松，加上针织纱线一般捻度较小，因此针织物手感柔软。针织物脱散性是指针织物中如果一根纱线断裂，将引起此纵行上相邻线圈的脱散，导致织物破损甚至解体，这是针织物特有的性质。针织物的伸缩性是针织物最明显的特性，也是针织物与机织物最显著的区别。针织物受外力作用时，线圈的变形比机织物中纱线变形要大得多，因此针织物有较大的延伸性和弹性，可随人体的活动而扩张和收缩，穿着更贴身舒适。图2-5所示为两种不同结构的针织物。

针织物按原料分类可分为纯纺针织物、混纺针织物、交织针织物。纯纺针织物如纯棉针织物、纯毛针织物、纯丝针织物、纯化纤针织物等；混纺针织物如棉/维、毛/腈、涤/腈、毛/涤等针织物；交织针织物如棉纱与低弹涤纶丝交织、低弹涤纶与高弹涤纶交织等针织物。

图2-5　两种不同组织结构的针织物

按编织方法与原理分类可分为纬编和经编两大类。

（1）纬编针织物是纱线沿纬向喂入弯曲成圈并互相串套形成的织物。其特点是一个横列的所有线圈都由一根纱线编织而成。根据纱线喂入是单向还是双向，纬编针织物又可以分为两种，一种是纱线沿一个方向喂入编织成圆，形成圆机编织物；另一种是纱线沿正、反两个方向变换编织成圈，形成横机编织物。纬编针织物的基本类型有平针织物、罗纹织物和双反面织物。

（2）经编针织是纱线从经向喂入弯曲成圈并互相串套形成的织物。其特点是每一根纱线在一个横列中只形成一个线圈，因此每一横列由许多根纱线成圈并相互串套，其主要品种有特里科（Tricot）织物和拉舍尔（Raschel）织物。

3. 非织造布（nonwoven fabric）

非织造布又称非织造材料、无纺布、无纺织布或不织布。目前，国际上被比较多的人接受的非织造布定义是：非织造布是一种由纤维层构成的纺织品，这种纤维层可以是梳理网或由纺丝方法直接制成的纤维薄网，纤维杂乱或者定向铺置。例如，传统的纺织品、塑料薄膜、泡沫薄片、金属箔等，这些材料经过机械或化学方法的加固，便形成了非织造布。这里的"布"，只表明其属于一种纤维制品，实际上已大大超出了原有布的含义，它在形态上可以是厚厚的絮片棉胎状，或薄如纸状、毛毯状、仿真皮结构状，或如传统的纺织物状等。

同样作为纤维制品，非织造布与传统纺织品（机织物、针织物）的根本区别在于它的加工主体对象不是纱线，而是由单纤维以定向或随机排列的方式构成的，因此它比机织物和针织物更能体现出纤维本身的特性。在成网阶段，所构成的纤维网基本上都表现为立体网状结构，或称三维结构。但基于固结方法的不同，制成的产品却呈现有不同的几何形状，如针刺法、热熔法、喷洒黏合法、射流喷网法和熔喷法的自粘产品等都有着典型的三维几何结构特征，而以薄型纤网为基体经过浸轧或热轧的产品，由于受到热和压力的作用，纤网中绝大多数纤维已呈平面分布，因此体现为平面网状结构，或称二维结构。

非织造布这种特有的结构特点，决定了其产品的独特性能，如孔径小而曲折，且孔隙率大、对角拉伸抗变形能力强、伸长率高、覆盖性和屏蔽性好、结构蓬松、手感柔软、弹性好等。这些特性使非织造布在很多应用中表现出了比传统纺织品更大的优越性。

此外，固结方法的不同也构成了不同产品的外观和内在结构，如毛圈结构、网眼结构、纤维缠结结构、点黏合结构等，这些结构的不同也表现出产品的不同风格和特性。

（1）非织造布按纤网成形方法分类（图2-6）。主要分为干法成网非织造布、聚合物挤出法成网非织造布和湿法成网非织造布三种。

①干法成网非织造布。一种应用范围最广、发展历史最长的非织造布，它是在干燥的状态下用机械、气流或其他方式形成纤维网再加固而成的非织造布，干法成网又分为机械成网、气流成网等。

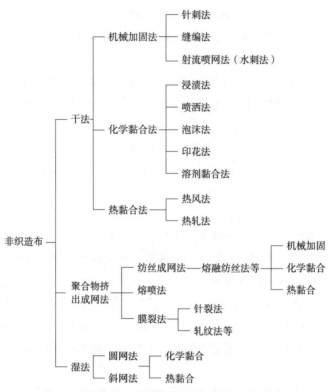

图2-6　非织造布按纤网成形方法的分类示意图

②聚合物挤出法成网非织造布。利用高分子聚合物材料经过挤出加工而成网状结构，再加固而成的非织造布，又分为纺丝成网非织造布、熔喷法成网非织造布等。纺丝成网非织造布是用化纤纺丝网制成的非织造布。熔喷法成网非织造布是用高速气流将极细的纤维状纺丝熔体喷至移动的帘网上，纤维黏结而成的非织造布。

③湿法成网非织造布。采用传统的造纸工艺原理形成纤网，再经加固而成的非织造布。

（2）按纤网加固方法分类。主要分为针刺法非织造布、缝编法非织造布、化学黏合法非织造布和热黏合法非织造布等。

①针刺法非织造布。利用刺针对纤网穿刺，使纤维缠结、加固而成的非织造布。

②缝编法非织造布。利用经编线圈结构对纤网（纱线层、非纺织材料，或它们的组合）进行加固制造而成的非织造布。

③化学黏合法非织造布。用浸渍、喷洒或印花方式将液状黏合剂（如天然或合成乳胶）加入纤网，经热处理而成。

④热黏合法非织造布。是将热熔纤维加入纤网，经热熔或热轧而成的非织造布。

4. 编织物（braided fabric）

编织物是由纱线通过多种方法（包括结节）相互连接而成的制品，如网、花边等，如图2-7所示。

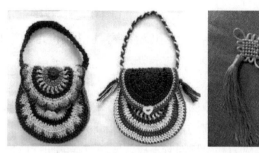

（a）编织包　　　　　　　（b）编织中国结

图2-7　编织物示意图

第三节　纺织材料的特性

一、基本力学性能

纺织材料的基本力学性能是指纤维、纱线、织物等在外力作用时的性质，包括拉伸、压缩、弯曲、扭转、摩擦、磨损、疲劳等各方面的作用。例如，对纺织材料的强力测试时，可通过单纤维强力仪和束纤维强力仪等设备实现（图2-8），通过持续的拉伸作用，测定其断裂时伸长、强力等数值来进一步评价其拉伸性能指标。

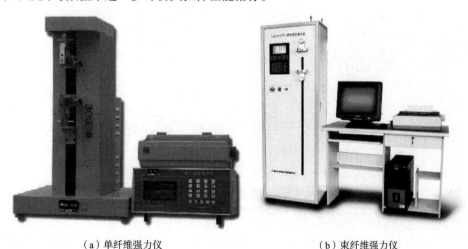

（a）单纤维强力仪　　　　　　　　　（b）束纤维强力仪

图2-8　强力仪

（一）拉伸性能

纺织材料在外力作用下破坏时，主要和基本的方式是被拉断。表达纺织材料抵抗拉伸能力的指标很多，主要有以下指标：

1.拉伸断裂强力

指纺织材料能够承受的最大拉伸外力。单位为牛顿，强力与纤维的粗细有关，所以不同粗细的纤维、纱线没有可比性。

2.断裂比强度

为了便于比较不同粗细的纤维、纱线的拉伸断裂性能，将强力折合成规定粗细时的力，即为断裂比强度。

纺织材料在拉伸过程中，应力和变形同时发展，发展过程的曲线叫拉伸曲线，如图2-9所示。横坐标为伸长率ε（%）即应变，纵坐标为拉伸应力σ，拉伸曲线为应力—应变曲线。纤维的种类很多，实际得到的应力—应变曲线具有各种各样的形状。基本上分为三类：

（1）高强低伸型曲线。棉、麻等拉伸曲线近似于直线，斜率很大，其原因是该类纤维的聚合度、结晶度、取向度都比较高，大分子链属刚性分子链。

（2）低强高伸型曲线。如羊毛、醋酯纤维，主要原因是这些纤维大分子聚合度虽不低，但分子链柔曲性高，结晶度、取向度较低，分子间不能形成良好的排列，且分子间易产生滑脱。

（3）高强高伸型曲线。如涤纶、锦纶。

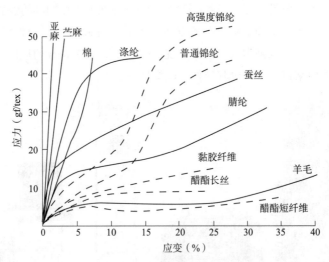

图2-9　常用纺织纤维的应力—应变拉伸曲线
（ 1gf/tex=9.8mN/tex ）

拉伸曲线有关指标主要有两个：初始模量和屈服点。初始模量代表纺织纤维、纱线和织物在受拉伸力很小时抵抗变形的能力，其大小与纤维材料的分子结构及聚集状态有关。对于纺织材料来说，在屈服点以下时，变形绝大部分是弹性变形（完全可回复），而屈服点以上部分所产生的主要是塑性变形（不可回复）。屈服点高的纤维，其织物的保形性就好，不易起皱。

（二）压缩性能

纤维集合体的压缩性能是纺织材料的一项重要性能。它与纤维基本性质有关，是纤维诸多性质的反映，因此可以用于纤维压缩性、柔软性、弹性、蓬松性以及羊毛、山羊绒等品质的评价。同时，纤维集合体的压缩性能又影响到纺织产品的加工和使用性能，例如，与织物手感、蓬松、保暖性关系密切。

纤维和纱线的压缩主要表现在径向受压（横向受压），如纺织加工中加压是罗拉皮辊间，经纬交织点处的受压以及纤维及制品打包时的受压等。受横向压缩后，纤维或纱线在受力方向被压扁，而在受力垂直方向则变宽。纤维一般在强压缩条件下才会产生破坏，大多可能产生压伤。单纤维的压缩研究很困难，结论很少，大多数是研究纤维集合体的压缩特性。

纤维集合体压缩时，压缩变形示意图如图2-10所示。由于纤维集合体横向变形系数很大，单纯用厚度变形率来表示不够确切，故压缩曲线的横坐标一般改用单位体积质量。当纤维集合体单位体积质量很小（纤维间孔隙很大）时，压力稍有增大，纤维间孔隙缩小，单位体积质量增加极快，压力与单位体积质量的对应关系并不稳定。随着压力增大，单位体积质量增加，纤维间孔隙减少，压缩弹性模量增大，压力与单位体积质量间对应关系也趋稳定。当压力很大，纤维间孔隙少时，再增大压力，将挤压纤维结构本身，

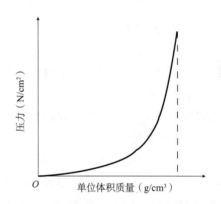

图2-10　纤维集合体压缩时压缩变形示意图

故单位体积质量增加极微，抗压刚性很高，并表现出似乎以纤维单位体积质量为极限的渐近线特征。

（三）弯曲性能

纺织材料在纺织加工、染整加工以及织物在服用中都会遇到弯曲力作用，产生弯曲变形。纤维和织物弯曲是纤维自身弯曲和纤维间相互作用的叠加。纤维间相互作用在纱线中受纱线捻度和纱线中纤维的径向转移的影响，在织物中受交织点和浮长的影响。

纺织材料的弯曲性能一般采用抗弯刚度来描述。抗弯刚度是指在外力作用下抵抗弯曲变形的能力。抗弯刚度越大，纤维、纱线的弯曲变形越小。抗弯刚度小的纤维和纱线制成的织物柔软贴身，软糯舒适，但易起球。抗弯刚度大的纤维或纱线制成的织物比较挺爽。

（四）剪切性能

纤维和纱线在垂直于其轴线的平面内受到外力矩的作用会产生扭转变形和剪切应力，纱线的加捻就是扭转。当外力矩很大时，纤维和纱线产生的扭转角和剪切应力就大，从而纤维中的大分子或纱线中纤维因剪切产生滑移而被破坏。纤维和纱线的剪切强度比拉伸强度小得多。涤纶、锦纶、羊毛的断裂扭转角较大，故耐扭；麻的断裂扭转角较小，玻璃的断裂扭转角极小。

（五）表面摩擦性能

纺织材料在纺织加工和使用过程中都会遇到摩擦作用，纤维间的摩擦是纤维形成并维持

纤维集合体稳定结构的关键因素。纤维和纱线的摩擦性能具有两重性，一方面要利用它，例如，牵伸过程中要利用纤维间的摩擦力来良好地控制牵伸区中纤维的运动；另一方面要避免纱线在加工过程中的摩擦阻力，以免产生断头，增加断头率。

纤维的摩擦和抱合也是整个纺织品体系成型和加工的基础。在成纱和织造过程中，纤维和纺织加工器件间的摩擦是整个纺织加工的重要参数。纺纱各工序对摩擦抱合性能要求并不一致，从开松性来看，纤维的动摩擦系数要小些；但从纤维成卷性来看，希望纤维抱合性能要大些；梳理工程，为使纤维成条优良，不蓬松，不堵塞喇叭口，希望纤维抱合力要大些，并条、粗纱、细纱中，牵伸时要纤维平滑些，抱合力要小些，但也不可太小，否则影响成纱强力。总之，为使纤维可纺性优良，必须有良好的抱合性，但又要比较平滑，摩擦系数不能太大，并且静摩擦系数比动摩擦系数适当大些。

摩擦即外力作用下，使物体在接触面间发生相对运动所需要的切线方向的阻力。纤维的摩擦系数也有静、动之分，使相互接触的两物体开始滑动时所需的切向力与正压力的比值称为静摩擦系数；纤维相互接触的两物体滑动时所需的切向力与正压力的比值称为动摩擦系数。静摩擦系数大，且与动摩擦系数差值也大的纤维，手感硬而涩；静摩擦系数小，且与动摩擦系数差值也小的纤维，手感柔软。纤维间的静摩擦系数通常高于动摩擦系数。丝绸织物的"丝鸣"效果就是静、动摩擦系数的差异造成的。对织物表面的柔润光滑整理将可以降低静、动摩擦间的差异，织物也会表现得更加柔软。

（六）力学疲劳性能

材料的力学疲劳性能，指当低于破坏（拉断、折裂）强度的应力施加于材料，经过一段时间的作用后导致材料失效的现象。疲劳分为两种类型：

（1）静疲劳。纤维材料在恒定拉伸力连续作用下，开始时纤维材料迅速伸长，接着较慢地伸长，到达一定时间后，纤维材料在最薄弱的一点发生断裂的现象。

（2）动疲劳。纤维材料经受多次加负荷、去负荷的反复循环作用，因为塑性变形的逐渐积累，纤维内部局部损伤，形成裂痕，最后被破坏的现象。

二、热学性能

随着环境温度的变化，纺织材料的各项性质会产生相应的变化，而纺织材料在不同温度下表现的性质成为纺织材料的热学性能。它是纺织材料的基本性能之一，在大多数情况下它表现为物理性能的变化，但也有化学性能的变化。

（一）热学指标

1. 比热容

比热容（specific heat）简称比热，指单位质量物质的热容量。在物理学中的定义为：单位质量的某种物质温度升高1℃吸收的热量为此物质的比热容。纤维材料的比热容随环境条件的变化而变化，不是恒量。同时，它又是纤维材料、空气、水分三者混合体的综合值。各种干燥纺织材料的比热容基本是相近的，其数值处于静止空气和水之间。纤维、空气、水分三者比例的不同将导致纤维材料比热容的不同。

比热容的大小反映了纤维材料释放、储存热量的能力，或者温度升降的缓冲能力。随比热容的增加，纤维材料升高1°C需要吸收的热量随之增加，那么降低1°C所释放的热量也随之增加，且吸收和放出的热量是相等的。在吸热（放热）速度相同的条件下，较大比热容的纤维材料升温（降温）速度较慢，所以其在温度快速波动的场合，具有较高的保持温度平稳变化的能力，如在干燥的内陆地区昼夜温差较大，而湿润的沿海城市昼夜温差较小一样。比热容的大小和织物的接触冷暖感密切相关，常见干燥纺织纤维的比热容见表2-1。

表2-1 常见干燥纺织纤维的比热容［测定温度20°C，单位：J/（g·°C）］

纤维种类	比热值	纤维种类	比热值	纤维种类	比热值
棉	1.21~1.34	黏胶纤维	1.26~1.36	芳香聚酰亚胺纤维	1.21
羊毛	1.36	锦纶6	1.84	醋酯纤维	1.46
桑蚕丝	1.38~1.39	锦纶66	2.05	玻璃纤维	0.67
亚麻	1.34	涤纶	1.34	石棉	1.05
大麻	1.35	腈纶	1.51		

2.导热系数

纤维材料的导热系数是指在传热方向上，纤维材料厚度为1m、面积为1m²，两个平行表面之间的温差为1°C，1s内通过材料传导的热量焦耳数。导热系数也称热导率（其倒数称为热阻），表示材料在一定温度梯度条件下，热能通过物质本身扩散的速度。导热系数越小，表示材料的导热性越低，它的热绝缘性或保暖性越好。通常把导热系数较低的材料作为保温材料，常用的纺织纤维都是优良的保温材料。常见纤维材料集合体的导热系数见表2-2。

导热系数与材料的组成结构、密度、回潮率、温度等因素有关。非晶体结构、密度较低的材料，其导热系数较小；材料回潮率、温度较低时，导热系数也较小。

表2-2 常见纤维材料集合体的导热系数［测定温度20°C，单位：W/（m·°C）］

纤维种类	λ	纤维种类	λ
棉	0.071~0.073	涤纶	0.084
羊毛	0.052~0.055	腈纶	0.051
蚕丝	0.05~0.055	丙纶	0.221~0.302
黏胶纤维	0.055~0.071	氯纶	0.042
醋酯纤维	0.05	锦纶	0.244~0.337

3.克罗值

在室温21°C，相对湿度小于50%，空气流速为10cm/s（无风）的条件下，一个人静坐不动，能保持舒适状态，此时所穿衣服的热阻为1克罗值。

（二）阻燃性

纤维材料抵抗燃烧的性能称为阻燃性。纤维的燃烧可以认为是一种纤维分子快速热降解的过程，该过程伴随有化学反应和大量热量的产生，燃烧所产生的热量又会加剧和维持纤维的燃烧。

1.阻燃纤维分类

根据纤维在火焰中和离开火焰后的燃烧情况，可以把纤维材料分为四种，即易燃纤维、可燃纤维、难（阻）燃纤维和不燃纤维。

（1）易燃纤维。快速燃烧，容易形成火焰。如纤维素纤维、腈纶、丙纶等。

（2）可燃纤维。缓慢燃烧，离开火焰可能会自熄。如羊毛、蚕丝、锦纶、涤纶和维纶等。

（3）难（阻）燃纤维。与火焰接触时可燃烧或炭化，离开火焰便自行熄灭。如氯纶、腈氯纶、阻燃涤纶、间位芳纶、对位芳纶、酚醛纤维、聚苯硫醚纤维等。

（4）不燃纤维。与火焰接触也不燃烧。如石棉纤维、玻璃纤维、金属纤维、碳纤维、碳化硅纤维、玄武岩纤维、硼纤维等。

2.极限氧指数

极限氧指数是纤维材料在氧与氮的混合气体中将试片用点火器点燃，测定保持持续燃烧所必须的最低含氧量体积百分数（按标准，纤维应纺成约定线密度纱线，并按规定的经纬密度织成机织布，并洗去油剂等后进行测试）。极限氧指数越大，燃烧需要的氧气浓度越高，则材料的阻燃性越好，即越阻燃。

3.续燃时间

续燃时间是指在规定的试验条件下，移开（点）火源后，纤维材料持续有焰燃烧的时间，单位为s。它主要反映材料持续燃烧的能力。

4.阴燃时间

阴燃时间是指在规定的试验条件下，当有焰燃烧终止后，或者移开（点）火源后，纤维材料持续无焰燃烧的时间，单位为s。它主要反映材料持续燃烧的能力和潜在危险。阴燃是只在固—气相界面处燃烧，不产生火焰或火焰贴近可燃物表面的一种燃烧形式，燃烧过程中可燃物质呈炽热状态，所以也称为无焰燃烧或表面炽热型燃烧。

（三）热变形性

随着温度的改变，纤维材料的力学性能和形态都会随之改变，在形态方面纤维材料也遵循一般固体材料热胀冷缩的规律，产生微量的变形，但人们印象最深的却是纤维材料受热之后产生的收缩（纤维、纱线长度的变短，织物的尺寸变小，集合体的体积缩小等），即热收缩，织物局部受热收缩严重时会出现熔孔现象。

1.热定形

定形是指使纤维（包括纱、织物）达到一定的（所需的）宏观形态（状），尽可能切断分子间的联结，使分子松弛，然后在新的平衡位置上重新建立尽可能多的分子之间的联结点。

热定形则是指在热的作用下（以热手段进行分子之间联系的切断或重建）进行的定形。可以看出，热定形的主要目的就是消除材料在加工过程中所产生的内应力，使之在以后的使用过程中具有良好的尺寸稳定性、形态保持性、弹性、手感等。

2. 热收缩

在温度升高时，纤维内大分子间的作用力减弱，以致在内应力的作用下大分子回缩，或者由于伸直大分子间作用力的减弱，大分子克服分子间的束缚通过热运动而自动弯曲收缩，形成卷曲构象，从而产生纤维收缩的现象。纤维收缩是其他热变形的基础，纤维的热收缩是不可逆的。

纤维热收缩的程度用热收缩率表示，其定义为加热后纤维缩短的长度占纤维加热前长度的百分数。根据加热介质的不同，热收缩率分为沸水收缩率、热空气收缩率、饱和蒸汽收缩率等。如维纶、锦纶的湿热收缩率大于干热收缩率；受热时温度越高，热收缩率越大；长丝与短纤维相比，一般长丝的热收缩率较大。

3. 熔孔性

织物接触到热体在局部熔融收缩形成孔洞的性能，称为熔孔性。织物抵抗熔孔现象的性能，称为抗熔孔性。它也是织物服用性能的一项重要内容。

对于常用纤维中的涤纶、锦纶等热塑性合成纤维，在其织物接触到温度超过其熔点的火花或其他热体时，接触部位就会吸收热量而开始熔融，熔体随之向四周收缩，在织物上形成孔洞。当火花熄灭或热体脱离时，孔洞周围已熔断的纤维端就相互黏结，使孔洞不再继续扩大。但是天然纤维和再生纤维素纤维在受到热的作用时不软化、不熔融，在温度过高时会分解或燃烧。

三、电学和磁学性能

纺织材料在加工和使用过程中会遇到一系列与电有关的现象，如介电现象、导电现象、静电现象等。

（一）纺织材料的介电性能

介电性能是材料在电场作用下发生极化，由于电荷重新排布所表现出的性质。在电场作用下，电介质（材料）由于极化现象表现出的对静电能的储蓄以及在交变电场中的耗损性质。评价材料介电性能的主要指标有介电常数、介电强度和耗损因子。

介电现象是指绝缘体材料（电介质）在外加电场作用下，内部分子形成电极化的现象。介电常数是由于电介质极化而引起相反电场，使电容器的电容变化，其变化的倍数。有机纤维的相对介电常数一般为2~4，而固态水的相对介电常数高达81，所以纤维不同回潮率条件下相对介电常数不同。常见纺织纤维在标准回潮率时的相对介电常数见表2-3。

表2-3　常见纺织纤维在标准回潮率时的相对介电常数

纤维种类	介电常数ε	纤维种类	介电常数ε
棉	18	黏胶纤维	8.4
羊毛	5.5		

（二）纺织材料的导电性能

导电性能是材料的重要性质之一，在各类聚合物中，导电性能的跨度极大，从绝缘性能非常差的聚四氟乙烯到导电性能非常好的本征导电聚合物聚乙炔，其导电性能接近良导体金属铜。材料的导电性能可以用材料的电阻率和电导率、体积比电阻和体积电阻率、表面比电阻和表面电阻率、质量比电阻和质量电阻率来表征。

（1）体积比电阻（ρ_v）。指单位长度上所施加的电压相对于单位截面上所流过的电流之比，是描述材料电阻特性的主要参数。

（2）表面比电阻（ρ_s）。纤维柔软细长，体积或截面积难以测量，而纤维导电电流中表面电流占重要部分，因此采用表面比电阻表达，即单位长度上的电压与单位宽度上流过的电流之比。

（3）质量比电阻（ρ_m）。考虑纤维材料比电阻测量的方便，引入质量比电阻，即单位长度上的电压与单位线密度纤维上流过的电流之比。表2-4中列出了常见纺织纤维的质量比电阻。

材料的结构决定了材料的导电性能，纤维的化学结构影响吸湿性，因此对纤维的导电性能有影响。同时材料的超分子结构也影响材料的导电性能，随着材料结晶度的增加，纤维的电阻变大；随着材料取向度的增加，纤维的电阻变小。

表2-4　常见纺织纤维的质量比电阻

纤维种类	质量比电阻（$\Omega \cdot g/cm^2$）	纤维种类	质量比电阻（$\Omega \cdot g/cm^2$）
棉	$10^6 \sim 10^7$	黏胶纤维	10^7
麻	$10^7 \sim 10^8$	锦纶、涤纶（去油）	$10^{13} \sim 10^{14}$
羊毛	$10^8 \sim 10^9$	腈纶（去油）	$10^{12} \sim 10^{13}$
蚕丝	$10^9 \sim 10^{10}$		

（三）纺织材料的静电性能

两种材料相互接触摩擦及其后分开时会产生电荷分离，一方带正电荷，另一方带负电荷，并呈现相当高的电位差（电压），在服装穿着中表现出表面纤维竖立，毛羽突起；吸附黏着灰尘及杂物；穿脱衣服时出现电火花，并发出声响；人和人或物体接触时，电击打手等，都是常见的静电现象。静电问题不仅影响织物美观，引起人的不舒适之感，而且可能引起重大破坏和灾害。在纺织加工中表现出带同种电荷的纤维相互排斥飞散，与不同电荷的机件黏附缠绕，无法顺利成型等现象，轻则影响产品质量（条干均匀度恶化），重则无法生产，甚至引起灾害，如爆炸或火灾。因此，纺织材料的静电现象很久以来都是纺织材料性能研究的重要领域。

当两种聚合物相互摩擦时，所带电荷的正负取决于聚合物的介电常数和表面电位的关系。表征织物抗静电性能的相关指标有比电阻、带电量、电荷面密度、半衰期和静电电压。

织物比电阻越小，静电泄漏越多、越快，静电影响相对较小。带电量表示材料所带静电的"强度"，用材料单位量或单位质量的带电荷量表示。电荷面密度表示单位面积上材料所带电荷量的多少。半衰期表示材料静电衰减快慢的物理量，指材料的静电电位从原始值衰减到原始值一半所需要的时间，半衰期与织物的表面电阻关系密切。静电电压指材料经过摩擦之后的静电峰值电压，表示材料感应静电电压的大小。

1. 对纤维进行抗静电处理

（1）用表面活性剂对纤维进行亲水化处理。作用原理为表面活性剂分子疏水端吸附于纤维表面，亲水性极性基团指向空间，形成极性表面，吸附空气中的水分子，降低纤维的表面电阻率，加速电荷逸散。所用表面活性剂包括阳离型、阴离子型和非离子型，其中阳离子表面活性剂的抗静电效果最好，高分子量非离子型表面活性剂的抗静电效果耐久性最好。此法的优点为简便易行，特别适合于消除纺织加工过程中的静电干扰；缺点为抗静电效果的耐久性差，表面活性剂易挥发，更不耐洗涤，而且在低湿度环境中不显示抗静电性能。

（2）对成纤高聚物进行共混、共聚合或接枝改性。与前面方法的相同之处是在成纤高聚物中添加亲水性单体或聚合物，提高吸湿性，从而获得抗静电性能。除普通成纤高聚物与亲水性聚合物共混的典型共混纺丝方式外，还有聚合过程中加入亲水性聚合物，形成微多相分散体系的共混方式。例如，将聚乙二醇加入己内酰胺反应混合物中，聚乙二醇以原纤状分散于聚酰胺6之中。同时聚乙二醇也有少量端羟基与己内酰胺开环后生成的氨基己酸中的羟基反应，提高了抗静电性能的耐久性。

2. 生产抗静电纱线

在纺纱中混入少量的导电短纤维，可以生产抗静电纱线，同时可以减少甚至消除纺纱过程中存在的静电问题。导电纤维混入量的多少根据产品的最终用途及成本决定。

3. 织造时嵌入导电长丝或抗静电纱线

开发抗静电纺织品除了在原料上进行改进之外，还可以在织物上机织造时，将导电长丝（或导电纤维复合纱线）以一定间距嵌入织物。可以沿经向或纬向嵌入，也可以同时沿经向和纬向嵌入形成网格状。大量的试实验证明，不管以哪种方式嵌入导电丝，织物的抗静电效果均有明显的改善，但是以网格形式嵌入导电丝或抗静电纱时效果最佳。而且织物的抗静电性能都随嵌入导电丝间距的增加而减弱。导电丝嵌入间距（或织物中导电纤维的含量）应根据抗静电产品的最终用途及对导电性能要求来决定。

4. 用抗静电剂对织物进行后整理

用表面活性剂直接对织物表面进抗静电处理的方法始于20世纪50年代，这种方法适合于各种纤维材料。所用抗静电剂大多数是结构与被整理的纤维相似的高分子物，经过浸、轧、焙烘而黏附在合成纤维或其织物上。这些高分子物是亲水的，因此涂覆在表面上可通过吸湿而增加纤维的导电性，使纤维不至于积聚较多的静电荷而造成危害。这种方法除使织物具有抗静电效果外，处理后的织物还具有吸湿、防污、不吸尘等功能。由于抗静电方法较为简单，因此成品价格也较为便宜。

（四）纺织材料的磁学性能

磁性是一切物质的根本属性之一。任何物质处于磁场中，均会使其所占的空间磁场发生变化，表现出一定的磁性，这种现象称为磁化现象。20世纪70年代以来，纺织纤维的磁学性质受到广泛关注。不锈钢纤维是典型的磁性材料，目前市场上的防电磁辐射纺织品大多采用以金属纤维嵌织或混纺的形式加入而成的。防电磁辐射的效果与加入量有密切的关系。防电磁辐射主要考虑如何增加纺织品反射性能和吸收性能，以达到防电磁辐射的效果。纺织品防电磁辐射的方法目前主要有以下三种：

（1）金属纤维混纺和交织。用比较细的金属纤维，如直径小于 $5\mu m$ 的不锈钢短纤维，采用混纺或交织的方式，掺入纺织品中达到防电磁辐射的目的。防电磁辐射效果与金属纤维的混入量有密切关系，目前多数防电磁辐射产品属于此类型，以反射为主要形式，具有一定的防护效果，但此类织物的手感较差。

（2）织物表面涂层。利用后整理涂层技术，将导电涂料（如银系、铜系、镍系、碳系等）涂覆在织物表面，可以使其具有一些防电磁辐射效果，而且此涂层处理工艺较简单，但对织物服用性能影响较大。

（3）镀层技术。利用金属溅射、真空金属镀、电镀或化学镀的方法，在织物表面覆盖一层导电膜，从而使其得到很好的防电磁辐射效果，但此方法的缺点是成本昂贵，耐久性较差。

四、服用性能

（一）纺织品的外观性能

纺织品的外观性能包括相当宽泛的内容，如颜色、光泽、遮蔽、花纹、组织、平挺、褶皱、起球、勾丝、悬垂、飘逸、起拱，以及折叠、存放、悬挂、穿着中的变化等，还包括几何学、力学、光学、心理学、美学和艺术学等许多学科的内容。

1.光泽

纺织品的光泽是纺织材料光学性质的一部分，但由于纺织材料的特点和人类心理感应的发展，而出现了进一步的内容。纱线和纺织品是由 $10\mu m$ 数量级直径的纤维组成，纺织品由纱线编织或编结，其表面是 $100\mu m$ 级圆柱形曲面，而且绝大多数纺织品都经过染色、印花，加上了许多种颜色，同时纺织纤维的折射率又比较高，这些因素都影响到织物表面的反射光。

织物的光泽感是指在一定的环境条件下，织物表面的光泽信息对人的视觉细胞产生刺激，在人脑中形成的关于织物光泽的判断，是人对织物光泽信息的感觉和知觉。

织物表面纱线曲面和纤维曲面使平行入射光的反射方向形成了宽泛的分布。在过入射光线及织物表面法线的平面上，反射光可以近似地分解成两种余弦函数的叠加，但是由于纱线捻度的存在及织物中纱线的空间螺旋卷曲，以及织物组织的不对称性等，实际上反射角一般不在过入射光线及织物面法线的平面上，有偏离，且偏离方向和程度与纱线捻度、织物组织等有关。织物的光泽度表示织物反射光的常用指标，主要有两种对比光泽度，即平面对比光泽度与旋转对比光泽度。

2. 折皱回复性

织物被搓揉挤压时发生塑性弯曲变形而形成折皱的性能，称为折皱性。织物抵抗此类折皱的能力称为抗皱性。

折皱回复性是指服装在穿着、储存、使用时具有折皱回复的性能。在近30年来，提高服装在"可机洗"（洗衣机水洗）、"洗可穿"（易洗、快干、免烫）等方面的基本要求，就是提高织物在干态、湿态、凉态、热态环境下的抗皱指标。折皱是织物高曲率的弯曲，故影响织物弯曲性的因素就是织物抗皱性的因素。而抗皱性的表征主要是织物弯曲后的回复性。因此导致纤维本身的塑性变形和纤维间、纱线间不易（或高能耗）滑移的机制就是织物折皱回复性差的本质因素。

改善织物抗皱性的方法应该遵循两个基本机制，即纤维的高弹性化和纤维间的低摩擦或弹性联结。就如同弹性纤维的结构，变形段无阻力，可变形蓄能，刚性段保持纤维间的稳定，不产生不可回复的滑移。例如，树脂整理增加纤维间的不可滑移但弹性固定；采用氨纶包芯纱、弹性长丝或弹性短纤维的交织、混纺织物，以增加纤维本身的弹性和织物变形后的回复；棉织物的液氨整理，增加纤维的弹性和圆整度，增加织物的蓬松性等。

免烫性是织物经洗涤后不经熨烫而保持平整状态的性能，又称"洗可穿性"。一般为吸湿性差的、在湿态下的折痕回复性好的、缩水性小的织物免烫性较好，代表性织物为涤纶织物。毛织物的免烫性较差。液氨处理、树脂整理可改善织物的免烫性。

3. 起毛起球

织物在使用过程中，不断受到摩擦，使其表面的纤维端被牵、带、钩、挂拔出，并在织物表面形成毛羽的现象称为起毛。随着毛羽不断被抽拔伸出，一般超过5mm以上时，再承受摩擦，这些纤维端会相互钩接、缠绕形成不规则球状的现象称为起球。织物起毛起球后，会改变其表面的光泽、平整度、织纹和花纹，并浮起大量颗粒，严重影响织物的外观和手感。

天然纤维中，除羊毛外，其他纤维材料都不易起毛、起球。人造纤维中，黏胶纤维、醋酯纤维不易起毛起球；合成纤维中，涤纶、丙纶起毛起球严重，维纶、腈纶次之。

4. 钩丝

当织物中的纱线比较光滑，编织紧度较低时，织物遇到尖锐物体刺挑，会出现织物表面纱线被抽拔、拱起等的现象称为"钩丝"。钩丝不仅在织物表面拱起纱线颗粒，而且使其附近纱线抽直，从而改变织纹形状及其屈曲波分布。钩丝一般常发生在长丝织物和针织物中，会影响织物的外观和耐用性，是织物服用性能的基本评价指标之一。

5.悬垂性

织物因自重下垂的程度及形态称为悬垂性。服装的肩、袖、裙、裤的线条曲面都是织物在重力作用下所形成的各种曲面和褶纹，特别是在人行动时，这些曲面和褶纹的运动和变化是服装外观的重要内容，而这些内容都可以归纳为织物的悬垂性。衣裙、窗帘、帷幕、桌布等都要求具有良好的悬垂性。

悬垂性包括静态悬垂性和动态悬垂性。静态悬垂性是指织物在自然状态下的悬垂度和悬垂状态。动态悬垂性是指织物（服装）在一定的运动状态下的悬垂度、悬垂形态和飘动频率。影响织物悬垂性的因素主要有织物的单位面积质量、织物经纬向与正反向的抗弯刚度。

6.起拱变形

服装在穿用中，某些部位（肘部、膝部等）易产生永久性鼓突变形，形成影响服装外观美感的重要缺陷。织物在服用过程中，在服装的肘部与膝部受到反复弯曲，织物由于缓弹性与塑性变形的积累而产生的变形称为起拱变形。织物的起拱变形使服装的外观变差，耐用性降低。影响织物起拱变形的因素为纤维的变形回复能力。

（二）纺织品的服用耐用性

服用纺织品除了要具备一般的拉伸、压缩、剪切、摩擦性能之外，还要从实际应用角度出发具备某些力学性能。

1.顶破与胀破性

织物在垂直于织物平面的负荷作用下鼓起扩张而破裂的现象称为织物的顶破。织物在起拱破裂时测得的破裂强度称为顶破强度，如膝部、肘部、手套、袜子所受的力。在实际应用中顶破强度是纺织品服用性能的重要测试指标之一。

2.撕破性

织物受到集中负荷作用，纱线逐根被拉断而撕开的现象称为撕破。织物撕破前所受的最大负荷称为撕破强力。撕破试验常用于军服、篷帆、帐篷、雨伞、吊床等机织物，还可以用于评定织物经树脂整理、助剂或涂层整理后的耐用性（或脆性）。经过防皱整理和紧密的织物中纱线缺少移动的空间更易于撕裂。为避免撕裂强度过低，在某些航空降落伞中常嵌织入高强度股线，以增加抗撕裂强度。

撕破强度的测试方法常用的是舌形法、梯形法和落锤法。舌形法断裂的是织物中非受拉系统的纱线，撕裂强度的大小取决于纱线的断裂功和纱线间的摩擦阻力；梯形法断裂的是织物中受拉系统的纱线，撕裂强度的大小取决于纱线的断裂强力。

3.耐磨性

磨损破坏是织物最主要的破坏因素之一，指织物与另一物体反复摩擦使织物损坏。织物抵抗磨损破坏的性能称为织物的耐磨性。织物耐磨性按模拟方式的不同主要有三类：

（1）平面往复磨损法。织物平展夹持在平台上，用磨料往复磨损一定次数后，测量试样上破损的面积。

（2）平面旋转磨损法。圆形织物试样展平夹在圆形平台上，平台旋转，并与压在织物上的砂轮在交叉方向摩擦一定转数后，测量织物表面磨损的面积。

（3）屈曲磨损法。织物试样绕过多个磨辊，反复正反方向弯曲、伸展并摩擦，一般测量在一定张力下试样条断裂的磨损次数。

（三）纺织品的舒适性

狭义上，纺织品的舒适性是指在环境—服装—人体体系中，通过服装面料的热湿传递作用经常保持人体舒适满意的热湿传递性能。广义上，除了一些物理因素外（织物的隔热性、透气性、透湿性、防水性及表面性能），还包括心理与生理因素。因此，织物的服用舒适性包括热湿舒适性和接触舒适性两个重要内容。

1.隔热性

织物的隔热性指织物包覆热体时的温度保持能力。织物的保暖性主要与寒冷或低温环境中的穿着舒适性有关。织物保暖性越好，服装在寒冷或低温环境中的穿着舒适性越好。影响织物隔热性的因素包括织物中纤维排列状态、织物厚度、纤维材料的导热系数和织物克重。而评价织物隔热性能的指标主要有导热系数、绝热率、热阻和克罗值。

影响织物保暖性的因素：

（1）纤维直径。纤维直径小，纤维表面捕捉的静止空气多，保暖性好。

（2）纤维性状。纤维中所包含的静止空气多，保暖性好；纤维回潮率高，织物保暖性差。

（3）纤维的导热系数。导热系数小，织物保暖性好。

（4）织物结构。织物厚度大，保暖性好。

2.透气透湿性

气体、液体以及其他微小质点通过织物的性能，称为织物的透通性，包括织物的透气、透湿及透水、防水的性能。

（1）透气性。气体分子通过织物的性能称为织物的透气性。当织物两边的空气存在一定的压力时，空气从压力较高的一边通过织物流向压力较低的一边。用于描述织物透气性的指标为透气率，即织物两边维持一定压力差条件下，在单位时间内通过织物单位面积的空气量。

（2）透湿性。空气中的水蒸气通过织物的性能。织物透湿的实质是水的气相传递，当织物两边存在一定的相对湿度差时，水汽从相对湿度较高的一侧通过织物传递向相对湿度较低的一侧。用于描述织物透湿性的指标为透湿率，测定方法分为蒸发法和吸湿法。

3.透水与防水性

液态水从织物一面渗透到另一面的性能，称为透水性；防止液态水从织物一面渗透到另一面的性能，称为防水性。织物透水的实质是水的液相传递，即织物两侧存在水压差，水从压力高的一面向压力低的一面传递的过程。

透水性与服装舒适性的关系：一方面，织物应该阻止来自外界的水（如雨水等），即织物应具有一定的防水性；另一方面，当人体表面出现汗液时，应尽快使汗液通过织物排出。理想的织物是既能防止外部水进入，又能保证人体的湿气能及时排出，即具有防水透湿效果。

4. 接触舒适性

织物的接触舒适性除了主观评价中的织物手感，还包括纤维端的刺痒、刺扎感觉问题。一般情况下，纤维端顶压皮肤，且顶压压力与纤维弯曲刚度及纤维直径平方呈正比。纤维越粗，顶压力越大，刺痒感或刺扎感越强。当纤维细软时，顶压压力下降，且接触面积增加，刺痒感减轻或消失，呈现柔软、轻柔的舒适感。

（1）粗糙感与刺痒感。一般是织物表面毛羽对皮肤的刺扎疼痛和轻扎、刮拉、摩擦的"痒"之综合感觉，而且往往以"痒"为主。这是由纤维的刚度造成的，跟纤维的粗细相关。针对易产生刺痒感的毛织物和全麻织物，常采取软化法提高织物柔软度或最大限度降低织物表面的毛羽。

（2）温暖感与阴凉感。主要取决于织物的表面结构，大接触表面的光滑织物具有阴凉感，起毛拉绒织物与皮肤接触时具有温暖感。含水量高、纤维卷曲率低，阴凉感显著。

（四）纺织品的卫生安全性能

由于服装与人体距离最近，接触时间最长，所以它的卫生防护性能成为最受人类关注的内容。织物的卫生安全性能包括多层次多方面，以下重点介绍三个方面。

1. 抑菌性、抗菌性、防臭性

纺织品尤其是内衣织物在人体穿着过程中，会沾污很多汗液、皮脂以及其他各种人体分泌物，同时也会被环境中的污物所沾污。这些污物尤在高温潮湿的条件下，成为各种微生物繁殖的良好环境，可以说成是各种微生物的营养源。致病菌在内外衣上不断分解以及细菌的不断繁殖，还可产生臭味。人体被细菌感染后还可导致皮炎及其他各种传染病的发生，使人体健康受到损害。织物能抑制对人体有害的细菌，减少繁殖的性能称为抑菌；若能杀灭这些细菌和霉菌，称为抗菌；若能杀灭会分解产生氨、硫的异味化合物的细菌，称为消臭。

部分纺织纤维本身具有抑菌、抗菌的功能，如汉麻、黄麻、竹纤维等，只要处理得当就能使织物也具备抑菌、抗菌、消臭功能。本身不具备杀菌功能的纤维制成的织物，可以在染整加工中引入抗菌剂整理，使之具备抗菌功能。

2. 紫外线屏蔽性

随着地球高空臭氧层变薄，南极出现冬季臭氧层空洞及中国南方臭氧低槽的出现，地球表面紫外线辐射强度增大，其中特别是中紫外（UVB，波长为280~320nm的紫外线）辐照强度的增加，导致皮肤癌发病率递增。这对服用织物的紫外线屏蔽率提出了日益紧迫的要求。

天然纤维中的木质素具有较强的紫外吸收功能，因此保留部分木质素的韧皮纤维和叶纤维的织物具有一定的紫外屏蔽功能。其他织物可以用织物整理的方法渗入、吸附或涂覆紫外线吸收剂以增加紫外线屏蔽功能。常用的紫外线吸收剂有纳米级的金属氧化物粉末，如纳米氧化锌均匀分布于织物只要达到50mg/m^2，即可吸收紫外线（特别是中紫外）99%以上。

织物紫外线屏蔽的测试一般由紫外区吸收光谱与紫外线对人类皮肤的致变影响因子积分计算。中紫外（UVB）区段紫外线屏蔽效率［以分贝（dB）为单位］称为日晒防护系数SPF，织物SPF最高可达50甚至更高。近紫外（UVA，波长320~400nm）及中紫外区段的综合屏蔽效率，称为紫外防护系数UPF。

3.红外辐射性

纺织材料除了对红外电磁波有选择性吸收的特征之外，吸收以后使电磁能转变成热能，在常温下也有相当辐射（使热能转变成电磁能）等特征。

织物红外线反射率在不同角度方向的分布，与标准漫反射有一定差异。当法向入射（0°）时，在反射角35°以内与余弦分布基本吻合，但在反射角35°以上时与余弦分布明显偏离。由于水对红外波段的波有强吸收，故织物回潮率 W 对反射率 α_R 有显著影响，如图2-11所示。

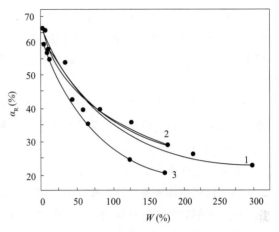

图2-11　织物回潮率对红外反射率的影响
1—棉毛织物　2—高密纯棉平纹织物　3—中密纯棉平纹织物

实际物质对外来的电磁波有选择性共振吸收性能。物质升温后原子和分子热振动加剧，将发射（对外辐射）相同频率（或波长）的热辐射，但材料热辐射能力比吸收能力要弱一些。减弱的程度一般称为灰度。因此，不同的物质在相同温度下虽然辐射波谱的主波长相同，但辐射强度有很大差异。某些金属氧化物或碳化物陶瓷粉具有较强的红外辐射性能。近年发现近红外辐射和中红外辐射对人体皮肤有升温作用，间接促使毛细血管动静脉松弛膨胀，加快血流微循环，有利用局部肿痛的散瘀消肿等病症。这是红外辐射纺织品的治疗功能。

第四节　纺织品成型加工技术

一、纺丝技术

将纺丝流体用纺丝泵（或称计量泵）连续、定量而均匀地从喷丝头或喷丝板的毛细孔中挤出而成液态细流，再在空气、水或凝固浴中固化成丝条的过程称为纺丝或纤维成型。刚纺成的丝条称为初生纤维。纺丝是化学纤维生产过程的关键工序，改变纺丝的工艺条件，可在较大范围内调节纤维的结构，从而相应地改变所得纤维的力学性能。

按成纤高聚物的性质不同，化学纤维的纺丝方法主要有熔体纺丝法和熔液纺丝法两大类，此外，还有特殊的或非常规的纺丝方法。其中，根据凝固方式的不同，熔液纺丝法又分为湿法纺丝和干法纺丝两种。在化学纤维生产时，多数采用熔体纺丝法生产，其次为湿法纺丝生产，只有少量的采用干法或其他非常规纺丝方法生产。化学纤维的生产工艺流程主要包括纺丝熔体或溶液的制备、纺丝及初生纤维的后加工。

（一）熔体纺丝法

熔体纺丝又称熔融纺丝，简称熔纺。是将聚合物加热熔融，通过喷丝孔挤出，在空气中冷却固化形成纤维的化学纤维纺丝方法。用于熔体纺丝的聚合物，必须能熔融成黏流态而不发生显著分解。聚酯纤维、聚酰胺纤维和聚丙烯纤维都可采用熔体纺丝法生产。

1.特点

熔体纺丝方法的主要特点是纺丝速度高（1000~7000m/min），无须溶剂和沉淀剂及其回收、循环系统，设备简单，工艺流程短，是一种经济、方便和效率高的成形方法。但喷丝头孔数相对较少。

2.工艺流程（图2-12）

（1）纺丝熔体制备。连续聚合制得熔体，或者经过预结晶、干燥后的成纤高聚物切片从聚合物料斗加入按要求分段加热的螺杆挤出机，先后进行熔融、混合、计量并挤出，经挤出机与纺丝箱体间的弯管送入熔体计量泵。

（2）熔体通过置于纺丝箱体内的计量泵定量后从有喷丝头的小孔挤出形成熔体细流。

（3）熔体细流进入甬道后在较低温度和冷却吹风环境下冷却、固化并形成初生纤维。

（4）初生纤维再经上油、网络后卷绕成筒。

（5）此卷绕丝再经后续的拉伸—热定形等加工后便制得适用性的成品纤维。

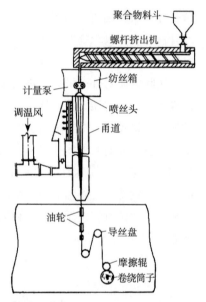

图2-12　熔体纺丝法工艺过程示意图

熔纺法按照熔体制备工艺过程又分为直接纺丝法和切片纺丝法。将聚合后的聚合物熔体直接送入计量泵计量、挤出进行纺丝的工艺称为直接纺丝法；而将聚合物的切粒经预结晶、干燥等必要的纺前准备后送入螺杆挤出机熔融纺丝的技术称为切片纺丝法。大规模工业生产上常采用直接纺丝技术，有利于降低生产成本，但是难于生产差别化纤维品种，只能在线密度、纤维截面形状上做出些许改变。而切片纺丝法较为灵活，易于更换品种，生产小批量、高附加值的差别化纤维。

（二）溶液纺丝法

溶液纺丝是将成纤高聚物溶解在某种溶剂中，制备成具有适宜浓度的纺丝溶液，再将该纺丝溶液从微细的小孔吐出进入凝固浴或是热气体中，高聚物析出成固体丝条，经拉伸—定形—洗涤—干燥等后处理过程便可得到成品纤维。溶液纺丝生产过程比熔体纺丝要复杂，溶液纺丝又有湿法纺丝、干法纺丝、干湿法纺丝之分。

1.湿法纺丝

湿法纺丝简称湿纺，其主要工艺过程示意图如图2-13所示。适用于湿法纺丝的成纤聚合物，其分解温度低于熔点或加热时易变色，且能溶解在适当溶剂中。聚丙烯腈纤维、聚乙烯醇纤维等合成纤维和黏胶纤维、铜氨纤维等人造纤维品种采用湿法纺丝生产。湿法纺丝得到的纤维截面大多呈非圆形，且有较明显的皮芯结构，这主要是由凝固液的固化作用而造成的。

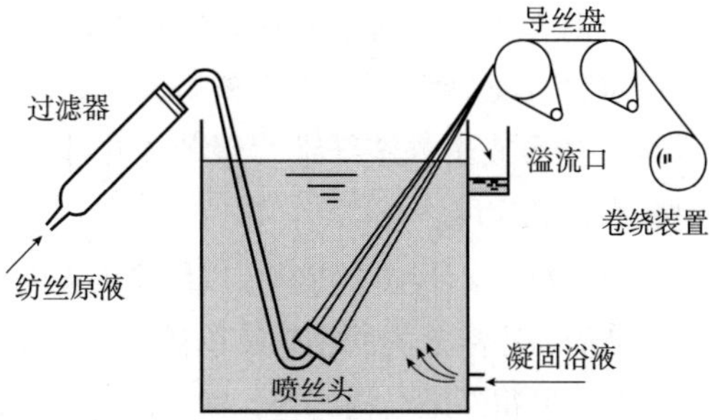

（1）特点。湿法纺丝的速度较低，而喷丝板的孔数较熔体纺丝多，工艺流程复杂，投资大、生产成本较高。一般在短纤维生产时，可采用多孔喷丝头或级装喷丝孔来提高生产能力，从而弥补纺丝速度低的缺陷。

图2-13 湿法纺丝工艺过程示意图

（2）工艺流程。

①制备纺丝原液。

②将原液从喷丝孔压出形成细流。

③原液细流凝固成初生纤维。

④初生纤维卷装或直接进行后处理。

2. 干法纺丝

干法纺丝是溶液纺丝中的一种，若成纤高聚物可以找到一种沸点较低、溶解性能又好的溶剂制成纺丝液，此时可以将纺丝溶液从微细的小孔吐出，进入加热的气体中，纺丝液中的溶剂挥发，高聚物丝条逐渐凝固，经拉伸一定形—洗涤—干燥等后处理过程便可得到成品纤维。腈纶、氨纶、氯纶及维纶等均采用干法纺丝工艺。

（1）特点。干法纺丝具有连续生产、纺丝速度高、产量大、污染少等优点；纤维质量及耐化学性和染色性能比湿纺纤维好。但干法纤维耐氯性较差，技术难度较大，需要溶剂回收，生产成本相对较高。

（2）工艺流程（图2-14）。

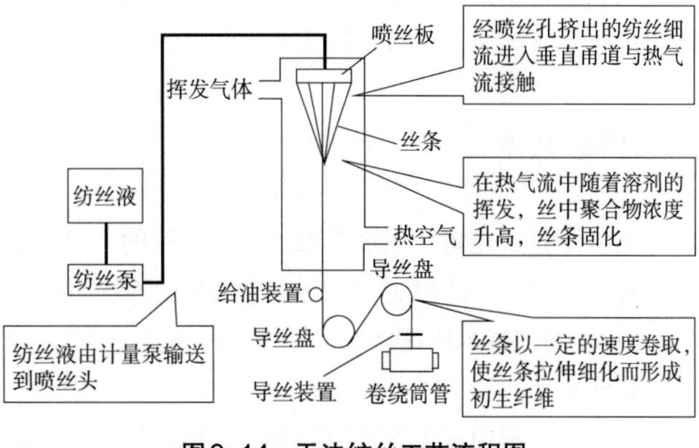

图2-14 干法纺丝工艺流程图

3. 干湿法纺丝

干湿法纺丝是溶液纺丝中的一种，又称干喷湿纺法。它将湿法纺丝与干法纺丝的特点相结合，特别适合于液晶高聚物的成型加工，因此也常称为液晶纺丝。

将成纤高聚物溶解在某种溶剂中制备成具有适宜浓度的纺丝溶液，再将该纺丝溶液从微细的小孔吐出，首先经过一段很短的空气夹层，在此处由于丝条所受阻力较小，处于液晶态的高分子有利于在高倍拉伸条件下高度取向，而后丝条再进入低温的凝固浴完成固化成型，并使液晶大分子处于高度有序的冻结液晶态，制得的成品纤维具有高强度、高模量。

目前，干湿法纺丝已在聚丙烯腈纤维、聚乳酸纤维、壳聚糖纤维、二丁酰甲壳质、聚氯乙烯纤维、芳香族聚酰胺纤维、聚苯并咪唑纤维等的制备中得到应用。

（1）特点。干湿法纺丝可以纺高黏度的纺丝原液，从而减小溶剂的回收以及单耗，同时其成型速度较高，所得纤维结构均匀，横截面为圆形，强度和弹性均有所提高，染色性和色泽较好。干湿法纺丝一个主要缺点是纺丝原液细流断裂后，原液极易沿喷丝头漫流，这意味着多孔纺丝过程中如果一根单丝断裂，就很可能因为原液漫流，而造成其他丝的断裂，从而破坏纺丝过程的连续性。

（2）工艺流程（图2-15）。

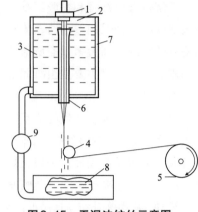

图2-15　干湿法纺丝示意图

1—喷丝板　2—空气层　3—凝固浴　4—导丝辊
5—卷绕辊　6—纺丝管　7—凝固浴槽　8—凝固浴
循环槽　9—循环泵

4. 干纺与湿纺的区别

干纺的纺丝液浓度比湿法高，一般可达18%~45%，相应的黏度也高，能承受比湿纺更大的喷丝头拉伸（2~7倍），易制得比湿纺更细的纤维。

干纺纺丝线上丝条所受到的力学阻力远比湿纺小，纺速比湿纺高，但由于受到溶剂挥发速度的限制，干纺速度比熔纺低。

干纺喷丝头孔数远比湿纺少，这是因为干法固化慢，固化前丝条容易粘连。一般干纺短纤维的喷丝孔数在1200孔左右，而湿纺短纤维的孔数高达数万孔。因此干法单个纺丝位的生产能力远低于湿纺，干纺一般适合生产长丝。

二、纺纱技术

纺纱学是研究将纺织短纤维加工成纱线的一门科学，纱线一般都是由许多长度不等的短纤维通过捻接的方法制成的，还有由很长的连续单丝捻合而成。

（一）纺纱基本原理

1. 除杂

在纺纱过程中首先需要清除杂疵，即对原料进行初步加工，也称为纺纱原料的准备。原料的种类不同，杂质的种类和性质不同，加工的方法和工艺也不同。原料的初步加工方法主要有物理方法（如轧棉）、化学方法（如麻的脱胶、绢丝的精练）以及物理和化学相结合的方法（如羊毛的洗涤和去草炭化）。

2. 松解

将杂乱无章、横向紧密联系的纤维加工成纵向顺序排列，而且具有一定要求的光洁纱线，需要将块状纤维变成单根纤维状态，解除纤维原料存在的横向联系，建立起牢固的首尾衔接的纵向联系。前者称为纤维的松解，后者称为纤维的集合。

纤维的松解是彻底解除纤维与纤维之间存在的横向联系。但是必须尽可能减少纤维的损伤。纤维的集合是使松解加工的纤维重新建立起排列有序的纵向联系，这种联系是连续的，而且应使集合体内的纤维分布是均匀的，具有一定的线密度和强度。

纤维集合体，还需要加上一定的捻度。集合过程也不是一次完成的，要经过梳理、牵伸以及加捻等多次加工才能够完成。

3. 开松

开松是把大块纤维撕扯成为小块、小纤维束。广义上说，麻的脱胶也是一种开松。随着开松作用的进行，纤维和杂质之间的联系力减弱，从而使杂质得到清除，同时使纤维之间得到混和作用。开松作用和杂质的去除并不是一次完成的，而是经过撕扯、打击以及分割等作用的合理配置渐进实现的。

4. 梳理

梳理作用是由梳理机上的大量密集梳针把纤维小块、小束进一步松解成单根状态，从而进一步完善了纤维的松解。梳理后纤维间的横向联系基本被解除，除杂和混和作用更加充分。但其中有大量的纤维呈弯曲状，且有弯钩，每根纤维之间仍有一定的横向联系。

（二）纺纱技术分类

目前，应该较广泛的纺纱技术主要有4种：环锭纺、紧密纺、转杯纺和喷气纺。

1. 环锭纺

环锭纺始于19世纪，当前已广泛应用。纺纱质量达到相当高的水平，应用范围及品种适应性扩大，已走向高科技的生产工艺。

环锭纺纱是非常重要的纺纱工艺，在短纤维纺纱生产领域，环锭纺纱占有约80%的市场份额。其不仅可以生产环锭标准纱（环锭纱），还可以生产环锭包芯纱、环锭花式纱和环锭赛络纱。环锭纺纱可纺纱线细度范围为5~250nm。与新型纺纱工艺相比，环锭纺纱具有如下优势：适纺性好，所纺纱线细度范围大；纱线结构合理，强力佳；设备机构简单，操作技术成熟，易于掌握；产量、品种调整灵活。以普梳纱为例，环锭纺纱工艺流程如图2-16所示。

2. 紧密纺

紧密纺纱在传统环锭纺工艺的基础上进行完善和改进，与普通环锭纺相似，紧密纺可以纺包芯纱、花式纱和赛络纱。除此之外，紧密纺还可以纺特种纱。相对于环锭纺，紧密纺的可纺细度范围要小一些，为10~250nm。以实际应用较多的紧密精梳棉为例，其工艺流程如图2-17所示。

虽然环锭纺已得到相当的发展，但生产技术仍不十分理想。普通环锭纺纱形成区引出纤维宽度明显大于纺纱三角区的宽度，表明三角区边的一些纤维会散失，或者不能被纱线体抓持住，产生不受控纤维。

3. 转杯纺

转杯纺是自由端纺纱方法之一，因采用转杯凝聚单纤维而称转杯纺纱。初时主要用气流，我国又称气流纺纱。转杯纺的纺纱速度高，卷绕容量大，纺低级棉和废落棉有良好的适

开清生产线　梳棉机

（a）清梳联

头道并条机　　　　　　自调匀整并条机　　　　　　粗纱机

（b）纺纱准备

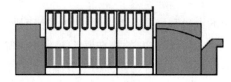

环锭细纱机

（c）后纺设备

图2-16　环锭纺（普梳）工艺路线

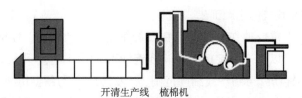

开清生产线　梳棉机

（a）清梳联

  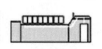 

头道并条机　　条并卷机　　精梳机　　二道并条机　　粗纱机

（b）纺纱准备

紧密纺纱机

（c）后纺设备

图2-17　紧密纺（精梳）工艺路线

纺性，劳动环境也大为改善。

不同于环锭纺工艺，转杯纺采用熟条喂入，只用一道工序便可生产出用于后道加工或销售的交叉卷绕筒子，省去了粗纱和络筒工序。转杯纺工艺路线通常只需一道并条工序即可，具体流程如图2-18所示。整个工艺流程短，占地面积少。由于整个工艺流程配置的设备品种少，因此维护相对简单，从而节约了人工成本。

转杯纱的生产成本中，直接人工成本所占比例低于资本成本和能耗成本。转杯纺的运转效率也非常高，远高于环锭纺。在纱厂实际生产中，机器效率可高达99％。转杯

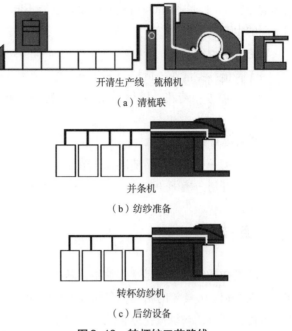

（a）清梳联
开清生产线　梳棉机

并条机
（b）纺纱准备

转杯纺纱机
（c）后纺设备

图2-18　转杯纺工艺路线

纺纱机无需像环锭纺纱机那样停机后再落下卷装。在许多情况下，转杯纱在织造厂和针织厂后道加工中的优势在于交叉卷绕筒子所具有的更长无疵点运行长度，即后道加工中的故障和停车更少。与环锭纺相比，转杯纺不仅产量要高得多，而且在减少灰尘和噪声排放方面也占有很大优势。

4.喷气纺

喷气纺是一种非传统纺纱方法，利用喷射气流对纤维牵伸后，纤维条施行加捻时，纤维条上一些头端自由纤维包缠在纤维条外围纺纱。有单喷嘴式和双喷嘴式两种，后者纺纱质量好且稳定。纤维条被牵伸装置拉细，从前罗拉输出，经第一喷嘴、第二喷嘴、导纱钩、引纱罗拉，由槽筒卷绕成筒子。

喷气纺纱机是全自动设备，并且省去了粗纱机和络筒工序。与环锭纺纱厂相比，喷气纺纱厂的人力成本和占地面积都大大降低。喷气纺工艺流程如图2-19所示。

（三）纺纱工艺流程

如果要把棉花纺成纱，一般都要经过清

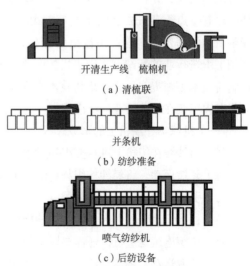

（a）清梳联
开清生产线　梳棉机

并条机
（b）纺纱准备

喷气纺纱机
（c）后纺设备

图2-19　喷气纺工艺路线

花、梳棉、并条、粗纱、细纱等主要工序。用于高档产品的纱和线还需要再增加精梳工序。

生产不同要求的棉纱，也要采取不同的加工程序。例如，纺纯棉纱和涤棉混纺纱，由于

使用的原料不同，各种原料所具有的物理性能不同，以及产品质量要求不同，在加工时需采用不同的生产流程。

1.纯棉纱工艺流程

（1）普梳纱：清花→梳棉→头并→二并→粗纱→细纱→后加工。

（2）精梳纱：清花→梳棉→预并→条卷→精梳→头并→二并→三并→粗纱→细纱→后加工。

2.涤棉混纺纱工艺流程

棉：开清→梳棉→（精梳准备→精梳）→头并→二并→三并→粗纱→细纱→后加工。

涤纶：开清→梳棉→头并→二并→三并→粗纱→细纱→后加工。

三、机织技术

人类最初的织造技术是手工编结，随着生产的发展，出现了手工提经和手工引纬的织机雏形。在1368~1644年的明代，我国手工纺织业技术水平在世界上处于领先地位。当手工纺织技术传到西方，与机械化结合后，纺织技术获得了新的发展。18世纪，蒸汽机出现后，人们开始以蒸汽为动力（以后使用电力）来拖动机器，开创了动力织机代替手工织机的新时代，大大提高了织机的生产率。1889年，在美国出现自动换纤织机，这是一项重大的发明，其设计思想一直被沿用至今。1926年，日本丰田公司的创始人研制成功自动换梭织机。丰田自动织机的张力装置、自动换梭装置、投梭机构等重要部分基本上已具备现代织机的形制，并在世界各国得到广泛应用。从19世纪末期开始，人们逐渐发现有梭织机上存在着许多难以解决的问题，如梭子的质量大、机器的振动和噪声大、产量低、维护费用高等，使梭子引纬的原有特点逐渐失去了积极意义。因此，人们一方面对有梭织机进行改造，另一方面积极探索新的引纬方法。进入20世纪50年代，片梭织机、喷气和喷水织机、剑杆织机相继问世，开创了织造行业的新纪元。由于机械工业、电子工业、化学工业及各项高新技术的发展，现代制造技术不断提高，无梭织机技术水平发展到一定的高度，新型织机因其显著优势已逐步取代有梭织机在织造行业广泛应用。

（一）机织物在织机上的形成过程

经、纬纱线在织机上进行交织的过程，是通过以下几个运动来实现的：

（1）开口运动。将经纱按织物组织要求分成两层，两层纱之间的空间称为梭口。

（2）引纬运动。将纬纱引入梭口。

（3）打纬运动。将引入梭口的纬纱推至织口。织口是经纱和织物的分界。

要使交织连续地进行，还需要以下两个运动：

（4）卷取运动。随着交织的进行，将织物牵引而离开织口，卷成圆柱状布卷。每次交织所牵引的长度，将确定织物的纬密。

（5）送经运动。随着织物向前牵引，送出所需长度的经纱，并使经纱具有一定张力。

开口、引纬和打纬三个运动是任何一次交织都不可缺少的，称为三个主运动。而送经和卷取两个运动是交织连续进行所必要的运动，称为副运动。它们合称为机织的五大运动。图2-20所示为机织物形成过程示意图。

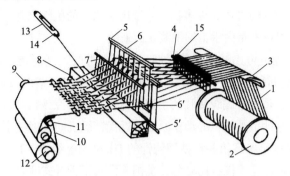

图2-20 机织物形成过程示意图

1—经纱 2—织轴 3—后梁 4—绞杆 5, 5′—综框 6, 6′—综眼 7—筘 8—织口
9—胸梁: 10—刺毛辊 11—导辊 12—布辊 13—纡子 14—梭子 15—停经片

（二）机织生产流程

机织生产流程分三个阶段，即织前准备、织造和原布整理。

1. 织前准备

（1）使经纬纱形成织造所需要的卷装形式，如织轴、纡子和筒子。

（2）将经纱穿入综眼、筘齿和停经片，以满足织造时开口、打纬和经纱断头自停的需要。

（3）提高纱线的织造性能，如清除纱线上的疵点和薄弱环节、增加经纱的强度和耐磨性、改善纡子的退绕性能和纬纱的捻度稳定性等。

（4）使纱线具有织物设计所要求的排列顺序，如色织物的色经纱排列。

（5）加工所织品种所需的特种效应的纱线，如花式线、并色线。

2. 织造

经纬纱线在织机上交织而形成织物。

3. 原布整理

将织造所得的织物进行检验、折叠、分等和成包。

由于机织物的种类很多，原料也不同，所以生产流程有较大差别。图2-21所示为一般棉型本色织物的机织生产流程。

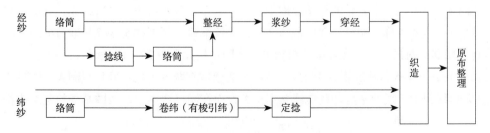

图2-21 一般棉型本色织物的机织生产流程图

四、针织技术

将纱线转变成为织物的方法有许多种，除了历史悠久的机织之外，第二种重要的编织方式就是针织。现代针织技术是由手工编织演变而来的。

针织所利用的原理，可追溯到史前时期，原始人类的鱼网制造，即为一种针织形式的基本运用。针织机械的诞生是在1589年，英国人威廉·利亚（William-Lea）制成了第一台针织机，它使用钩针，是一种编织袜片的手摇平袜机；后其在该机基础上研制出了一台更细密、更完善的袜机，这种手摇袜机的动作原理为近代针织机的发展奠定了基础。1758年出现了第一台罗纹机；1775年出现第一台使用钩针的Tricot型经编机；1847~1855年相继发明了舌针并制造出双针床舌针经编机；1863年，美国人发明了舌针式罗纹平机，1908年，世界上出现了第一台棉毛机。从1589年第一台针织机问世以来，针织机械在400多年间，经历了从无到有、从简单到复杂、从单一机种到近代各种针织机种的缓慢发展历程。

针织生产具有广阔的发展前景。针织生产工艺流程短，原料适用性强，产品使用范围广；针织机的生产效率高，劳动强度低，机器噪声小，能源消耗和占地面积少；针织生产除可织成经过经裁剪、缝纫而成针织品的织片外，还可以在机器上直接编织成全成型产品或半成型产品，以节约原料，简化或取消裁剪和缝纫工序，并能改善针织产品的服用性能。因而针织生产具有较高的经济效益，在整个世界范围内得到迅猛发展。目前，全世界针织产品耗用纤维已占到整个纺织品纤维用量的1/3，一些发达国家则达到50%以上，而就服用领域而言，针织与机织之比约为55：45。

针织是利用织针将纱线弯曲成圈，并相互串套连接而形成织物的工艺过程。根据编织方法的不同，针织可分为三大类：纬编、经编、经纬编复合。纬编针织是将纱线由纬向喂入针织机的工作针上，使纱线顺序地弯曲成圈，并在纵向相互串套而形成织物的一种方法。经编针织是采用一组或几组平行排列的纱线，由经向喂入针织机的工作针上，同时弯纱成圈，并在横向相互连接而形成织物的一种方法。在经纬编复合的编织过程中，垫纱按以上两种方法复合而成。为此，在针织机上必须配备有两组纱线，一组按经编方法垫纱，而另一组按纬编方式垫纱，织针将这两组纱线复合在一起形成织物。由纬编针织所形成的织物，称为纬编针织物或纬编布，由经编针织所形成的织物，称为经编针织物或经编布。通常所说的针织物或针织布，即指用这两种方法所制得的成品或织物。

线圈为构成针织物的基本结构单元。在纬编针织物中，线圈是三度弯曲的空间曲线，如图2-22（a）所示。一个完整的线圈由圈干1-2-3-4-5和延展线5-6-7所组成，其中，圈干的直线段1-2与4-5称为圈柱，弧线段2-3-4称为针编弧，延展线5-6-7又称为沉降弧，由它来连接相邻的两只线圈。在经编针织物中，线圈结构如图2-22（b）所示，一个完整的线圈由圈干1-2-3-4-5和延展线5-6组成。经编线圈通常有两种形式：开口线圈A和闭口线圈B。在开口线圈中，线圈基部的延展线互不交叉，而在闭口线圈中，线圈基部的延展线相互交叉。

纬编针织物与经编针织物的结构区别在于：一般纬编针织物中每一根纱线上的线圈沿着

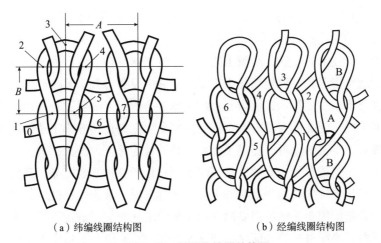

（a）纬编线圈结构图　　　　　　　（b）经编线圈结构图

图2-22　针织物线圈结构图

横向分布，而经编针织物中每一根纱线上的线圈沿着纵向分布；纬编针织物上的每一个线圈横列是由一根或几根纱线的线圈组成，而经编针织物上的每一个线圈横列是由一组或几组纱线的线圈组成。

针织物的外观有正面和反面之分。凡线圈穿过上一线圈而到达的一面为针织物的正面，其特征为线圈圈柱覆盖在上一个线圈的圈弧之上。与之相反，线圈圈弧覆盖线圈圈柱的一面称为针织物的反面。

针织物中，线圈在横向形成的水平行列称为线圈横列。纬编由一根或几根纱线在织针上顺序编织，构成一个线圈横列；经编则由一组或几组平行排列的经纱在一次成圈过程中分别在不同织针上形成线圈，构成一个线圈横列。针织物中，线圈沿纵行相互串套而形成的行列称为线圈纵行。一般每一纵行由同一枚织针编织而成。

在线圈横列方向上，两相邻线圈对应点之间的距离称为圈距，一般以A表示。在线圈纵行方向上，两个相邻线圈对应点之间的距离称为圈高，一般以B表示。

针织物根据编织时采用的针床数可分为单面针织物和双面针织物两类。单面针织物采用一个针床缩织而成，其特征是织物的一面全部为正面线圈，而另一面全部为反面线圈，织物两面具有显著不同的外观；双面针织物采用两个针床编织而成，其特征是织物的任何一面都显示有正面线圈。

利用织针将纱线编织成针织物的机器称为针织机。针织机的分类方法有多种，按工艺类别可分为纬编针织机与经编针织机；按针床数量可分为单针床针织机和双针床针织机；按针床形式可分为圆型针织机和平型针织机；按用针类型可分为钩针机、舌针机和复合针机。

五、非织造技术

非织造技术是纺织工业中最年轻且最有发展前途的一种新技术之一。非织造布生产突破了传统的纺织原理，综合了纺织、化工、塑料、造纸等工业技术，充分利用了现代物理学、化学等学科的有关知识。非织造布在短短的几十年中所以能得到高速度的发展，是由多方面的因素促成的，这些因素又常常结合起来发生作用。

一是随着纺织技术的发展，纺织工艺与设备越来越复杂，生产成本不断上升。在这种情况下，人们就企图寻找一种能简化生产工艺、减少设备台数与复杂程度，从根本上降低生产成本的新技术。二是纺织工业需要对越来越多的纺织下脚料进行利用，从而希望采取简单而有效的手段，使之成为具有一定用途的产品。三是化学纤维工业的迅速发展为非织造布的发展提供了丰富的原料，提供了提高产品质量的保证，大大扩大了产品用途开发的可能性。同时，非织造布技术有效并且高速地利用化纤原料开发产品，又促进了化纤工业进一步发展。四是传统的纺织产品对许多应用场合来说，其物理特性的大多数指标往往超过使用要求或者是使用要求所不需要的，而一些使用性能却又满足不了要求，在医用卫生材料、过滤材料、绝缘材料等方面这些情况尤为突出。非织造布技术则可根据最终产品用途，恰当地选择纤维原料、加工手段，充分地发挥纤维在非织造布结构中的作用。五是由于现代高新科技的迅猛发展，对新材料的需求十分强烈，而非织造布技术正是可以提供有关新材料、新产品的一种十分有效的手段，例如，电子计算机需要的软盘内衬、电子线路板复合材料、航天工业的耐高温复合材料、环保工业需要的高效过滤材料、汽车轻量化需要的新型内装饰材料等。

（一）工艺特点

1. 原料加工适应性强

由于非织造布的独特工艺和设备，使其不仅能够采用纺织工业中所使用的常规原料，而且能够加工很多在纺织工艺中不易加工或不能加工的原料，如纺织废花、落毛、化纤废丝和再生纤维；无机类和高功能纤维，如金属纤维、玻璃纤维、碳纤维、超细纤维等；资源开发性的植物纤维，如菠萝叶纤维、椰皮纤维等。在非织造布生产工艺中，细至0.00011tex（0.001旦）、短至5mm的纤维都能加工出具有独特性能的产品，而且可以在一道工序中直接生产出细至0.5~3μm、长至无限长纤维的非织造布产品。

2. 生产流程短、生产效率高

非织造布生产工艺的最大特点和优势是它的生产流程短、生产效率高，这就使其能够以高产量和高效率生产出成本相对较低的产品来。非织造布大多只需前纺处理、成网和固结即可生产出成品，有些工艺甚至仅用树脂切片直接纺丝成网即告完成。在生产速度上，非织造布可以比传统纺织品高出100~2000倍，而且在加工幅宽上可以窄至几英寸、宽至16m以上。以这样高的速度和大的幅宽进行加工，其生产效率是传统纺织所望尘莫及的。

3. 产品用途广泛

非织造布的原料适应性强、工艺种类多，而且每种工艺又有较多的变化和组合方法，因此它能通过采用不同的原料及其混合和不同的加工方法及其工艺变化，生产出各种规格和结构特性的产品来。例如，采用细旦尼龙纤维，利用热轧的方法能够生产出高档服装衬基布。利用同样的固结方法，采用柔性聚丙烯或聚乙烯/聚丙烯双组分纤维，又可生产出优质的医疗卫生材料。采用针刺工艺，通过变换针板的植针排列方式和刺针品种，利用不同色泽、细度和种类的纤维原料，可以生产出美学性极强的装饰地毯，也可以生产出强度很高的土工布。通过熔喷工艺可以生产出超细纤维结构的高效滤料，而利用熔喷与纺粘法的组合，还可生产出对细菌和化学药剂具有优良屏蔽性能的防护材料。同样的工艺和铺网厚薄，可以生产出不同风格和用途的产品。近年来，随着复合技术和后整理技术的发展，非织造布的用途更加广阔。

（二）非织造布加工工艺

非织造布的生产工艺一般由纤维准备、纤维成网、纤维网固结和后整理四个环节组成。

1.纤维准备

由于非织造布生产使用的原料范围广，性能差异大，为了保证产品质量，改善加工性能，原料需经混和。通常使用自动称量装置，使各种成分的纤维按质量混和。混和后的原料要进行充分的开松、清除杂质和进一步的混和纤维。对天然纤维来说，侧重开清功能；对化学纤维来说，侧重开松作用。天然纤维的开清常用传统纺纱工艺中的开清设备，化学纤维常用混和开松联合机。

2.纤维成网

纤维成网是非织造布生产的专有工序，几乎所有的非织造布都必须先制成纤维网，如同传统的纺织面料必须先有纱线一样。纤维网是非织造布的骨架，纤维网结构根据产品的性质和克重要求而选定。为了提高非织造布的各向同性程度，要求纤维在网中分布布均匀且无明显方向性。纤维成网的方法有以下几种。

（1）干法成网法。干法成网是将短纤维用梳理成网法或气流成网法制成纤维网。这种方法是非织造布最早使用的生产方法。干法成网的产品即由短纤维原料经开松分梳加工后形成的网片状结构，它是非织造布的半成品。纤网的均匀度、克重和纤维排列的方向性直接影响非织造布的性能和用途。

（2）湿法成网法。湿法成网是采用改良的造纸技术，将含有短纤维的悬浮浆制成纤网的方法。湿法成网以使用长度在20mm以下难以纺纱的天然纤维、化学纤维为主，还可以混和一些造纸用浆粕。浆粕与纤维一起成网，可以作为纤维网加固的辅助黏合手段。水流状态下形成的纤网中，纤维呈三维分布，杂乱排列效果好，纤网不但具有各向同性的优点，而且均匀度优于干法成网和纺丝成网。

（3）纺丝成网法。纺丝成网法（又称纺粘法）与熔喷法均属于聚合物挤压纺丝一步成布法。在工艺原理方面两者有许多相同之处，都是经螺杆挤压机对聚合物进行熔融纺丝。但纺丝成网法与熔喷法在纺丝阶段的工艺不同，制得纤维的性质和形态也不同，由纤维制得的非织造布在性能方面有很大差异。纺丝成网法制成的非织造布强力高，可以单独使用，同时又具有生产流程短、效率高、可大规模生产、成本低等特点。熔喷法制成的非织造布的特点是具有超细纤维结构和极佳的过滤性、阻菌性、保暖性，但产品强力较低。

3.纤维网固结

采用化学方法（如胶粘或溶解）或物理方法（如缠结或热）或其联合方法将纤网结合成为非织造布的方法，称为纤维网的固结。纤维网的固结有黏合法、缝编法、针刺法和水刺法

4种工艺方法。

（1）黏合法。即用黏合剂将纤维黏合成布，包括热黏合、化学黏合、热轧黏合等。

①热黏合。在加压或不加压的情况下，经热或超声波处理使热熔黏合材料将纤网整体黏合（如全部或面黏合）或只在规定的、分散的部分黏合（如点黏合）的一种方法。该热熔黏合材料可以是单组分纤维、双组分纤维或粉末。纤网可全部或部分由热敏材料组成。

②化学黏合。使用化学助剂（包括黏合剂和溶剂），借助如浸渍、喷洒、印花和发泡等一种或几种组合技术使纤网固结的方法。

③热轧黏合。纤网通过一对加热轧辊（其中一只轧辊被加热）的钳口进行热黏合的加工方法。轧辊表面可为凹凸花纹或平面，也可用衬毯轧辊。

（2）缝编法。缝编就是对某些加工材料（如纤网、纱线层等）用针进行穿刺，然后用经编圈对被加工材料进行编织，形成一种稳定的线圈结构。缝编法的生产工艺特点是可以将占成品重量很大比例的纤维直接制成坯布，还可以将传统纺纱无法加工的劣质纤维原料或机织、针织难以加工的纱线制成非织造布。

（3）针刺法。针刺固结法是利用刺针对纤维网进行反复穿刺来实现的。当截面为三角形（或其他形状）、棱边上带有钩刺的直型刺针刺入纤网时，刺针上的倒向钩刺就带动纤网内的部分纤维向网内运动，使网内纤维相互缠结，同时，由于摩擦作用纤网受到压缩。当刺入一定深度后，刺针回升，此时因钩刺是顺向的，纤维脱离钩刺以近乎垂直的状态留在纤网内，形成了垂直的纤维簇，这些纤维簇像一个个"销钉"贯穿于纤网的上下，产生较大的抱合力，与水平纤维缠结，使已压缩的纤网不再恢复原状，这就制成了具有一定厚度、一定力学性质和结构紧密的针刺非织造布。

（4）水刺法。又称射流喷网法。水刺法固结纤网的原理与干法工艺中的针刺法较为相似，是依靠水力喷射器（水刺头）喷出的极细高压水流（又称水针）来穿刺纤网，使短纤维或长丝缠结而固结纤网。

4. 后整理

后整理是指对固结后的纤网烘燥、定型、染色、印花、轧花涂层和复合等，赋予成品特殊的性能和外观。

六、三维织造技术

三维织物是采用编织、机织、针织、非织造等工艺，将碳纤维等高性能纤维材料交叉、排列、组合，相互作用而形成的具有实用结构、性质和形状的纤维织物，它具有孔隙结构、可大范围调节纤维体积含量和纤维取向分布、多样化的结构形态（线性、平面和三维），在复合材料成型工艺流程中起着十分重要的作用。它就像桥梁一样联系着复合材料的原材料系统和最终产品。纤维织物的结构与性能取决于纤维材料的本质属性、聚集特征和相互作用，同时影响着复合材料的成型、基体材料的渗透以及复合材料制品的最终性能。

三维织机是一种全新的机型，与目前传统的二维织机相比，在功能上存在着许多不同。

三维织机需要解决多层织物逐层引纬、一次打纬成型的有关问题，在织造工艺要求和机构设计上比二维织机更复杂。

（一）三维织物的特点

三维织物是一种由连续纤维束在三维空间按照一定规律相互交织而成的纤维增强骨架体系。贯穿空间各个方向的纤维保证了增强结构的整体性和稳定性，使材料具有显著的抗应力集中、抗冲击损伤和抗裂纹扩展的能力。

20世纪80年代中期，由于采用二维材料制造飞机结构时遇到了较多的问题，包括制造复杂结构与外形的飞机部件过于昂贵、飞机维护中发现这类材料极易产生冲击破坏，从而使三维复合材料的研究与开发获得较快的发展。对三维机织工艺与技术、三维机织复合材料性能的研究已表明，三维机织复合材料比传统二维复合材料有许多优点：

（1）三维机织可以生产复杂的机织预制件；

（2）复杂形状的三维机织复合材料制造简单、成本低；

（3）三维机织可根据特定应用场合生产具有所需厚度方向性能要求的复合材料；

（4）三维机织复合材料具有较高的抗分层、防弹、抗冲击性能；

（5）三维机织复合材料具有较高的拉伸破坏应变值；

（6）三维机织复合材料具有较高的层间破坏韧性。

多年来，为克服制造和性能方面的许多问题，科技工作者已将目光对准先进的三维结构增强复合材料。三维复合材料可以采用多种方式得到，其中包括多种方式的缝纫和Z棒（在传统二维织物的厚度方向层间插入复合材料短棒）等。但大多数都把注意力放在采用机织、针织、缝编、编织等技术形成三维结构物来制造三维复合材料。

（二）三维角联机织物

立体织物主要是用三维织机来织造的，其中，最具代表性的立体织物之一是多层角联织物，它是采用沿厚度方向的接结纱线将多层排列的经纱和纬纱捆绑在一起形成整体织物。多层角联织物具有一定的厚度和较大的幅宽，可以制备多种异形骨架型材，如T形、L形等。

根据三维机织物中经纱与纬纱的不同连接方式，三维机织物的主要结构形式可分为角联锁结构、角联锁加经向增强结构、机织三向织物结构。图2-23所示为机织三向织物。在这种结构中，有一组经纱（称为Z纱，又称法向经纱）起到连接作用，它将呈伸直状态分布的经纱和纬纱相互连接成一个整体。机织三向织物作为纺织结构复合材料的预制件，织物中经纬纱线不仅沿面内分布，而且沿厚度方向分布，形成空间网状结构。这种结构不仅赋予复合材料高比刚度、高比强度等优点，而且使其具有良好的整体成型性，显著提高了层间性能和损伤容限。采用三维织造技术可以直接织制出各种形状、不同尺寸的三维机织物。

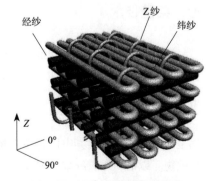

图2-23 机织三向织物示意图

机织三向织物的显著特点是：起增强作用的经纱与纬纱在织物内几乎呈伸直状态，同时在厚度方向有一组经纱连接，从而可明显改善复合材料在第三方向（即厚度方向）的力学性能。

如果连接各层纱线的经纱呈一定的倾斜角，则所形成的结构即为角联锁结构。但由于各层之间的连接可以是各种各样的，故可形成多种形式的三维角联锁结构。图2-24即为其中最典型的两种结构，在图2-24（a）所示的结构中，经纱是在每两层纬纱之间进行相互连接而成为一个整体，而图2-24（b）所示的结构中，经纱是除在每两层纬纱之间进行相互连接外，加入了伸直的衬经纱，衬经纱系统不发生交织，只增加经纱含量，使织物厚重结实。这两种结构在层间连接方式上的差别也将影响其增强复合材料的性能。

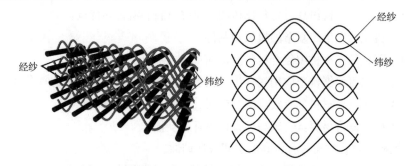

（a）多层角联锁（层与层之间的弯交浅联）织物结构图

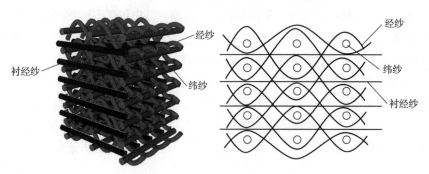

（b）多层角联锁加经向增强织物结构图

图2-24　三维角联锁结构织物

七、染整技术

染整指对纺织材料（纤维、纱线和织物）进行以化学处理为主的工艺过程，现代也通称为印染。染整同纺纱、机织或针织生产一起，形成纺织品生产的全过程。染整包括预处理、染色、印花和整理。

染整的发展和纤维生产以及化学工业、机电工业的发展密切相关。起初染整加工的对象都是天然纤维制品，其中以棉纺织物的加工数量为最大，其次是毛纺织物，再次是麻和蚕丝纺织物。以后，黏胶纤维、醋酯纤维等化学纤维开始大量生产，特别是合成纤维生产的迅速增长，使纺织产品的结构发生了极大的变化，染整也出现了新的加工技术。

　　染整加工最早使用的化学品和染料都是天然产品，加工手续烦琐费时。酸、碱、漂白粉等大量生产以后用它们进行染整预处理，加工效率大为提高，改变了预处理的原始加工方式。合成染料的发展使人们摆脱了对天然染料的依赖，为染色和印花提供了为数众多、色泽鲜艳、不易褪色的适合于不同纤维染色的染料品种。合成化学整理剂使防皱、耐久性拒水等近代化学整理获得发展。自20世纪40年代以来，染整设备在连续化、减少织物张力、提高加工效率以及利用电子技术对温度、溶液浓度、设备运转速度等工艺条件进行自动控制等各方面的发展极为迅速，提高了加工效率和产品质量。

　　随着生产的发展和人们生活水平的提高，纺织品的消费情况在不断变化。室内外装饰和工业用织物的需要量越来越大，人们对服装用织物不但要求花式品种丰富多彩、穿着舒适，而且要求具有易洗、免烫等性能。对某些特殊用途的织物更提出了特定的要求，如阻燃、拒油等。因此，染整工艺技术也随之不断发展和提高。

1.预处理

　　通过化学和物理机械作用，除去纤维上所含有的天然杂质以及在纺织加工过程中施加的浆料和沾上的油污等，使纤维充分发挥其优良的品质，使织物具有洁白的外观、柔软的手感和良好的渗透性，以满足生产的要求，为染色、印花等下一步工序提供合格的坯布。

2.染色

　　染色是指染料从染液中上染到纤维上，并在纤维上形成均匀、坚牢、鲜艳色泽的过程。各种纤维的化学组成各异，适用的染料也不相同。棉织物主要用活性染料染色。涤纶织物染色主要用分散染料，常用的染色方法有高温法、载体法以及热溶法。具有阴离子基团的变性涤纶织物还可用阳离子染料染色，得色浓艳。锦纶织物主要用酸性染料，也可用酸性含媒染料、分散染料和某些直接染料在近沸点下染色。腈纶织物主要用阳离子染料或分散染料染色。维纶织物主要用还原、硫化和直接染料染色。丙纶织物很难上染，经过变性处理后有的可用分散染料或酸性染料染色。醋酯纤维织物主要用分散染料，有时也用不溶性偶氮染料染色。

3.印花

　　合成纤维纺织品印花所用染料与染色基本相同，主要采用直接印花工艺。合成纤维吸湿能力低，色浆的含固量应适当提高，并要有较好的黏着力。印花方法以筛网印花为主。醋酯纤维和锦纶、腈纶织物在印花烘干后，采用常压蒸化使染料上染，然后水洗；涤纶织物用分散染料印花烘干后，在密闭容器中高温蒸化，也可作常压高温蒸化或焙烘使染料上染；涤纶织物还可用分散染料进行转移印花。合成纤维织物还可采用涂料印花，工艺简单，但印制大面积花纹手感较硬。

4.整理

　　合成纤维织物一般仅需烘干、拉幅等整理工序。合成纤维属热塑性纤维，其织物如再经轧光、轧纹等整理，能有较为耐久的效果。醋酯纤维和合成纤维亲水性低，在织物上施以亲水性高分子物，可提高易去污性和防静电性。涤纶织物用碱剂进行减重整理后，可得仿丝绸的风格；有些织物可作磨绒、起毛整理，制成绒类织物或仿麂皮织物。除此以外，还可作柔软、防水、防油、吸湿排汗、涂层等功能性整理加工。

八、涂层技术

纺织品涂层，顾名思义，就是在纺织品表面涂一层别类材料。广义的涂层技术，也包括层压，即在基布上施加一层黏合剂，覆上一层薄膜或其他材料，加热加压，形成一个复合织物；或者薄膜本身即是黏合材料，把基布与其他材料黏合在一起。

纺织品涂层整理是一种在织物表面均匀涂布高分子类化合物的一种后整理工艺。它通过黏合作用在织物表面形成一层或多层薄膜，不仅能改善织物的外观和风格，而且能增加织物的功能，使织物具有防水、耐水压、通气透湿、阻燃、防污以及遮光反射等特殊功能。涂层剂（或称为涂层材料）通常是高分子化合物或弹性体，它们的化学成分多种多样，商品形态有黏稠的流体、乳液、粉末、粒子和薄膜；而基布可以是机织物、针织物和由各种方法制造的非织造布，它们由不同的纤维或是几种纤维纺混制成。基布和涂层剂再通过不同的涂层技术、层压技术组合起来。因此，从理论上说，组合成的最终产品品种是无法计量的，性能范围是十分广泛的。在最终产品中，基布起着骨架的作用，涂层材料形成的薄膜则成为功能性组分。最终产品的性能比单独的基布或高分子化合物薄膜要好得多，这就是涂层或层压的效果，它提升了材料的使用价值。

人类开发织物涂层技术的目的，主要是增加织物的屏蔽功能。最早的涂层织物是拒水织物。早在两千多年前，古代中国人民就已经把涂层胶用于织物表面，那时多为生漆、桐油等天然化合物，主要用于防水布的制作。在西方，最早的涂层织物可能是在布上涂抹鲸油、熊脂或类似物质，作为捕鱼人的作业服。随着生活水平的提高和工作活动范围的扩大，需要屏蔽的对象也在增加，除了风霜雨雪，还有各种电磁波辐射、化学药剂的泼溅和细菌病毒的侵害等。涂层织物的屏蔽功能，使它广泛用于民用（生活用）、工农业（尤其是运输、建筑）、医疗和卫军生事等各个方面。显然，涂层赋予织物的功能不仅是屏蔽，还有其他，即在提供某一种屏蔽功能的同时，还要兼有其他一种或多种功能。例如，雨衣或其他防护服，在屏蔽雨水或其他入侵物的同时，必须兼顾透湿，使穿着者感觉舒适。当要求耐水压很高和严防入侵物时，这种兼顾就十分困难，它已成为涂层技术的一项重大课题。

涂层改变了织物的外观，涂层的美学功能是涂层技术的另一贡献。尤其是在民用产品方面，如人造皮革、鹿皮绒、家具装饰布、墙布、书籍装帧材料等，涂层的美学功能随处可见，而这些产品在整个涂层织物中占了很大比例。当人们漫步街头时，映入眼帘的无数商店招牌灯箱，也是涂层织物制作的。这些无可辩驳地证明了涂层在美化生活方面的作用。

1. 直接涂层

直接涂层是将织物拉平，形成均匀的平面，然后在静止的刮刀下通过。直接涂层主要用于加工诸如锦纶或聚酯长丝纱织成的织物。

2. 转移涂层

转移涂层是将聚合物涂在离型纸上形成薄膜，然后将薄膜压在织物上，在这种方法中，聚合物形成真正的薄膜前不与织物接触。

转移涂层主要用于针织物，与机织物相比，针织物结构更疏松，更容易伸长，并且不能使用直接涂层技术。与直接涂层不同，转移涂层常作为材料的表面使用。

3.凝固涂层

凝固涂层，又称湿法涂层，是将聚氨酯溶解在溶剂中，然后在一定条件下脱去溶剂，形成凝固体。这种材料很柔软，具有孔状结构，是仿制皮革的基础。

九、刺绣加工技术

刺绣是针线在织物上绣制的各种装饰图案的总称。刺绣分丝线刺绣和羽毛刺绣两种。就是用针将丝线或其他纤维、纱线以一定图案和色彩在绣料上穿刺，以绣迹构成花纹的装饰织物。它是用针和线把人的设计和制作添加在任何存在的织物上的一种艺术。

刺绣是中国民间传统手工艺之一，在中国至少有二三千年历史。中国刺绣主要有苏绣、湘绣、蜀绣和粤绣四大门类。刺绣的技法有错针绣、乱针绣、网绣、满地绣、锁丝、纳丝、纳锦、平金、影金、盘金、铺绒、刮绒、戳纱、洒线、挑花等，刺绣的用途主要包括生活和艺术装饰，如服装、床上用品、台布、舞台、艺术品装饰。

刺绣工艺流程有设计、扎板（刺样）、刷样、绣制、镶拼合成、后处理等工序。

（1）设计。将产品构思画成图案，并提出工种要求作为制作产品的根据。

（2）扎板（刺样）。用刺样针沿图案花纹轮廓线扎眼，要求针眼均匀。

（3）刷样。将扎眼花纹图案印在纸上，或直接印在底布上，为绣制工序的依据。

（4）绣制（或编、结、织）。根据纸样纹样及工种要求，施以编、结、织、绣不同的手法。

（5）镶拼合成。将分片加工品缝合（连缀）在一起，形成一件完整的工艺品。

（6）后处理。即经过染、洗、浆、烫，使产品挺括、平整、洁净。产品是否染洗，需依产品本身要求而定。

（7）成品验收。为最终产品质量保障工序。对于不合格产品，可退回原工序返修。

（8）整装。符合质量要求的产品，包装入库。

本章小结

目前，我们对于智能可穿戴技术应用仍处于使用便携的可穿戴电子设备或柔性电子设备的初始阶段，而电子设备的柔性化发展必将为纺织材料和纺织技术的发展开辟一条新的路径。同时，智能电子纺织品的开发和发展也将对材料的制备和加工技术提出新的要求。如何在生产或开发智能电子纺织品的过程中融合电子信息技术和保留纺织品的本质特征，将是未来智能可穿戴技术面临的主要挑战。本章从纺织材料的概念及其范畴、纺织材料分类、纺织材料特性以及纺织材料加工技术等方面对纺织材料和纺织技术进行了介绍，通过本章内容的系统梳理，我们对传统的纺织材料和纺织加工技术将会有一个简单而全面的了解，在开发智能可穿戴设备的过程中可以获得更多的可能性和选择性。

参考文献

[1] 周美凤, 吴佳林. 纺织材料 [M]. 上海：东华大学出版社, 2010.

[2] 姚穆. 纺织材料学 [M]. 4版. 北京：中国纺织出版社, 2014.

[3] 于伟东. 纺织材料学 [M]. 北京：中国纺织出版社, 2006.

[4] 于伟东, 储才元. 纺织物理 [M]. 上海：东华大学出版社, 2006.

[5] 张百祥. 转杯纺纱 [M]. 北京：纺织工业出版社, 1990.

[6] 梁平, 罗建红, 原海波. 机织技术 [M]. 上海：东华大学出版社, 2017.

[7] 蔡永东. 现代机织技术 [M]. 上海：东华大学出版社, 2014.

[8] 许瑞超, 王琳. 针织技术 [M]. 上海：东华大学出版社, 2009.

[9] 杨建成. 三维织机装备与织造技术 [M]. 北京：中国纺织出版社, 2019.

[10] 郭兴峰, 黄故审. 现代织造技术 [M]. 北京：中国纺织出版社, 2004.

[11] 沈志明. 新型非织造布技术 [M]. 北京：中国纺织出版社, 1998.

[12] 王延熹. 非织造布生产技术 [M]. 上海：中国纺织大学出版社, 1998.

[13] 马建伟, 郭秉臣, 陈韶娟. 非织造布技术概论 [M]. 北京：中国纺织出版社, 2004.

[14] 罗瑞林. 织物涂层技术 [M]. 北京：中国纺织出版社, 2005.

第三章　智能导电材料

第一节　引言

随着纺织品的不断发展以及纳米技术的出现，人们对于纺织品的设计和开发不再局限于传统的防寒保暖功能，许多具有特殊功能的纤维及纺织品被逐渐开发出来，以适应不同场景的应用需求，如抗菌、防水透湿、防辐射、隔热、储热调温等功能纺织品；而进一步随着科学技术的快速发展，纺织品也逐渐由多功能型向智能型方向转变，融合互联网、大数据、人工智能等新兴技术的智能纺织品不断涌现以实现有效的万物互联（图3-1）。在逐渐兴起的多种多样的智能纺织品中，以智能电子纺织品的快速发展最具有代表性，如织物基应力—应变传感器、化学传感器、多功能电子皮肤、柔性多彩显示、可拉伸触摸屏、人工肌肉、软体机器人等吸引了人们的广泛关注。智能电子纺织品及服装近年来呈爆发式增长，其多功能及智能特性在各种实际的可穿戴应用中表现出巨大潜力。智能电子织物是将柔性电子元件嵌入传统纺织品中，基于电学信号的转换和传输，用于变色、显示、通信等需求的智能织物，其具有柔性、质轻、耐摩擦、耐拉伸等优异特性。智能电子织物除了可以满足人们的娱乐休闲等需求外，其基于大数据分享可以有效监测老年人、婴幼儿以及病人等特殊群体的血糖、血压、呼吸、心跳、心电等生理数据，医疗人员从而可以有效实时分析人体健康状况，进行有效的施救等措施，具有重要的应用前景。新型智能电子纺织品的不断涌现，打破了人们对于传统纺织服装的认识，开拓了纺织品众多新的应用领域。

基于电信号的系列转化是智能电子纺织品有效运行的关键，因此，智能导电材料是可穿戴电子纺织品开发的基础，智能导电材料及其导电网络结构的构筑是影响电子织物高效传感、驱动、智能响应、信号传输等特性的重要因素。传统的刚性电子设备虽然呈现优异的电性能，但往往是笨重且脆性的，早期的智能电子纺织品多是将传统刚性电子设备缝制或压制在传统织物的表面，其存在较大的局限性。首先，由于刚性电子元件与柔性织物及人体软体组织之间的模量不匹配，导致其难以适应人体的肢体运动，而且在机械形变下易发生剥离、损坏甚至失效；其次，笨重的电子设备让穿戴者产

防寒保暖　　功能织物　　　智能电子织物

图3-1　智能导电材料驱动的电子织物不断革新

生束缚压力，给穿戴者带来不舒适的穿着体验，因而，限制了智能电子纺织品在实际生活中的可穿戴应用。随之，人们对于智能电子纺织品的认识也逐渐发生了改变，其不只是将电子元件或电子电路与纺织品的简单结合与物理叠加，而是基于新型柔性导电材料以及电子技术，将传感、通信、显示、人工智能等技术与纺织技术相融合而开发出的新型智能纺织品。

近年来，电子纺织品的蓬勃发展得益于智能导电材料的不断创新，新型柔性导电构筑单元由于其优异的电学、力学、光学以及化学稳定性等本征特性，使其在智能电子纺织品的开发中得到了广泛应用并发挥愈加重要的作用，对智能电子织物进行革新（图3-2）。现在可将新型智能导电材料、电子技术和传统非导电纺织品灵活结合，从而颠覆了电子元件僵硬外壳的传统设定，使其变得柔软、弹性、轻便、灵活，甚至可隐藏于轻薄面料的图案结构之中。譬如，自2004年新型二维材料石墨烯由机械剥离法制备出以来，多种新型智能电子纺织品不断出现，同时也吸引了众多科研机构争相开发智能电子纺织品，如欧洲石墨烯旗舰中心、韩国三星石墨烯研究院、曼彻斯特石墨烯国家研究院等，同时我国由刘忠范院士领衔的北京石墨烯研究院以及成会明院士领衔的深圳盖姆石墨烯研究中心等也在石墨烯智能导电材料研究方面开展了许多研究工作，包括石墨烯基超柔性可拉伸导线、复合导电纤维、导电纱线、电磁屏蔽织物、电化学储能等系列柔性可穿戴智能电子纺织品不断被开发出来，但其核心关键仍然是高质量智能导电材料二维石墨烯的宏量制备。而这里的智能导电纺织材料除了新兴二维材料之外，还包括柔性高长径比一维导电纤维材料，如超细镀银/铜导电纤维、不锈钢导电纤维、导电高聚物纤维、碳纳米导电纤维等。因此，早期相关研究甚至将电子纺织品粗略定义为一种具有传感、驱动、通信记忆、自适应、自修复、自我供能和自我学习等智能功能柔性导电材料的纤维/织物集合体。由此可以看出，智能电子纺织品在某种意义上是以柔性纤维/织物为衬底的智能导电材料不同层级下的组装宏观集合体，通过智能导电材料的融合，其有效突破了传统织物防寒保暖的单一功能。

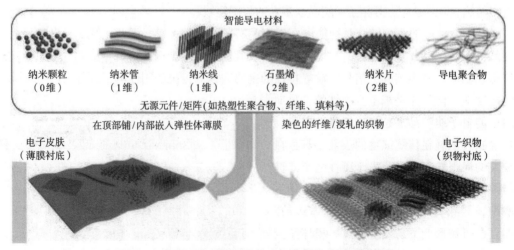

图3-2 智能导电材料赋予的电子皮肤和智能电子织物

尽管随着智能可穿戴技术的发展，上述电子纺织品的概念略显片面，但仍可看出智能导电材料在电子纺织品开发中的重要性。

此外，新型智能导电材料的出现同时也不断拓展可穿戴电子织物的应用领域，如人工肌肉纤维、声学织物、增强现实、虚拟现实等新兴技术。以智能导电材料在人工肌肉纤维开发中的作用为例，轻质、柔性人工肌肉纤维的快速发展源于智能导电材料碳纳米管的发现以及新型碳纳米管纱线材料制备技术的突破，有效解决了传统笨重电动机驱动器的束缚，具有无复杂连接装置、多功能性、高功率以及高应力重量比等优势，新型一维智能导电材料碳纳米管的高长径比及优异的力学、电学、化学性能赋予其在人工肌肉领域的独特应用，智能电子织物从而表现为对光、热、电、温度、湿度等刺激的智能响应。基于智能导电材料碳纳米管纱线的人工肌肉不仅承重能力达到自身重量的10万倍，而且产生的力量高达人类肌肉的85倍。过去几年，伴随基于智能导电材料碳纳米管纤维人工肌肉的研究热潮，人工肌肉技术在仿生执行器、机器人假肢和外骨骼、医疗机器人、软体机器人等应用场景中展现出巨大的潜力。值得注意的是，如今随着智能导电材料的不断开发，高效的人工肌肉已不再局限于高性能的碳纳米管纱线，而且许多基于新型智能导电材料如石墨烯、MXene的智能电子纺织品的驱动特性已经超过碳纳米管纱线人工肌肉。由此可以看出，智能导电材料在未来新型可穿戴电子纺织品的设计中将发挥愈加重要的作用，基于导电材料的各层级组装，可以实现可穿戴智能电子纺织品中柔性电路、电极、功能响应以及软体驱动等模块的可控构筑，掌握智能导电材料的基本特性与结构成为有效开发高性能可穿戴智能电子织物的前提。

本章将系统介绍智能导电材料及其在智能可穿戴电子纺织品中的应用，着重围绕电子纺织品及可穿戴器件中的智能导电材料、导电机制、性能和智能可穿戴电子纺织品应用展开。同时新型纤维导电材料及技术的出现对于可穿戴电子纺织品的发展提供了许多新的解决方案，本章对于近年来备受关注的共轭导电聚合物（聚噻吩、聚吡咯、聚苯胺）、金属纳米线、碳纳米管、石墨烯、MXene等新兴导电纳米材料，制备技术及其在智能电子纺织品中的应用加以介绍，并进一步讨论当前智能导电材料的局限性和应用前景。

第二节　导电材料的分类

如同生物体是通过各种生物材料完美构成一样，智能电子织物系统也是通过材料间的有机复合或集成而构成。研究发现，在传统纤维/织物中注入具有"智能"特性的材料可以赋予其多功能，通过融合各种智能导电材料可使各类信息（如力、声、热、光、电、磁、化学等信息）互相转换和传递。智能导电材料的分类标准可以有多种，本节根据其导电机理、带隙、化学组分、功能特性、维度对智能导电材料进行分类（图3-3），重点阐述其在智能电子纺织品中的作用机制及功能化应用。

一、按导电机理分类

按照导电机理（即电子或离子为载流子在电场中的定向移动）可以分为电子导电材料和离子导电材料两大类。金属中存在大量的自由电子，在电场作用下，自由电子定向移动形成电流，为电子导电材料；电解质溶液中或者电解质在熔融状态下，正、负离子在电场作用下定向移动形成电流，为离子导电材料。分别以金属导线和导电水凝胶为代表，由于离子比电子体积大、质量重，离子的运动迁移速度远小于电子的运动速度，因此离子导电材料的电导率通常小于电子导电材料的电导率。几十亿年来，地球上的生物主要基于离子导电进行生命信号的传输。在神经元细胞中，电信号沿着长长的轴突进行传递，最终传递给下一个神经元细胞；而人类创造的机械以及电子设备等则主要依靠电子进行信号快速传递。然而，在很多实际应用中，离子和电子并不总是分开运作的，如锂离子电池、燃料电池等系统中，电子与离子导电机制是共存的，由于锂离子电池的充放电反应是通过内部电解质和外部电路在正负极之间的锂离子和电子的协同运动而形成的，电子传导和离子传导速率共同决定了锂离子电池的倍率性能；在电生理学等智能可穿戴电子设备研究中，电子、离子导电机制被用来测量大脑、心脏和肌肉等系统的工作（图3-4）。而随着智能电子纺织品的进一步发展以及学科交叉融合，基于离子、电子共同导电机制将成为可穿戴系统的主要工作模式。

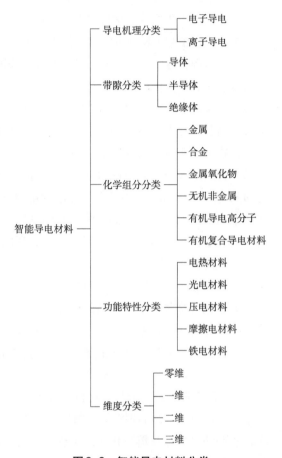

图3-3 智能导电材料分类

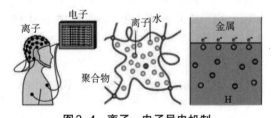

图3-4 离子、电子导电机制

二、按带隙分类

智能导电材料按照带隙划分可以分为导体、半导体、超导体和绝缘体（图3-5）。导体中被电子填充的最高能带是不满的，且能带中电子密度很高，因此导体电导率较高，通常导体的电导率>10^5S/m。对于半导体以及绝缘体，在0K时，电子占据的最高能带处于满带，满带与空带之间被禁带分开，由于不满的能带，因此它们不能有效导电，绝缘体的禁带宽度较大，即使在升高温度时，载流子也难以从满带激发到空带上，因此，绝缘体表现为不导电，一般当材料的电导率小于10^{-7}S/m

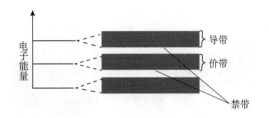

图3-5　智能导电材料的带隙

时，认为该材料基本不导电。半导体中的禁带宽度与绝缘体中的禁带宽度相比较小，在升高温度时，载流子可以从满带激发到空带中，由于空带中出现了载流子，因此，半导体可以表现出导电特性，半导体的电导率通常表现为10^{-1}~10^4S/m。

　　某些物质在一定温度条件下电阻降为零的性质称为超导电性，超导体的电导率为无限大（在温度小于临界温度时），超导体的电阻率小于目前所能检测的最小电阻率$10^{-26}\Omega$/m，基本可以认为电阻为零。而导体、超导体、半导体和绝缘体之间的区别不仅表现在电导率的不同，它们的能带结构和导电机理也有着显著的不同。值得注意的是，半导体导电材料随着掺杂工艺的不同，其导电性能也将呈现出不同的特性。

　　带隙对于智能导电材料的应用有着极其重要的影响，例如，一般将带隙低于3eV的材料定义为窄带隙半导体。由于窄带隙半导体材料具有优异的吸光性能（带隙越小光谱吸收范围越广），因此窄带隙半导体被广泛应用于光电领域。窄带隙半导体材料的应用主要集中于以下三个方向：首先是基于传统氧化物、硫化物等窄带隙材料的光催化领域；其次是基于二维材料（黑磷、过渡金属硫化物等窄带隙半导体材料）的光电子领域；再次是基于新型窄带隙共轭聚合物材料的有机聚合物太阳能电池领域。因此，智能导电材料的带隙决定着其应用领域，许多研究尝试对智能导电材料的带隙进行精准定制，以实现对其性能的"人工设计"。如二维材料带隙调控方法分为物理调控和化学调控两大类。物理调控一般利用物理外场改变已制备智能导电材料的晶格结构或能带结构，但是这类方法通常难以实现均匀调节并且需要持续的外场刺激；化学调控则是利用掺杂、合金化等方法来改变智能导电材料的化学组成，但是该方法难以实现连续调节并且无法再恢复材料的本征特性。因此，探究兼具高精确性、可靠性和均匀性的批量带隙调控方法定制具有特定性质的智能导电材料，以实现智能电子织物的可穿戴应用是十分必要的。

三、按化学组分类

　　按照化学组分则可以分为金属、合金、金属氧化物、无机非金属、有机导电高分子、有机复合智能导电材料（图3-6）。

　　（1）金属导电材料包括纯金属粉末和金属纤维，一般而言，当金属粉末体积分数达到50%时，可以使得导电复合材料的电阻率达到使用要求，由于金属纤维优异的高长径比特性，其构成导电网络的渗流阈值比金属粉末会低很多，常见的有铜纤维、不锈钢纤维以及铁纤维等。

金属　　　　　　无机　　　　　　有机　　　　　　复合

图3-6　按化学组分划分的智能导电材料

（2）合金类导电材料一般具有高导电性、良好的加工性以及抗腐蚀性，同时具有一定的强度和塑比，传统合金材料一般以1~2种金属为主，通过添加特定的少量其他元素，采用不同工艺获得不同性能的合金，同时随着近年来高熵材料的兴起，高熵合金由于其优异的特性引起了广泛关注，高熵合金通常包含5种以上的主要元素，各主元的原子分数在5%~35%，其组织和性能在许多方面有别于传统合金，高熵合金在力学、电磁学、催化、耐腐蚀方面都较传统合金表现更加优异，高熵合金被认为是最近几十年来合金化理论的三大突破之一。

（3）金属氧化物导电材料由于其熔点高、抗氧化能力强而备受关注，该类导电材料由于其特殊的能带结构以及光电特性，从固体物理学角度，氧化铟锡是一种直接跃迁宽禁带半导体材料，其晶体结构为立方铁锰矿结构，由于氧化铟锡没有形成完整的理想化学配比结构，结晶结构中缺少氧原子，导致存在过剩的自由电子，因而在透明电极领域有着重要的应用，其典型代表为铟掺杂氧化锡，其不仅具有优异的导电性而且具有高光学透明性，打破了传统导体光学不透明的局限性。

（4）无机非金属以碳系导电材料研究最为广泛，包括炭黑、石墨、石墨烯、碳纳米管、富勒烯、碳纤维，无机非金属类智能导电材料具有优异的化学稳定性和抗氧化环境稳定性，使得其在智能电子织物中具有广阔的应用前景。

（5）有机导电高分子材料一般主链具有共轭电子体系，双键上离域的π电子可以在高分子链上定向迁移形成电流，使得高分子结构本身具有导电性，在这类共轭高分子中，高分子链越长，π电子数越多，电子活化能越低，电子更容易离域，则高分子的导电性越好，同时掺杂可以显著提高有机导电高分子的导电性能，常见的有聚噻吩、聚吡咯、聚苯胺等。

（6）有机复合导电材料是将导电物质以不同的加工工艺填充在聚合物基体中而构成的复合导电材料，导电填料提供了优异的导电性能，聚合物基体则提供了加工性能，常见的导电填料包括石墨、石墨烯、碳纳米管、金属粉末等，只有当导电填料在聚合物基体中的含量超过导电渗流阈值，形成有效的相互连通导电网络时，有机复合导电材料才能够表现出导电特性，因此，其导电性能受导电渗流阈值及智能导电材料在聚合物中分散均匀性的影响。

四、按功能特性分类

按照功能特性智能导电材料则可以分为电热材料、光电材料、压电材料、摩擦电材料、铁电材料等（图3-7）。该分类是基于导电材料的功能特性进行的划分。

图3-7 智能导电材料的不同功能领域应用

（1）电热材料是当电流通过导体时，由于焦耳效应将电能转化为热能的导电材料，如2022年北京冬奥会期间，基于电热材料的智能电加热织物为人体构建舒适的微气候环境，提高服装穿着的热舒适性，有效抵御严寒。

（2）光电材料是光电器件的基石，其有效实现光与电之间的转化，如发光二极管将电转化为光，太阳能电池将光转化为电，光导纤维则是利用两种介质面上光的全反射原理制成的光导元件，通过分析光的传输特性（光强、位相等），可获得光纤周围的力、温度、位移、压强、密度、磁场、成分和X射线等参数的变化，因而广泛用作传感元件或智能材料中的"神经元"，具有反应灵敏、抗干扰能力强和耗能低等特点。智能导电材料富勒烯、碳纳米管、石墨烯、金属纳米线等都具有优异的光电特性，在柔性光电子器件中有着重要的应用。

（3）压电材料是物体受到压力作用时两端出现电压的晶体材料，利用压电材料可以实现机械振动和交流电之间的相互转换，其有效推动了压电纳米发电织物的发展，压电材料通过电偶极子在电场中的排列而改变材料的尺寸，响应外加电压而产生应力或应变，电和力学性能之间呈线性关系，具有响应速度快、频率高和应变小等特点，此种材料受到压力刺激可以产生电信号，可用作传感器。压电材料可以是晶体和陶瓷，但它们都比较脆，而高分子聚合物基压电材料的机械强度和对应力变化的敏感性优于许多其他传感器，非常适合用作智能结构和设备中的传感器和执行器。

（4）摩擦电是基于摩擦起电和静电耦合效应，从而将机械能转化为电能的效应，其为摩擦纳米发电智能电子织物的基础，成功将先进的纳米发电技术与传统纺织工艺相结合催生出基于纺织结构的纳米发电机，摩擦电赋予了智能纺织品以机械能采集和多功能自驱动传感能力，而纺织品则为摩擦纳米发电智能材料的发展提供了多样化柔性设计载体和广泛的可穿戴应用平台。根据智能电子纺织品结构维度，可以分为零维纤维、一维纱线、二维织物和三维织物，从制备工艺方面，其可以分为机织、针织、编织和非织等摩擦纳米发电织物。

（5）铁电材料是指具有铁电效应的一类材料，铁电性是指在一定温度范围内材料会产生自发极化，其为热释电材料的一个分支，铁电材料及其应用研究已成为凝聚态物理、固体电子学领域最热门的研究课题之一。

部分智能材料兼具感知以及执行功能，如磁致伸缩材料、压电材料、形状记忆材料等，这类智能导电材料通称为机敏材料，它们能对环境变化做出适应性反应。当然，目前智能导电材料的功能特性有很多，其分类不仅局限于本章节中所列举的上述几种。

五、按维度分类

按照维度划分则可以分为零维、一维、二维、三维智能导电材料（图3-8）。根据物理几何尺寸具体分类如下。

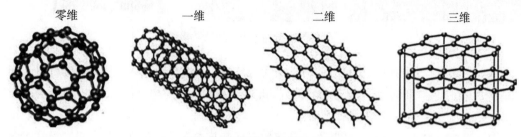

零维　　　　一维　　　　二维　　　　三维

图3-8　不同维度智能导电材料

（1）零维导电材料包括量子点、纳米颗粒、原子团簇等，量子点最广泛的定义就是零维量子系统，即在所有三个空间维度上都受到限制的系统，如石墨烯量子点、钙钛矿量子点等；团簇是由数个或者上千个原子、分子或离子通过物理或化学结合力组成的相对稳定的微观或亚微观聚集体，其物理和化学性质随所含的原子数目而变化，团簇是材料纳米尺度的一个概念；纳米颗粒是指物理尺寸在1~100nm的粒子，如金纳米颗粒、银纳米颗粒。

（2）一维智能导电材料是指电子仅在一个方向上自由运动，包括纳米棒、纳米线、纳米管、纳米纤维等，由于一维智能导电材料在特定方向上取向，其被认为电子传输的理想材料，随着近年来合成技术的进步，不同形貌的一维导电材料可以高效可控合成，典型代表包括金纳米线/纳米棒、银纳米线/纳米棒、碳纳米管等。

（3）二维智能导电材料则是电子可以在两个方向上自由运动，二维材料的全名为二维原子晶体材料，二维智能导电材料因其载流子迁移和热量扩散都被限制在二维平面内，使得二维智能导电材料展现出许多奇特的性质，其带隙可调的特性在场效应管、光电器件、热电器件等领域应用广泛，其起源于单原子层石墨烯被胶带剥离发现，打破了传统二维晶体由于热力学不稳定而不可能单独存在的局限认知，由此打开了二维材料研究的大门，随后各种二维材料由机械剥离、化学气相沉积、液相剥离、球磨等方法合成出，典型代表包括石墨烯、黑磷、二硫化钼、二硫化钨、磷烯、硼烯等。

（4）三维智能导电材料即为上述导电材料在三维空间的组装，其典型代表包括石墨、凝胶、金属块状体等，由于其三维的导电结构，特别是一些多孔凝胶框架类材料多孔特性，使得其在电化学储能领域有着广泛的应用。

应当指出的是，尽管智能导电材料的分类较多，而且分类的标准也不尽相同，但是其导电特性始终是研究的重点，而且在智能导电材料的研究中需要综合考虑本征导电及相关特性，以充分发挥其在智能电子织物中的应用。譬如有机类材料一般具有较差的导电性能，而赋予其优异的导电特性往往则需要添加高导电的无机类导电材料，因此，需要借助导电网络的构筑机理研究聚合物基复合智能导电材料的导电性能。近年来，系列渗流导电理论、凝胶化理论、量子力学隧道理论、有效电场理论等智能导电材料机理被用于智能电子织物的研究和开发中。此外，智能导电材料的制备加工工艺也影响着最终电子织物的性能，其需要通过不同的手段和处理技术将导电材料（金属基材料、碳基材料和导电聚合物）附着在纤维/织物表面或内部，以发挥其智能可穿戴应用。譬如，通过溅射技术将金属薄膜沉积在纤维/织物的表面，金属导电层被均匀沉积并且和纤维/织物牢固结合，导电性能优异，智能电子织物在经过磁控溅射银处理后，其导电性是聚合物基导电织物的15倍以上。而通过浸没涂覆的工艺制备的电子织物导电性能一般则稍逊于溅射技术制备的性能，而且基底黏附力相对较差，因此，除了智能导电材料本身的导电性能之外，相关的电子织物制备工艺及加工技术对最终产品的性能也有着十分重要的影响。

第三节　导体材料

导电纤维及织物作为智能可穿戴设备的枢纽，因其优异的力学性能、突出的电学和光学等功能特性而备受关注。目前智能可穿戴织物特别是电子织物的多功能性多依赖于导电性能的变化，通过导电（电阻、电容）性能的动态变化实现传感信号的实时监测、输入，反馈信号的输出、大数据分析以及指令的执行，是实现电子织物多功能及智能特性的关键。然而传统纤维及织物多是以天然或者化学合成纤维为主，受限于高分子链段的分子结构以及能带局限，传统纤维及织物多是不导电的或者是电绝缘的。长期以来，纺织工业上一直使用金属丝作为构筑单元并采用针织或机织的方式以达到装饰点缀服装的效果（图3-9）。据《西京杂志》记载，汉代帝王下葬都用"珠襦玉匣"，形如铠甲，用金丝连接，即日常说的金缕玉衣，这里金丝主要是作为高贵身份的象征。国外已知的较早的导电织物是丝绸欧根纱，它由两种纱线组成：平纹丝绸纱线作为经纱，包裹在薄铜箔中的丝绸纱线作为纬纱。然而这种金属服饰主要还是作为点缀装饰服装衣物来使用：皮层金属铜提供闪亮和反光的外观，而内芯丝绸则提供强力以耐受穿戴过程中的各种受力情况。20世纪这些金属服饰在古印度得到使用，其中还包括贵金属金、银等。在20世纪20~30年代金属纱线逐渐在教会和宫廷等贵族中使用，从而使衣物具有"金色"外观。20世纪50年代，薄金属铝带制成的Lurex®进入了市场，其可以加入纤维和纱线中混合制得金属导电纤维。近40年，导电纤维才逐渐应用到抗静电和电磁屏蔽中，然而这两种应用场景所需的电导率较低，未能有效拓展其多功能特性。

图3-9　中国元代以导电金丝作纬线织制的锦

近年来，随着人口老龄化以及人们生活质量的逐步提高，消费者对先进智能纺织品的需求日趋增多，目前电子智能纺织品在健康监测、疾病预防、温度调节、电磁屏蔽、能源转化、存储及实现人机交互等方面起着重要作用，人们对智能纺织品的兴趣日益浓厚，智能可穿戴纺织品对高性能导电纺织材料的需求也有所增加。除上述提到的金属导电材料，如金、银、铜、铝、不锈钢被加入纤维及纺织品中外，其他导电材料如导电聚合物、导电涂层、导电油墨、导电炭黑、金属氧化物、过渡金属氧化物等也被加入纤维及纺织品中。此外，随着纳米科学技术的发展，智能导电材料的纳米化则使其表现出表面效应、小尺寸效应和宏观量子隧道效应，赋予传统纤维及织物更加优异的导电性能，以满足智能可穿戴纺织品及可穿戴技术的发展需要，且根据其对电导率的具体应用要求，各种基于智能导电材料单元的结构设计以及加工制备方式也相继被开发。

一、智能材料的导电机理

本节将从智能导电材料的导电机理及基本术语展开，如电流、电导率、电阻和电阻率等。电荷的定向移动即为电流，承载电荷移动的载流子有很多种，如金属导体内可移动的电子、电解液内的粒子、等离子体内的电子和离子、强子内的夸克等，这些载流子的定向移动形成了电流，物理上规定正电荷的移动方向即为电流方向。传统导电织物中的金属丝以电子为载流子，水凝胶纤维中以正、负离子为载流子。

最早的金属导电理论是建立在经典理论基础上的特鲁德-洛伦兹理论。其假定在金属中存在大量的自由电子，它们和理想气体分子一样，服从经典的Boltzmann统计，同时假定电子之间无相互作用，同时也不考虑离子实势场的作用，该"自由电子气"物理模型为研究金属中电子动力学奠定了基础。然而在平衡条件下，虽然它们在不停地运动，但统计平均速度为零，即整体电路中表现为无电流。若要形成电流，载流子需要沿电位差定向移动，如同生活中的水往低处流原理类似，只有一定的高度差提供压差，水才会移动，没有高度差则无法流动，同理没有电位差，电流将无法形成。例如在闭环的金属导线中，虽然金属导线内存在大量可以自由移动的电子，且呈现杂乱无章的排布，但没有电位差驱动自由电子的定向移动，因此没有电流；但如果接上电池，通路内的自由电子将不再处于同一电位，由电位差产生的电场以及作用力将驱动载流子从高电位向低电位的定向移动，从而产生电流。由于在金属导线中自由移动的是负电荷电子，因此金属丝中电流方向与载流子自由移动方向恰好相反（图3-10）。

半导体不如金属材料中具有大量自由移动的电子，其中的载流子大多被束缚住，因此，半导体材料需要具有合适

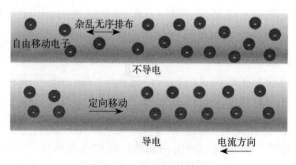

图3-10　金属导电模型

的禁带，价带中的电子可以被激发到导带中，从而形成能够导电的电子和空穴载流子，其载流子浓度与温度密切相关。对于掺杂半导体中的导电以及半导体的导电其他问题本节不做详述，感兴趣可以参见半导体物理学。

单位时间内通过某一横截面的电荷量为电流强度。物体对流过它的电流有一定的阻力，导体任意两点之间的电阻是通过这些点之间的电位差V并除以电流强度I，对应的电阻R为：

$$R=\frac{V}{I} \tag{3-1}$$

电阻用欧姆（Ω）表示，从公式可以看出，对于给定的电位差，电阻越大，则相对应的电流就越小，反之亦然。此公式符合经典欧姆定律，电阻可以是线性的或者非线性的，只有线性电阻服从欧姆定律，与电流成反比，与电压成正比。然而随着材料物理尺寸的变化，相应的电阻也将发生变化，因此需要电阻率来表示各种物质的电阻特性，某种材料制成的长为1m，横截面面积为1m^{2}的导体的电阻，在数值上等于这种材料的电阻率。它反映智能导电材料对电流阻碍作用的属性，它与导电材料的种类有关：

$$R=\frac{\rho L}{S} \tag{3-2}$$

式中：ρ为电阻率，L为材料的长度，S为面积。由公式可知，材料的电阻大小与材料的长度成正比，即在材料和横截面面积不变时，长度越长，材料电阻越大；而与材料横截面面积成反比，即在材料和长度不变时，横截面面积越大，电阻越小。由上式可知电阻率的定义为：

$$\rho=\frac{RS}{L} \tag{3-3}$$

这个公式也称为Pouillet公式，其只适用于具有均匀横截面且均质的各向同性材料。横截面面积S包含在公式中，因为它假定材料是同质。而对于电子织物中的导电纤维与纱线，导电材料的物理参数，如细度、密度和测量每单位长度的电阻被认为沿着导体的长轴是恒定的。然而由于纱线由数根单独的纤维或多根长丝组成，因此无论是机织、针织、编织还是无纺布基导电织物它们都是非均质的，这意味着横截面面积S会沿着它们的长度方向变化。因此，方差可能太高而无法得出可靠的结果。如果对于纤维和织物的尺寸如果可以表征，则可以用几何公式粗略计算横截面面积；此外还可以利用根据纤维材料的质量以及密度进行计算其相应的横截面面积（图3-11）。

（a）纤维比电阻仪　　　　　　　　（b）面料点对点电阻率测试仪

图3-11　纤维、纱线、面料的电导率测试仪器

考虑到纤维及织物横截面的复杂性，通常也可以用线电阻来准确表达纤维或者纱线的电阻：

$$R_y = \frac{R}{L} \quad\quad (3-4)$$

式中：R_y 指在纤维长轴 L 方向的相关电阻，其单位为 Ω/cm。同样导电织物亦倾向于面电阻 R_s 取代体电阻来更准确表达智能导电织物的电阻值：

$$R = \frac{\rho}{d} \times \frac{L}{W} = R_s \times \frac{L}{W} \quad\quad (3-5)$$

式中：电阻 R（Ω）为体电阻 ρ（$\Omega \cdot m$）除以厚度 d 乘以织物材料的长度 L 除以宽度 W；电导率 σ（$S \cdot m$）等于体电阻的倒数。柔软织物不规则的表面导致其厚度 d 难以确定。因此导电织物的电阻常以面电阻 R_s 来表示。同时，在表征材料的导电性能时，也常用电导率 σ 来表示：

$$\sigma = \frac{1}{\rho} \quad\quad (3-6)$$

从半导体物理学角度，材料的高电导率 σ 需同时具有高的载流子浓度（自由电子 n 和空穴 p）和高的载流子迁移率 $\mu_{n,p}$。

$$\sigma = en\mu_{n,p} \quad\quad (3-7)$$

式中：e 代表元电荷。由于它们有效质量较小，电子比离子和空穴更加容易移动，高电导率导体通常以电子为载流子。由式可知，提高载流子浓度 n 和载流子迁移率 $\mu_{n,p}$ 是等效的，即增加材料载流子浓度 n 以及提高载流子迁移率 $\mu_{n,p}$ 都能有效提高电导率 σ，即降低材料的电阻 R。以智能导电聚合物材料为例，可以通过设计具有高度共轭框架结构的主链，使得（双）极化子和链内载流子运输能够轻松离域，从而提高载流子的迁移率；亦可以通过化学掺杂和掺杂工艺优化，提高载流子的浓度，从而提高智能导电材料的电导率 σ。

二、绝缘体、半导体及导体的区别

绝缘体、半导体及导体之间的区别可以粗略地根据它们的电阻率加以区分：导体的电阻率很小且易于传导电流，由于导体中存在着大量可自由移动的带电粒子即自由电子。在外电场驱动作用下，自由电子作定向运动，形成明显的电流，因此导体具有低的电阻率值；绝缘体和导体正好相反，其强烈阻碍电流流动，不允许载流子的通过，因此绝缘体具有极高的电阻率。绝缘体和导体，没有绝对的界限，绝缘体在某些条件下可以转化为导体。半导体的导电特性处于导体与绝缘体之间，因此其电阻率也介于二者之间。三者之间的区别除了表现在电导率的差异之外，其带隙的不同对其导电性能的调节起着关键作用（图 3-12）。

而对于绝缘体、半导体及导体之间的本质区别，即为何有些材料易于载流子的流过，而有些则强烈阻碍载流子的定向移动，可引入经典电学理论到智能电子织物系统。对于金属而言，较为易于理解，可以根据经典理论基础上的特鲁德-洛伦兹理论，大量自由电子在电场

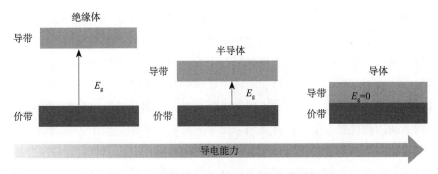

图3-12　绝缘体、半导体、导体之间的区别

的作用下定向移动形成电流，即大量自由电子载流子的存在使金属易于导电。在绝缘体中，所有或者大部分电子都被牢固地锁定，无法自由移动，需要极高的能量来释放自由电子形成自由移动的载流子，且可以定向移动并形成电流。普通的电压施加在绝缘体上形成的电场不能提供足够的能量来移动电子，因此，没有电流流动，使这些材料具有绝缘特性。绝缘体在电子器件中起着重要作用，因为它们可以防止电路短路。常见的玻璃、环氧树脂玻璃树脂和大多数聚合物均是绝缘体，高分子基纤维及织物也是良好的绝缘体，因此需要引入智能导电材料到纤维/织物中，以获得高性能智能电子织物。

相比于绝缘体，半导体释放自由电子及空穴等载流子所需的能量相对较小。半导体内的自由电子相对于导体而言非常少，因为它的原子之间非常靠近且被化学键所固定，难以离域以形成定向移动的电流。但是，通过向其中添加某些杂质或掺杂剂改变半导体的能带结构，从而可以在材料体内提供非常松散的电荷载流子，因此很容易移动。电荷载体可以是自由移动的电子或者电子离开后留下的空穴，就像一个可移动的正电荷。此外，通过控制半导体的掺杂，可以控制可以参与电流的电荷载流子的密度，从而控制其导电特性。

三、导电材料及其性能

导电材料按照导电机理可分为电子导电材料与离子导电材料两大类。几十亿年来，地球上的生物体主要都是利用离子来传递电信号，譬如我们感知疼痛等，需要神经突触经过离子信号传输到大脑中枢，然后根据反馈，电信号再次以离子的形式传导，从而人体做出相应的反馈；而近几百年来，人类创造的机械器件等则主要是利用电子来传递电信号，譬如电视机、电动汽车、机器人等，其需要电子对信号进行传输以及反馈信号的执行。自然的演变催生了复杂的基于离子导电的生物系统；而人类社会的发展则产生了复杂的基于电子导电的机械系统。考虑到智能电子纺织品与纺织服装的结合，本章重点围绕智能电子导电材料。

具有大量在电场作用下能够自由移动的带电粒子，因而能很好地传导电流，智能可穿戴纺织品中的导电材料应具有高电导率，良好的力学性能、加工性能，耐大气腐蚀性能，化学稳定性高，同时还应该是资源丰富、价格低廉等特性。近年来，导电材料的种类显著增加，选择何种导电材料用于智能可穿戴纺织品除了取决于材料本身的导电特性以外，其化学性质特性，例如对湿度、环境稳定性及其力学特性等也是加工过程中影响性能的重要相关参数，尤其对于金属基导电材料，其抗环境腐蚀性对其导电性能有着极其重要的影响。环境腐蚀一般而言，指的是由于空气中氧化剂（例如氧气）的存在导致在金属表面形成金属氧化物。在大多数情况下，由于金属与氧的成键，束缚了金属中自由移动的电子，与纯金属相比，金属氧化物具有较差的导电性能。例如，不锈钢上覆盖着一层氧化铁，这种保护性的非导电层导致了不锈钢表面的高接触电阻。在常见的金属导电材料中，铜是属于容易被氧化的典型金属代表。金属银虽然抗氧化能力稍强一些，但随着时间推移，其表面也会形成氧化银，该氧化物也会阻碍其导电性能。随着贵金属金等抗氧化能力逐渐增强，但是其高昂的价格使得其不适合在智能可穿戴纺织品中的大规模应用。特别是随着近年来纳米技术的快速发展，系列具有超高比表面积的金属纳米颗粒、金属纳米棒、纳米花、金属纳米线等被开发出来用作新型智能导电材料，然而，其高的比表面积导致与空气中氧气充分接触，严重影响着智能导电材料的环境稳定性与耐久性。

如前所述，智能导电材料的机械性能也是选择合适智能电子纺织品应用的另一个重要方面。众所周知金属丝具有良好的导电性能和较差的机械柔韧特性。金属丝一般难以拉伸或者弯曲延展，但是其可以保持优异稳定的导电性能，相反，常规聚合物纤维、纱线虽具有优异的伸长率和回复性能，但是其不具备导电性能。当传统纺织品与智能导电材料结合时，可以通过有效的设计使导电材料的宏观组装体柔性耐拉伸性得到增强，以适应人体穿戴过程中的机械形变。这个很重要，智能导电材料能够高弹性耐拉伸不仅是为了穿着舒适性，也是为了其具有更加优异的可加工性：智能导电材料融入纺织品的长丝需要在生产过程中施加压力，并且在制备过程中拉伸；在智能可穿戴纺织品应用中，它们的非弹性会降低其使用寿命。因此，它们的脆弱性将给它们带来致命问题。

除了上述本征导电材料之外，复合导电以及结构导电也是导电材料的重要组成部分，如将金属长丝与弹性纱结合，通过将金属长丝缠绕在弹性芯纱上，可以达到很好的折中效果，虽然金属长丝几乎不可伸长，而弹性纱线具有很高的可伸长性，这种混合纱线平衡了金属丝的强度、导电性和弹性芯纱的延展性能，从而赋予智能导电材料优异的拉伸性能。下面将根据智能导电材料的分类逐一介绍。

（一）金属

金属是最重要的工业材料之一。通常分为黑色金属和有色金属，这两种类型都可用于纺织领域。然而，它们的特性很可能定义了它们的应用纺织领域范围。一般来说，与其他金属相比，钢具有中等的导电性，最常用于地毯和防护服的抗静电目的。不锈钢可用作纯长丝、纱线并与聚合物纤维混合（图3-13）。然而因为它们很重（通常比铝重66%），且质地坚硬，并具有粗糙和磨蚀性表面，它们可能会在编织和针织加工过程中造成损坏；铜具有优良的导电性和导热性，其应用包括纺织传

图3-13 不锈钢导电纤维

输线和纺织加热元件。此外，研究人员还证明了铜的良好抗菌性能，它还可以用作抗菌剂，用于医疗保健环境中，然而其容易被氧化的特性，导致其稳定性较差；金属银具有比铜更加优异的导电以及导热性能。此外由于其防止细菌和真菌感染的能力，其在纺织品中在过去的几十年中得到了广泛的应用研究；由于黄金的稀有性和持久性，传统上其主要用于富裕和财富的象征，同时金也具有非常优异的化学和物理特性，耐腐蚀性及环境稳定性，同时也展现出高的延展性和出色的耐磨性，由于其不易被氧化，通常也不会引起皮肤过敏反应，因此其也经常用作心脏以及汗液监测的金属电极，这是其它金属所无法替代的，考虑到在纺织领域的应用，金一般采用磁控溅射的方式沉积在纤维织物的表面，然而其昂贵的价格，使得其应用有所局限；铝是一种非常轻、可延展且柔软的金属，特别应用于考虑重量的地方，例如汽车和飞机行业。即使用作非常薄的铝薄膜，它也不会透水汽和光，反射大约92%的可见光。因此常用于食品中和包装行业。除此之外，铝还以其良好的导热性和导电性，具有铜的60%的导电性，与铜和银一样，暴露在空气中时会在其表面形成一层薄薄的氧化铝钝化层，该氧化物可以保护铝免受进一步腐蚀，然而，氧化物的性能很差的导电性，其削弱了金属的表面导电性。由于其使用时贴近身体，像许多其他纺织品一样，还应该考虑到被许多水盐被溶解时，其耐腐蚀性往往会大大降低存在（如汗水）。金属镍虽然具有与铁具有类似的导电性质，但是在可穿戴领域，由于其毒性应受到监管。

近年来，随着纳米技术的快速发展，金属的纳米化也逐渐得到广泛研究，并在智能可穿戴织物中发挥着重要的作用，促进了智能纺织品的快速发展，成为金属导电材料的重要分支。在金属纳米颗粒、金属纳米片以及金属纳米线中，由于金属纳米颗粒以及纳米片较多的接触点和面，使得形成的导电网络电阻较大，高长径比的金属纳米线备受关注。金属纳米线是一种横向直径尺寸在100nm以下的一维金属纳米结构。由于其优异的电导率以及较细的线宽，因此金属纳米线导电网络具有非常高的导电特性。正因如此，金属纳米线在过去20年引起了人们的广泛关注。其中最具有代表性的就是银纳米线（AgNWs）（图3-14），目前，合成AgNWs的方法有很多种，其中包括溶剂热法、光波辐射法、软化学法、模板辅助法和多

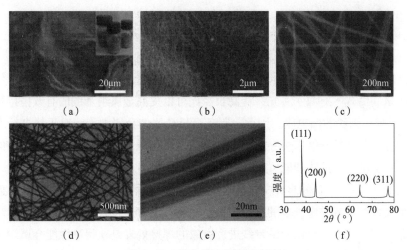

图3-14 纳米化金属导电材料

元醇法等。纳米化的金属智能导电材料突破了大家对于金属材料笨重脆性的局限性认识，而且由于其可溶液加工性，使得其加工方式更加灵活多样。

在AgNWs导电网络的导电机理中，存在着渗流理论。由于AgNWs呈现一维线状结构，在织物基底平面内，只有分布的AgNWs全部搭接成完整的导电通路时，织物才会导电。它无需全部覆盖织物基底，只要构成有效的网状导电通路即可，这是其相比于金属纳米颗粒的优势所在。因此，AgNWs基导电网络受其在织物表面覆盖面积（AF）的影响，假设每根AgNWs所占比重正比于其在织物上的横向面积，计算式如式（3-8）所示。

$$AF = N \times L \times D \qquad (3-8)$$

式中：N代表单位面积上AgNWs的数量，L和D分别代表AgNWs的长度和直径。单根AgNWs的所占横截面面积可以用消光效率Q_{ext}来表示，如式（3-9）所示：

$$Q_{ext} = \frac{C_{ext}}{DL} \qquad (3-9)$$

式中：C_{ext}为纳米线的消光横截面，即纳米线散射和吸收的光通量。Q_{ext}表示被单根纳米线散射和吸收的光通量与其横截面面积的比值。AgNWs导电网络所遮挡的横截面面积即为$AF \times Q_{ext}$。

根据渗流理论，只有当金属纳米线在纤维及织物上的密度大于渗流阈值N_c时，载流子才可以在整个纤维及织物上有效传输，纤维及织物才能够导电。皮克（Pike）和西格（Seager）使用蒙特卡罗法模拟出长度为L的导线阈值N_c需满足式（3-10）才能够实现导电。

$$N_c L^2 = 5.71 \qquad (3-10)$$

式（3-10）表明，超长的金属纳米线对于低密度下实现纤维及织物导电是十分重要的。为了实现金属纳米线低覆盖面积下最多的有效搭接，使用高长径比的金属纳米线是十分必要的。纤维及织物电阻R_s是金属纳米线的电阻率、长度L、直径D、覆盖面积AF以及金属纳米线之间的搭接电阻R_c几个参数的函数。如果导电织物中金属纳米线的电阻近似于体电阻ρ_∞且金属纳米线之间的搭接电阻R_c忽略不计，金属纳米线的面电阻R_s可以由式（3-11）来表示。

$$R_s = \frac{\rho_\infty \rho_{NW}}{m/A} \qquad (3-11)$$

式中：ρ_{NW}（kg/m^3）代表金属纳米线在织物中的分布密度，m/A（kg/m^2）代表单位面积金属纳米线的质量。由式（3-11）可知，提高长径比可以提高金属纳米线的有效搭接数量从而减小ρ_{NW}，进而减小织物的面电阻。因此，制备高长径比的金属纳米线对于提高纤维及织物的导电性能十分必要。综合智能可穿戴织物的导电性及机械柔韧性，制备直径超细的高长径比金属纳米线对于制备高性能智能可穿戴电子织物十分关键。

式（3-11）忽略了金属纳米线之间的搭接电阻，从而得出高长径比是得到金属纳米线基电子纤维及织物优异导电性能的关键因素。然而，没有焊接融合处理的金属纳米线之间的搭接电阻非常高。因此，将金属纳米线进行有效的焊接处理是获得高性能金属纳米线基智能纤维及织物的一个关键因素。但传统的焊接工艺通常需要超过200℃的高温处理，如此高的温度对于传统有机纤维及织物基底是难以承受的。低温有效焊接金属纳米线等智能导电材料对于大规模制备智能导电织物是一项亟待解决的技术难题。但需要注意的是，随着长径比的逐渐升高，高长径比的金属纳米线的比表面积相对较大，导致其与外界环境的接触面积增大，加剧了其被氧化腐蚀等环境稳定性问题。此外，金属纳米线与柔性纤维及织物的粘附性差导致其容易从基底脱落，易引发智能可穿戴织物的操作稳定性差等一系列问题，特别是耐水洗、耐皂洗等问题，这些都困扰着智能金属导电材料在智能可穿戴织物的应用。

（二）碳材料

碳元素是组成自然界物质和生命体的主要元素之一，并且与人类社会的发展有密切、重要的关系。碳材料在现代工业中起到非常重要的作用，例如，冶金工业中的焦炭、电极材料的石墨、航空航天的热解石墨、轮胎增强用的炭黑、净化用途的活性炭、人工合成的金刚石等。纳米碳材料是指分散相尺度至少有一维小于100nm的碳材料。分散相既可以由碳原子组成，也可以由异种原子（非碳原子）组成，甚至可以是纳米孔。纳米碳材料主要包括三种类型，分别为零维纳米碳球、富勒烯及一维CNTs、CNTs纤维，二维石墨烯等。在制备导电纤维的电极材料中，常被选用的材料是碳纳米管和石墨烯。碳原子具有sp、sp^2、sp^3杂化的多样电子轨道特性，再加之sp^2的异向性导致晶体的各向导性和其他排列的各向异性。因此以碳元素为唯一构成元素的碳材料表现出各式各样的性质，并且新型碳材料不断地被发现和人工制得。

碳纳米材料无疑是近几十年来的明星材料，从零维富勒烯的发现，一维碳纳米管，再到二维石墨烯，碳材料家族完成从零维到三维的全覆盖（图3-15）。1985年英国化学家克罗托（Kroto）等发现了分子结构为类似于球形32面体的C_{60}，它是由60个碳原子通过20个六元环和12个五元环连接而成的具有30个碳碳双键的足球状空心对称分子，因富勒烯的发现，克罗托（Kroto）等获得了1996年的诺贝尔化学奖。1991年日本电子公司（NEC）的伊吉玛（Iijima）发现更加奇特的碳结构——CNTs，又名巴基管，CNTs主要由呈六边形排列的碳原子构成数层到数十层的同轴圆管的一维管状材料。层与层之间保持固定的距离，约0.34nm，直径一般为2~20nm，其可以看作由不同层数的石墨烯片卷曲而成。2004年，英国曼彻斯特大学物理学家海姆（Geim）和诺沃肖洛夫（Novoselov），利用微机械剥离法，使用特制胶带将高定向石墨一分为二，多次循环剥离，成功地从石墨中分离出石墨烯，从而证实它可以单独存在，推翻了二维晶体结构无法稳定存在的结论，石墨烯的发现完善了碳材料家族，Geim和Novoselov于2010年获得诺贝尔奖，掀开了碳纳米材料的新纪元，由于CNT和石墨烯在导电纤维织物中应用的较多，因此本

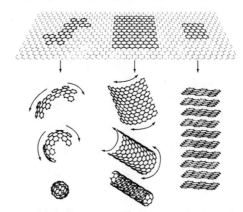

富勒烯（零维）　碳纳米管（一维）石墨（三维）

图3-15　智能导电材料——从零维富勒烯到三维石墨

节重点阐述导电一维CNT和二维石墨烯在智能可穿戴电子织物中的应用。

自1991年Iijima在日本NEC就职时首次发现CNT以来，CNT由于其优异的导电性、柔韧性以及化学稳定性，开拓出一维纳米材料的全新研究领域，在能源存储、复合材料增强、环境保护、导电纤维织物等领域得到了广泛地研究和应用。特别是由一维CNT组成的导电网络表现出高电导率和机械柔韧性，使其在导电纤维织物领域更是显示出得天独厚的优势。CNTs具有典型的层状中空结构特征，其管身是准圆管结构，是一种具有特殊结构（径向尺寸为纳米量级，轴向尺寸为微米量级）的一维量子材料。微观上，主要表现为由呈六边形排列的碳原子构成数层到数十层的同轴圆管。层间距约为0.34nm，直径一般为2~20nm。CNTs可看作由二维石墨烯卷曲而成的一维管状结构，按照石墨烯片的层数分类可分为SWCNTs和MWCNTs。CNTs能快速接受并转移光生电子，提高光生载流子的分离，从而提高光催化剂的活性。MWCNTs的管壁上通常布满小孔状缺陷，而单壁管是由单层柱状石墨层构成，具有更高的均匀性，但制备工艺更困难，造价更高。在过去的几十年中其商业化也得到了长足发展，由清华大学魏飞教授团队技术支持的天奈科技是目前国内最大的CNT生产商。SCNT是由单层碳原子以sp^2键无缝结合在一起的一维纳米圆柱体。可以看成由二维单层石墨烯按一定的角度卷曲无缝键合成的管状结构。每根SCNT都有一个特定的手性矢量$\boldsymbol{C}_h$：

$$\boldsymbol{C}_h = ma_1 + na_2 \qquad (3-12)$$

式中：a_1和a_2为二维石墨烯的基矢，n和m为整数。由此可以得到SCNT的许多重要物理量，包括直径、卷曲类型、导电性质等。手性矢量$\boldsymbol{C}_h$可以用于计算SCNT的直径d_t：

$$d_t = \frac{\boldsymbol{C}_h}{\pi} \qquad (3-13)$$

SCNT的导电性与n和m的相互关系可以由式（3-14）来表示：

$$|m-n| = 3q \qquad (3-14)$$

其中，如果q为整数，则SCNT是金属型的，否则为半导体型的。据统计，大约有1/3的SCNT为金属型的，2/3的SCNT为半导体型的，并且根据碳六边形沿轴向的不同取向可以将其分成锯齿形、扶手椅形和螺旋形三种（图3-16）。在CNT导电网络的研究中心，将一维CNT搭接的导电网络导电模型简化为载流子在搭接点处从一根CNT跃迁到另外一根相邻的CNT，从而在导电网络内有效传输。CNT导电网络的电阻R_s包括CNT自身的电阻R_{CNT}及其在具体环境下CNT之间的搭接电阻$R_{CNT-CNT}$：

$$R_s = R_{CNT-CNT} + R_{CNT} \qquad (3-15)$$

此外，CNT的电阻R_{CNT}当用金属接触测量时，可以由式（3-16）表示：

$$R_{CNT} = \frac{h}{\Delta e^2} + R_c + R_t \qquad (3-16)$$

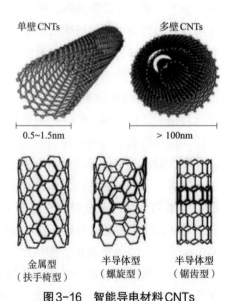

单壁CNTs　　多壁CNTs

0.5~1.5nm　　> 100nm

金属型（扶手椅型）　　半导体型（螺旋型）　　半导体型（锯齿型）

图3-16　智能导电材料CNTs

式中：h为普朗克常数，e为元电荷，R_c为金属测量的附加电阻，R_t为声子散射贡献电阻。其中，半导体型的CNT的电阻远大于金属型的CNT的电阻，纯的半导体型或金属型的CNT之间的搭接电阻远小于半导体型CNT与金属型CNT之间的搭接电阻。CNT导电网络与金属纳米线导电网络类似，也可以用渗流理论研究CNT导电网络中载流子的传输机理。根据渗流理论，CNT的阈值N_c可由式（3-17）表示：

$$N_c = 4.236^2 \pi L_s^2 \approx \frac{1}{L} \tag{3-17}$$

式中：L_s和L分别代表CNT的长度和长径比。因此，CNT的长径比L越高，其阈值N_c越低。阈值越低，代表纤维织物表面构建导电网络所需的CNT密度越低。因此高长径比SCNT可以大幅提高纤维织物的导电性能。但是一维CNT具有非常优异的柔韧性，超长的CNT更容易缠结成团不利于分散，导致CNT难以有效均匀，以溶液的加工方式负载到纤维织物的表面。

CNT负载到纤维织物中加工方式目前已经开发出很多，并得到深入研究。然而CNT还有许多难点需要克服：包括CNT的高效制备、纯化、分散等。比如，制备CNT的过程中，通常含有催化剂粒子、无定形碳以及非管状碳等杂质，而且合成的SCNT的长度、直径、管壁数、手性并不均一，这些都对CNT的导电性能以及加工批次重复稳定性都有着较大的影响。此外，虽然CNT具有良好的导电性能，但是CNT之间的搭接电阻非常大（200kΩ~20MΩ），使CNT宏观组装体导电网络的电导率比CNT的电导率相差甚远，如何有效减小CNT之间的搭接电阻是一个亟待解决的问题。

早在20世纪40年代，人们就对类似于石墨烯的结构开始了理论研究，但是单层的二维石墨烯一直没有被成功制备出来。自2004年，石墨烯被发现以来，越来越多的科研工作者投入石墨烯的研究中，石墨烯在高性能复合材料、柔性电子器件、电化学储能器件、生物医学等领域都表现出广阔的应用前景，尽管石墨烯发现只有十几年的时间，但石墨烯的相关研究却是令人瞩目的。据webofscience统计，2004~2018年有关石墨烯的文献就高达近20万篇，石墨烯是过去十多年间当之无愧的明星材料。石墨烯是单原子层的二维蜂窝状晶体结构材料，每个晶胞单元中含有两个碳原子，这种结构使其产生了独特的能带结构，价带与导带在布里渊区边缘相交，在每个布里渊区相交于六个点，由于对称性，这些点简化为两个不同的点：k和k'，这些点称为狄拉克点。能带在布里渊区附近的相交形成了狄拉克锥形能谱，在这些相交点附近电子能量和波矢成线性关系，由于其锥形结构的能带在狄拉克点相交，因此石墨烯的带隙为零，呈现半导体性质，其载流子的运输可以用狄拉克方程来描述，这种无质量的狄拉克费米子有着极高的速度，其费米速度$v_F \approx c/300$（c为光速），即$10^6 \text{cm}^2/(\text{V·s})$，即使在室温下也有着高的载流子迁移率，其值约为$200000 \text{cm}^2/(\text{V·s})$。而目前Si材料的电子迁移率仅约为$1000 \text{cm}^2/(\text{V·s})$，如此高的载流子迁移率符合导电纤维织物所需高载流子迁移率的要求，因此石墨烯成为智能可穿戴纤维织物的理想材料。石墨烯除了具有上述优异的电学性能外，还具有优良的力学性能。它有着非常高的力学强度，其断裂强度达42N/m，杨氏模量更是高达1.0TPa，使其成为目前世界上最坚硬的物质，比钢的强度高100倍以上。碳原

子间以 sp^2 键结合成平面结构，碳原子之间的连接非常柔韧，当其受到外力作用时，其碳原子平面就会弯曲变形，从而使碳原子不必重新排列来适应外力，保持了其结构的稳定性，因此石墨烯具有非常好的柔韧性，在柔性电子器件方面表现出广阔的潜力。

自石墨烯问世以来，科学界掀起石墨烯研究的浪潮，石墨烯的合成制备方法成为研究热点。目前，石墨烯及其衍生物的合成制备方法已有许多，新的方法也层出不穷。这些合成方法通常可以两大类，一是"自下而上"法，二是"自上而下"法（图3-17）。"自下而上"法主要是以碳材料为原料直接合成石墨烯材料，例如化学气相沉积（CVD）、等离子体增强化学气相沉积（PECVD）、碳材料高温热处理的石墨化、化学有机合成等。不同于"自下而上"法，"自上而下"法具有高产量、溶液加工性、易实现等优异的条件，主要包括插入法、化学官能团化和超声剥离等。

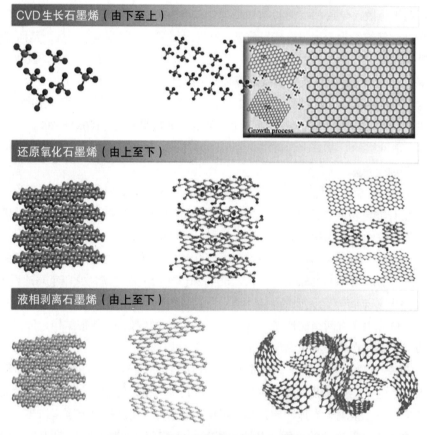

图3-17　智能导电材料石墨烯的制备方法

虽然石墨烯的制备方法众多，但目前常用的主要有：微机械剥离法、晶体外延生长法、化学气相沉积法和化学剥离法。石墨烯最早的发现就是源于微机械剥离法，使用特制胶带反复剥离石墨，得到很薄的石墨烯片。通过微机械剥离法制备的石墨烯片具有质量高、性能好等优点，因此该方法制备的石墨烯适合用于实验研究和性能测试等。但是，该方法制备周期长、产量低，限制了其产量化生产。

晶体外延生长法是通过超高真空、高温加热单晶SiC脱除Si，使碳原子重新排列成石墨烯片。晶体外延生长法制备的石墨烯具有面积大、质量高等优点，并且在集成电路技术中的应用具有很大潜力，但是，晶体外延生长法制备石墨烯仍存在不足之处，例如高能耗、层数控制问题、石墨烯与基底之间的界面效应等。

化学气相沉积（chemical vapor deposition，CVD）是将各种碳源气体（如乙炔、甲烷等）、液体（苯等）或固体（高分子材料等）材料加热至一定温度，使碳原子在一些金属（如单晶铷、多晶镍等）表面生长成石墨烯的方法。化学气相沉积法制备石墨烯具有方便、易操作、可控性高等优点，制备出的石墨烯具有片层大、导电性高等优点。高质量的石墨烯在太阳能电池、电极材料、电子器件等方面具有极大的应用价值，但是该方法需要高温以及催化剂的精确调控生长，不宜于大规模的制备与应用。

化学剥离法是目前制备石墨烯最为广泛的方法之一，其基本方法主要包括两部分：一是以石墨为原料，利用强酸、强氧化剂进行氧化处理，破坏石墨的晶体结构，将氧官能团插入石墨片层中，形成可分散在溶液中的氧化石墨或氧化石墨烯（graphene oxide，GO），然后将GO进行还原得到还原氧化石墨烯，二是采用各种表面活性剂或者有机溶剂，石墨烯进行剥离，然而，还原氧化石墨烯经过苛刻的氧化以及还原过程，严重损害了石墨烯的完美晶体结构，而直接液相剥离石墨烯产率一般很低，难以得到大规模的高质量石墨烯。

总之，目前将智能石墨烯导电材料应用于智能可穿戴技术中还有许多关键技术亟待解决和突破，但是相信将石墨烯应用于纺织品中，赋予了传统纺织品更多智能功能，如使用了石墨烯改性纱线制成的面料，使其可以感知温度以及电加热服、智能传感、可穿戴电池以及互连线等，且相关的需求将出现增长，任何新的应用都需要研究如何对石墨烯进行改性处理，如何使其满足功能化应用，因此相关的配方和生产工艺需要同步升级。智能可穿戴电子纺织品或许是打开石墨烯走向实际应用的突破口。

（三）导电聚合物

导电聚合物又称导电高分子材料，是由具有共轭π键的聚合物经化学或电化学"掺杂"后使其电导率增大转化为导体的大分子。由于其制备工艺简便、导电性好，具有良好的电化学机械特性等一系列优点，使导电聚合物在防静电涂层、轻质储能器件电池、太阳能电池、发光二极管、显示器、传感器等方面展现出极大的优势。但由于目前导电聚合物主链中的共轭结构使纤维大分子链呈现刚性僵直、难溶，纺丝较难、某些单体具有一定的毒性甚至致癌等缺陷，对于纺织行业绿色环保的生产方向，是一大弊病。对于产业化，其生产加工工艺繁复，多数设备仅对应生产一种导电聚合物，导致制备成本较高，因此较难应用。大多数聚合物是绝缘的，因此不能用于电气、抗静电或电磁屏蔽应用。然而，在20世纪末发现了一组新的聚合物，被称为本征导电聚合物或电活性导电聚合物。只有当导电聚合物具有共轭结构时，聚合物才能够带有可以自由移动的电荷，这意味着碳—碳链键由交替的单（σ）和双（π）键组成。通过掺杂剂，这是聚合物被氧化或还原以产生电荷载流子的过程，电荷载流子可以沿着碳链移动，从而表现出导电行为。自1977年白川英树发现导电聚乙炔，导电高分子就引起了科学家们的广泛关注。之后聚苯胺（PANi）、聚吡咯（PPy）、聚噻吩等导电高分子相继被发现并得到广泛研究。聚合物的电导率可以通过添加掺杂剂后处理得以调控。经掺杂后，可以将导电聚合物的导电特性调整为具有半导体性质甚至金属导电特性。此外，它们还有一个优势，由于它们可以大批量溶液法处理，而且可以与纤维和织物具有很好的界面附着力，而且它们重量轻且灵活。然而，它们不耐高温（例如，PANi的最高温度为135℃）并且它们随着时间的推移其性能会变得随湿度、氧气和温度而变得不稳定。

聚 3,4- 乙烯二氧噻吩：聚苯乙烯磺酸钠（PEDOT：PSS）由于其优异的成膜性、透光性、热稳定性以及可调的导电性而成为研究最成功的导电聚合物之一（图 3-18）。PEDOT：PSS 溶液呈现蓝色，它可以在脆性玻璃基底以及柔性塑料基底上成膜，而且成膜方式非常简易，旋涂、棒涂、喷涂、喷墨印刷或丝网印刷等成膜工艺均可以在纤维织物表面沉积。此外，PEDOT：PSS 薄膜在可见光区几乎是透明的，100nm 厚的薄膜透光率可达 90% 以上，因此也常用于

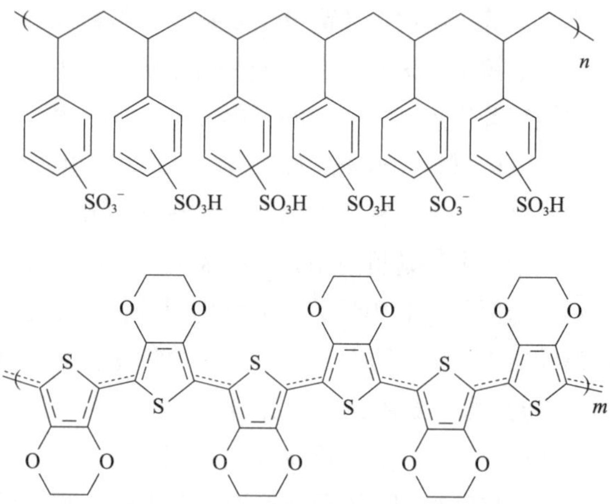

图 3-18　导电高分子 PEDOT ：PSS 分子式

透明电极材料的制备，根据合成工艺以及掺杂后处理的不同其电导率可以在 10^{-2}~10^{3}S/cm 变化，PEDOT：PSS 的基础研究和产业化在过去几十年中得到了长足的发展。其商品化的产品中，以德国贺利氏系列产品最具有代表性。贺利氏研发出 PEDOT：PSS 不同系列产品以满足可穿戴电子器件的需要。PEDOT：PSS 拥有巨大的市场，据估计每年大约有 500 亿美元的销售额。PEDOT：PSS 的分子结构式如图 3-20 所示，它由导电的 PEDOT 分子链以及不导电的 PSS 分子链组成。导电的 PEDOT 在大多数溶剂中几乎是不溶的，然而当 PEDOT 以不导电的 PSS 作为聚合模板以及电荷互补剂时却可以均匀地分散于水中。因此在 PEDOT：PSS 的水溶液中，导电的 PEDOT 分子链被外层不导电的 PSS 所包裹着。原始的 PEDOT：PSS 基导电织物电导率很差，一般小于 1S/cm，因此需要掺杂后处理大幅度提高 PEDOT：PSS 功能化织物的电导率。在导电纤维应用方面，导电聚合物纤维是由导电高分子通过直接纺丝方法得到的有机导电纤维。但对于难溶于常用有机溶剂的导电高分子聚合物，一般多采用湿法纺丝工艺、熔融共混制备获得复合导电纤维，或采用原位吸附聚合法是使聚苯胺、聚噻吩沉积在基质纤维表面，或将掺杂态导电高聚物液体作为导电层覆盖在纤维的表面等方法制备导电聚合物纤维。目前有关 PEDOT：PSS、PANi、PPy 在智能导电织物上的应用均有报道，其包括浸没涂覆法、单体原位聚合法、喷墨打印及丝网印刷等，并被用在电化学晶体管、电加热服装、抗电磁屏蔽与吸波织物、柔性智能传感等智能可穿戴领域。

目前对于 PEDOT：PSS、PANi、PPy 以及其他共轭导电高分子，其电导率的不稳定性一直是很大的问题。导电聚合物基智能织物在接触高温、高湿度以及紫外线照射时，都会导致

电导率的下降。因此若要使共轭高分子基智能可穿戴织物广泛应用，智能织物的环境稳定性仍需要提高。然而，目前共轭导电高分子导电掺杂机理难以确定，虽然目前已经有静电库仑力屏蔽、PSS去除、高分子构象演变等理论相继提出，但有时这些理论并不能解释导电性能提升的一些现象。虽然现在有许多掺杂方法可以有效提高PEDOT：PSS基导电织物的电导率，但这些工艺的机理目前还不能完全确定，难以总结归纳出系统导电性能提升理论，这对于探索PEDOT：PSS基智能可穿戴织物的最佳电导率是不利的，并影响其大面积商业化推广应用。而且上述掺杂工艺同时略显复杂和烦琐。这些都是共轭导电高分子基智能可穿戴电子织物所面临和需要解决的问题。

（四）过渡金属碳化物/氮化物

过渡金属碳化物/氮化物（MXene），为一种新型二维纳米材料，因其独特的物理化学性能，在近年来得到了迅猛的发展。自美国Drexel大学的尤里（Yury）教授研究团队于2011年首次成功制备出碳化钛（$Ti_3C_2T_x$）二维纳米片以来，MXene在纤维及织物中的应用不断被探索。MXene是一类只有单个或几个原子厚度的过渡金属碳化物或氮化物晶体层状材料，在迄今为止合成的MXenes中，$Ti_3C_2T_x$是目前研究最为广泛的且最为深入的。目前MXene具有非常高的电导率（高达15000S/cm），和体积电容（高达$1500F/cm^3$）。值得注意的是MXene具有良好的导电性、亲水性、高的比表面积以及丰富的表面官能团，可以通过化学组分的调节及表面官能团的改变来获得不同性质的MXene，无须额外的黏合剂或表面活性剂，使得其能够进行3D打印、喷涂、旋涂以及浸没涂覆等加工方式负载到纤维以及织物上，这使它们在电化学能源存储、智能可穿戴传感器、电磁吸波屏蔽、生物医学和光电催化等领域具有巨大的应用前景，尽管MXene发现仅仅只有几年，但MXene功能化纤维、纱线、织物均已成功制备出，并且成功运用在智能可穿戴领域。

MXene分散体的合成与制备是将MXenes引入纤维、纱线、织物中的关键步骤，MXene的前驱体MAX相是一类三元层状化合物，同时具备陶瓷和金属的优良特性，化学式为$M_{n+1}AX_n$，其中M，X，n与上述相同，而A为Ⅲ或Ⅳ主族元素（图3-19）。MXene一般是通过化学刻蚀MAX前驱体中的A元素而得到的剥离产物。自MXene发现以来，越来越多的合成方法已经被开发用于提高MXene的产量以及产量，通常，$Ti_3C_2T_x$是通过氢氟酸（HF）选择性刻蚀Ti_3AlC_2合成的，将MAX粉末暴露于不同浓度的HF中，HF将Al刻蚀出，从而获得具有手风琴结构的MXene。自2011年通过HF刻蚀Ti_3AlC_2中的铝元素得到Ti_3C_2被报道，从此MXene进入大众视野，并得到广泛研究。此外，氟化锂（LiF）、盐酸（HCl）和去离子水

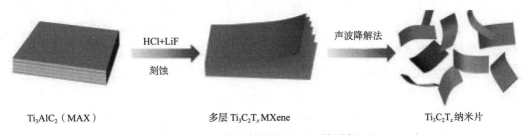

Ti$_3$AlC$_2$（MAX）　　　　　多层 Ti$_3$C$_2$T$_x$ MXene　　　　　Ti$_3$C$_2$T$_x$纳米片

图3-19　智能导电材料MXene的剥离机理

作为蚀刻液也后续用于刻蚀MAX以获得MXene。当LiF溶解在HCl溶液中形成HF时，Li^+离子起嵌入插层剂作用，从而获得无Al的层状MXene。MXene与石墨烯的高疏水性不同，MXene具有超亲水的表面，不用进行表面改性即可分散在水中获得良好的分散液。其结构中M—X价键结合能较强，因此赋予了MXene较为优异的力学性能。MXene抗弯刚度高，能够用于柔性智能可穿戴服装中。值得注意的是，虽然HF是一种弱酸，但其具有强烈的腐蚀性，寻求无HF腐蚀的方法制备MXene是目前亟待解决的关键问题。

MXene可以与不同类型的纤维材料进行有效复合，获得各种性能优异的柔性电子材料，在智能可穿戴织物领域具有良好的应用前景。针对不同的应用需求，MXene与纤维及织物复合的方式包括浸渍涂覆法、喷涂法、静电纺丝法、湿法纺丝法和真空过滤法等。浸渍涂覆法是最简单、最具成本效益的将MXene引入纺织品的方法，其余几种涂层方法均已经被探索。使用这些方法，包括天然纤维（棉、麻和竹）和合成纤维（锦纶、聚酯、镀银锦纶和碳基织物）等多种纤维织物均可以有效负载MXene，得到导电纤维及织物。而且后续可以进一步结合传统纺织加工工艺，将单根纤维加捻制成纱线以进行针织和机织，对导电纤维以及纱线进行规模化加工处理。虽然涂层工艺简单，但表面化学和基于纤维的基材的形态都起着至关重要的作用，MXene薄片和单根纤维之间存在黏合作用。由于MXene表面官能团在水溶液中的极性，$Ti_3C_2T_x$表面带有负电荷，因此，MXene可以与亲水、带正电荷的底物或含有羟基或胺基官能团的基底有效结合，例如，MXene被证明能很好地黏附在棉纤维以及锦纶上，棉纤维表面具有丰富的羟基，而且MXene和锦纶表面的酰胺基团的有效结合。相关研究表明，$Ti_3C_2T_x$和锦纶的之间可能存在共价键，从而使MXene纳米片在锦纶表面具有良好的附着力。

导电的MXene纳米片除了可以有效自组装到亲水的纤维织物基底表面之外，对于疏水基底表面也可以通过简单的表面亲水处理后进行有效的负载，例如疏水性镀银锦纶，相关研究已经探索了几种预处理。这些预处理方式包括等离子体处理，在用MXene涂覆之前，在氧等离子体中持续5min，使得它们变为亲水性；提高附着力的另一种方法是将MXene与导电聚合物黏合剂混合，导电聚合物可以作为胶水将MXene黏合到纤维上并促进纤维表面的黏合特性，例如，借助PEDOT：PSS将MXene加载到碳纤维表面，其含量可高达3mg/cm，是未加导电聚合物负载量的5倍；还有一种方式就是可以对基底进行化学改性，在纤维织物表面进行硅烷偶联剂处理，譬如使用氨基丙基三乙氧基硅烷（APTES）对涤纶纱线等表面惰性纤维进行处理，APTES表面丰富的氨基（—NH_2）可以与MXene表面的负电荷有效结合，相关XPS表征证实了MXene表面末端的负电荷与带正电荷的APTES功能化PET之间存在静电相互作用，使得MXene牢固吸附在PET纤维表面。基于MXene优异性能与弹性氨纶织物相结合可以用于人体健康监测以及热管理领域（图3-20）。二维材料MXene的发现有效避免了传统石墨烯材料的疏水性，使其易于溶液加工，同时其金属级导电性又避免了氧化石墨烯的电绝缘性的缺点，因此MXene在智能可穿戴电子织物的开发和应用中有着十分广阔的应用前景。

展望未来，作为新兴的二维材料，MXene导电材料未来在智能可穿戴电子纺织品中的应用仍有待继续完善，譬如MXene的大规模制备，因为MXene是通过湿化学蚀刻合成的，有

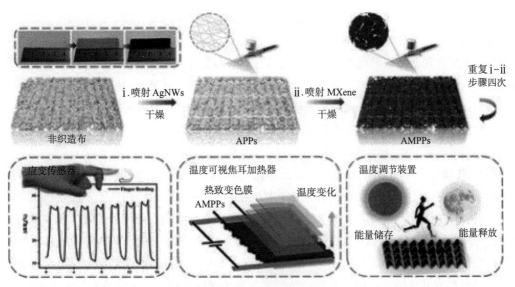

i. 喷射 AgNWs 干燥　　　　ii. 喷射 MXene 干燥　　　　重复 i-ii 步骤四次

非织造布　　　　　　APPs　　　　　　AMPPs

应变传感器　　　温度可视焦耳加热器　　　温度调节装置

热致变色膜　　　温度变化　　　AMPPs

能量储存　　　能量释放

图 3-20　MXene 基智能电子织物

很大期望通过扩大蚀刻剂的量来提高产量，蚀刻反应器应以千克和吨为单位；进一步拓展 MXene 纤维织物的加工处理方式，基于 MXene 的纤维的纺丝方法已经主要限于湿法纺丝和静电纺丝，但是通过传统的静电纺丝方法可能无法非常适合超级电容器、锂离子电池等应用，因为 MXene 薄片被困在聚合物纳米纤维内，使它们无法接触电解质离子。因此，更新颖的静电纺丝方法或结合静电纺丝和涂层需要技术将 MXenes 集成到纳米纤维中应用；优化提升 MXene 纤维的性能，尽管基于 MXene 的纤维表现出优异的电和电化学性能，还有很大的空间进行改进。例如，其有限电压窗口与其他电极材料相比，MXenes 具有较小的电化学操作窗口，从而限制了其能量密度和其他能量存储特性，另一个主要挑战是提高抗拉强度以及具有高 MXene 负载下纤维的应变失效。迄今为止，已经合成了 30 多种不同的化学组成的 MXene 和根据理论预测了超过 25 种不同有序的 MXene，然而，大多数 MXene 的工作集中在 $Ti_3C_2T_x$，归因于其高导电性和体积电容，然而其他 MXene 的功能尚不完全清楚，但初步研究表明其他类型 MXene 可能具有比 $Ti_3C_2T_x$ 更有趣的特性，例如 Nb_4C_3 已经证明与 $Ti_3C_2T_x$ 相比强度更高以及电磁屏蔽性能。此外，MXene 的抗氧化能力还有待进一步的提升，虽然目前有关 MXene 的智能电子织物证明了其优异的性能，但是其容易被氧化的缺点限制了其在环境中的耐久性使用，仍然需要进一步克服。

第四节　半导体材料

现代世界的迅速发展离不开半导体材料的崛起，日常生活中常见的计算机、手机、音响等，里面都有半导体元件。如前面所述，半导体材料的导电性介于导体与绝缘体之间，可以通过掺杂剂来调控半导体的导电性能，如锗、硅、砷化镓和一些硫化物、氧化物等。半导体的导电机理不同于金属等其他导电材料，所以它具有不同于其他物质的特点。譬如，当受到外界热和光的作用时，其导电能力明显发生变化，且与常规金属材料呈相反趋势，金属随着温度的提升，晶格震动越厉害，与载流子发生碰撞概率增加，载流子的传输速度变慢，使得电阻增加，但对半导体而言，温度上升使自由载子的浓度增加，反而有助于导电，导电能力提升；往纯净的半导体中掺入某些杂质，会使导电能力明显发生改变，这也是常规导电材料中所不具有的现象。

20世纪20年代，随着固体物理和量子力学的发展以及能带论的不断完善，使半导体材料中的电子态和电子输运过程的研究更加深入，对半导体材料中的结构性能、杂质和缺陷行为有了更深刻的认识，加快了半导体材料的研究。现代电子学中，用得最多的半导体就是硅和锗，在其晶体中，原子按四角形系统组成晶体点阵，每个原子都处于四面体的中心，而四个其他原子位于四面体的顶点，它们的最外层电子（价电子）都是四个，每个原子与其他相邻原子之间形成共价键，共用一对价电子。形成共价键后，每个原子的最外层电子是8个，形成稳定结构，由于共价键中的两个电子被紧紧束缚在共价键中，成为被束缚电子，而常温下被束缚电子很难脱离共价键形成自由电子，因此本征半导体中的自由电子很少，所以本征半导体的导电能力很弱。

与金属导体中自由电子作为电荷输运的载流子显著不同，半导体中的载流子的输运不仅包括负电荷的电子 e^-，还包括正电荷的 h^+（图3-21）。半导体可以分为本征半导体、p型半导体、n型半导体。在绝对零度（$T=0K$）和没有外界激发时，价电子被共价键完全束缚着，本征半导体中没有可以移动的电荷（即自由移动的载流子），因此其导电能力为0，相当于绝缘体。在常温下，由于热激发，使一些价带电子获取足够的能量可以脱离开共价键的束缚，成为可以自由移动的电子，这种现象称为本征激发，与此同时，电子被激发离开后留下一个空位，称为空穴。在其他吸引力的作用下，空穴吸引附近的电子来填补，这样的结果相当于空穴的迁移，而空穴的迁移相当于正电荷的移动，因此，可以认为空穴是载流子，因此本征半导体中存在数量相等的两种载流子，即自由电子和空穴。在本征半导体中电流由两部分组成：自由电子移动产生的电流以及空穴移动产生的电流。本征半导体的导电能力取决于载流子的浓度，温度越高，载流子浓度越高，因此本征半导体的导电能力越强，温度是影响半导体性能的一个重要外部因素。往本征半导体中掺入某些微量的杂质，也会使半导体性能发生显著变化，其原因为掺杂半导体中的某种载流子浓度大幅增加：自由电子浓度大幅增加的杂质半导体为n型半导体；空穴浓度大幅增加的杂质半导体，称为p型半导体。在硅晶体中掺杂少量五价元素磷，晶体点阵中的一些原子被杂质磷原子所取代，由于磷原子的最外层有五个价电子，其中四个与相邻的半导体原子形成共价键，因而多出一个电子，这个电子几乎不受束缚，容易受激发而成为自由

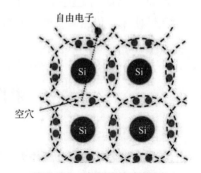

图3-21 半导体导电模型

移动的电子，与此同时，磷原子失去一个电子，而成为不能移动的带正电的离子，每个磷原子给出一个电子而成为施主原子；相反，在硅晶体中掺入少量铟元素，晶体点阵中的一些半导体原子被铟原子取代，由于铟原子最外层有三个价电子，与相邻的半导体原子形成共价键时，会相应产生一个空穴。该空穴会吸引束缚电子来填补，使铟原子成为不能移动的带负电的离子，每个铟原子接收一个电子而成为受主原子。在p型半导体中，由于空穴浓度大于自由电子浓度，空穴被称为多子，自由电子称为少子，n型半导体中，自由电子的浓度大于空穴的浓度，自由电子被称为多子，空穴称为少子。在掺杂型半导体中，多子和少子的移动都能形成电流。下面以具体的智能电子织物用半导体材料展开。

一、硅材料

常见的半导体材料大多是结晶的固体，例如晶体硅（图3-22）。纯的晶体硅一般具有较高的电阻率甚至为绝缘体。然而，它的电导率可以通过掺杂大大提高，例如可通过磷（形成n型半导体）或铝和硼（形成p型半导体）进行掺杂得到不同类型的半导体。晶体硅熔化后伴随着凝固后，硅可以以不同程度的结晶度存在，从非晶（a-Si：H）到纳米晶（nc-Si）、微晶（μc-Si）和多晶（pc-Si）。目前，大量研究工作尝试硅的低温制备工艺，例如射频等离子体增强化学气相沉积（RF-PECVD）和热线化学气相沉积（HW-CVD），然而目前最成熟的还是高温制备工艺，正是由于硅的高加工处理温度，使其不适合于纤维以及织物中的加工处理，因此需要寻求其他适宜于智能可穿戴电子纺织品的新型半导体材料。

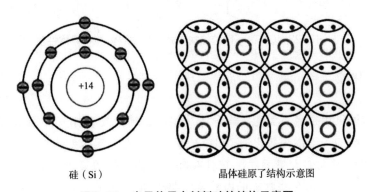

硅（Si）　　　　　　晶体硅原了结构示意图

图3-22　半导体导电材料硅的结构示意图

二、碳材料

通常，碳可用作n型或p型半导体，例如，石墨片通常表现出半导体的特性。此外，碳材料的半导体特性是可调的，CNTs可以通过调节它们的直径和手性的差异，获得具有导体或者半导体特性的CNTs，用矢量 C_h 表示CNTs上原子排列的方向，其中 $C_h=na_1+ma_2$，记为（n，m）。a_1 和 a_2 分别表示两个基矢。（n，m）与CNTs的导电性能密切相关。对于一个给定（n,m）的CNTs，如果有 $2n+m=3q$（q 为整数），则这个方向上表现出金属性，是良好的导体，否则表现为半导体（图3-23）。对于 $n=m$ 的方向，CNTs表现出良好的导电性，电导率通常可达铜的1万倍。获得半导体特性的碳基导电纺织品最常见方法是使用碳作为填充材料通过混合挤出获得复合纤维，其半导体特性可以通过碳填料含量来进一步调控，其关键在于如何实现碳材料导电网络在纤维及纺织基体中的逾渗值，逾渗值是指当导电粒子的体积分数增大到某一临界值时，其电导率突然增大，变化幅度可达10个数量级以上；然后，随导电粒子体积分数的增加电导率缓慢减小，这种现象被称为导电网络逾渗现象，相应的粒子体积分数的临界值称为逾渗阈值。如何有效降低碳复合材逾渗阈值已成为目前高性能及多功能纤维的研究热点之一。此外，碳材料也可以通过在纤维或织物基底上通过涂层工艺得到富有导电及功能特性的纺织品，但是其基底界面黏附力通常较差。

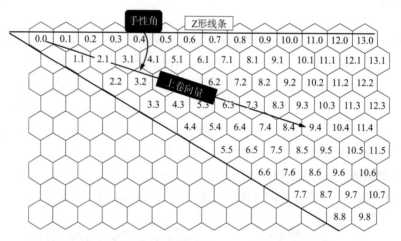

图3-23　CNTs不同的结构排布而呈现导体和半导体性质

三、金属氧化物

过渡金属氧化物是另一类无机半导体。例如二氧化钛（TiO_2）、氧化锌（ZnO）、铝掺杂氧化锌（AZO）或掺锡氧化铟（ITO）等，它们在生活中无处不在，例如ZnO、ITO一经出现便吸引了人们大量关注，其具有高化学稳定性以及可见光区的高透光率，特别是其经过掺杂之后具有非常高的电导率，是手机触摸屏、显示屏等材料的核心元件。它们具有与织物非常好的相容性，可以通过溶液或磁控溅射的加工方式在织物上负载。TiO_2 具有优异的半导体性能，它的电导率随温度的上升而迅速增加，其晶体结构分为锐钛型和金红石型（图3-24）。近年来，特别是近年来储能研究领域的逐渐兴起，过渡金属氧化物由于其较高的理论容量、形貌结构可控、低成本以及电化学活性高等优点，在电化学储能领域得到了大量广泛研究，将过渡金属氧化物负载在纤维及织物基底上，不但可以有效解决其颗粒团聚难题，而且可以增大其与电解液的接触面积，加快电化学反应速率以及提高容量，将其与纤维织物结合更是可以有效解决智能可穿戴的能源供给不足的问题。

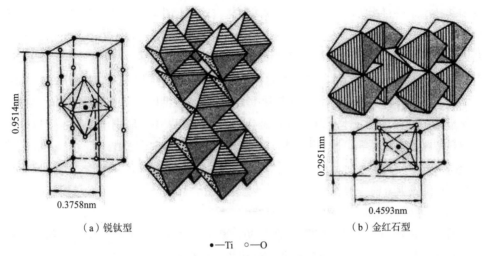

（a）锐钛型　　　　　　　　　　　（b）金红石型

●—Ti　○—O

图3-24　半导体二氧化钛晶体结构

四、半导体聚合物

聚合物和短链有机（低聚）半导体是一种非常有吸引力的无机半导体的替代品，聚合物半导体的禁带宽度与无机半导体的禁带宽度相当，如反式聚乙炔的禁带宽度为1.5eV，掺杂和光照可以使聚合物半导体的电导率提高几个量级。特别是在将其应用于纺织品时，由于其良好的机械柔韧性、低温加工性和固有的与其他聚合物的相容性，使得其在智能可穿戴领域有着广阔的应用前景。聚合物为了具有半导体特性，其需要有高度共轭 π-电子结构，π-共轭有机低聚物和聚合物可以作为p型或n型半导体，其中大部分载流子分别为空穴或电子，在大多数情况下，由于n型半导体倾向于与空气发生反应，目前最成功的有机半导体是p型的，因为它们在空气中具有相对较高的稳定性。斯坦福大学研究团队发现经过将纳米受限效应用在半导体聚合物中，可以让共轭高分子的分子链变得更容易变形，更容易拉伸。此外，半导体聚合物种类包括很多，其常见的有蒽二噻吩（如 α-六噻吩）、聚（3-己基噻吩）（P3HT）和并苯（如并五苯）等，目前大多数半导体聚合物可通过浸没涂覆、喷墨印刷等工艺制备。随着半导体导电聚合物的发展，它们已经可以单独或与光纤传感器结合，用于温度、压力、电磁辐射、化学物质种类和浓度的监测。

第五节　导电油墨

一、印刷电子技术

印刷电子技术（printed electronics）是传统印刷工艺与电子技术相结合的一种新型电子/

电路制备技术，可直接将功能导电材料以图形化方式沉积并烧结固化到基底表面。与传统电路加工或微电子制备技术（主要为光刻技术）相比，印刷电子技术规避了薄膜制备、掺杂、电路蚀刻等过程，可在广泛的材料（如纸张、塑料、玻璃、纺织品等）表面沉积制备电路，具有高效率、低能耗、绿色环保、个性化制备等优势，广泛应用于无线射频识别、太阳能电池、发光二极管、传感器等电子设备应用开发。目前，丝网印刷和喷墨打印技术是印刷电子中广泛应用的两种印刷技术。基底材料是导电墨水固化载体，印刷电子技术可以适用于纸张、塑料薄膜、纺织品等柔性基底。将其与高柔弹性的纺织材料相结合，可快速、精确地实现纺织品的表面导电图案化，双向拓宽纺织材料与电子器件的应用领域，这是未来智能电子纺织品的重要发展方向。

（一）丝网印刷技术

丝网印刷技术的发展可追溯到20世纪初，其可通过在纺织面料等基底材料表面印刷油墨，从而赋予其稳定、连续电极结构和导电功能，具有操作简单、方便快捷、成本低廉、应用广泛、油墨利用率高等优势。借助上述优势特点，丝网印刷技术势必会在未来电子纺织品生产中占有重要地位。丝网印刷技术是利用刮板将油墨压过图案化模板而实现大量印刷的方法（图3-25），在此过程中可通过调节印刷网板目数及印刷油墨的黏度等条件有效控制印刷器件的性能，并借助印刷速度调节控制印刷精度等效果。目前，丝网印刷在工业及构建柔性传感、薄膜太阳能电池上具有广泛的应用，例如用于柔性电子器件和键盘的导体印刷以及聚合物太阳能电池电极的印刷等。

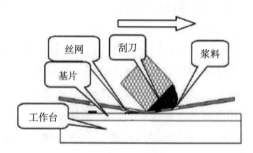

图3-25　丝网印刷示意图

（二）喷墨打印技术

喷墨打印技术最早由西门子公司于20世纪50年代提出，是目前无版数字印刷技术中发展最迅速的一种，主要由打印机、导电墨水和基底材料三大元素组成，其中导电墨水是核心，基底材料是应用关键。喷墨打印技术的最大特点是"无接触"，其基本工作原理是根据计算机设定好程序的指令将导电墨水从细微的喷头中以一定的图案化路径直接喷射到基底材料的指定位置，经烧结固化形成预先设计好的图案。根据喷墨工作状态主要分为连续喷墨打印和按需喷墨打印两类。喷墨打印过程复杂，通常需精细设计打印程序，调控导电墨水各项参数并保证其与基底材料间良好的附着作用，以实现打印过程稳定及最终导电图案在基底上的牢固附着。概括起来打印过程主要包括功能导电墨水制备、打印过程控制、墨水图案烧结固化三个过程。

喷墨打印过程主要通过计算机程序控制，预先设计好模板便可实现电路图案印刷，其打印过程无须印版且无须直接接触，具有图案设计灵活、材料利用率高、绿色环保等优势，连续喷印技术和按需喷印技术是目前应用最广泛的两种喷墨打印技术。其相关设备产品已相对成熟，美国Dimatix、Lexmark，日本富士公司，国内的海思电子、溢鑫科创等公司均已开发多款印刷电子用喷墨打印设备。固化烧结是蒸发和去除溶剂，控制和固化薄膜微观结构，以及通过加热或其他形式的能量输入将单个的导电组分熔合在一起形成导电连续层的关键步骤。在导电墨水中，通常会添加稳定剂、保护剂等相关助剂以确保导电组分的分散性和稳定性，但某些助剂（特别是包覆剂）存在于最终的打印图案中会隔绝导电组分影响涂层导电效率，即需要对打印图案进行后处理以去除溶剂和有机助剂。尽管可以根据不同的电子涂层应用和基底材料选择不同的固化烧结方式，例如加热烧结、光子烧结、等离子烧结、电烧结、微波辐射等方法。但利用超过200°C的高温烧结依然是去除非导电有机助剂的最有效方式，过高的温度易破坏基底材料尤其是柔性织物材料的基本结构，这一关键因素也极大限制了印刷电子材料在柔性电子产品中的开发应用。印刷电子技术中，功能化印刷墨水对于电子器件的性能至关重要。印刷墨水是一种包含了微纳米材料、稳定剂和流变改性剂的多组分系统。印刷电子器件的不同组成部分需要不同性能的墨水。有机溶剂型油墨因使用大量有机溶剂易对环境造成危害饱受诟病，新兴的水性导电墨水则存在烧结固化温度高、分散体系不稳定等不足，上述关键问题严重影响了印刷电子技术在柔性材料中的应用。导电墨水中的导电组分是决定导电墨水基本理化性质的重要参数，因此对其进行结构优化、改性等处理以提高导电墨水及智能电子纺织品的综合性能是热点研究问题。

二、功能性水性喷墨介质

印刷电子技术中，功能化印刷墨水对于电子器件的性能至关重要。印刷墨水是一种由良导电材料、溶剂、功能助剂等多组分构成并具有一定黏度的功能型复合材料，根据其导电组分的不同分为金属系、碳系、高分子系导电墨水。导电墨水中导电组分的结构与导电性质、各组分的调配及分散技术决定了墨水的体系稳定性、流变特性、基底相容性等理化性质，并基于其导电特性、表面张力、界面附着等作用影响打印状态和最终导电涂层的导电效果。因此，适应高精度、低电阻喷墨打印的导电墨水的配置是喷墨打印的核心；而以实现导电墨水的上述性能要求，对导电组分的结构优化、设计或化学改性等工作则是新型导电墨水开发中的主要研究内容。

（一）金属系导电材料

金属系导电材料主要为固体分散型和金属前驱体型导电墨水，本部分主要介绍固体分散型金属系（金、银、铜）导电墨水的研究进展。金属材料主要靠自由电子的移动导电，因此，金属系导电墨水印刷的图案均具有良好的导电性，这是基于金属材料良好的导电性性质，例如金、银、铜的电导率分别可达$4.42 \times 10^7 S/m$、$6.3 \times 10^7 S/m$、$5.96 \times 10^7 S/m$。金属系固体分散型导电墨水中纳米金属形态主要分为纳米金属颗粒和纳米金属线，其中纳米金属颗粒可通过蒸发凝聚、机械粉碎等物理方法和化学还原、电化学合成等化学方法制备；纳米金属线则可借助模板辅助、纳米切割、表面活性剂辅助合成等方法制备。

1.包覆型导电材料

金属纳米材料的特性不仅取决于其金属成分、尺寸和形状，还主要取决于其外层的化学物质。因此从这些基本特性出发，早期研究者多采用有机—无机复合方法，在金属纳米材料外包裹聚合物层，以改善其基本性质。Jiang 等制备了直径不足 5nm 的金纳米颗粒，并利用聚乙烯吡咯烷酮（PVP）和丙烯酸树脂（AR）双层聚合物包裹，将其分散于水和乙醇制备成水性导电墨水后发现，这种新型双层保护金纳米粒子油墨在金质量分数高于 20% 的情况下，其抗团聚性能可以稳定达 1 年以上。为了明确聚合物包覆金纳米颗粒中聚合物链对导电组分性质影响机理，莫哈帕特拉（Mohapatra）等合成了外层包覆不同碳链长度的烷基硫醇—金纳米颗粒，发现金纳米颗粒外层包覆的聚合物碳链长度是影响其烧结温度的重要因素。这是由于较短的碳链长度，其相互缠绕也是最小的，可形成相对有序的粒子间空间环境，因而表现出金属颗粒外层聚合物链的急速脱附。Tang 等以 Cu（OH）$_2$ 为前驱体，L-抗坏血酸为还原剂，PVP 为封端剂，通过化学还原法制备了 140nm 的铜颗粒。其中抗坏血酸和 PVP 的使用延缓了铜颗粒的团聚和氧化，所制备的水性墨水可以存放 3 个月之久。

利用聚合物包覆层的方法可保证导电材料的分散稳定性，但聚合物层的存在一定程度上导致了最终打印图案导电性的降低及高温烧结等问题。因此，科研人员尝试了利用金属包覆的核—壳结构来应对上述问题。尤其针对纳米铜的易氧化特性，利用外层包覆抗氧化稳定性优异的金、银等制备的核—壳金属颗粒，一方面可以减少金、银等贵金属的使用，降低成本；另一方面可以提高纳米铜的抗氧化性能。Lee 等提出了一种简单的一步法制备铜 @ 银核—壳纳米颗粒的策略，利用改进的脉冲金属丝蒸发法将合成的铜纳米粒子在金属颗粒收集过程中直接与硝酸银溶液混合，并进一步通过转金属化反应制备得到铜 @ 银纳米颗粒。铜/银摩尔比达到 9/2 时即可保证铜芯层的完全包裹，该导电颗粒与乙二醇混合制备得到的水性油墨，可以保证纳米铜颗粒保持 6 个月的稳定状态，其单位长度电阻值也仅有 8.2μΩ/cm。

2. 负载型导电材料

寻找合适的载体材料负载金属导电体，利用载体材料的某些特殊性质降低贵金属使用量，同时提升优化墨水打印效果的方法也得到了研究者的广泛认可。Shen 将金纳米线生长于纤维素纳米纤维（cellulose nanofibers，CNF）表面，并通过调节反应温度、柠檬酸盐和纤维素纳米纤维的浓度，控制纳米金在纤维素纳米纤维上的形貌和晶体结构。所制备的 Au/CNF 导电材料具有比碳材料更好的导电性，利用该材料制备体系稳定的导电墨水，可通过直接喷墨印刷沉积在 PET 等多种基底材料表面上。袁妍则利用苯乙烯磺酸钠、7-（4-乙烯基苄氧基）-4-甲基香豆素和丙烯酸制备了一种光敏性双亲聚合物（PSVMA），并将其作为软模板，利用配体交换将氯金酸固定于其聚合物链段，借助 PSVMA 的分散和掺杂作用，通过化学氧化法一步合成了基于纳米金颗粒的导电纳米水分散液。研究发现，将利用该水分散液制备的水性导电墨水喷印在 PET 基材表面，其导电图层表现出优异的电性能，当喷印层数达到 50 层时，其电导率可达 165.3S/cm。

3. 掺杂型导电材料

多形态或多成分导电材料的共掺杂以改善单一形态纳米导电墨水的性能，亦是当前导电组分研究中的一个重要方向。Liu Tao 等最早提出导电墨水中掺杂有一定的一维材料，可以连接最终导电层中零维颗粒间的某些缺陷区。其尝试制备了一种碳纳米管/纳米银颗粒的混合导电墨水，发现掺杂有0.15%碳纳米管的墨水层的电阻要比纯银层低38%。但其对于其中一维/零维导电组分的机理解析并不深入。因此，为系统地解释纳米银结构和形貌对导电墨水的烧结温度和导电层电阻的影响机理，威利（Wiley）等深度对比并分析了银纳米颗粒、纳米线、纳米片对墨水的烧结温度及导电率的影响规律。研究发现，由于纳米颗粒间接触的数量较少，在较低的烧结温度下，纯的长纳米线薄膜是有效电子输运的最佳形貌，同样的条件下，纳米线层电导率甚至可高达纳米颗粒层的4000倍。因而得出结论：纳米颗粒所提供的孔隙填充或额外烧结程度都不能抵消部分烧结的纳米颗粒网络的电子输运能力，这为导电墨水中金属纳米材料的结构设计及组合搭配提供了一定理论依据。

（二）碳素系导电材料

导电墨水中应用的碳系导电材料主要包括炭黑、石墨、石墨烯、碳纳米管等，炭黑和石墨等传统碳系材料具有生产成本低、耐化学腐蚀的优点，但它们的导电率较低且易堵塞喷头；而石墨烯、碳纳米管的导电率是炭黑、石墨等的数个数量级。因此，整体上石墨烯、碳纳米管的改性研究成为近年来碳系导电材料研究的重要方向。

石墨烯由于其特殊的结构而具有较好的电子导电性，特别是在亚微米范围内运动时不会散射电子。但石墨烯基导电墨水中导电组分的分散性和稳定性与导电性和透明度之间的协同提高依然是一大挑战。Chen等率先提出一种多组分协同稳定的方法，确保石墨烯基导电墨水分散稳定性与导电率和透明度的平衡。其将多壁碳纳米管（MWCNTs）和PVP引入石墨烯的醇水溶液中，发现MWCNTs通过 π—π 共轭提供与石墨烯相互作用的网络框架，而PVP与石墨烯表面形成共价键合，这两种键合对体系的稳定性至关重要。利用该石墨烯基导电材料制备的墨水可以沉积在多种基底材料表面，其电阻低至180Ω/sq并有90%的高透光率。将金属纳米材料负载于合适的纳米载体材料表面，获得分散性良好的优异导电组分也是一种重要方法，例如卢安贤则结合石墨烯与纳米银的导电优势，利用石墨烯片层的共轭 π 电子与Ag纳米粒子的低能面之间可能存在相互作用，在石墨烯片层表面还原获得银纳米颗粒，制备了一种可低温烧结的低电阻复合导电材料，100℃和150℃条件下烧结得到的导电层单位长度电阻分别仅有 $2.2 \times 10^{-6} \Omega/cm$ 和 $3.7 \times 10^{-6} \Omega/cm$，说明了共混掺杂墨水体系的高效导电性能。

碳纳米管是由碳原子组成的同轴空心管状的纳米材料，具有强度高、重量轻、柔韧性大、电子转移快、长径比大、电流容量大、比表面积大等优点，按照石墨片层数分为：单壁碳纳米管（SWCNT）和多壁碳纳米管（MWCNT）。碳纳米管的大长径比会影响其在复合导电墨水中的稳定性及分布状态，而这与打印效果及其电路的性能密切相关。虽然超声处理在一定程度上可以保证碳纳米管的分散性，但长时间的超声处理会引起碳纳米管缺陷或碎裂影响其导电率，因此导电墨水中碳纳米管导电材料研究多聚焦于借助其独特的纳米结构通过物理或化学层面上的界面结构调控来辅助开发新型复合导电材料。例如，瓦伊特（Vajtai）等将亲水性的羧酸、酰胺、聚乙二醇和聚氨基苯磺酸等材料引入碳纳米管表面获得功能化SWCNT，以改善其在水中的分散稳定性，并进一步制备水稳定碳纳米管墨水，以帮助通过喷墨打印沉积导电膜的微观图案。利用碳纳米管也可以实现独特多级结构的构建，王可等将碳纳米管生长于碳纤维表面，纤维体可以提供棒型导电骨架，而碳纤维表面生长的碳纳米管则互相接近或接触，这大大缩短了碳纤维间的导电路径，构建了多级导电网络，大大降低了导电图案的电阻率。

（三）高分子系导电材料

高分子材料通常被认为是"绝缘体"，但早在20世纪70年代末，科学家便发现通过掺杂处理可以赋予聚合物以导电性，进而开创了导电聚合物这一领域。相比于传统金属导电材料，导电高分子材料具有成本低、质量轻、易加工、抗腐蚀等优势，其相关研究逐步成为关注热点。一系列无需掺杂的导电高分子材料逐渐被研究人员所发现，如聚吡咯（PPy）、聚噻吩（PEDOT）、聚苯胺（PANI）等。近日，密西西比大学的阿祖莱（Azoulay）利用环戊二噻吩和噻二唑喹啉交替组成制备了一种开壳共轭聚合物，通过内部的供体—受体架构调控在聚合物中构建了非常狭窄的带隙，实现强电子关联性以及长程 π-离域，其天然无掺杂形式下的电导率可达8.18S/cm。虽然导电高分材料的开发取得了一定进展，但其导电率通常均较低，这在一定程度上仍限制了其在印刷电子技术中的应用。因此，研究者通常将有机系导电材料与无机系导电材料相结合制备有机—无机复合导电材料，以充分发挥无机系导电材料优异导电性和有机导电材料固化温度低、工艺操作性强的优势。Yuan等提出了一种新型复合导电材料，以还原氧化石墨烯为基体模板，经聚（3,4-亚乙基二氧噻吩）和聚乙烯亚胺接枝改性后，将金纳米粒子还原固载于聚乙烯亚胺分子链上。配置的导电墨水与商业化喷墨导电墨水理化性质类似，打印50层的导电层电阻率为551.1kΩ/sq。郑玉婴则利用原位化学聚合法制备了聚3-戊酰基吡咯/MWNTs复合导电材料，发现碳纳米管的引入显著提高了聚3-戊酰基吡咯的导电性，同时碳纳米管表面聚合物功能改性也提高了其界面黏合性。

三、喷墨印刷在电子纺织品领域的研究现状

纺织材料具有优异的柔弹性和多维多尺度等特点，随着智能纺织技术的快速发展，将印刷电子与柔性纺织材料相结合，赋予纺织品以独特的电子功能特性及电子器件在弯曲、拉伸或扭转状态下优异的性能稳定性，得到了研究者的广泛关注。当前印刷电子纺织品的制备主要分为两类：①在织物表面直接打印获得功能部件；②将印刷好的柔性智能部件组装到纺织织物中。上述两种技术的结合突破了以脆性半导体硅作为基底的传统微电子制备技术在柔性集成电路领域制造的瓶颈，可以实现柔性电子纺织品在导电器件、传感器、储能元件等诸多有独特功能要求的特殊领域的应用。调查显示，到2028年，柔性印刷电子产品的市场将会给材料和化学工业等相关领域贡献3000亿美元的需求规模。

（一）柔性电子器件

柔性电子器件是印刷电子技术在纺织材料中最基础的应用领域之一，其不仅具有理想的电子/电路性能，并可以提供出色的舒适性、耐用性和轻便性等优势。纳兹穆尔·卡里姆（Nazmul Karim）为了展示喷墨印刷电子纺织品在可穿戴材料中的潜在应用，通过织物表面的疏水层处理而后将石墨烯基复合导电墨水打印于100%纯棉斜纹织物上，发现Ag颗粒组分可提供稳定的纤维间界面相互作用，保证了打印图案的连续性。进一步地系统研究了打印导电

层数、烧结温度、配方比例等因素对织物导电性能的影响。经过调试发现所获得的柔性导电图案的方阻最小可到 $2.11\,\Omega/sq$，并且经过 1000 次弯曲和 10 次折叠后，依然具有良好的联通性能。杰西（Jesse）则从克服粗糙和多孔性织物材料打印挑战入手，将喷墨印刷与原位热固化相结合，弱化了导电墨水进入织物芯层结构的浸入过程，探讨了直接将反应型银导电墨水沉积于 PET 纤维基体表面制备电子纺织品的可能性。所制的 PET 织物基和针织物基电子织物的方阻分别达（ 0.2 ± 0.025 ） Ω/sq 和（ 0.9 ± 0.02 ） Ω/sq，这一发现可有效推进低成本、可扩展电子纺织产品的设计制造工艺。相似地，为减少织物组织结构对电路的影响，那奇波丘克（Nechyporchuk）也利用先涂层再打印工艺，在棉织物表面涂覆一层木质素纳米纤维/增塑剂混合涂层，进而再打印导电银纳米线颗粒墨水，获得了功能导电电路。木质素纳米纤维涂层可浸入织物组织结构中，在表面形成连续的缠结层，可以显著减少织物表面印刷导电涂层时的层数从而大幅减少银墨水使用量。此外，涂层的稳定性质赋予了导电层稳定的电信号性能和抗弯折性。考（Kao）则先利用丝网印刷在织物表面印刷一层导电界面层，进而在界面层表面打印不同的导电图案，这一设计有效规避了不同织物材料及其结构对导电涂层的影响。实验发现在涤/棉织物、纯棉织物、锦纶和擦拭布等材料表面的印刷图案具有相似的导电性，这为可穿戴电子纺织品的低成本和快速应用提供了有效途径。托里（Torrisi）则克服了二维纳米材料墨水界面沉积以及电路的多层打印问题，创新性地利用溶剂交换石墨烯和六方氮化硼制备出一种无毒、低沸点的导电墨水，并打印于 PET 织物上制备可水洗和反复弯折的柔性电路。

（二）柔性传感器件

传感器是可穿戴设备的关键部件之一，也是印刷电子技术在智能可穿戴材料中应用最广泛的领域，包括压力传感、应变传感、化学传感、温度传感、湿度传感等，将其与纺织服装有效结合可实现人体的各项生命体征及运动状态的有效监测。例如，基于应变、温度、湿度传感等而集成设计的电子皮肤，其可以有效评价人体皮肤含水量、温度变化、伤口修复过程等。Ha 等制备了一种包含 SWCNT 有源矩阵的可拉伸聚苯胺纳米纤维温度传感器，并基于四层 Eco-flex 基板组装完成。由于电化学合成的均匀一维导电聚苯胺纳米纤维提供了高效的电路通道及优异的延展性，所制备的温度传感器电阻灵敏性可高达 1.0%/°C，在 15~45°C 范围内的响应时间仅有 1.8s，双向拉伸 30% 下其灵敏性及响应时间依然保持稳定。触觉传感方面，Liu 则利用一种同轴打印技术打印出核—壳纤维，引入触觉传感节点并成功编织得到可伸缩和高灵敏的触觉传感器。卡里姆（Karim）则基于棉织物材料设计了一款可以用来捕捉心率信号的传感器，所制备的柔性传感器应用于实际测试中显示，在平均信噪比保持在 21dB 以上的情况下，其仍可以获得高质量心脏记录的采集信号，心率测算值可以精确到 2.1 次/min 以内。

（三）柔性能源器件

能源采集、存储及转换装置是印刷电子技术的另一重要应用，其可以为智能服装中的相关组件提供电力支持，包括太阳能电池、柔性超级电容器、热电器件等。超级电容器具有功率密度高、绿色环保、可循环使用等优点，是智能可穿戴应用中研究最广泛的能源存储器件之一。Pan 开发了一种基于还原氧化石墨烯/CNT 的复合导电墨水，并通过直接数字化喷墨技术，研究了其在可穿戴热响应超级电容器的应用性能。所制备的超级电容器材料提供了高达 8F/g 的比电容的自动调节能力，其整体的散热率降低了 40%。该重要发现提高了超级电容器材料应用于智能可穿戴存储时的人体舒适性。热电发电机可以将人身体的热量转化为电能，是一种优异的自供电移动电子系统。荣（Roh）等通过添加微量的甲基纤维素并优化配置导电墨水中的热电颗粒、黏合剂和溶剂比例，并利用壳聚糖印刷界面的方法对多孔和粗糙的机织物进行处理，在柔性机织物表面成功印刷获得了均匀、高导电性的热电图层。Cho 在玻璃纤维上印刷得到串联的柔性热电发电器（0.13g/cm^2），其输出功率可达 28mW/g（温差 50K），并表现出优异的器件柔韧性，循环弯曲 120 次后，依然可以保证稳定的功率输出。

印刷电子技术是传统印刷工艺和电子技术相结合的新型电路制备技术，其实现了电子器件的便捷、低成本制备。利用印刷电子技术在柔性纺织基底材料上印刷导电图案赋予纺织品独特的电子功能，极大地拓宽了传统电子产品及纺织品的应用领域。从技术要素看，导电墨水是印刷电子技术的核心要素，虽然当前已出现可满足喷墨打印的商业化银系、碳系等导电墨水，但其依然受限于导电组分分散稳定性或导电相化学稳定性等问题。应对导电墨水的上述挑战，科研人员仍需从导电层电阻评价、烧结温度控制等角度出发，利用纳米材料表面物理与化学结构调控、分散载体固载及多组分复合等手段，实现固态导电墨水在纺织材料的智能打印。从技术发展看，印刷电子技术正处于迅猛发展期，其印刷工艺技术还可不断完善，例如超精确调控、批量印刷、快速成型等技术角度。从应用研究看，目前印刷电子技术制备已广泛应用于制备各种电子电路器件，相信随着其与柔性纺织材料的结合，其应用领域还将不断拓展。

第六节　智能导电材料可穿戴应用

将智能导电材料应用于智能可穿戴系统，除需要其优异的电学性能以外，环境稳定性、耐水洗性、基底附着性也需要综合考虑，譬如如何保持其长期的操作稳定性、信号传输稳定性、避免织物基底脱落等问题，这些直接关系到可穿戴设备的寿命问题。长期穿戴过程中，纺织品在应用中会面临各种恶劣的环境，当智能可穿戴电子纺织品与水接触时，会导致短路，严重影响智能系统的正常运行及可靠性，甚至会对用户造成人身伤害。所以，如果可以赋予智能品防水或疏水功能，智能可穿戴的实际应用价值将大幅提高，其使用范围可以进一步扩大。特别是针对后处理改性导电材料，如涂覆型导电材料，如果智能导电材料进一步具有疏水功能，正常使用时，即使在下雨或水下等工作环境条件下，也可以保持设备的正常功能。当导电织物表面接触水和潮湿时环境，其疏水功能不仅可以有效地抵抗譬如"短路"的影响，抵抗液体污染物本身造成的损坏，保障设备安全，同时可以赋予织物自清洁功能，表面的灰尘和污垢织物不易黏附，疏水性导电纺织品也可以提高其水洗性和耐久性，从而提高智能织物的使用寿命。因此，智能导电材料在可穿戴电子纺织品中的实际应用除依赖于材料本身的力、电、光、磁、热等特性之外，其加工特性、亲疏水、抗氧化性等多种因素也需要考虑在内，而且需要与大数据、人工智能、物联网、生命医学等交叉学科相互融合，以实现智能电子纺织品与可穿戴技术完美契合，从而完成从传统纺织品到先进功能纺织品的转变。

常见制备柔性导电织物的方法主要包括涂层法、纤维制备法以及其他方法。涂层法主要包括涂覆法（浸没涂覆法、滴涂法、喷涂法等）、印刷法、真空抽滤、磁控溅射、电化学沉积、原位聚合等方法将智能导电材来负载到纤维/织物中。涂层法是在基底材料表面通过物理或化学手段添加导电层，赋予纺织品材料稳定电学性能的方法。这类方法应用范围较广，实用性较强。纤维制备法主要是指纺丝法（湿法纺丝、静电纺丝、热拉伸法等），通过调配纺丝原液将智能导电材料构筑到纤维材料中，能够按需制备理想性能的柔性智能电子织物。其中，纺织加工技术起着关键纽带作用（详见本书其他章节），除了基于对传统织物采用磁控溅射、蒸镀、喷涂、涂层加工赋予功能特性之外，从基本构筑单元导电纤维着手，结合各种成熟的纺织加工技术可以实现智能电子纺织品的低成本、大规模制备。由此衍生出的柔性一维纤维状电子器件已经成为目前重要的研究方向，柔性纤维状电子设备不仅具有价格低、重量轻、体积小的优点，其也赋予可穿戴电子设备独特的纺织特性，如柔软、弹性、抗损坏、高透气性和高抗磨损性。基于智能导电材料的开发和结构设计，系列柔性纤维状可穿戴电子设备相继出现，如纤维状超级电容器、锂离子电池、锌空气电池、应力—应变传感器、太阳能电池、有机发光二极管、生物传感器等，并进一步结合纺织加工技术如针织、机织加工工艺得到大面积智能电子织物。

对于智能可穿戴电子纺织品而言，评估其导电性能的稳定性具有重要意义。制定相关的耐洗性、洗涤方法或相应标准是十分必要的，我们可以使用这些方法或标准来统一评估导电纺织品是否可以满足智能可穿戴系统的穿着要求。例如，耐水洗导电纺织品的评价主要集中在洗涤前后导电性能的变化，对智能可穿戴的佩戴寿命具有重要意义。本节重点探讨智能导电材料在电子织物中的应用，着重围绕基于智能导电材料到纤维状柔性电子器件再到智能可穿戴电子纺织品应用进行逐级展开。

一、金属材料应用

金属导电纤维是利用金属材料通过不同的加工方法制成的。由于导电成分均匀一致性强，具有优异的力电性能，在早期被广泛应用。最早出现的金属导电纤维是美国不伦瑞克（Brunswick）公司所生产的布伦斯米特（Brunsmet）不锈钢纤维，由不锈钢丝反复穿过模具精细拉伸制成。但由于可纺性和舒适性较差，部分金属生产造价高，在使用时通常还要防止金属氧化和金属纤维间的相互干扰等问题，其应用受到限制。后来研究人员将金属粉末混入聚合物切片或沉积在多孔纤维表面孔洞中，但这种方法存在诸多弊端，如纺丝中金属粉末会堵塞喷丝孔及多孔纤维的需特制等。而后，研究人员选择混用金属纤维，但由于金属本身的硬度大，不具备可穿戴电子纺织品所需的回弹性和延伸性等，相对较少使用。

针对以上问题，在目前研究中，一般采用金属材料与其他材料复合，Yu等通过收敛热拉伸技术，将热塑性材料[聚碳酸酯（PC）]、热塑性弹性体（TPEs）和铜金属电极相结合，将电极嵌入纤维形成一条平行的导电传输线[图3-26（a）~（c）]，用于压力传感，具有较高的空间分辨率（2.2cm）和压力灵敏度（4kPa）。同样利用低密度聚乙烯（LDPE）和聚偏氟乙烯（PVDF）分别与铜芯复合制备出可用于温度传感的复合纤维，最小测量的温度变化分

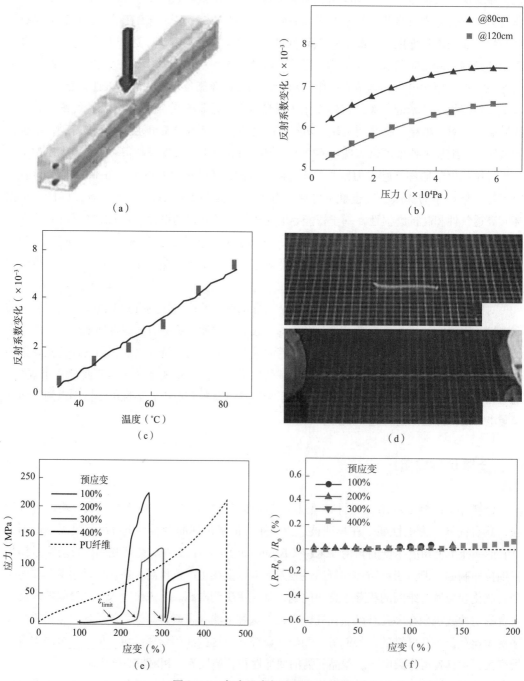

图3-26　复合导电纤维的力电性能

别为2℃和2.7℃。解决了热传感纤维由于电气连接限制应用的问题。Yang等巧妙利用聚氨酯纤维的弹性恢复性和铜合金的刚性，在复合纤维预应变释放后形成3D螺旋结构[图3-26（d）~（f）]，提供了优异的可拉伸性和编织时与织物结构嵌合的周期特征，而铜丝提供了高导电性和可焊性，在100%~400%的拉伸变形情况下，电阻变化极小，拉伸循环次数可达500次，为可穿戴电子纺织品的发展提供了新思路。

金属材料本身具有一定的刚度，对智能可穿戴纺织品而言，导电纤维不仅要具有稳定的导电性，同时也要具有延伸性、回复性、柔软舒适性等多方面要求，传统的金属材料与其他材料的复合能够解决部分问题，但仍会在一定程度上限制导电纤维的应用。帕克（Park）等通过熔体加工技术将液态金属镓注入氢化苯乙烯—丁二烯嵌段共聚物（SEBS）组成的中空弹性纤维中，固化后形成具有导电性能的超拉伸弹性形状记忆纤维，根据镓芯熔点高于室温低于体温的特性，在应用上可通过局部熔化达到调整纤维有效模量和形状的效果。其有效纤维模量范围为4~1253MPa。同时还具有优异的弹性（最大应变可达800%）和回复性（300%应变下，100%弹性回复率）[图3-27（a）~（c）]，适合于软机器人和假肢等方面的应用。同样可用在开发软机器人方面，在常温下呈液态、可流动且能导电的液态金属，因其高导电

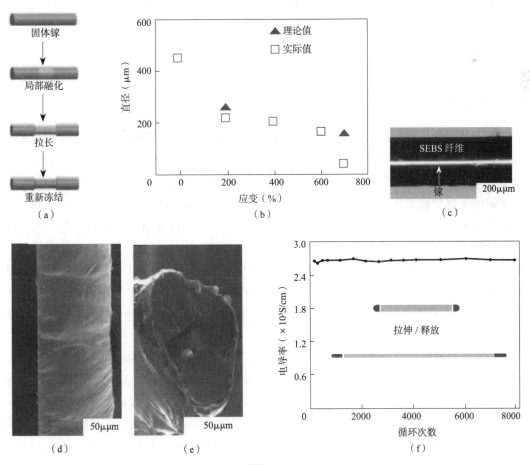

图3-27

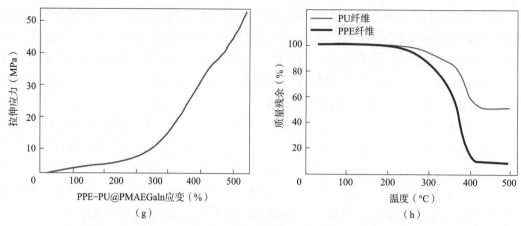

图3-27　基于液态金属的局部相位处理和随后的纤维拉伸而制备的金属导线

性和柔韧性而被广泛使用。Chen等开发出的新型液态金属基高性能复合导电纤维，即以聚丙烯酸甲酯（PMA）膜层结合聚氨酯纤维和共晶镓铟（EGaln）液态金属层[图3-27（d）~（h）]，使导电纤维具有金属般优异的导电性能（电导率>10⁵S/m）和工作稳定性，高达500%的可拉伸性及可达300℃的耐受温度。同时该液态金属也在柔性传感器和电子印刷等方面具有广阔前景。

二、金属纳米材料应用

　　随着纳米技术的发展和纳米金属材料的涌现，就可穿戴电极材料而言，为零维及一维尺度的纳米级材料，如零维金属纳米颗粒、一维金属纳米线等。由于其具有突出的力学及电学性能，被作为电极材料广泛应用于复合导电纤维的制备，与由金和铂等贵金属材料制备的纳米材料相比，银纳米颗粒和银纳米线造价较低，且作为电极材料具有同样的导电性；与易氧化的铜金属纳米材料相比，银纳米材料又具有相对稳固的环境稳定性能。沃（Woo）等通过浸渍法在聚氨酯基体上嵌入还原产生的银纳米颗粒，制备出一种聚二甲基硅氧烷（PDMS）包覆螺旋导电纤维，其不仅具有优异的电学性能，且在拉伸时可忽略电学和机械滞后性及电阻变化，及重复变形下的高电可靠性（100%应变下拉伸循环次数可达10000次）。未来可发展通过3D打印技术制备连接件，且在可穿戴电子产品中也具有广阔发展前景[图3-28（a）~（c）]。

　　此外，Li等通过浸没掺杂混合二维MXene、一维银纳米线和零维银纳米颗粒，制备出银纳米颗粒—MXene—银纳米线复合NMS纱，其具有较低的电阻（84.32Ω/cm），应变高（350%），灵敏度高（200%应变下的应变系数为872.79），在大负载下能承受1500次循环拉伸[图3-28（d）~（f）]，可用于监测变形的大小，其织物也可用于电加热设备。Zhu等利用玻璃毛细管的虹吸原理，将银纳米线嵌入到聚氨酯纤维表面，制备出聚氨酯/银纳米线纤维传感器。在拉伸中，银纳米线会随聚氨酯纤维形变而运动，产生较强的电传感信号；其嵌入结构保证银纳米线不易脱落，使传感器具有较高的灵敏度、快速响应及循环稳定性，纤维传感器可以准确、实时监测出人体关节运动状态及微小差异和表情变化 [图3-28（g）~（i）]。虽然金属材料的纳米化为智能电子织物的开发提供了有效的构筑单元，但是其高比表面积所带来的氧化问题，以及金属纳米颗粒、金属纳米线之间的高搭接电阻问题，都是目前亟需要解决的问题，以实现其大规模实际应用。

（a）

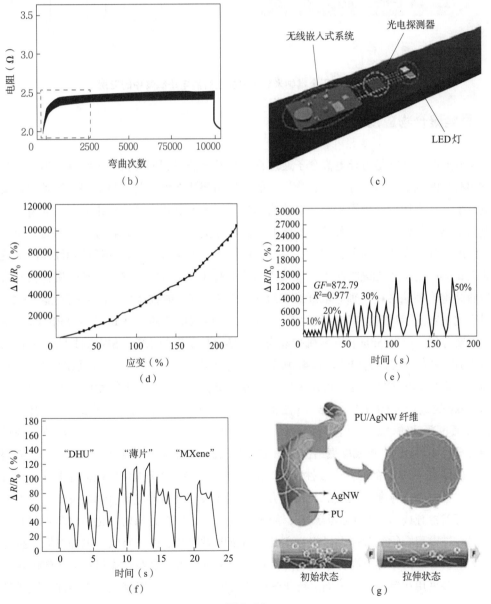

图3-28

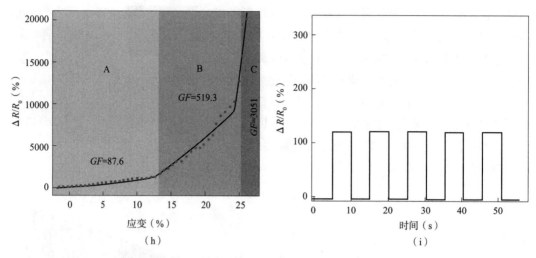

图3-28　基于金属纳米导电材料在智能电子织物中的应用

三、导电聚合物应用

　　导电聚合物纤维是由导电高分子通过直接纺丝方法得到的有机导电纤维。但对于难溶于常用有机溶剂的导电高分子聚合物，一般多采用湿法纺丝工艺、熔融共混制备获得复合导电纤维，或采用原位吸附聚合法是使聚苯胺、聚噻吩沉积在基质纤维表面，或将掺杂态导电高聚物液体作为导电层覆盖在纤维的表面等方法制备导电聚合物纤维。同时，也可以通过溶液拉伸干燥法，如图3-29（a）~（c）所示。Zhou等采用在热塑性弹性体的通道中形成聚（3,4-乙烯基二氧噻吩）—聚苯乙烯磺酸盐（PEDOT∶PSS）的导电聚合物丝带的自屈曲结构，使该芯鞘共轴导电纤维在680%的应变下也能维持稳定的导电性能（<4%的电阻变化），兼具良好的拉伸回复性能（1766次拉伸测试循环）。Pan等利用PEDOT∶PSS为导电聚合物，以Nepfila pilipes蜘蛛丝为芯，结合单壁碳纳米管（SWCNT），以滴流法制备出S-silk复合纤维，其韧性可达420MJ/m³，电导率可达1077S/cm，并且在承受40000次拉伸循环后电导率维持不变。可作为压力传感器安装在手指上，灵敏度可达24.8kPa⁻¹，可举起7.6kg的重量（1051.1N/mm²）[图3-29（d）~（g）]。同样，受蜘蛛丝结构的启发，Zhao等通过凝胶纺丝法，将聚丙烯酸钠（PAAS）纺丝制得水凝胶纤维，再涂覆聚丙烯酸甲酯防水层（PMA），形成核壳结构的MAPAH纤维，具有高拉伸强度（5.6MPa）、断裂伸长率（1200%）、极佳的弹性恢复性及优异的抗冻性（-35℃仍能保持拉伸导电性）和自修复性，其导电芯电导率为2S/m，可用于开发柔性导线。随着导电聚合物的发展，导电聚合物已经可以单独或与光纤传感器结合，用于温度、压力、电磁辐射、化学物质种类和浓度的监测。导电聚合物基智能电子织物主要应用于电磁屏蔽、微波吸收、电加热服、抗静电服、无尘服等。由于导电高分子的高度共轭结构主链导致大多数这类材料成纤较困难，因此一般较多采用在普通纤维表面进行化学改性，使导电高分子吸附在纤维表面，赋予导电等功能特性。

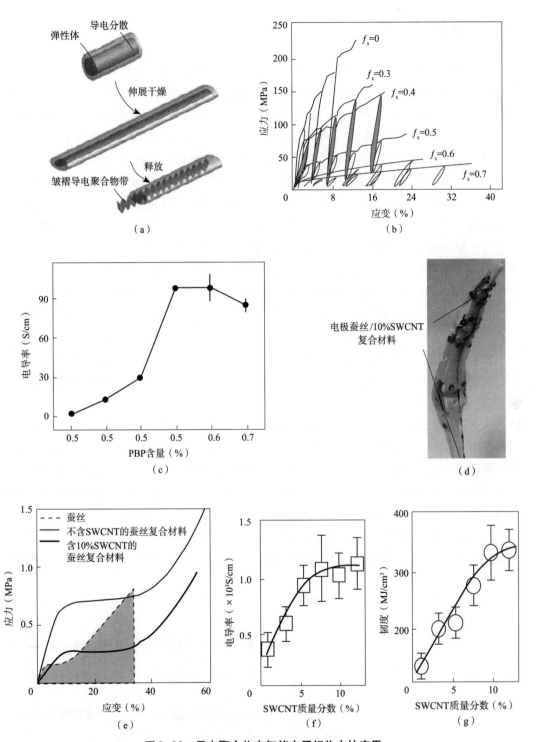

图3-29 导电聚合物在智能电子织物中的应用

四、纳米碳材料应用

Gao等通过在聚氨酯纤维喷涂碳纳米管分散液，结合电纺过捻技术将二维静电纺丝薄膜加捻成一维螺旋纱线，且具有较高的灵敏度和优异弹性回复性，即施加900%应变仍能回复原有结构[图3-30（a）~（c）]及1700%的拉伸断裂长度，其得益于在应变释放后，表面裂纹重新搭接形成新的导电网络。此外，Zhang等利用聚氨酯纤维、MWCNTs、银纳米线和氢化苯乙烯—丁二烯嵌段共聚物（SEBS）依次复合，制备了一种全水环境可长期使用的可拉伸导电纤维[CSCF，直径约为$30\mu m$，如图3-30（d）所示]，在100%应变下，$\Delta R/R_0 \approx 0.1$[图3-30（e）]；在50%应变下，循环拉伸次数>100000次。表面SEBS涂层能够显著减少电流（在5V时<$1\mu A$）及银元素的泄漏，在涂层保护下，CSCF可以被组装成可拉伸电感线圈，并可应用于水下无线充电或信号传输等[图3-30（f）]。利用增强导电纳米材料（苯甲酸分子修饰的MWCNT）与热塑性聚氨酯（TPU）基体间形成氢键，提高了界面结合力。Chen等将纳米材料均匀涂覆在氨纶表面，获得弹性纤维应变传感器[图3-30（g）]。不仅具有较高的灵敏度，灵敏度系数在0~20%应变范围内为6.7，在170%~200%应变范围内可达14191.5和良好的稳定性（>1000次），在0.01~1Hz的应变频率范围内有效监测应变频率变化。该传感器还成功应用于人体运动监测[图3-30（h）]，如关节运动、面部微表情和语音识别。由于其结构独特，碳纳米管的研究具有重大理论意义和潜在应用价值。

玛丽雅姆（Marriam）等通过湿法纺丝，采用聚苯乙烯类热塑性弹性体SBS为基材，多层石墨烯（FLG）为导电组分，制备柔性导电复合纤维，改性的SBS-G纤维对极性和非/低极性有机蒸气能快速响应，不仅具有较高的电容性能（$78F/cm^3$）、能量损耗（$6.6mW\cdot h/cm^3$）和功率损耗（$692mW/cm^3$），较好的柔弹性，而且在2000次拉伸循环后仍具有94%的电容保持率。为有机蒸气传感器和光纤电源存储的制备提供了指导和改进方法。

Huang等利用石墨烯/聚偏氟乙烯/聚氨酯DMF体系在水相的相分离过程，制备高分子纳米球修饰的石墨烯多孔网络纤维，其灵敏度因子值在0~5%应变时为51，在5%~8%应变时

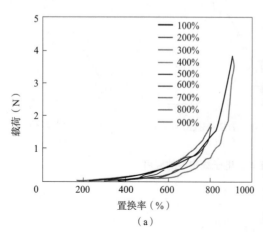

（a）

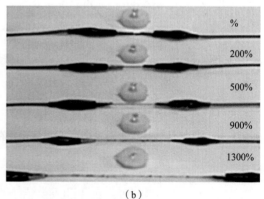

（b）

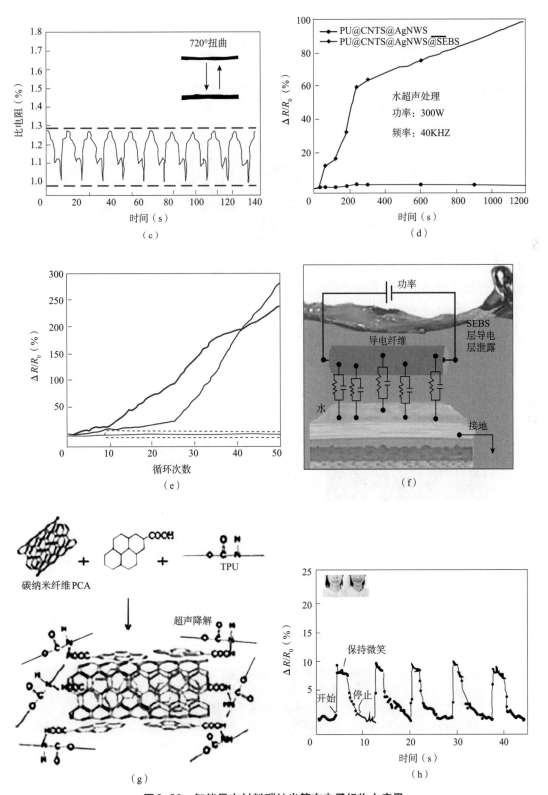

图3-30 智能导电材料碳纳米管在电子织物中应用

达到87，同时传感器最低形变监测限达到0.01%，最大拉伸循环>6000次。通过编织集成用于人体生理信号的监测，可满足可穿戴应变设备的应用需求。

　　Hu等采用微流控纺丝技术，经石墨烯改性制备出多尺度无序多孔结构的聚氨酯弹性纤维（MPPU），具有优异的拉伸和传感性能，纤维独特的结构对人体红外辐射具有较高的透过率，使皮肤衣物间的微环境温度比同厚度棉织物至少低2.5℃。兼具高应变系数和热阻系数（TCR），可用于监测体温、跟踪人体运动状态及收集心率等生理信号。且由石墨烯衍生出的氧化石墨烯、还原氧化石墨烯等，也有非常广泛的应用，如图3-31（a）（b）所示。Zhu等通过静电纺设计制备了一种芯部是高

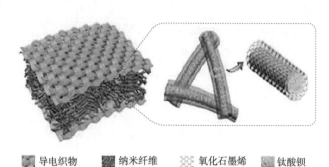

导电织物　　纳米纤维　　氧化石墨烯　　钛酸钡

（a）

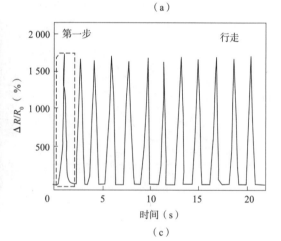

（b）

（c）

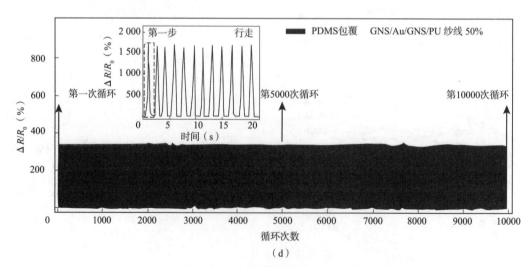

（d）

图3-31　基于纳米纤维及核壳导电结构的电子织物

压电系数的无机钛酸钡（BaTiO₃）纳米颗粒，壳部是氧化石墨烯纳米片掺杂的聚偏氟乙烯（PVDF）纤维为感应层，以柔性导电织物为电极层，以聚氨酯纤维薄膜为支撑层的电子皮肤。不仅具有很好的耐久性（8500次拉伸循环），且在80~230kPa压力范围内，无机有机材料混合协同作用的同轴结构提高了其灵敏度[（10.89±0.5）mV/kPa]，掺杂氧化石墨烯极大地极化了PVDF，有效提高了纤维压电活性，具有优异的传感性能，能与三维柔性曲面无缝紧密贴合，用以监测各种关节运动及运动的幅度和频率。特别是还原氧化石墨烯表面带有羟基和羧基等含氧基团，可以产生缺陷极化和电子偶极子弛豫等，作为吸波材料时可贡献介电损耗和少量的磁损耗。

由于二维平面结构限制传感器应用，Li等提出利用溅射技术制备一种层层复合的一维芯鞘结构的纱线基传感器，以聚氨酯为芯，石墨烯纳米片/薄金膜/石墨烯纳米片（GNSs/Au/GNSs）为鞘，外包PDMS为防水层。经测试传感器具有极高的灵敏度（661.59），石墨烯片层的滑移也为其提供了更广泛的测试范围，如图3-31（c）（d）所示，在10000次拉伸测试循环中仍能保持力学性能。编织成手套或绷带能够精确地捕获不同穿戴者特有的指位和测试数值。

五、其他材料应用

赛耶丁（Seyedin）等通过湿纺工艺，掺杂阈值约为1.0%（质量分数）的MXene与聚氨酯纤维形成同轴芯鞘结构的纤维[图3-32（a）]，能达到较大的应变（152%）和应变系数（12900）及很好的拉伸回复性（>1000次），如图3-32（b）（c）所示。集成MXene能有效地提高杨氏模量，在针织物状态下，手肘袖的传感应变高达200%，可用于人体运动的监测。此外，如图3-32（d）~（f）所示，Cheng等利用模版印刷工艺，在聚二甲基硅氧烷（PDMS）上喷涂MXene制备的柔性压阻传感器，不

（a）

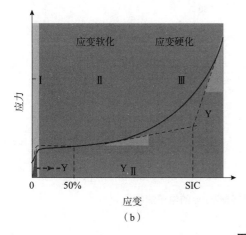

（b）

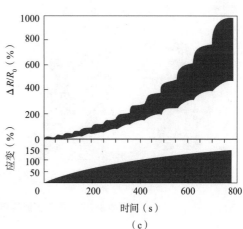

（c）

图3-32

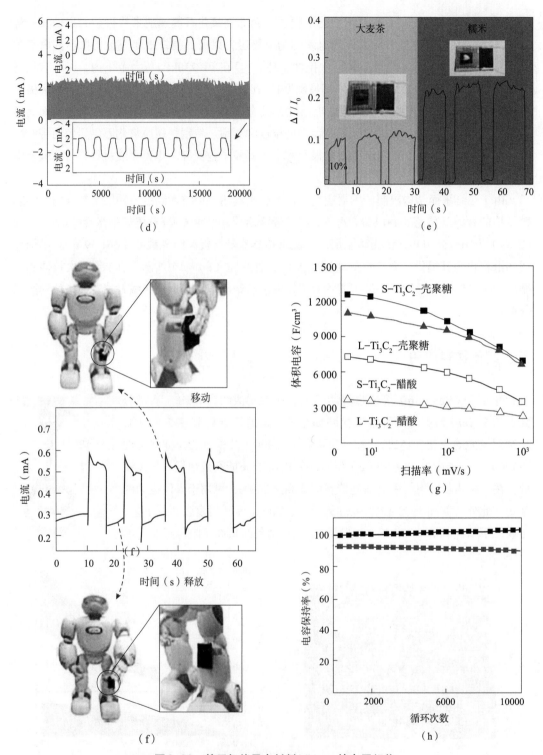

图3-32 基于智能导电材料MXene的电子织物

仅具有较高灵敏度（151.4kPa^{-1}）、快响应时间（<130ms）和超低的压力监测极限（4.4Pa），可承受大于10000次拉伸循环，其随机分布微结构类似人的皮肤，可用于人体信号监测，定量监测压力分布等。

此外，如图3-32（g）（h）所示，在无任何添加剂的条件下，Zhang等利用自组装液晶相水性MXene油墨通过湿法纺丝得到纤维，具有稳定导电性，其电导率可达7750S/cm，远高于目前的纳米基纤维，高体积电容（1265F/cm^3）也为其在纤维状超级电容器的应用提供可能，各方面性能都比其他MXene复合型纤维性能优异。未来可在储能电极和热舒适性织物的加热元件上发展研究和应用。

本章小结

在过去的几十年中，智能可穿戴领域已经成为一个集多学科多门类的交叉研究新兴领域，跨学科的研究使得可穿戴纺织品、纱线、纤维以及智能导电材料到了迅速而广泛的发展，随着可穿戴电子产品和纺织品的进一步发展，基于一维导电纤维的机械柔韧性以及高导电性，并且在实际应用中可应对剧烈机械形变，可以保持高性能，在机械变形下更能满足稳定操作的需要，因此将智能导电材料经一维导电纤维、纱线，然后与传统纺织针织、机织加工工艺相结合，制备智能可穿戴织物终端产品，将会是未来的发展趋势。此外，近年来基于导电智能材料的应变、压力、弯曲、扭转传感器、可穿戴加热器、电磁屏蔽、储能等多功能应用也逐渐被探索，目前，虽然智能可穿戴纤维织物已经取得一定的进展，但大多数局限于单一的性能，其根本在于智能导电材料的单一，因此开发集多功能集成的智能导电材料也是未来的重点发展方向。此外，随着智能可穿戴扩展到更广泛的应用领域，开发一系列具有生物相容性、可生物降解和环保的智能导电材料，在使用过程中和更新换代后不会对环境造成任何威胁，也是亟须突破的关键领域。

从一维导电纤维材料角度，在柔性智能可穿戴领域，导电纤维在其中起着重要作用，就像人体的神经系统，负责上传下达，是柔性智能可穿戴电子器件的重要组成部分。导电纤维可用在各种传感器、电容器、驱动器等电子元件的开发和集成上，不仅要满足最基础的稳定导电性，还需要具备作为柔性可穿戴纺织品材料的可拉伸回复性和舒适性等，及作为柔性电子器件的信号传输的稳定性、灵敏性及使用的耐久性等。尽管目前各类可穿戴柔性智能电子产品还处在早期的研发阶段，但将导电纤维与人们日常服装服饰集成将会是可穿戴电子器件的一大发展方向。未来在实现对柔性智能电子元件开发的基础上，进一步研发出高级的集成电子设备产品和应用等将会是柔性智能可穿戴领域下一步的重点发展方向，未来导电纤维应进一步拓展其在更高端智能可穿戴电子器件中的应用，如存储设备、逻辑栅极、人机交互、可注射的纤维状生物传感器等，进一步克服目前该领域的科学障碍，深入了解各种机制和基本原理参与复杂的电子系统，也将是助力未来纺织电子产品不断发展的前进动力。同时对于导电纤维，在可持续发展的大背景下，也需要考虑电子器件的可回收利用和可降解等环境友好的性能。作为柔性可穿戴智能纺织品的研究热点，未来导电纤维材料将会具有更为广阔的应用前景。

从织物基智能可穿戴器件以及技术发展角度，智能纺织品所需的相关组件，如柔性传感器、信号传输线、可拉伸电极、能量转化与收集器件、反馈信号执行器等，都需要对智能导电材料进行高效的设计以及精确组装成高性能宏观纤维、织物。基于智能可穿戴纺织品中组件的基本单元构成是智能导电材料，为实现这一目标，我们必须从技术理念、设计思路、加工处理等出发，开发适用于纤维纺织基材的智能导电材料。在进一步提高导电纤维织物的高弹性以及导电性能的同时，提高导电材料在纤维织物中的耐洗涤性。智能可穿戴器件走进实际生活对于导电材料的重复使用性、耐久性、可编织性、灵敏度、导电性等都具有严格要求，相对来说，目前面世的大多数可穿戴电子器件以刚性为主，虽然也有一些被嵌入柔性纺织品中，但基于纺织物的可穿戴系统的实际应用总体上还处于研发阶段。相关研究极具启发性，但同时也极具挑战性。一方面，引入面向人类健康以智能纺织品为基础的系统，并在系统内部提供反馈或显示，在开发产品方面有很大的前景。例如，实时呼吸监测能为呼吸疾病的诊断与确诊患者及家属提供示警作用；智能腕带对人体的生理信号进行检测，可以为使用者提供大量的数据，通过对数据的分析，可应用在疾病的预防和临床的诊断。另一方面，也需要解决一些技术性问题，对于涂覆法，所得到的导电涂料的质量与其溶剂密切相关。如在涂覆过程中，湿润纤维的溶剂蒸发后涂层的连续性确定其导电性。其次，应尽量减少溶剂的黏度和沸点，以便于提高涂覆法的可操作性。但也存在由于溶剂的不均匀蒸发，导致导电网络的效果差的问题。

对于可穿戴智能电子织物而言，织物基底材料与智能导电材料的选择至关重要。智能导电材料在纤维/织物基底上搭接形成的导电网络充当敏感元件，最后根据实际要求，实现并完成相关应用。因此，导电材料的选择十分关键。柔性可穿戴智能电子设备不仅需要微型化、轻量化、柔性、延伸性等硬件要求，还需要在机械或外力作用下维持长期稳定工作状态的内在条件。因此，在研究开发中，研究人员较多地利用舒适性较高、综合性能较好的纺织品材料为基底材料制备柔性智能设备，在各类传感系统、健康监测以及人机交互等各方面均表现出巨大的发展潜力。柔性织物基底材料相比于传统薄膜基材料而言，其具有柔软透气、成本低廉以及化学稳定性好的固有优势，可以满足柔性设备的制备要求，而且解决了聚合物材料透气性和生物相容性等潜在问题，在相关研究工作中被广泛应用。同时，导电材料的设计以及导电网络的构筑决定了智能电子织物的功能特性。然而，由于传统金属材料具有一定的刚度，即使具备较好的电学性能，但往往缺乏可穿戴设备所需的延伸性、柔软舒适性，会较大地限制电子设备的应用场景。因此，经过较长时间的研究，碳材料、导电聚合物、金属纳米材料以及新型二维层状材料等智能导电材料逐步表现出非凡的潜能，被广泛地应用于智能电子织物的开发中。随着智能导电材料被进一步开发及其特性被深入发掘，适应多种应用场景的多功能化智能电子纺织品将成为主要研究趋势，这对未来新型可穿戴电子纺织品及柔性电子器件的应用具有里程碑式的重要研究意义。

参考文献

［1］WANG B, FACCHETTI A. Mechanically flexible conductors for stretchable and wearable e-skin and e-textile devices ［J］. Advanced Materials, 2019, 31(28): 1901408.

［2］YANG C, SUO Z. Hydrogel ionotronics ［J］. Nature Reviews Materials, 2018, 3(6): 125−142.

［3］FERRARI A C, BONACCORSO F, FAL'KO V, et al. Science and technology roadmap for graphene, related two−dimensional crystals, and hybrid systems ［J］. Nanoscale, 2015, 7(11): 4598−4810.

［4］REN W, CHENG H M. The global growth of graphene ［J］. Nature Nanotechnology, 2014, 9(10): 726−730.

［5］XU J, WU H C, ZHU C, et al. Multi−scale ordering in highly stretchable polymer semiconducting films ［J］. Nature Materials, 2019, 18(6): 594−601.

［6］WU T, GRAY E, CHEN B. A self−healing, adaptive and conductive polymer composite ink for 3D printing of gas sensors ［J］. Journal of Materials Chemistry C, 2018, 6(23): 6200−6207.

［7］WEI T, AHN B Y, GROTTO J, et al. 3D printing of customized Li−Ion batteries with thick electrodes ［J］. Advanced Materials, 2018, 30(16): 1703027.

［8］CANO−RAYA C, DENCHEV Z Z, CRUZ S F, et al. Chemistry of solid metal−based inks and pastes for printed electronics − A review ［J］. Applied Materials Today, 2019, 15: 416−430.

［9］张楷力, 堵永国. 喷墨打印中的银导电墨水综述 ［J］. 贵金属, 2014, 35(4): 80−87.

［10］TORTORICH R, CHOI J. Inkjet printing of carbon nanotubes ［J］. Nanomaterials, 2013, 3(3): 453−468.

［11］ATREYA M, DIKSHIT K, MARINICK G, et al. Poly(lactic acid)−based ink for biodegradable printed electronics with conductivity enhanced through solvent aging ［J］. ACS Applied Materials & Interfaces, 2020, 12(20): 23494−23501.

［12］孙悦, 范杰, 王亮, 等. 可穿戴技术在纺织服装中的应用研究进展 ［J］. 纺织学报, 2018, 39(12): 131−138.

［13］WANG C, LIU Y, QU X, et al. Ultra−stretchable and fast self−healing Ionic hydrogel in cryogenic environments for artificial nerve fiber ［J］. Advanced Materials, 2022: 2105416.

［14］SINGH T B, SARICIFTCI N S. Progress in plastic electronics devices ［J］. Annual Review of Materials Research, 2006, 36(1): 199−230.

［15］徐海生, 浦甜松, 高精度数码喷墨打印技术及在印刷电子上的应用 ［J］. 印制电路信息, 2013(12): 8−10.

［16］董越, 李晓东, 张牧, 等. 无颗粒型银基导电墨水的制备、性能及其应用研究 ［J］. 贵金属, 2016, 37(S1): 69−74.

［17］NAGHDI S, RHEE K, HUI D, et al. A Review of conductive metal nanomaterials as conductive, transparent, and flexible coatings, thin films, and conductive fillers: different deposition methods and applications ［J］. Coatings, 2018, 8(8): 278.

［18］STEWART I E, KIM M J, WILEY B J. Effect of morphology on the electrical resistivity of silver nanostructure films ［J］. ACS Applied Materials & Interfaces, 2017, 9(2): 1870－1876.

［19］FU Q, STEIN M, LI W, et al. Conductive films prepared from inks based on copper nanoparticles synthesized by transferred arc discharge ［J］. Nanotechnology, 2020, 31(2): 25302.

［20］HARRA J, MAKITALO J, SIIKANEN R, et al. Size－controlled aerosol synthesis of silver nanoparticles for plasmonic materials ［J］. Journal of Nanoparticle Research, 2012, 14(6): 870.

［21］CHEN L, ZHANG D, CHEN J, et al. The use of CTAB to control the size of copper nanoparticles and the concentration of alkylthiols on their surfaces ［J］. Materials Science and Engineering: A, 2006, 415(1－2): 156－161.

［22］GRAVES J E, BOWKER M E A, SUMMER A, et al. A new procedure for the template synthesis of metal nanowires ［J］. Electrochemistry Communications, 2018, 87: 58－62.

［23］JIBRIL L, RAMÍREZ J, ZARETSKI A V, et al. Single－Nanowire strain sensors fabricated by nanoskiving ［J］. Sensors and Actuators A: Physical, 2017, 263: 702－706.

［24］HOU H, HORN M W, HAMILTON R F. Biased target Ion beam deposition and nanoskiving for fabricating NiTi alloy nanowires ［J］. Shape Memory and Superelasticity, 2016, 2(4): 330－336.

［25］MCCARTHY S A, RATKIC R, PURCELL－MILTON F, et al. Adaptable surfactant－mediated method for the preparation of anisotropic metal chalcogenide nanomaterials ［J］. Scientific Reports, 2018, 8(1).

［26］PARVEEN F, SANNAKKI B, MANDKE M V, et al. Copper nanoparticles: synthesis methods and its light harvesting performance ［J］. Solar Energy Materials and Solar Cells, 2016, 144: 371－382.

［27］郑泽军. 纳米金属颗粒的制备及其喷墨打印研究 ［D］. 南京：南京邮电大学, 2019.

［28］陈浩禹, 张亦文, 吴忠, 等. 金属含量对 $Co-TiO_2$ 纳米颗粒复合薄膜微观结构及其性能的影响 ［J］. 表面技术, 2019,48(12): 54－58.

［29］刘文平, 秦海青, 雷晓旭, 等. 纳米铜导电墨水涂覆后的烧结工艺研究 ［J］. 粉末冶金技术, 2016, 34(4): 295－299.

［30］MAGDASSI S, GROUCHKO M, KAMYSHNY A. Copper nanoparticles for printed electronics: routes towards achieving oxidation stability ［J］. Materials, 2010, 3(9): 4626－4638.

［31］CUI W, LU W, ZHANG Y, et al. Gold nanoparticle ink suitable for electric－conductive pattern fabrication using in ink－jet printing technology ［J］. Colloids and Surfaces A:

Physicochemical and Engineering Aspects, 2010, 358(1−3): 35−41.

［32］GUPTA A, MANDAL S, KATIYAR M, et al. Film processing characteristics of nano gold suitable for conductive application on flexible substrates ［J］. Thin Solid Films, 2012, 520(17): 5664−5670.

［33］CHENG C, LI J, SHI T, et al. A novel method of synthesizing antioxidative copper nanoparticles for high performance conductive ink ［J］. Journal of Materials Science: Materials in Electronics, 2017, 28(18): 13556−13564.

［34］XIA X, XIE C, CAI S, et al. Corrosion characteristics of copper microparticles and copper nanoparticles in distilled water ［J］. Corrosion Science, 2006, 48(12): 3924−3932.

［35］刘进丰, 王晓红, 龚秀清. 铜纳米材料在导电墨水中的应用［J］. 自然杂志, 2018, 40(2): 123−130.

［36］KIM C K, LEE G, LEE M K, et al. A novel method to prepare Cu@Ag core−shell nanoparticles for printed flexible electronics ［J］. Powder Technology, 2014, 263: 1−6.

［37］HE H, CHEN R, ZHANG L, et al. Fabrication of single−crystalline gold nanowires on cellulose nanofibers ［J］. Journal of Colloid and Interface Science, 2020, 562: 333−341.

［38］张煜霖, 彭博, 袁妍, 等. PEDOT：PSVMA/AuNPs导电墨水的合成及应用［J］. 影像科学与光化学, 2016, 34(5): 452−464.

［39］ZHAO D, LIU T, PARK J G, et al. Conductivity enhancement of aerosol−jet printed electronics by using silver nanoparticles ink with carbon nanotubes ［J］. Microelectronic Engineering, 2012, 96: 71−75.

［40］CHENG C, ZHANG J, LI S, et al. A Water−processable and bioactive multivalent graphene nanoink for highly flexible bioelectronic films and nanofibers ［J］. Advanced Materials, 2018, 30(5): 1705452.

［41］LIU F, QIU X, XU J, et al. High conductivity and transparency of graphene−based conductive ink: Prepared from a multi−component synergistic stabilization method ［J］. Progress in Organic Coatings, 2019, 133: 125−130.

［42］LIU P, HE W, LU A. Preparation of low−temperature sintered high conductivity inks based on nanosilver self−assembled on surface of graphene ［J］. Journal of Central South University, 2019, 26(11): 2953−2960.

［43］IIJIMA S. Helical microtubules of graphitic carbon ［J］. Nature, 1991, 354(6348): 56−58.

［44］喻王李, 徐景浩, 徐玉珊, 等. 喷墨打印电路用导电纳米材料的研究进展［J］. 印制电路信息, 2018, 26(10): 53−61.

［45］LU K L, LAGO R M, CHEN Y K, et al. Mechanical damage of carbon nanotubes by ultrasound ［J］. Carbon, 1996, 34(6): 814−816.

［46］HECHT D S, HU L, IRVIN G. Emerging transparent electrodes based on thin films of carbon nanotubes, graphene, and metallic nanostructures ［J］. Advanced Materials, 2011, 23(13):

1482-1513.

［47］SIMMONS T J, HASHIM D, VAJTAI R, et al. Large area-aligned arrays from direct deposition of single-wall carbon nanotube inks［J］. Journal of the American Chemical Society, 2007, 129(33): 10088-10089.

［48］王可, 徐梦雪, 王悦辉. 一种水性导电油墨及其制作方法: 中国. CN 20191031939.1［P］. 2019-07-23.

［49］宁廷州, 张敬芝, 付玲. 导电高分子材料在电子器件中的研究进展［J］. 工程塑料应用, 2019, 47(11): 162-167.

［50］HUANG L, EEDUGURALA N, BENASCO A, et al. Open-shell donor-acceptor conjugated polymers with high electrical conductivity［J］. Advanced Functional Materials, 2020, 30(24): 1909805.

［51］葛美珍. 有机导电高分子材料的导电机制分析［J］. 现代盐化工, 2020, 47(1): 18-19.

［52］ZHANG R, PENG B, YUAN Y. Flexible printed humidity sensor based on poly(3,4-ethylenedioxythiophene)/reduced graphene oxide/Au nanoparticles with high performance ［J］. Composites Science and Technology, 2018, 168: 118-125.

［53］郑玉婴, 王攀, 张通, 等. 聚3-戊酰基吡咯/多壁碳纳米管复合材料的制备与电导率研究［J］. 材料科学与工艺, 2012, 20(5): 111-115.

［54］姜欣, 赵轩亮, 李晶, 等. 石墨烯导电墨水研究进展: 制备方法、印刷技术及应用［J］. 科学通报, 2017, 62(27): 3217-3235.

［55］杨晨啸, 李鹏. 柔性智能纺织品与功能纤维的融合［J］. 纺织学报, 2018, 39(5): 160-169.

［56］CAREY T, CACOVICH S, DIVITINI G, et al. Fully inkjet-printed two-dimensional material field-effect heterojunctions for wearable and textile electronics［J］. Nature Communications, 2017, 8(1): 1202.

［57］ROJAS J P, TORRES SEVILLA G A, ALFARAJ N, et al. Nonplanar nanoscale fin field effect transistors on textile, paper, wood, stone, and vinylvia soft material-enabled double-transfer printing［J］. ACS Nano, 2015, 9(5): 5255-5263.

［58］李克伟, 谢森培, 李康, 等. 织物/纸基柔性印刷电子薄膜导电性能研究［J］. 哈尔滨工业大学学报, 2020, 52(6): 200-206.

［59］ZHU M, LOU M, ABDALLA I, et al. Highly shape adaptive fiber based electronic skin for sensitive joint motion monitoring and tactile sensing［J］. Nano Energy, 2020, 69: 104429.

［60］RAUT N C, AL-SHAMERY K. Inkjet printing metals on flexible materials for plastic and paper electronics［J］. Journal of Materials Chemistry C, 2018, 6(7): 1618-1641.

［61］白盛池, 杨辉, 汪海风, 等. 水基银纳米线导电墨水和大尺寸柔性透明导电薄膜的制备 ［J］. 稀有金属材料与工程, 2020, 49(4): 1282-1287.

［62］林佳漾, 万爱兰, 缪旭红. 聚吡咯/银导电涤纶织物的制备及其性能［J］. 纺织学报,

2020, 41(3): 113-117.

［63］KARIM N, AFROJ S, TAN S, et al. All Inkjet-printed graphene-silver composite ink on textiles for highly conductive wearable electronics applications ［J］. Scientific Reports, 2019, 9(1): 8035.

［64］SHAHARIAR H, KIM I, SOEWARDIMAN H, et al. Inkjet printing of reactive silver ink on textiles ［J］. ACS Applied Materials & Interfaces, 2019, 11(6): 6208-6216.

［65］NECHYPORCHUK O, YU J, NIERSTRASZ V A, et al. Cellulose nanofibril-based coatings of woven cotton fabrics for improved inkjet printing with a potential in e-textile Manufacturing ［J］. ACS Sustainable Chemistry & Engineering, 2017, 5(6): 4793-4801.

［66］KAO H, CHUANG C, CHANG L, et al. Inkjet-printed silver films on textiles for wearable electronics applications ［J］. Surface and Coatings Technology, 2019, 362: 328-332.

［67］HATTORI Y, FALGOUT L, LEE W, et al. Multifunctional skin-like electronics for quantitative, clinical monitoring of cutaneous wound healing ［J］. Advanced Healthcare Materials, 2014, 3(10): 1597-1607.

［68］WANG L, ZHANG M, YANG B, et al. Lightweight, robust, conductive composite fibers based on MXene@aramid nanofibers as sensors for smart fabrics ［J］. ACS Applied Materials & Interfaces, 2021, 13(35): 41933-41945.

［69］田明伟, 李增庆, 卢韵静, 等. 纺织基柔性力学传感器研究进展 ［J］. 纺织学报, 2018, 39(5): 170-176.

［70］HONG S Y, LEE Y H, PARK H, et al. Stretchable active matrix temperature sensor array of polyaniline nanofibers for electronic skin ［J］. Advanced Materials, 2016, 28(5): 930-935.

［71］CHEN Y, LIU Y, REN J, et al. Conformable core-shell fiber tactile sensor by continuous tubular deposition modeling with water-based sacrificial coaxial writing ［J］. Materials & Design, 2020, 190: 108567.

［72］KARIM N, AFROJ S, MALANDRAKI A, et al. All inkjet-printed graphene-based conductive patterns for wearable e-textile applications ［J］. Journal of Materials Chemistry C, 2017, 5(44): 11640-11648.

［73］莫崧鹰, 何继超. 崭新电子纺织品技术的发展 ［J］. 纺织导报, 2019(5): 34-41.

［74］周梦瑶. 织物基柔性光开关及储能器件的构建及应用 ［D］. 重庆: 西南大学, 2018.

［75］王思亮. 可印刷和多功能超级电容器研究 ［D］. 武汉: 华中科技大学, 2018.

［76］JIANG Y, CHENG M, SHAHBAZIAN YASSAR R, et al. Direct ink writing of wearable thermoresponsive supercapacitors with rGO/CNT composite electrodes ［J］. Advanced Materials Technologies, 2019, 4(12): 1900691.

［77］SHIN S, KUMAR R, ROH J W, et al. High-performance screen-printed thermoelectric films on fabrics ［J］. Scientific Reports, 2017, 7(1): 7317.

［78］YU L, PARKER S, XUAN H, et al. Flexible multi-material fibers for distributed pressure and temperature sensing [J]. Advanced Functional Materials, 2020, 30(9): 1908915.

[79] YANG Z, ZHAI Z, SONG Z, et al. Conductive and elastic 3D helical fibers for use in washable and wearable electronics [J]. Advanced Materials, 2020, 32(10): e1907495.

[80] PARK S, BAUGH N, SHAH H K, et al. Ultrastretchable elastic shape memory fibers with electrical conductivity [J]. Advanced Science, 2019, 6(21): 1901579.

[81] CHEN G, WANG H, GUO R, et al. Superelastic egain composite fibers sustaining 500% tensile strain with superior electrical conductivity for wearable electronics [J]. ACS Applied Materials & Interfaces, 2020, 12 (5): 6112−6118.

[82] WOO J, LEE H, YI C, et al. Ultrastretchable helical conductive fibers using percolated Ag nanoparticle networks encapsulated by elastic polymers with high durability in omnidirectional deformations for wearable electronics [J]. Advanced Functional Materials, 2020, 30(29): 1910026.

[83] LI H, DU Z. Preparation of a highly sensitive and stretchable strain sensor of MXene/silver nanocomposite−based yarn and wearable applications [J]. ACS Applied Materials & Interfaces, 2019, 11(49): 45930−45938.

[84] ZHU G J, REN P G, GUO H, et al. Highly sensitive and stretchable polyurethane fiber strain sensors with embedded silver nanowires [J]. ACS Applied Materials & Interfaces, 2019, 11 (26): 23649−23658.

[85] ZHOU J, TIAN G, JIN G, et al. Buckled conductive polymer ribbons in elastomer channels as stretchable fiber conductor [J]. Advanced Functional Materials, 2019, 30(5): 1907316.

[86] PAN L, WANG F, CHENG Y, et al. A supertough electro−tendon based on spider silk composites [J]. Nature Communications, 2020, 11: 1332.

[87] ZHAO X, CHEN F, LI Y, et al. Bioinspired ultra−stretchable and anti−freezing conductive hydrogel fibers with ordered and reversible polymer chain alignment [J]. Nature Communications, 2018, 9: 3579.

[88] GAO Y, GUO F, CAO P, et al. Winding−locked carbon nanotubes/polymer nanofibers helical yarn for ultrastretchable conductor and strain sensor [J]. ACS Nano, 2020, 14(3): 3442−3450.

[89] ZHANG Y, ZHANG W, YE G, et al. Core−sheath stretchable conductive fibers for safe underwater wearable electronics [J]. Advanced Materials Technologies, 2019, 5(1): 1900880.

[90] CHEN Q, LI Y, XIANG D, et al. Enhanced strain sensing performance of polymer/carbon nanotube−coated spandex fibers via noncovalent interactions [J]. Macromolecular Materials and Engineering, 2019, 305 (2): 1900525.

[91] MARRIM I, WANG X, TEBYETEKEWA M, et al. A bottom−up approach to design wearable and stretchable smart fibers with organic vapor sensing behaviors and energy storage

properties［J］. Journal of Materials Chemistry A, 2018, 6 (28): 13633-13643.

［92］HUANG T, HE P, WANG R, et al. Porous fibers composed of polymer nanoball decorated graphene for wearable and highly sensitive strain sensors［J］. Advanced Functional Materials, 2019, 29 (45): 1903732.

［93］HU X, TIAN M, XU T, et al. Multiscale disordered porous fibers for self-sensing and self-cooling integrated smart, sportswear［J］. ACS Nano 2020, 14 (1): 559-567.

［94］ZHU M, LOU M, ABDALLA I, et al. Highly shape adaptive fiber based electronic skin for sensitive joint motion monitoring and tactile sensing［J］. Nano Energy, 2020, 69: 104429.

［95］LI X, KOH K H, FARHAN M, et al. An ultraflexible polyurethane yarn-based wearable strain sensor with a polydimethylsiloxane infiltrated multilayer sheath for smart textiles［J］. Nanoscale, 2020, 12 (6): 4110-4118.

［96］SEYEDIN S, UZUN S, LEVITTE A, et al. MXene composite and coaxial fibers with high stretchability and conductivity for wearable strain sensing textiles［J］. Advanced Functional Materials, 2020, 30(12): 1910504.

［97］CHENG Y, MA Y, LI L, et al. Bioinspired microspines for a high-performance spray Ti3C2Tx mxene-based piezoresistive sensor［J］. ACS Nano, 2020, 14(2): 2145-2155.

［98］ZHANG J, UZUN S, SEYEDIN S, et al. Additive-free MXene liquid crystals and fibers［J］. ACS Central Science, 2020, 6 (2): 254-265.

图片来源

［1］图3-2: WANG B, FACCHETTI A. Mechanically flexible conductors for stretchable and wearable eskin and e-textile devices［J］. Advanced Materials, 2019, 31(28): 1901408.

［2］图3-4: YANG C, SUO Z. Hydrogel ionotronics［J］. Nature Reviews Materials, 2018, 3(6): 125-142.

［3］图3-16: FERRARI A C, BONACCORSO F, FAL'KO V, et al. Science and technology roadmap for graphene, related two-dimensional crystals, and hybrid systems［J］. Nanoscale, 2015, 7(11): 4598-4810.

［4］图3-18: REN W, CHENG H M. The global growth of graphene［J］. Nature Nanotechnology, 2014, 9(10): 726-730.

［5］图3-26: XU J, WU H C, ZHU C, et al. Multi-scale ordering in highly stretchable polymer semiconducting films［J］. Nature Materials, 2019, 18(6): 594-601.

［6］图3-28: YU L, PARKER S, XUAN H, et al. Flexible multi-material fibers for distributed pressure and temperature sensing［J］. Advanced Functional Materials, 2020, 30(9): 1908915; YANG Z, ZHAI Z, SONG Z, et al. Conductive and elastic 3D helical fibers for use in washable and wearable electronics［J］. Advanced Materials, 2020, 32(10): e1907495.

［7］图 3-29: PARK S, BAUGH N, SHAH H K, et al. Ultrastretchable elastic shape memory fibers with electrical conductivity［J］. Advanced Science, 2019, 6(21): 1901579; CHEN G, WANG H, GUO R, et al. Superelastic egain composite fibers sustaining 500% tensile strain with superior electrical conductivity for wearable electronics［J］. ACS Applied Materials & Interfaces, 2020, 12 (5): 6112-6118.

［8］图 3-30: WOO J, LEE H, YI C, et al. Ultrastretchable helical conductive fibers using percolated Ag nanoparticle networks encapsulated by elastic polymers with high durability in omnidirectional deformations for wearable electronics［J］. Advanced Functional Materials, 2020, 30(29): 1910026; LI H, DU Z. Preparation of a highly sensitive and stretchable strain sensor of MXene/silver nanocomposite-based yarn and wearable applications［J］. ACS Applied Materials & Interfaces, 2019, 11(49): 45930-45938; ZHU G J, REN P G, GUO H, et al. Highly sensitive and stretchable polyurethane fiber strain sensors with embedded silver nanowires［J］. ACS Applied Materials & Interfaces, 2019, 11 (26): 23649-23658.

［9］图 3-31: ZHOU J, TIAN G, JIN G, et al. Buckled conductive polymer ribbons in elastomer channels as stretchable fiber conductor［J］. Advanced Functional Materials, 2019, 30(5): 1907316; PAN L, WANG F, CHENG Y, et al. A supertough electro-tendon based on spider silk composites［J］. Nature Communications, 2020, 11: 1332; ZHAO X, CHEN F, LI Y, et al. Bioinspired ultra-stretchable and anti-freezing conductive hydrogel fibers with ordered and reversible polymer chain alignment［J］. Nature Communications, 2018, 9: 3579.

［10］图 3-32: GAO Y, GUO F, CAO P, et al. Winding-locked carbon nanotubes/polymer nanofibers helical yarn for ultrastretchable conductor and strain sensor［J］. ACS Nano, 2020, 14(3): 3442-3450; ZHANG Y, ZHANG W, YE G, et al. Core-sheath stretchable conductive fibers for safe underwater wearable electronics［J］. Advanced Materials Technologies, 2019, 5(1): 1900880; CHEN Q, LI Y, XIANG D, et al. Enhanced strain sensing performance of polymer/carbon nanotube-coated spandex fibers via noncovalent interactions ［J］. Macromolecular Materials and Engineering, 2019, 305 (2): 1900525.

［11］图 3-33: MARRIM I, WANG X, TEBYETEKEWA M, et al. A bottom-up approach to design wearable and stretchable smart fibers with organic vapor sensing behaviors and energy storage properties［J］. Journal of Materials Chemistry A, 2018, 6 (28): 13633-13643; HUANG T, HE P, WANG R, et al. Porous fibers composed of polymer nanoball decorated graphene for wearable and highly sensitive strain sensors［J］. Advanced Functional Materials, 2019, 29 (45): 1903732; HU X, TIAN M, XU T, et al. Multiscale disordered porous fibers for self-sensing and self-cooling integrated smart, sportswear［J］. ACS Nano 2020, 14 (1): 559-567.

［12］图 3-34: ZHU M, LOU M, ABDALLA I, et al. Highly shape adaptive fiber based electronic skin for sensitive joint motion monitoring and tactile sensing［J］. Nano Energy, 2020,

69: 104429; LI X, KOH K H, FARHAN M, et al. An ultraflexible polyurethane yarn-based wearable strain sensor with a polydimethylsiloxane infiltrated multilayer sheath for smart textiles [J]. Nanoscale, 2020, 12 (6): 4110-4118.

[13] 图3-35: SEYEDIN S, UZUN S, LEVITTE A, et al. MXene composite and coaxial fibers with high stretchability and conductivity for wearable strain sensing textiles [J]. Advanced Functional Materials, 2020, 30(12): 1910504; CHENG Y, MA Y, LI L, et al. Bioinspired microspines for a high-performance spray Ti$_3$C$_2$T$_x$ mxene-based piezoresistive sensor [J]. ACS Nano, 2020, 14(2): 2145-2155; ZHANG J, UZUN S, SEYEDIN S, et al. Additive-free MXene liquid crystals and fibers [J]. ACS Central Science, 2020, 6 (2): 254-265.

第四章 纺织基可穿戴柔性传感器

第一节 引言

感官识别是人们获取自身及外部信息的重要途径。随着科学技术的飞速发展和人们生活需求的日益多样化，众多致力于替代、增强、扩展人类感官识别功能的智能传感设备相继研发诞生。传感器作为智能传感设备的核心器件，其不断的研究发展推动着智能传感设备的更新换代与产业升级。与传统的嵌入式刚性传感器相比，纺织基柔性传感器在穿戴舒适性、可拉伸弯折性、轻便灵活性等方面具有明显优势。纺织基传感器的研究设计将推动柔性智能传感设备的研发，为其在智能医疗、运动监测等诸多领域中的应用奠定基础。

一、柔性传感器概述

在国家标准GB/T 7665—2005中，传感器的定义为能感受被测量并按照一定的规律转换成可用输出信号的器件或装置，通常由敏感元件和转换元件组成。"可用输出信号"指便于触发产生、加工传输、接收识别的信号，现使用中以可控性好、处理方便的电学信号居多。"敏感元件"指传感器中能直接感受或响应被测量的部分，"转换元件"指传感器中能将敏感元件感受或响应的被测量转换成适于传输或测量的电信号部分。

传统型传感器大多是基于金属或半导体材料来构建的，在工农业领域发挥着重要的作用。然而，由于存在普遍的刚性，传统型传感器难以在拉伸变形、多维贴合状态下实现有效传感检测，致使其在智能可穿戴领域的应用受到一定局限。近几十年来，采用柔性基底及柔性导电高分子功能材料而构建的新型柔性传感器研究吸引了越来越多的关注，其不仅具有良好的传感灵敏度，而且具有极佳的柔性、可拉伸性等特性，在可穿戴医疗设备、运动监测设备、智能电子皮肤等领域已经展示出巨大的发展潜力。

新型柔性传感器作为柔性可穿戴设备的核心部件，其决定着可穿戴装置的灵敏度、稳定性和可靠性。纺织基材料具有多种尺度形态结构（短纤维、长纱线、二维织物、三维编织物）等，其本身具有良好的柔软舒适性和拉伸延展性。基于纺织材料而构建的柔性传感器实现了纺织材料优异服用性能和传感设备电信号属性的有机结合。纺织基柔性传感器的研究发展已经成为纺织服装行业的一个极具潜力的经济、科研增长点，而且在柔性可穿戴器件领域表现出广阔的应用前景。

二、柔性传感器工作原理

传感器是通过敏感元件及转换元件的作用，识别特定的被检测信号，再按照一定的规律转换成某些可用信号并输出，以满足信息的传输、处理、记录、显示和控制等操作的需求。传感器的工作模式如图4-1所示。

传感器能够感受识别诸如力、温度、湿度、光、有机分子、酶等物理量、化学量、生物量，并能把其按照一定的规律转换成电压、电阻、电容、电流等电学量，或转换为电路的通断。传感器的基本原理如图4-2所示。

图4-1　传感器的工作模式框架图　　图4-2　传感器的基本原理框架图

柔性传感器作为一类重要的传感器，其工作原理基于敏感元件和转换元件的作用，将物理、化学、生物等类型的非电学量转换为电学量来进行信号输出和处理。纺织基柔性传感器的构建离不开导电纤维制备和织物导电后整理，通过机织、针织、缝制等技术将导电纤维与织物结合或利用表面整理技术将导电油墨和金属镀层附着在织物上，增强纺织材料的导电性以赋予其传感应用性能。纺织基柔性传感器的设计构建策略会影响其信号转换机制和工作原理，目前以电阻式、电容式和压电式三种工作原理为主。

（1）电阻式。电阻式柔性传感器的工作原理是将所感受被测量的变化转换为电阻的变化进行检测。其中由外界物理量、化学量、生物量变化造成的材料电阻变化是输出电信号变化的主要原因。电阻式柔性传感器具有结构简单、测试方便、制备成本低和灵敏度高等特点。

（2）电容式。电容式柔性传感器的工作原理是将所感受被测量项目的变化转换为电容的变化进行检测。外界物理量、化学量、生物量的变化会引起材料介电常数、有效对应面积和间距的变化，从而造成材料的电容变化。电容式柔性传感器具有响应时间短、速度快和功耗低等特点。

（3）压电式。压电式柔性传感器的工作原理一般是基于材料本身具有的压电效应，将所感受被测量项目的变化转换为因材料内部的电极化现象而导致的电信号变化进行检测。压电式的工作原理通常被广泛应用于力敏感型柔性传感器中，当材料受到外力作用时，会产生电极化现象而使其内部两侧带相反电荷，而当外力作用消失后，材料又恢复不带电状态，由此产生的电信号变化作为传感检测量。压电式柔性传感器具有响应快速、灵敏度高等特点。

三、纺织基柔性传感器分类

纺织基柔性传感器通常是指以纺织品或纺织材料为基底并经导电化功能改性而构建的一类传感器。纺织基柔性传感器的构建可以从被测量属性、工作原理、纺织基底类型、传感器功能等方面进行设计。虽然纺织基柔性传感器的种类繁多，性能特点多样，但相互间仍有共同之处，用以对其进行分类。

纺织基柔性传感器的分类主要有以下几种：

（1）按照被测量属性分类。可分为物理型纺织基柔性传感器、化学型纺织基柔性传感器和生物型纺织基柔性传感器。物理型纺织基柔性传感器是将被测物理量（力、温度等）的变化转换为可输出处理的电学量用以检测；化学型纺织基柔性传感器是将被测化学量（化学成分、浓度等）的变化转换为可输出处理的电学量用以检测；生物型纺织基柔性传感器是将被测生物量（酶、pH等）的变化转换为可输出处理的电学量用以检测。

（2）按照工作原理分类。可分为电阻式纺织基柔性传感器、电容式纺织基柔性传感器、压电式纺织基柔性传感器等。

（3）按照纺织基底类型分类。可分为无捻纤维（束）基柔性传感器、长丝纱基柔性传感器、短纤纱基柔性传感器、复合纱基柔性传感器、针织物基柔性传感器、机织物基柔性传感器、非织造布基柔性传感器等。

（4）按照传感器功能分类。可分为力敏感型纺织基柔性传感器、湿敏感型纺织基柔性传感器、温敏感型纺织基柔性传感器、光敏感型纺织基柔性传感器、生物敏感型纺织基柔性传感器等。

第二节　纺织基可拉伸应变传感器

纺织基可拉伸传感器是一种由拉力刺激影响的应变型传感器，由导电传感材料和纺织基底构成。在拉伸作用下，复合系统中传感元件的微观结构变化将导致电信号（电阻、电容等）发生改变，应变释放后，电信号恢复至初始状态。纺织基可拉伸传感器因具有多维结构及复合构型，在响应拉伸、弯曲、扭转等运动信号时具有独特优势，需同时具有基体高弹性、高导电性、高灵敏度等性能。

一、纺织材料的拉伸性质

（一）纤维的拉伸性质

纤维为柔软细长体，外力作用纤维及其制品时主要表现为拉伸作用。纤维的拉伸曲线主要有三种形式，即负荷（强力）—伸长（$P—\Delta l$）、强度—伸长率（$P—\varepsilon$）和应力—应变（$P—\varepsilon$）。在比较不同纤维的拉伸性能时，通常从拉伸曲线（图4-3）上求特征指标。常用的指标有强伸性、初始模量、屈服点和断裂强度四类。纤维拉伸性质主要受内部结构和试验条件影响，前者主要包括纤维大分子的聚合度和大分子间的聚集态结构（取向度和结晶度），后者主要包括温湿度、试样长度、试样根数、拉伸速度、拉伸仪器类型等。

纺织纤维为高聚物，其力学性能具有显著的黏弹性特征，典型表现为应力松弛、蠕变及在交变载荷作用下应变的滞后性。纤维在拉伸变形恒定条件下，应力随时间的延长而衰减的现象称为应力松弛。纤维在恒定拉力作用下，变形随受力时间的延长而逐渐增加的现象称为蠕变。从图4-4的纤维蠕变回复曲线看，伸长变形包括急弹性变形、缓弹性变形和塑性变形。急弹性变形可即时回复，缓弹性变形随时间延长逐渐回复，塑性变形则为不可逆变形，因此对可拉

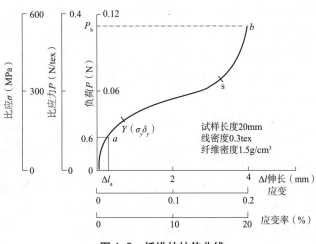

图4-3 纤维的拉伸曲线

伸传感器的响应时间、回复时间、迟滞性等有极大影响。纤维在大应变下（$\varepsilon > 6\%$）的回复能力，又称弹性回复性或回弹性，常用弹性回复率表征，其指急弹性变形与一定时间内缓弹性变形之和占总变形的百分比，回弹性越好，传感性能越稳定。纤维材料在恒定拉力作用下会产生蠕变疲劳，并在最弱处发生断裂；或者在反复循环动态拉力作用下，因塑性变形累计或缺陷扩展产生材料破坏（图4-5）。

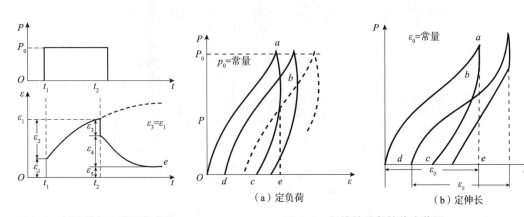

图4-4 纤维的蠕变及回复曲线　　　图4-5 纤维的重复拉伸疲劳图

（二）束纤维的拉伸性能

束纤维拉伸性与成纱强力间具有相关关系。在束纤维拉伸测量中，单纤维断裂伸长率和排列平行程度的差异，会造成纤维断裂的不同时，故束纤维强力恒小于单纤维强力 × 纤维根数。

（三）纱线的拉伸性质

纱线截面中有数十到上百根纤维及可能多股捻合，其拉伸性质不仅依赖于纤维性状，而且和纱线的结构有很大关系，包括纤维的堆砌密度、纤维在纱线中的排列及相互作用。纱线伸长率由所组成纤维的伸长率及相互间作用共同影响，拉伸时，倾斜纤维沿拉伸方向转动和滑移。

影响纱线弹性的因素包括纤维的弹性及摩擦性质、成纱结构和成纱混纺比等。结构紧

密的纱线弹性好，结构松散的则弹性差；纤维间的摩擦纠缠越大，成纱结构越稳定；混纺纱中，氨纶弹性纤维或高卷曲纤维和复合变形丝（图4-6）的加入，可极大地改善混纺纱的弹性和蓬松度。

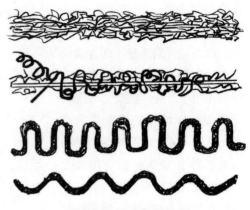

图4-6 常见花式纱线

（四）织物的拉伸性质

织物的拉伸性质除受其组成纤维、纱线性质影响外，还与织物结构有很大关系。织物经、纬向的结构与构成不同，各自强伸性不同，在传感测试中常采用单轴向拉伸法表征。织物单轴向拉伸分为织物伸长、束腰变形和单纱断裂并快速扩展破坏的过程。针织物的伸缩弹性是其重要特征，其显著区别于机织物。针织物的线圈结构及弹性变形是导致伸缩弹性和高延伸度的本质原因。受力时，纱线易发生转动取向与高曲率弯曲；卸力后又能转动，因松弛而恢复，其中线圈圈柱的转动取向、弯曲和伸直均为弹性变形，使其具有高弹性变形和抗皱特征（图4-7）。

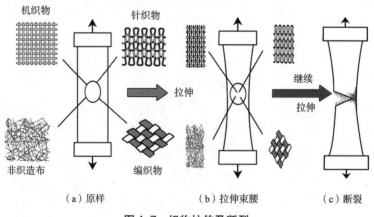

（a）原样　　　　　（b）拉伸束腰　　　　（c）断裂

图4-7 织物拉伸及断裂

二、可拉伸传感器响应机制

（一）电阻式

电阻改变是由传感元件几何形状受拉伸作用产生变化而引起，撤去外力后传感元件电阻值随结构恢复而恢复。一段等截面的导电传感材料的电阻可以表示为：

$$R=\frac{\rho L}{S}$$

（4-1）

式中：ρ 为传感材料电阻率（$\Omega \cdot m$）；L 为传感器件长度（m）；S 为横截面面积（m^2）。

宏观上，纤维、纱线和织物随着拉伸作用变细变窄，截面面积不断减小，传感元件两端的电阻值增大。本质上，相邻导电材料在拉伸作用下接触面积逐渐减小或断开。

（二）电容式

电容式可拉伸传感器由一对可拉伸电极板和介质层构成。当电容传感器沿某一方向被拉伸时，两个电极板之间的距离、电极板的对应面积发生改变，导致电容变化，撤去外力后传感元件电容值随结构恢复而恢复。

几何形状变化是柔性可拉伸应变传感器电容值改变的主要因素。对于平行板电容传感器，初始电容C_0可以表示为：

$$C_0 = \varepsilon_0 \varepsilon_r \frac{l_0 w_0}{d_0} \tag{4-2}$$

式中：ε_0为真空介电常数；ε_r为相对介电常数；l_0为电容器长度（m）；w_0为电容器长度（m）；d_0为电容器厚度（m）。

柔性可拉伸电容传感器发生应变δ之后，电容器长度增加为$(1+\delta)l_0$，介电层宽度和厚度分别减小为$(1-v_1)w_0$和$(1-v_2)d_0$，电极板和介电层的泊松比分别为v_1和v_2，若二者同步变形，则产生的应变电容为：

$$C = \varepsilon_0 \varepsilon_r \frac{(1+\delta)l_0 (1-v_1)w_0}{(1-v_2)d_0} = \varepsilon_0 \varepsilon_r \frac{(1+\delta)l_0 w_0}{d_0}(1+\delta)C_0 \tag{4-3}$$

可以看出，随着应变的增大，平行板电容器的电容值随之增大。但是若电极板与介电层的泊松比不相等，或在应变时产生变化，则电容改变会有所不同。

（三）其他

纺织基可拉伸传感器因形变方式以电阻式最为常见，电容式次之，其传感原理相对清晰，制造工艺简单，现已经被广泛用于智能可穿戴器件及电子皮肤等领域；此外，还有压电式、摩擦电式和光学应变式可拉伸传感器的相关研究。其中，压电式和摩擦电式传感器通常在高频下工作，电荷转移快，不适用于静态应变传感；光学式传感器通常由配有光发射器和光电探测器的芯—鞘型波导光纤构成，利用发生拉伸应变时的光功率差进行传感性能表征，近来在分辨率和动态性能方面的研究具有突破性进展。

三、传感性能参数

（一）可拉伸性

可拉伸性被定义为传感器在有限弹性区域内的循环载荷或外力下重复性较大的应变行为。可拉伸性取决于传感器的类型、材料、结构和制作工艺。可拉伸传感器的检测极限是传感器可稳定输出反馈信号的应变范围，当传感器的拉伸行为超出弹性受限区域时，会对传感器造成不可逆的损坏。应变（ε）是传感器对施加的应力行为的响应。为了量化传感器的变形效应，ε可以表示为：

$$\varepsilon = \frac{\Delta L}{L_0} \times 100\% \tag{4-4}$$

式中：l_0 为初始长度（m）；ΔL 为拉伸后长度增量（m）。

（二）灵敏度

灵敏度是传感器静态特性的重要指标，指传感器在稳态下的输出变化量和引起此变化量的输入变化量之比。可拉伸应变传感器灵敏度是指对外力行为产生的电信号相对变化，常用灵敏系数（gauge factor，GF）值表征如下：

$$GF = \frac{\Delta y / y_0}{\Delta x / x_0} \tag{4-5}$$

式中：y_0 为传感参数初始值；Δy 为形变后传感参数增量；x_0 为应变初始值；Δx 为应变增量。

灵敏度越大，传感器越灵敏，高灵敏度是传感器的重要追求，在实际应用中，传感器需要保持高灵敏度。线性传感器的灵敏度是它的静态特性的斜率，其灵敏度在整个测量范围内为常量，如图4-8所示；非线性传感器的灵敏度为变量，即应变—电阻/电容输出特性曲线上某点的斜率，灵敏度随应变量的变化而变化，因此，在描述可拉伸传感器灵敏度时，必须说明其拉伸状态。

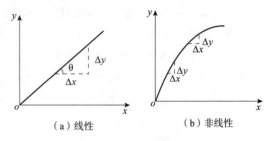

（a）线性　　　　（b）非线性

图4-8　传感器灵敏度曲线

（1）电阻式传感器灵敏度定量表征。

$$GF = \frac{\Delta R / R_0}{\Delta L / L_0} \tag{4-6}$$

式中：R_0 为初始电阻（Ω）；ΔR 为拉伸后电阻增量（Ω）。

（2）电容式传感器灵敏度定量表征。

$$GF = \frac{\Delta C / C_0}{\Delta L / L_0} \tag{4-7}$$

式中：R_0 为初始电容（F）；ΔR 为拉伸后电容增量（F）。

（三）线性度

传感器的线性度是指传感器的输出与输入之间数量关系的线性程度，可分为线性特性和非线性特性（图4-9）。可拉伸传感器的线性度可以表征为在全程测量范围内实际特性曲线与拟合直线之间的最大偏差值与满量程输出值之比。

该值越小，线性度越好，传感器性能越好。线性关系是一种理想的输入、输出关系，在实际应用中所遇到的传感器多为非线性。

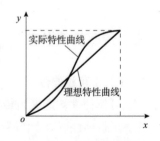

图4-9　传感器线性度

（四）迟滞性

可拉伸传感器在拉伸量由小到大（正行程加载）及由大到小（反行程卸载）变化期间，其特性曲线不重叠的现象称为迟滞（图4-10）。迟滞性由传感器在全量程范围内最大迟滞差与输出值之比表示。

迟滞性的现象主要由纺织材料在拉伸中的蠕变及纺织结构间不可恢复的滑移脱松等缺陷造成。

（五）响应时间

响应时间是传感器从受到压力到开始响应的最短时间。响应时间越短，传感器的滞后行为越弱，灵敏度越高。通常，传统应变传感器的滞后行为是由温度或机械变形引起的。机械滞后主要源于导电材料本身或导电网络与基板界面没有紧密结合。然而，在实际测试中，滞后程度还取决于给定的应变大小和速率。

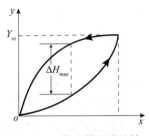

图4-10　传感器迟滞特性

（六）漂移

传感器的漂移是指在输入量不变的情况下，传感器输出量随时间变化的现象。产生漂移的原因：一是传感器的自身结构参数不稳定，二是周围环境（温度、湿度等）发生变化。

（七）稳定性和耐久性

各种柔性可拉伸应变传感器的研究表明，纺织基复合材料确实存在不稳定的缺陷，包括纤维和纱线的疲劳和蠕变行为、束纤维或经纬线间的接触电阻、导电材料与纺织基材的多点界面等。应变传感器的耐久性是指传感器在循环测试试验中的一致性机械行为，可以通过长时间加载/卸载循环和电信号输出波形的重复滞后曲线来分析。由于性能测试深受环境影响，需进一步提升测试仪器平台精度和试验测试条件的稳定性。

四、纺织基可拉伸应变传感器的分类及结构

纺织基传感器因具有一维结构、柔性可编织等特点，在响应拉伸、弯曲、扭转等运动信号时具有独特优势。具有优良感测特性可拉伸传感器的设计需同时具有高导电性和基体高弹性。导电功能化主要通过共混纺丝、表面接枝等方法将导电材料复合至纤维及织物的内部或表面来实现，基体高弹性通过选取弹性纤维、包芯纱及弹性结构织物为基体来实现，大多数可拉伸传感器为电阻式。

（一）一维纤维/纱线基拉力传感器

用于纤维状电阻式可拉伸传感器的导电纤维主要分为基体导电纤维和复合导电纤维。基体导电纤维主要是通过将导电材料直接加入纺丝液或与高聚物母粒共混，通过湿法纺丝、干法纺丝、熔融纺丝、静电纺丝等加工制备的高导电性纤维；复合导电纤维主要是以长丝、单纱、股线和包芯纱等一维纤维为基体，通过共混纺丝、化学接枝、自组装等方法将各类导电材料复合到纤维内部和表面而制成的导电纤维。目前，用于纤维状电阻式传感器的导电材料主要有碳纳米材料、金属纳米材料和聚合物导电材料三大类；常作为弹性基体的有聚氨酯类纤维、苯乙烯类纤维等。近来基于固体聚合物的离子导体尤其是水凝胶纤维被证明是可拉伸传感的一大潜力产品。

1.弹性纤维

具有高弹性和高检测范围的柔性应变导电纤维不仅能测得人体心跳、呼吸等微小形变的

生理信号，也能测得关节弯曲等大形变。例如，Gao等制备的皮芯结构的基于碳纳米管和聚氨酯的高弹性导电纤维，其传感范围超过350%的应变，传感系数在350%应变时为166.7，能检测极其微小的应变。Tang等通过同轴纺丝法制备得到基于碳纳米管和弹性体的复合芯鞘纱，可达到300%的形变和高稳定性，可以将应变传感器嵌入手套和衣服中，或直接将其附着在皮肤上，从而精确地探测到细微和较大的人体运动。

研究人员以碳纳米管阵列为原料，通过牵伸加捻工艺制备碳纳米管纱线并组装成一维碳纳米管呼吸传感器，对微弱的气流进行响应，可准确识别人体呼气和吸气的电阻变化差异，具有较高的信噪比。此外，石墨烯中空纤维也用于电阻式应变传感器，以铜丝为模板通过气相沉积法在铜丝表面生长石墨烯纳米层，经由蚀刻将铜丝去除后获得石墨烯中空纤维，再在石墨烯中空纤维表面涂层聚乙烯醇皮层，所制备皮芯结构的石墨烯复合纤维具有理想的伸长率（16%）和电导率（9.6×10^3S/m）。所组装的电阻式应变传感器体现出理想的弯曲和拉伸传感特性，应变灵敏系数为5.02。

2.包芯纱

包芯纱由两种或两种以上的纤维组成，常采用强力和弹性都较好的合成纤维长丝为芯材，通过控制不同组分的加捻速度和牵伸张力，可以制备不同结构的复合纱线。例如，以螺旋形高弹性涤纶/氨纶包芯纱为可拉伸传感器的柔性基材，石墨烯为导电材料，通过浸渍与芯吸效应制备的基于石墨烯的导电包芯纱可拉伸应变传感器在传感测试中表现出高弹性（$\varepsilon > 300\%$）、快速响应时间（120ms）、大应变范围（0.4%~100%）和优异的耐久性（洗涤次数>10000次）。其中，该包芯纱既具有芯纱氨纶长丝的高弹性，也具有外层包覆涤纶长丝的耐久性、耐腐蚀性，是制备应变传感器的良好基材，包芯纱中氨纶和涤纶起着相互支撑的作用，涤纶长丝间的相互作用是电阻变化的重要因素，而氨纶长丝是应变范围大的重要因素。程（Cheng）等通过将一种氧化石墨烯涂层在包覆纱表面，经氧化还原后得到导电包芯纱，在拉伸回复过程中其传感原理是外层纱接触点的增多和减少引起导电包芯纱的电阻变化，作为应变传感器能测得心跳、脉搏、关节弯曲等人体生理活动信号（图4-11）。

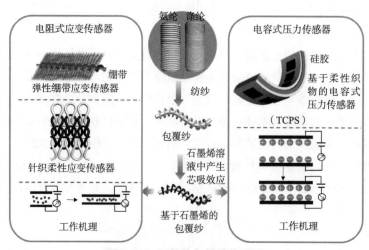

图4-11　可拉伸包芯纱传感器

（二）二维织物基拉力传感器

织物电阻式力学传感器可检测二维平面的形变，检测范围和应用更为广泛。对于基底弹性，除采用导电弹性纤维及纱线直接编织的面料外，针织结构因具有高弹和高回复性等特点，在纺织基传感器领域有广泛研究。纺织基底的导电性整理主要也有涂层（浸涂法、喷涂法）、丝网印刷、原位聚合、电化学沉积、磁控溅射、高温碳化、激光直写等。

涂层法是制备柔性应变传感器最常用的方法之一。Yang等用浸涂法将氨纶/锦纶织物浸入炭黑材料中，制备出具有良好皮肤亲和性的柔性应变传感器。在0~30%的应变范围显示出高传感性（约62.9）和良好的线性度。洗涤5000次后，传感器仍可保持稳定性。谢（Xie）等用喷涂法将碳纳米管（CNT）和还原氧化石墨烯（rGO）材料附着在复合纤维纱线织物上，从而实现高导电性、高灵敏度（GF=2160.4）、宽应变传感器范围（~620%）和良好的耐久性。

丝网印刷法主要是通过刮板的挤压，使导电材料通过网孔转移到基材表面，多次印刷后逐渐形成均匀的导电层，其设备简单，操作方便，成本低，适用性强。例如，通过在编织织物的表面利用CNTs进行丝网印刷的导电织物具有较低的电导率（~50.75 Ω/sq），在应变传感方面表现出极大的稳定性和灵活性，可以感知不同的人类活动，如言语、饮酒、书写、手指和手腕弯曲等，并且具有优异的电热性能。

第三节　纺织基压力传感器

柔性压力传感器结合了本征柔性、轻质、多功能、成本低等优点，能够表现出高灵敏性、可拉伸性、超共形性和大面积制造等特性。传统的无机电子材料由于其刚性特性可能无法满足高机械柔顺性的要求，具有高机械柔顺性、可拉伸性、良好电性能和大面积加工能力的材料是制造高性能柔性压力传感器的关键。柔性传感器的生产需要新的材料设计方法，包括活性材料、导体和柔性基板的选择或合成。碳纳米管（CNT）、石墨烯、MXenes、导电聚合物、金属和半导体纳米线已被广泛用作压力传感器的活性材料。包括聚二甲基硅氧烷（PDMS）、聚酰亚胺（PI）、水凝胶、聚醚醚酮、聚醚砜（PES）、聚碳酸酯、聚萘二甲酸乙二醇酯（PEN）和聚酯（PET）在内的各种柔性基板是柔性传感器的理想材料。早在十几年前利波米（Lipomi）等利用可拉伸透明、导电的单壁碳纳米管（CNT）喷涂沉积薄膜代替金属作为电极材料，并成功展示了一种柔性、可拉伸且高度透明的压力传感器阵列。在各种新型材料和结构设计下，柔性压力传感器的传感性能得到了极大提升。但是这些柔性基材通常被设计成条、膜和块等形状，虽然有着高柔软性和高灵敏性，但在智能可穿戴领域中，这些柔性传感器并不适合穿戴，存在透气性差、结构复杂和耐久性差的问题。

纺织基柔性压力传感器是柔性传感器的新发展方向。首先，由于其特殊的纺织结构可与服装无缝连接，实现设计—穿着—应用一体化；其次，在纺织不同阶段能够开发不同维度结构的传感器，有一维的纤维状和纱线状传感器、二维的织物状传感器和三维的服装传感器。在不同维度上的传感应用范围不同，与基于纤维/纱线传感器的低响应、高灵敏度相比，织物/服装的传感器有更大的传感面积和更理想的阵列设计。更重要的是，通过将传感与纺织结合的可穿戴设备有着优秀的传感性能和舒适性，能够广泛运用在医疗保健、运动检测和休闲娱乐等领域。

一、纺织基电阻式压力传感器

电阻式压力传感器将压力的变化转换为电阻的变化，由于其简单的结构设计和测量方法而被广泛使用。最常见的方法是改变导电材料之间的接触电阻或改变导电弹性复合材料中的导电路径。电阻式压力传感器一般由两个相对电极和夹在中间的导电活性材料组成。当施加触摸压力时，中间层的导电材料相互接触或电极与中间层接触面积增加，使电阻降低，发出明显的信号变化。

纺织基柔性电阻式压力传感器结构简单，能够很好地实现高性能和低成本。弗朗西斯科·皮萨罗（Francisco Pizarro）等介绍了一种由低成本的常规抗静电片和导电机织物制成的易于构建的纺织品压力传感器，在1~70kPa的范围内表现出稳定的线性特性。觉登（Jue Deng）等通过芯鞘纤维中的螺旋膨胀结构克服了弯曲对压力干扰的压力传感纺织品（TST），如图4-12所示，以纳米管（CNT）/聚氨酯（PU）作为鞘极，铜/形状记忆聚合物（SMP）作为芯电极，通过加热芯电极以进行线性收缩并产生螺旋膨胀结构，除了弯曲独立的特性外，一维光纤还能够识别轴向上的触摸位置，从而提高空间分辨率的可靠性。

由于灵敏度和线性检测范围之间相互抵消作用，在宽压力范围内具有高灵敏度的纺织基柔性压力传感器的开发仍然是一项重大挑战。宋在杓（Soonjae Pyo）等第一次实现了同时超过1kPa^{-1}的灵敏度和宽压力范围内（>500kPa）的纺织基柔性压力传感器。它是一种由碳纳米管（CNT）和镍涂层织物组成的高灵敏度、柔性电阻式压力传感器。基于织物的层次结构和多层几何结构，全织物传感器在较宽的压力范围（0.2~982kPa）内具有高灵敏度

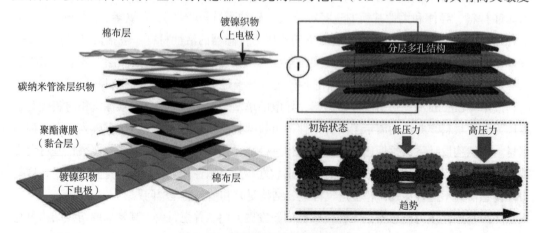

图4-12　纺织基电阻式压力传感器

（26.13kPa^{-1}）的压力传感性能。Lai等设计了基于全纺织基压阻式压力传感器，该传感器由印刷叉指纺织电极和银纳米线（AgNW）涂层棉织物的压阻层构成。棉织物的表面粗糙度使其在初始状态下处于绝缘状态，施加压力后，由于AgNW涂层棉织物和底部叉指纺织电极的接触面积增大，该设备立即置于高导通状态。试验结果表明，压阻式压力传感器性能优良，当压阻层的薄层电阻从1.51Ω/sq变为0.09Ω/sq时，灵敏度为$2.56 \times 10^4 \sim 4.42 \times 10^6$Pa^{-1}。

连云路（Yunlu Lian）等提出了一种简便的方法，用集成的银纳米线涂覆的织物来制造基于全纺织品的压阻式压力传感器，充分利用了纤维/纱线/织物多级触点的协同效应，在0~10kPa产生了3.24×10^5kPa^{-1}和在10~100kPa产生了2.16×10^4kPa^{-1}的超高灵敏度，实现了快速的响应/松弛时间（32ms/24ms）和高稳定性。相比于高性能，耐久性好、可清洗和大面积制造也很重要，萨它克·宏达（Satoko Honda）等使用纺织片和导电银线作为传感器，通过使用非导电标准线缝合，将棉网隔板夹在两块纺织片之间两块纺织片的上下覆有银线。如果在传感器上没有施加足够的压力，顶部和底部纺织片上的Ag线电极由于它们之间的网状垫片而不会接触。一旦施加足够的力，Ag线电极就会产生电连接，电阻降低，大大减少成本，而且该部分能够多次清洗。Zhou Ziqiang等制备了银浆丝网印刷的底部叉指纺织电极和AgNW涂层棉织物的顶部桥结构的大面积压力传感器，实现了在较宽压力范围内的超灵敏度、快速响应和低检测限。综上所述，纺织基柔性电阻式压力传感器存在能耗高、回复性差的问题，由于中间层导电材料的屈曲或纳米材料和聚合物基板之间的界面滑动，导电路径在变形后不能完全恢复。未来的发展方向是设计电阻变化不依赖于纳米材料之间导电网络变形的材料或者创建额外的自由空间孔隙，让电阻的变化是由材料中孔隙的闭合引起，而不是由弹性体中聚合物链的相对运动来提高传感器的响应速度。

二、纺织基电容式压力传感器

纺织基柔性电容式压力传感器将压力刺激转换成电容变化，通常由两个平行板电极和夹在中间的介电层组成。平行板电容器的电容表达式：

$$C=\varepsilon_0\varepsilon_r A/d \tag{4-8}$$

式中：ε_0是真空介电常数；ε_r是板间介电层的相对介电常数；A和d分别是两个电极之间的面积和距离，通过利用由A、d或ε_r在压力下的变化引起的电容变化，从而可以感应到触摸信号。

电容式传感器有两种技术原理，包括自电容和互电容。自电容是一个感应块相对地之间的电容。导体自身有储存电荷的能力，根据开放电场原理，当另一个导体或手指来触摸导体时会使电容增加；互电容是两个感应块之间形成的耦合电容，根据封闭电场原理，可以通过非导体触摸，而当导体或手指触摸时，从发射感应块到接收感应块的电场或电力线中的电场部分转移到了手指上，这两个感应块之间的场强的减弱或电力线的减少使电容减少。电容式压力传感器有着高灵敏和低功耗的优点，但是也容易受到外界环境电磁场的干扰，需要做好封装设计。

将导电纤维作为电极，电极外围包裹弹性材料作为介电层，是常见的纤维状传感器的结构设计，高导电性的纤维是传感器的关键。李在宏（Jaehong Lee）等通过在聚对苯二甲酰胺（Kevlar）纤维表面涂覆聚苯乙烯嵌段的丁二烯—苯乙烯（SBS）聚合物，然后将大量银离子转化为银纳米颗粒直接加入SBS聚合物中，得到的导电纤维具有0.15Ω/cm的优异电性能。如图4-13所示，在导电纤维表面涂覆聚二甲基硅氧烷（PDMS）作为介电层，并将两根涂有PDMS的纤维相互垂直堆叠，成功地制造了纺织基柔性电容式压力传感器。该传感器还能通过编织方法以织物的形式像素化为矩阵型压力传感器，并嵌入手套和衣服中来无线控制机器。

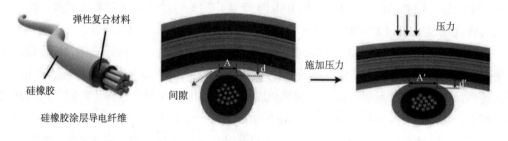

图4-13　纺织基电容式压力传感器

以纺织技术来构造传感器能大大提高其性能。例如，Xiaolu You等通过静电纺纳米纤维涂层在镀镍棉纱上形成包芯纱结构，将包芯纱螺旋缠绕在弹力线表面形成弹性复合纱。芯层镀镍棉纱是电极，涂覆的纳米纤维层是介电层，将两个复合纱相互垂直堆叠形成电容式传感单元，其具有高灵敏和可拉伸性。

仅纺织基、有效且坚固的电容式应变传感器是当下研究热点。Qi Zhang等提出了一种有效的电容式传感器，其组件仅由具有纺织线状形态的纤维组成，即不需要使集成复杂化的固体聚合物基质，并且可以直接编织到衣服、绷带和其他产品的织物中。它是通过将两根包芯纱捻成细双股纱而制成的。包芯纱是用棉纤维包裹镀银尼龙纤维，然后用聚氨酯固定而成的。显示出优异的电容线性度，在10000次耐久性测试循环中具有高介电稳定性。Yulong Ma等通过设计芯鞘纱和间隔织物的复合织物结构，实现具有双重压力和张力刺激响应的"多合一"电子织物，基于面料的传感技术可精确监控运动的动作和形式。

传感器阵列单元的数量会随着所需面积的增加而增多，能够大面积制造的高性能电容传感器是非常重要的。西池·它卡马苏（Seiichi Takamatsu）等开发了米级的大面积纺织基柔性电容式压力传感器，使用导电聚合物的膜涂层，并使用米级的自动织机织成纤维。在织物压力传感器中，将两种具有导电聚合物涂层的纤维条纹电极的织物垂直堆叠，测量施加压力时顶部和底部条纹电极之间的电容变化。传感器可以通过测量人手指和纤维之间的表面电容来检测人的触摸。触摸输入下的电容变化值为1~2.0pF，这足以用传统的电容测量电路进行检测。综上所述，纺织基柔性电容式压力传感器存在的问题是如何提高灵敏度，灵敏度主要取决于介电材料的变形，为了实现高灵敏度，可以通过增加孔隙或增加介电常数来设计介电材料。未来的研究方向是，可以用多孔的高介电常数材料或导电纳米材料涂覆的弹性体作为高介电常数复合材料，实现宽压范围下的高灵敏度。

三、纺织基压电式压力传感器

纺织基柔性压电式压力传感器是指某些材料在机械力作用下由于电偶极矩的形变而产生电荷的传感器。定向非中心对称晶体结构或在孔隙中具有持久电荷的多孔驻极体的变形导致电偶极矩的分离和压电电压。压电传感器通常由两个平行电极和它们之间的压电材料组成，外部压力会导致压电材料变形。变形导致偶极子密度发生变化，从而产生电压。这种方法被广泛用于通过压电材料将机械应力和振动转换为电信号。压电材料相对表面上的压电电荷（Q）为：

$$Q = d_{33} \times A \times \sigma \tag{4-9}$$

式中，A、σ、d_{33} 分别是压力下的表面积、压力和压电常数。压电系数（d_{33}）表示受 z 向力作用后在 z 方向产生的电荷，是评价压电材料的能量转换效率的物理量。由于高灵敏度和快速响应时间，压电传感器已被广泛应用于动态压力的检测。

沈贤俊（Hyeon Jun Sim）等介绍了一种新型复合材料系统和一种构建柔性、可拉伸和可编织的压电发电纤维的方法。柔性压电纤维（FPF）可以有5%的拉伸应变，并且可以产生超过 $50\mu W/cm^3$ 的功率。FPF的高柔韧性、可拉伸性和稳定的压电响应可用于缝纫和编织，在智能纺织品中有着重要的应用。为了能够实现批量生产，节约成本，能够大面积制造、成型质量高、成型准时等优点的熔体纺丝技术得到应用。安贾·隆德（Anja Lund）等介绍了可以在潮湿条件下运行的全纺织压电发电机，如图4-14所示，以聚偏氟乙烯（PVDF）作为皮层，聚乙烯基体中的10%（质量分数）炭黑作为芯生产双组分纤维，使用织机来织造具有芯鞘结构的熔纺连续压电微纤维纺织带，这些纤维的坚固和耐磨特性使我们能够大批量生产。Haibin Wu课题组提出了一种对接触位置敏感的大面积、低成本、可拉伸的基于纺织品的压电式压力传感器。该传感器由新型双面效果功能针织纺织品和大孔径的多孔聚氨酯泡沫制成，该传感器具有三层，包括上导电层、隔离层和下导电层。导电

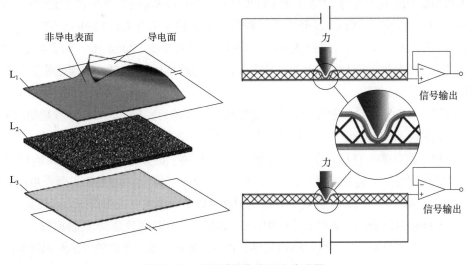

图4-14 纺织基压电式压力传感器

层由导电银聚氨酯（PU）/竹纱和非导电竹纱通过互锁编织工艺制成。通过提取针织纺织品上下导电面上接触点的电位值，传感器可以根据电位与位置的函数关系，计算出接触点的位置坐标，利用径向基函数（RBF）神经网络算法建立传感器位置坐标与电位值之间的映射函数关系，建立精确的数学模型，将传感器电位向量转换为触摸位置的位置向量。最后将传感器样品连接到硅胶人体模型的肩部进行测试以感知压力，可以实时准确地检测并显示手指的触摸区域。综上所述，纺织基柔性压电式压力传感器具有高灵敏度和出色的动态响应，使其成为检测动态压力的首选。但是静压的检测受到限制，因为压电效应仅在施加的刺激发生变化时发生。未来的研究方向是在压力传感的可用压电材料中，如聚偏二氟乙烯（PVDF）、氧化锌（ZnO）和锆钛酸铅（PZT）等，开发新的材料，增强输出功率，实现高性能和降低生产成本。

四、纺织基摩擦电式压力传感器

纺织基柔性摩擦电式压力传感器是依靠摩擦起电效应，当两种不同的材料相互摩擦时，表面会感应出电荷，产生的电荷量取决于两种接触材料之间的摩擦电极性差异。摩擦发电机（TENG）能够响应机械刺激产生电信号。TENG由两种具有不同电负性的电极材料组成，并通过它们之间的接触和分离过程产生电压，因此可以用作自供电压力传感器。因为摩擦效应普遍存在于大多数常用的织物材料中，如锦纶、聚酯和聚四氟乙烯。这表明制造可穿戴TENG具有巨大的潜力。

Qiang He等介绍了全纺织摩擦电传感器（ATTS）的整体设计和集成，如图4-15所示。该传感器能够以1.1V/kPa的高灵敏度感知人体运动压敏范围从100Pa到400kPa。将一根不锈钢纤维和几根聚酯纤维通过多捻工艺集成在一起，用作导电传感纱线，传感纱线外部的聚酯纤维与手套织物的锦纶一起充当摩擦电偶，不锈钢线充当集电极。这种编织结构导致ATTS有着大接触面积，提高了摩擦电性能和拉伸性能。Jiaxin Wang等基于多孔柔性层（PFL）和防水柔性导电织物（WFCF）开发了一种耐湿可拉伸的单电极t-TENG，其具有高输出（~135V、~7.5μA、26μC/m²、631.5mW/m²）和良好的耐湿性（80%RH）。结合微电子模块，该便携式可穿戴自供电压力控制器已设计用于各种智能警报、压力感应和能量收集等人机交互应用。

具有高拉伸性和优异导电性的电极也是摩擦电设备的研究热点，可拉伸和超薄的TENG可以适应人体运动的变形并减少刚性界面引起的不适。多加·多加奈（Doga Doganay）等使用层压热塑性聚氨酯（TPU）薄膜作为AgNW改性织物上的介电层，证明了高达15次洗涤循环的洗涤稳定性，从制造的TENG中，获得了1.25W/m²的最大功率输出，开路电压和短路电流分别为~162V和~42μA，实现了可清洗和可穿戴的摩擦发电机用作压力人机交互设备。盛百全（Seung-Bae Jeon）等展示了一种仅使用商业化织物和织物胶水的触摸板，用TENG作压力映射阵列传感器，成本低，结构简单。通过织物胶水将商业化的镍涂层织物连接到棉基板上，以设计二维阵列。然后再次使用织物胶水将羊毛盖固定在电极阵列上，该触摸设备

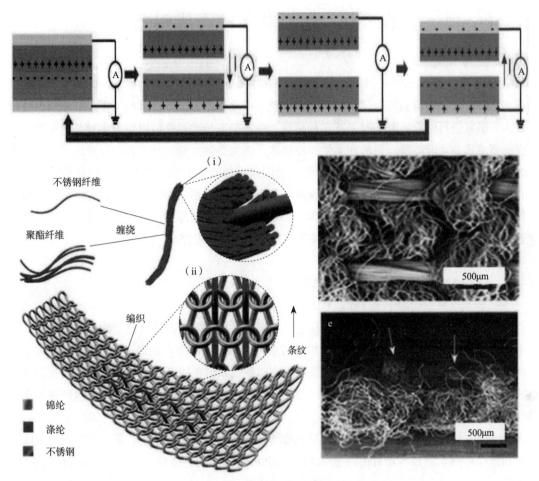

图4-15　纺织基摩擦电式压力传感器

可用于手写数字和数字识别。

透明、可清洗、高度敏感、重量轻且经久耐用是可穿戴式摩擦电的挑战。江洋（Yang Jiang）等提出了一种简单且低成本的方法，用于制造具有透明性、可清洗性和高压敏感性的可拉伸超薄仿皮TENG（SI-TENG），用作类皮肤自供电压力传感器。SI-TENG的总厚度、重量和拉伸性分别约为89μm、0.23g和800%。改性表面聚二甲基硅氧烷（PDMS）薄膜用作带电层，通过电喷涂AgNW与静电纺丝TPU纳米纤维网络交织用作可拉伸电极，在底部具有出色机械和热性能的商用VHB胶带用作结构支撑和保护层。通过将SI-TENG与信号处理电路集成，开发了类皮肤游戏控制器的传感系统，一旦手指轻轻触摸传感器，不同的输出电压就会响应机械处理提供实时压力感应信号，可以在自动控制、人机界面、远程操作和安全系统等多个领域应用。综上所述，纺织基柔性摩擦电式压力传感器主要问题在于开发稳定高性能的TENG，输出信号取决于压力的大小和频率，在电极之间添加接地屏蔽层可显着降低串扰效应。未来的研究方向主要是出色的极性电极和保证传感性能的稳定性。

第四节　纺织基多模态传感器

"模态"（modality）是德国理学家赫尔姆霍茨提出的一种生物学概念，即生物凭借感知器官与经验来接收信息的通道，如人类有视觉、听觉、压力、味觉和嗅觉模态。多模态是指将多种感官进行融合，可同时交互多种感官，而多模态传感器是可以应对多种刺激并做出响应的集成式多功能器件。目前在柔性器件领域，绝大多数性能优化工作仍仅着眼于独立器件的单一指标，比如改善应变传感器的测试范围或灵敏度等。由于织物具有可任意组合、层叠、拼接等特点，使得纺织基传感器组装具有更广阔的思路和理念，其丰富的构型为多模态传感器设计思路提供无限可能。在人体—服装—环境的微循环中，以纺织基多模态压力传感器为代表的纺织基传感器为集成式可穿戴系统提供了新的思路。

一、从纤维到织物的多模态传感器

为了获得更为全面的环境和生理信息，有研究人员从模仿人体皮肤的感知系统着手，将不同功能的器件通过集成的方法制备出能对多种刺激响应的多功能器件。Zhang等提出了一种有效的电容式应变传感器，其元件仅由具有纺织线状形貌的纤维构成，即不需要复杂集成的固体聚合物基体，可直接织入服装、绷带和其他产品的织物中。采用棉纤维包裹银包尼龙纤维，并用聚氨酯固定的方法制备包芯纱，表现出优异的电容线性度，在10000次循环的耐久性测试中具有较高的介电稳定性。其他检测性能与现有传感器一致，但具有较低的极限应变和弹性极限。通过与护膝和手套的结合来展示纺织品的一体化，而不损害舒适性或运动范围。

人体在运动过程中会做出各种幅度的肢体动作，同时也会遭受到外界的冲击力（如拳击、磕碰等）。进一步地，发展一种多应力模式的柔性传感器同时监测人体在运动过程中的动作幅度变化与受到的外力刺激是智能可穿戴技术的发展需求。目前，大多数用于运动监测的新兴电子纺织品只是将单一功能的离散传感器集成组装，以分析人体动作幅度或受到的外力刺激。但这种方式通常会影响在运动过程中传感器对人体同一部位动作幅度与外力刺激的监测精度，且不能同时满足对两种刺激进行大范围的监测。因此，有研究者开始进行"双应力"多模态传感织物研究。例如，通过传统的纺织工艺，分别制备了电阻式拉力应变传感纱线和电容式压力传感织物，然后利用织造与热熔黏合技术将电阻拉力传感器与电容式压力传感器无缝结合成"一体式"的双应力传感阵列（图4-16）。并将其应用于跆拳道选手的动作幅度与受到外界打击力的监测分析，为实现监测运动员运动状态的智能可穿戴设备提供了新思路。

选用高弹性的氨纶为基体，通过包缠纱纺纱策略，制备以氨纶为"芯"、导电股线为"鞘"的"芯鞘结构"电阻式拉力传感纱。该传感纱表现出较大的传感监测范围（可监测的拉伸应变达到80%），较快的响应时间（120ms），可忽略不计的迟滞性（9.7%）和突出的传

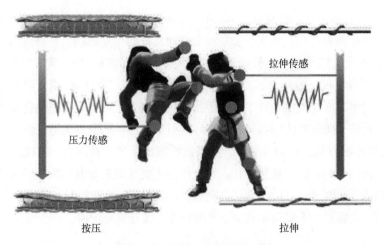

图4-16　双应力多模态传感器

感耐久性（可承受10万次的拉伸—回复循环）。并且通过表面绝缘处理技术解决了由于包缠纱过度加捻而引起的"双解现象"（即传感纱拉伸过程中的非单调传感响应现象），突破了传感纱监测范围的瓶颈；选用镀银导电纱线，将其织造成平纹电极织物，以3D结构的间隔织物为基体，并填充Ecoflex以增强间隔织物的保形性与结构稳定性。另外，通过热熔黏合技术将电极织物与填充了Ecoflex的间隔织物组装构筑了"三明治"稳定结构的柔性电容式压力传感器。该传感器具有较广的压力监测范围（0~110KPa），快速的响应时间（340ms）和恢复时间（275ms），且传感迟滞性可忽略不计（3.4%）；通过机织工艺将上述制备的电阻式拉力传感纱作为一根经纱织进上述电容式压力传感器的电极织物中，将电阻式拉力传感器与电容式压力传感器无缝结合构筑了"一体式"的双应力传感阵列。该传感阵列不仅可以同时对拉力和压力进行监测分析，而且可以对受到的外界压力刺激进行定位追踪，实现了竞技运动员躯体动作变化与受到外界打击力的同步监测。

二、从接触到非接触的多模态传感器

随着对感知方式、感知距离的需求不断提升，非接触式传感织物开始出现。例如，Guang等报告了一种分级多孔的银纳米线—细菌纤维素纤维，可用于敏感监测人手指承受的压力和物体靠近的程度。采用连续湿法纺丝工艺，以20m/min的速度制备了直径为53μm、电导率为1.3×10^4S/cm、抗拉强度为198MPa、断裂伸长率为3.0%的导电纤维。将纤维与10μm厚的聚二甲基硅氧烷介电弹性体同轴包覆，形成比人头发更细的纤维传感元件。其中两根传感器光纤对角铺设，测量了导电芯之间的电容随压力和距离的变化。在非接触模式下，传感器对距离高达30cm的物体高度敏感。同时，该纤维可以很容易地缝合成服装，作为舒适、时尚的传感器来检测心跳和声脉冲。一个光纤传感器阵列能够充当非触模式的钢琴弹奏音乐，准确判断物体的接近程度。可以实现压力和非压力信号的实时综合监测。

除纤维外，还可直接利用具有特殊结构的织物，如间隔织物。例如，一种新型的炭黑/

PU涂层复合间隔织物的压力传感器，其具有可伸展的非接触/压力双模态的功能。该纯纺织基柔性可穿戴传感器具有高灵敏度、长期稳定性和良好的可穿戴性，并且可用于人类运动监测。如图4-17所示，该传感器由性价比较高的商业用3D间隔织物介质层和炭黑/PU涂层织物制造而成，可以实现压力和非压力信号的实时综合监测。非接触/压力双模态三维间隔织物基传感器不仅可以在非接触模式下跟踪手指的接近位置，而且可以提供优越的压力灵敏度（0.33kPa^{-1}）。此外，研制的传感器显示出很好的可穿戴性（如良好的透气性、透湿性和机械洗涤性）。将该传感器集成到训练服中，可精确监测出拳速度和压力，实现柔性可穿戴服装上压力和无压力信号的连续智能数字化。该工作作为人类实战运动及周围微环境的实时监测提供了一种很有前景的策略。另外，根据传感器优秀的非接触性能制备了一个非接触"微雷达"预警系统，在保护个人安全和减少交叉感染方面具有重要价值。

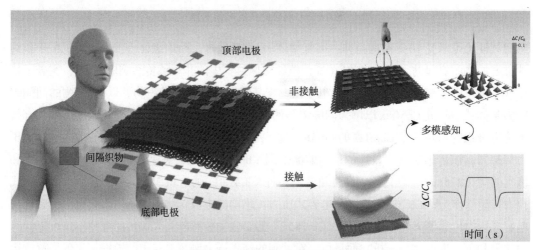

图4-17　非接触式多模态传感器

第五节　纺织基温/湿度传感器

体温、皮肤湿度和呼出的空气湿度是人体主要的生命体征，可以为医学诊断提供重要的个人健康信息。具有温/湿度传感功能的电子纺织品可以准确、实时地检测人体温/湿度变化，在可穿戴电子产品和智能机器人领域受到广泛关注。此外，温/湿度传感纤维可以通过针织、机织、编织、刺绣等工艺无缝嵌入服装，为医疗体征监测、运动和身体运动跟踪以及其他需要长期使用的可穿戴应用提供非侵入式且美观舒适的实时监测方法。

一、温度传感器

体温作为健康状况的重要指标，反映了动态复杂的生理状况，如发热、寒冷、血流量过低、肌肉疲劳等身体异常状况。准确、实时地检测人体体温变化，对于了解人体热稳态及健康状况、进一步构建智能医疗系统至关重要。众所周知，人体体温变化是对新型冠状病毒感染（COVID-19）的第一个医学诊断评估。通过分析体温的细微变化，也可以观察到一些与情绪有关的身体感觉。因此，实时检测人体体温，监测外界环境温度变化，建立智能医疗系统，为人类创造舒适的生活条件显得尤为重要。

目前，人们广泛使用传统的水银温度计和红外温度计来检测人体温度。水银温度计可以根据热胀冷缩的原理准确地测量人体温度，但所需时间长，表面的玻璃也容易被打破，对环境和用户构成潜在危害。红外体温计是一种范围广、反应快、灵敏度高的体温计，它可以通过人体发出的热辐射来推断温度，但易受人体辐射率的影响，测温精度往往不能满足实际应用。柔性温度传感器具有灵敏度高、精度好、响应快、界面友好等优点，引起了人们的广泛关注。柔性温度传感器柔软舒适，可直接贴附在人体皮肤上，便于连续、长期记录人体温度和外界环境温度。根据导电材料电阻的变化或热电材料表面电荷的变化，柔性温度传感器一般分为热敏传感器、热阻传感器和热电传感器（图4-18）。温度变化可以被精确地捕捉到，这些信息随后被及时传递到人类的神经系统，为感知环境或生理刺激并做出反应提供了一个非常有用的工具。因此，柔性温度传感器在新兴的个人医疗保健、电子皮肤、人工智能和下一代智能机器人领域具有巨大发展潜力。

图4-18 温度传感器的种类

柔性温度传感器的结构一般分为三层，即衬底层、主动传感层和导电电极层。衬底层是表面直接接触层，要求具有柔性和可拉伸性，以适应不均匀表面的变形。主动传感层作为柔性温度传感器的核心部件，可以实现随温度变化的电特性变化。导电电极层是柔性温度传感器的信号传输模块，与外部电路连接，需具有高导电性和良好的延展性。目前，柔性温度传感器具有多种构造材料，如薄膜、橡胶、水凝胶、气凝胶等。然而，这些材料致密紧实、透气性差，长期在人体上使用会引起瘙痒、炎症等不适，极大地限制了其在智能可穿戴设备上的实质性发展。

纤维材料因其质量轻、形状适应性好、透气性好、易加工等特点，在可穿戴传感领域具有广泛的应用前景。通过对纤维进行改性，得到具有良好导电性能的复合材料。然后通过大规模的纺织加工技术将纺织基温度传感器制成纺织品或服装，为大规模生产可穿戴传感器提供了一种可行的方法。李（Lee）等提出了一种利用独立式单还原氧化石墨烯（rGO）纤维开发可穿戴温度传感器的新方法。其是通过湿法纺丝和控制氧化石墨烯还原时间制得。该纤维温度传感器灵敏度高，响应时间快，对温度恢复快，并能在机械变形下保持响应。此外，纤维温度传感器可以轻易地集成到袜子或汗衫等织物中，在运动和各种活动中不受干扰地监测环境温度和皮肤温度。这些结果表明，独立式纤维温度传感器在医疗保健和生物医学监测方面表现出巨大的应用前景。

尼夫斯（Neves）等介绍了一种石墨烯包覆聚丙烯（PP）纺织纤维温度传感器。该纤维温度传感器显示负热电阻（TCR）在30~45℃的范围内具有良好的灵敏度和可靠性，并可在低至1V的电压下工作。石墨剪切剥离试验表明，通过化学气相沉积法在铜表面生长的三层石墨烯（TLG）薄膜具有较好的厚度均匀性以及良好的接触性能。TLG在PP上不仅表现出优异的反应性能，而且具有透明性、机械稳定性和可洗性。温度依赖性拉曼分析表明，温度对聚丙烯的峰值频率和石墨烯的预期效应没有显著影响。

柔性、轻量化的温度传感器可以很容易地集成到织物中，在可穿戴电子平台上具有很大的潜力。Li等提出利用缠绕技术制作缠绕金属纤维，并通过纺织技术织成织物，形成织物温度传感器。相较于纯铂（Pt）纤维，包缠纱的强度和最大应变分别增大了2.69倍和1.82倍，且对温度的响应时间缩短了1/3，证明包缠法对织物温度传感器中的Pt纤维具有有效的保护作用。Chan等提出一种采用纤维布拉格光栅（FBG）传感器，并经纺织加工而成的织物温度传感器。这种基于FBG的准分布式传感系统的灵敏度为（10.61 ± 0.08）pm/C，在各种温度环境下均具有很高的稳定性。在0~50.48m^{-1}的曲率范围内以及与纺织品不同的集成方式下，均没有发生明显的波长偏移。这种新型的织物温度传感器具有高灵敏度、稳定性、实用性以及穿戴舒适性，在可穿戴应用中具有巨大的潜力。

Ding等提出了一种由离散织物温度传感器和弹性织物电路板组成的全织物温度传感器网络。该织物温度传感器是通过将连续的金属纤维集成到织物结构中制成的，具有强灵敏度（0.0039℃$^{-1}$），高精度（误差：± 0.2℃），卓越的分辨率（0.05℃），响应时间短，几乎没有滞后性，远远超过金属涂层薄膜和复合材料。由于全织物温度传感器网络的灵活变形能力，封装的组件可以在40%的应变下保持电气完整性，并在应变为30%的情况下维持至少10000个循环寿命。

迪亚斯（Dias）等展示了一种用感温纱线创造的全织物可穿戴温度记录仪。通过将一个现成的热敏电阻封装到聚合物树脂微支架中，然后将其嵌入纱线的纤维中制备温度传感纱线，具有保形、悬垂、机械弹性、可水洗等特性。当纱线距离被测表面仅0.5mm时，接触误差对纱线的影响为0.24 ± 0.03。

二、湿度传感器

湿度是表示大气或气体中水蒸气含量的一个量，在人类呼吸过程中，水分子会影响口鼻周围的相对湿度。相对湿度的大小直接关系到生命体征，如呼吸骤停和呼吸频率，这意味着湿度传感器在电子纺织品的研究中具有特殊的意义。此外，湿度传感器可以监测人体出汗水平，提供脱水、中暑和自主功能不全等健康状况的信息。通过纺织工艺将传感器与服装整合是创造一种非侵入性的、长期健康监测的有效手段，在生理健康监测、运动健康监测、家庭环境控制、天气观测和医疗保健等领域受到了广泛的关注。

（一）湿敏材料的特性

湿度传感器通常由导电电极和湿度敏感材料构成。其中，湿度敏感材料易受大气中水分子的吸附和解吸，影响其电容值或电阻值，从而产生不同的湿度响应信号。作为一种应用于纺织品的湿敏材料，需要具备以下特性：

（1）柔软性、透气性、柔韧性、舒适性和可拉伸性，能够适应纺织品的变形；

（2）高灵敏度，以减少因材料变形、环境变化引起的测量误差；

（3）易于与纺织品集成。

（二）纺织基湿度传感器的分类

根据纺织基湿度传感器的传感机理，可以将其分为两大类：电阻式（导电性变化对水的响应）和电容式（介电常数变化对水的响应）。

1. 电阻式湿度传感器

由于热能可激活稳定水层中的移动载流子，电阻式湿度传感器一般要考虑温度因素，其电阻值（R_{sensor}）可表示为：

$$R_{sensor}=R_0e^{\alpha(\phi-\phi 0)}-R_te^{\beta(t-t0)} \qquad (4-10)$$

式中：R_0 为起始电阻，α 为湿度常数，R_t 为环境温度为 t 时的电阻，β 为温度常数。

湿度传感器电阻与环境相对湿度（RH）和环境温度（t）之间呈现指数函数关系。

2. 电容式湿度传感器

电容型湿度传感器的电容值（C_{sensor}）计算公式可表示为：

$$C_{sensor}=\frac{\varepsilon_e S}{4\pi kd} \qquad (4-11)$$

式中：S 代表电极面积、d 代表介质厚度、ε_e 代表介质介电常数，k 代表静电力常数。

当 S 和 d 固定时，C_{sensor} 与 ε_e 呈正比。水的介电常数高达 $78.36F/m$，大大强于湿敏材料。当水分子进入介质层时，介质的介电常数增大。因此，湿度传感器的电容值会随着湿度的变化而变化。

（三）湿度传感器的应用

目前，大量研究聚焦于采用悬浮涂层、织造、纺丝等方法，将湿度敏感材料（半导体材料、吸湿聚合物、多孔硅、碳纳米管）及电极材料（碳纳米管、石墨烯、聚苯胺等）附着在纤维、纱线或织物上，制造出基于纺织品的柔性湿度传感器。同时，为了提高传感器的水吸附和解吸能力，对传感器的结构进行了大量的优化研究，如微流控设计、3D多孔纳米通道等。

Ye 等通过轧染工艺，用氧化石墨烯溶液对竹纤维进行功能化处理，开发了一种纤维基电阻式湿度传感器。该湿度传感器表现出良好的湿度传感能力，例如高灵敏度和短响应时间（0.6s内）。此外，外部压力和温度变化对传感器的影响较小（电阻变化率维持在10%以内），而由湿度变化引起的电阻值变化率高达80%。氧化石墨烯改性竹纤维传感器应用于电子纺织品上，实现了对人类呼吸活动、汗液分泌、婴儿尿不湿警报及织物键盘的监测行为。

Zhu 等利用共轭电子供体（D）—受体（A）结构的分子转子和聚合物纤维的分子内运动，开发了一种基于聚集诱导发射（AIE）的智能湿度传感器。在吸附水蒸气后，膨胀的聚合物纤维通过调节分子内运动触发AIE和扭曲分子内电荷转移（TICT）的二元效应，产生不同的荧光颜色来量化和描绘局部湿度的变化。此外，连续化溶液纺丝制备的纳米纤维结构传感器具有良好的机械灵活性、高比表面积和易于扩展的制造性能，对环境湿度具有高灵敏度和快速响应。特别是，可以通过传统纺织技术将传感器光纤组装成分层结构（线圈、网格、织物），以适应不同的配置并集成到柔性设备和人工智能系统中。

萨拉马（Salama）等首次展示了利用朗格缪尔—布洛杰特（Langmuir–Blodgett，LB）技术制备的高选择性金属有机框架（MOF）涂层电容式湿度纺织传感器。含有交叉导电线电极的织物上涂覆的MOF薄膜作为湿度传感器的活性层，表现出优异的热稳定性、高的水吸附能力和水分稳定性。研究结果表明，MOF涂层织物传感器在存在其他挥发性有机化合物（VOCs）的情况下对水有更高的选择性，优于之前报道的其他固态传感器。

Liu等利用具有高比表面积和异形截面的高灵敏纤维制作了纱线型湿度传感器。由于高灵敏纤维表面呈沟槽状，同时具有疏水性，其响应和恢复时间分别仅为3.5s和4s，滞后性很小，远远优于商用聚酰亚胺材料。

从本质上讲，结构合理的功能性纱线是纱线型湿度传感器的极好候选，具有良好的性能和广阔的应用前景，最终为电子织物领域中人体生理信号的无线检测提供了一种简便易行的方法。

尽管这些方法在制造高灵敏、快响应和恢复速度、强稳定性的纺织品湿度传感器方面有重大进展，但仍存在很多挑战需要克服。例如，通过印刷、沉积和涂层制备的电极的耐久性仍然是一个需要解决的问题，被涂导电层表面的损伤也会降低传感器的灵敏度。此外，导电纱线电极制成的传感器的灵敏度很大程度上取决于所编织电极的织物基材的亲水性，这可能会限制这些传感器的应用。

第六节　纺织基化学传感器

除了监测生命体征外，身体相关化学成分的实时、无创测量可为个性化医疗提供重要的附加健康信息，在生命医疗方面同等重要。电化学（生物）传感器和药物传递设备作为工程生物医学的工具，在医疗保健、环境和体育领域的实时应用有显著报道。传统电化学传感器导电电极大多为金、铟锡氧化物、铂和玻璃碳，其主要研究集中在化学惰性、高导电性、表面功能化、生物相容性以及高电压窗口设计。然而，平面结构、固有刚度和刚性限制了电化学传感器在可穿戴电子产品中的应用，导致对软电极设计和材料的大量需求。

基于纺织材料的柔性可穿戴电化学传感器装置，具有成本低、轻质、灵活性、非侵入性和生物相容性等特点，易于通过大规模纺织加工工艺制造并集成在柔性甚至可拉伸的基底上，使传感器能够与非平面人体皮肤或器官亲密接触。无论是外部（人类皮肤）还是内部（软组织），纺织基电化学传感装置都能够直接连接到系统上操作，以确保准确可靠的生理参数原位测量和实时的生物标记物含量测定。

电化学传感器一般由工作电极、参比电极和对电极三种电极组成，其中工作电极决定了电化学传感器的选择性和灵敏度。工作电极能够在其表面传导氧化还原过程，并允许定量筛选各种生物、化学和环境标记物。例如，当工作电极被代谢物特异性反应的催化剂（如酶）功能化时，可以根据特定物的浓度实时反映出电流的变化，如葡萄糖、乳酸、尿素等。另外，当工作电极用离子特异性离子载体修饰时，传感器可用于监测特定的电解质，如钠、钾和钙等。

目前，大量的天然（如棉、丝、羊毛等）及合成（如聚酯、聚酰胺等）纺织材料已被广泛用于开发电化学传感器和生物传感器。纺织材料可以以不同的方式功能化使其具有导电性，比如，将金属或金属合金、碳纳米材料、导电聚合物和层状材料通过机织、刺绣、编织等织造过程集成到纺织品中；或使用合适的技术，如电沉积、浸涂、原位聚合、印刷等，赋予纺织品导电层。下文讨论了最近报道的用于无创和实时监测生物标志物的纺织基可穿戴电化学传感器，包括柔性电化学传感器和可拉伸/自修复电化学装置。

一、柔性电化学传感器

可穿戴汗液传感技术在无创性、连续、分子水平的个性化健康监测方面得到了广泛的关注。然而，要同时捕捉到足够的汗液量，并实现电极与汗液之间的稳定接触，尤其是在出汗相对温和的情况下，仍然具有很大的挑战性。Zhang 等开发了一种可穿戴电化学织物传感器，该传感器将多股棉套和碳纳米管基传感纤维芯的多种传感纱线刺绣到超疏水织物基板上。该装置允许在芯套传感纱之间富集汗水，减少无效扩散，从而显著提高了吸汗效率。因此，只需 $0.5\mu L$ 的汗水就可以实现稳定的电路连接，是迄今为止报道的最低汗水量的 1/20。该装置还保持了高度持久的传感性能，即使在弯曲、扭转和摇动等动态变形过程中也能获得。它可以进一步设计成一个集成的运动衬衫系统，可以实时监测用户在羽毛球等高强度运动状态和走路、进食等相对温和状态下的汗液的多种化学信息（如葡萄糖、Na^+、K^+、pH 等）。

为了呈现高保真的可穿戴生物标志物数据，理解并设计从表皮提取的生物流体到读出单元的信息传递路径是至关重要的。通过检测生物标记物信息传递路径，并识别微流体装置中接近零应变区域，Sam 等设计了一种应变隔离路径，以保持生物标记物数据的保真度，并基于此设计了一种可推广的、一次性的独立式电化学传感系统（FESS）。该系统在实现传感的同时，借助双面附着实现信号的互连。此外，该工作开发了一款 FESS 智能手表，具有汗液采样、电化学传感和数据显示/传输功能，所有这些都在一个自给自足的可穿戴平台中，可用来监测人们在久坐和高强度运动环境下的汗液代谢情况。

Xiao 等提出了一种集成电活性纳米碳微电极的高效多通道微流控电化学传感器，用于敏感和选择性检测不同生物样品中的多种生物标志物。研究结果表明，离子液体辅助湿法纺丝、金属有机骨架的量身定制生长和热解处理可使力学性能良好的全碳超细纤维获得结构和分子工程的优良电化学活性。该纳米炭电极的结构特性、高催化活性和良好的生物相容性为多通道、微流控检测氧化还原活性生物分子提供了机会，包括硫化氢（H_2S）、多巴胺（DA）、尿酸（UA）和抗坏血酸（AA）等。

库马（Kumar）等研制了一种由 $NiMoO_4$ 纳米粒子修饰的碳质纳米纤维膜（CNF），用于葡萄糖传感分析。聚合物纳米纤维膜通过炭化过程提高其导电性，加快了其在电化学传感器中的应用。CNFs中存在的空腔加速了葡萄糖的快速扩散，并使分析物的利用效率最大化。将$NiMoO_4$的催化活性位点均匀植入CNFs上，进一步加速了葡萄糖传感动力学。在双金属活性位点、多孔结构和导电碳网络的协同作用下，$NiMoO_4$/CNF对葡萄糖传感的灵敏度为301.77μA／（mM·cm²），检出限为50nM[❶]，线性范围为0.0004~4.5mM[❷]。此外，$NiMoO_4$/CNF的传感性能可靠、可重复、电化学稳定性好，对葡萄糖检测具有较高的特异性和真实样品的适用性。

具有超薄二维结构（MXenes）的同轴光纤在生物医学领域具有广阔的应用前景。Han等通过静电纺丝$FeWO_4$双金属纳米纤维，然后在分层单层$Ti_3C_2T_x$MXenes上进行表面标记，合成了MXenes-$FeWO_4$异质结构的三元结构。研究结果表明，与其他各类电极相比，该材料在过电位和阳极峰强度方面具有优越的性能。对所制备的MXenes-$FeWO_4$纳米复合材料进行了体积检测，其最低检出限为0.42nM，线性范围为4~147nM，灵敏度为0.3799μA／（nM·cm²）。电化学表征表明，MXenes-$FeWO_4$纳米复合材料具有良好的稳定性和持久的抗干扰能力。此外，MXene-$FeWO_4$-GCE纳米复合材料应用于人类血清、橙汁和红茶样品的芦丁（RT）检测时，具有满意的回收率。所研制的传感器表现出良好的RT选择性和抗干扰能力。因此，本研究为混合复合网络的设计提供了基础，从而为高性能电化学传感器在生物医学和临床领域的发展开辟了的途径。

Cheng等首次利用单壁碳纳米管（SWNTs）和Nafion膜修饰碳纤维微盘电极（CFMDE，直径为5~7μm）的表面，制备了一种新型的一氧化氮电化学微传感器。单壁碳纳米管的改性大大提高了CFMDEs的灵敏度，对NO的检出限为4.3nM，比未掺杂SWNTs的电极低了近10倍，也低于此前报道的大多数NO电化学传感器。Nafion膜对亚硝酸盐和抗坏血酸等干扰物具有良好的屏障作用，同时对NO的反应速率保持不变。该传感器已成功应用于测量人脐静脉内皮细胞（HUVECs）的NO释放。

二、可拉伸/自修复电化学传感器

设计一种可连续监测汗水中的葡萄糖水平的纤维基无创可穿戴电化学传感器，是个人糖尿病管理的理想智能织物。实现这一目标的关键是构建具有高拉伸性能和优异电化学性能的纤维。Hu等研制了一种基于纤维材料的高拉伸Ni-Co金属有机骨架/Ag/还原氧化石墨烯/聚氨酯（Ni-CoMOF/Ag/rGO/PU）可穿戴电化学传感器，用于连续监测汗液中的葡萄糖水平，表现出较高的灵敏度和准确性。采用改进的湿纺工艺制备rGO/PU纤维，并在其表面涂覆Ni-CoMOF纳米片，制备Ni-CoMOF/Ag/rGO/PU（NCGP）纤维电极。Ni-CoMOF具有较大的比表面积和较高的催化活性，使光纤传感器具有良好的电化学性能，灵敏度为425.9μA／

---

❶ "nM"即nmol/L，1mol/L=10⁹nmol/L。

❷ "mM"即mmol/L，1mol/L=10³mmol/L。

（mM·cm²），线性范围为10μM[●]~0.66mM此外，NCGP纤维电极在机械变形下也表现出极高的拉伸和弯曲稳定性。将NCGP纤维三电极系统与吸水性织物缝合，固定在可伸缩的聚二甲基硅氧烷薄膜基板上，形成非酶性汗液葡萄糖可穿戴传感器，实现了人体汗液中葡萄糖的实时高精度监测。

鼻通气管是许多海洋软体动物的一种柔软和可伸缩的生物化学感觉器官，在远场/近场化学探测和分子源定位方面表现出可调的化学感觉能力。Zhang等受解剖单元（折叠感觉上皮）和鼻支架功能的启发，引入了一种可伸缩的电化学传感器。该传感器基于弹性纤维上的金纳米膜的折叠/展开调节，对葡萄糖提供可编程的电催化性能。并利用几何设计原理和共价键合策略实现了该可伸缩仿生传感器良好的力学性能和导电稳定性。电化学测试表明，所制备的仿生传感器的灵敏度与应变状态在0~150%呈线性关系。仿生传感器可通过调节张力来测试仿生感应功能，例如，在8~206μM低葡萄糖浓度时，150%应变下的传感器远场化学检测的灵敏度达到195.4μA/mM；在10~100mM的高浓度范围内，0%应变下的近场化学检测灵敏度为14.2μA/mM。此外，仿生传感器在进行检测的同时，延长其长度可以大大增强响应信号，用于区分分子源方向。

汗液pH是与代谢和内稳态水平相关的一个重要健康指标。因此，越来越多的研究致力于开发可穿戴pH传感器，以便在室外环境中对汗水pH进行连续无创监测。Cheng等报道了一种基于弹性体黏结金纳米线涂层技术的可伸缩金纤维基电化学pH传感器。密封金膜具有优异的应变不敏感导电性、高拉伸性和较大的电化学活性表面（EASA）。通过在金纤维上电沉积聚苯胺（PANI）和Ag/AgCl，研究人员可以在离子选择电极设计的开路电位基础上选择性地检测pH。所制备的纤维基pH传感器具有高灵敏度（60.6mV/pH）、高选择性和高拉伸性（应变可达100%）。此外，纤维基传感器可以被织成纺织品，在日常服装中实现个人健康监测。

由于糖尿病患者的临床需求尚未得到满足，用于监测血汗中葡萄糖等生化生命体征的基于酶的无创可穿戴电化学传感器的研究逐渐受到关注。Cheng等设计了一种具有高导电性、易于酶固定化和应变不敏感特性的基于弹性金纤维的高拉伸纤维。金纤维可以用普鲁士蓝和葡萄糖氧化酶功能化得到工作电极，并用Ag/AgCl修饰作为参比电极，未改性的金纤维可作为对电极。该传感器的线性范围为0~500μM，灵敏度为11.7μA/（mM·cm²）。此外，它在200%的应变下仍保持传感能力，表明其具有在可穿戴人体汗液生化诊断中的实际应用潜力。

本章小结

纺织基柔性力学传感器因其结构可变化性、组合可设计性等特点在智能可穿戴领域具有很大的应用潜力，高导电性、高弹性及回复性、高灵敏性和耐久性是纺织基柔性力学传感器

---

❶　"μM"即μmol/L，1mol/L=10⁶μmol/L。

的重要指标。导电纤维是智能可穿戴设备的基础关键材料，既要在传感器中体现出灵敏的应变响应特性，又要在导电线路中保持电阻一致以保证信号传输的稳定性。导电织物的高弹性及回复性是传感器耐久性的重要指标，高弹纤维的成型及纺织结构的优化设计是关键。高灵敏性主要通过纤维、织物的结构设计进一步提高，非对称结构纤维、多层异形结构织物、多模态传感模块的复合等方式是高性能纺织基传感器的研究方向。

参考文献

［1］金凡，吕大伍，张天成，等. 基于微结构的柔性压力传感器设计、制备及性能［J］. 复合材料学报，2021 (38): 3133-3150.

［2］SHI J, LIU S, ZHANG L, et al. Smart textile-integrated microelectronic systems for wearable applications［J］. Advanced Materials, 2020(32): 1901958.

［3］于伟东. 纺织材料［M］. 2版. 北京：中国纺织出版社，2018.

［4］SUN F, TIAN M, SUN X, et al. Stretchable conductive fibers of ultrahigh tensile strain and stable conductance enabled by a worm-shaped graphene microlayer［J］. Nano Letters, 2019 (19): 6592-6599.

［5］SOURI H, BANERJEE H, JUSUFI A, et al. Wearable and stretchable strain sensors: Materials, sensing mechanisms, and applications［J］. Advanced Intelligent Systems, 2020 (2): 2000039.

［6］洪慧慧，叶勇，封明亮. 传感器技术及应用［M］. 重庆：重庆大学出版社，2021.

［7］LIU X, MIAO J, FAN Q, et al. Recent progress on smart fiber and textile based wearable strain sensors: Materials, fabrications and applications［J］. Advanced Fiber Materials, 2022 (4): 361-389.

［8］李荣军. 柔性可拉伸传感器的研究［D］. 北京：北京化工大学，2020.

［9］田明伟，李增庆，卢韵静，等. 纺织基柔性力学传感器研究进展［J］. 纺织学报，2018 (39): 170-176.

［10］GAO J, WANG X, ZHAI W, et al. Ultrastretchable multilayered fiber with a hollow-monolith structure for high-performance strain sensor［J］. ACS Appl Mater Interfaces, 2018 (10): 34592-34603.

［11］TANG Z, JIA S, WANG F, et al. Highly stretchable core-sheath fibers via wet-spinning for wearable strain sensors［J］. ACS Appl Mater Interfaces, 2018 (10): 6624-6635.

［12］DINH T, PHAN H-P, NGUYEN T-K, et al. Environment-friendly carbon nanotube based flexible electronics for noninvasive and wearable healthcare［J］. Journal of Materials Chemistry C, 2016 (4): 10061-10068.

［13］WANG X, QIU Y, CAO W, et al. Highly stretchable and conductive core-sheath chemical vapor deposition graphene fibers and their applications in safe strain sensors［J］. Chemistry of Materials, 2015 (27): 6969-6975.

［14］WANG L, TIAN M, QI X, et al. Customizable textile sensors based on helical core-spun yarns for seamless smart garments［J］. Langmuir, 2021 (37): 3122-3129.

［15］CHENG Y, WANG R, SUN J, et al. A stretchable and highly sensitive graphene-based fiber for sensing tensile strain, bending, and torsion［J］. Advanced Materials, 2015 (27): 7365-7371.

［16］YANG S, LI C, CHEN X, et al. Facile fabrication of high-performance pen ink-decorated textile strain sensors for human motion detection［J］. ACS Appl Mater Interfaces, 2020 (12): 19874-19881.

［17］XIE X, HUANG H, ZHU J, et al. A spirally layered carbon nanotube-graphene/polyurethane composite yarn for highly sensitive and stretchable strain sensor［J］. Composites Part A: Applied Science and Manufacturing, 2020 (135): 105932.

［18］SADI M S, YANG M Y, LUO L, et al. Direct screen printing of single-faced conductive cotton fabrics for strain sensing, electrical heating and color changing［J］. Cellulose, 2019 (26): 6179-6188.

［19］NAG A, MUKHOPADHYAY S C, KOSEL J. Wearable flexible sensors: A review［J］. Ieee Sensors Journal, 2017 (17): 3949-3960.

［20］WAN Y, WANG Y, GUO C F. Recent progresses on flexible tactile sensors［J］. Materials Today Physics, 2017 (1): 61-73.

［21］HAN S T, PENG H, SUN Q, et al. An overview of the development of flexible sensors［J］. Advanced Materials, 2017 (29): 1700375.

［22］RIM Y S, BAE S H, CHEN H, et al. Recent progress in materials and devices toward printable and flexible sensors［J］. Advanced Materials, 2016 (28): 4415-4440.

［23］LIPOMI D J, VOSGUERITCHIAN M, TEE B C, et al. Skin-like pressure and strain sensors based on transparent elastic films of carbon nanotubes［J］. Nat Nanotechnol, 2011(6): 788-792.

［24］ISLAM G M N, ALI A, COLLIE S. Textile sensors for wearable applications: A comprehensive review［J］. Cellulose, 2020 (27): 6103-6131.

［25］XIONG J, CHEN J, LEE P S. Functional fibers and fabrics for soft robotics, wearables, and human-robot interface［J］. Advanced Materials, 2021 (33): e2002640.

［26］TONAZZINI A, MINTCHEV S, SCHUBERT B, et al. Variable stiffness fiber with self-healing capability［J］. Advanced Materials, 2016 (28): 10142-10148.

［27］WANG W, XIANG C, LIU Q, et al. Natural alginate fiber-based actuator driven by water or moisture for energy harvesting and smart controller applications［J］. Journal of Materials Chemistry A, 2018 (6): 22599-22608.

［28］JIA T, WANG Y, DOU Y, et al. Moisture sensitive smart yarns and textiles from self-balanced silk fiber muscles［J］. Advanced Functional Materials, 2019 (29): 1808241.

［29］YANG Z, PANG Y, HAN X L, et al. Graphene textile strain sensor with negative resistance variation for human motion detection ［J］. Acs Nano, 2018 (12): 9134−9141.

［30］陈慧, 王玺, 丁辛, 李乔. 基于全织物传感网络的温敏服装设计 ［J］. 纺织学报, 2020 (41): 118−119.

［31］PATINO A G, MENON C. Inductive textile sensor design and validation for a wearable monitoring device ［J］. Sensors (Basel), 2021 (21): 225.

［32］CHOI S, YOON K, LEE S, et al. Conductive hierarchical hairy fibers for highly sensitive, stretchable, and water−resistant multimodal gesture−distinguishable sensor, vr applications ［J］. Advanced Functional Materials, 2019 (29): 1905808.

［33］PIZARRO F, VILLAVICENCIO P, YUNGE D, et al. Easy−to−build textile pressure sensor ［J］. Sensors (Basel), 2018 (18): 1990.

［34］DENG J, ZHUANG W, BAO L, et al. A tactile sensing textile with bending−independent pressure perception and spatial acuity ［J］. Carbon, 2019 (149): 63−70.

［35］PYO S, LEE J, KIM W, et al. Multi−layered, hierarchical fabric−based tactile sensors with high sensitivity and linearity in ultrawide pressure range ［J］. Advanced Functional Materials, 2019 (29): 1902484.

［36］LAI C, WU X, HUANG C, et al. Fabrication and performance of full textile−based flexible piezoresistive pressure sensor ［J］. Journal of Materials Science: Materials in Electronics, 2022 (33): 4755−4763.

［37］LIAN Y, YU H, WANG M, et al. Ultrasensitive wearable pressure sensors based on silver nanowire−coated fabrics ［J］. Nanoscale Res Lett, 2020 (15): 70.

［38］HONDA S, ZHU Q, SATOH S, et al. Textile−based flexible tactile force sensor sheet ［J］. Advanced Functional Materials, 2019 (29): 1807957.

［39］ZHOU Z, LI Y, CHENG J, et al. Supersensitive all−fabric pressure sensors using printed textile electrode arrays for human motion monitoring and human−machine interaction ［J］. Journal of Materials Chemistry C, 2018 (6): 13120−13127.

［40］LEE J, KWON H, SEO J, et al. Conductive fiber−based ultrasensitive textile pressure sensor for wearable electronics ［J］. Advanced Materials, 2015 (27): 2433−2439.

［41］YOU X, HE J, NAN N, et al. Stretchable capacitive fabric electronic skin woven by electrospun nanofiber coated yarns for detecting tactile and multimodal mechanical stimuli ［J］. Journal of Materials Chemistry C, 2018 (6): 12981−12991.

［42］ZHANG Q, WANG Y L, XIA Y, et al. Textile−only capacitive sensors for facile fabric integration without compromise of wearability ［J］. Advanced Materials Technologies, 2019 (4): 1900485.

［43］MA Y, OUYANG J, RAZA T, et al. Flexible all−textile dual tactile−tension sensors for monitoring athletic motion during taekwondo ［J］. Nano Energy, 2021, (85): 105941.

［44］ TAKAMATSU S, KOBAYASHI T, SHIBAYAMA N, et al. Symposium on design, test, integration & packaging of MEMS/MOEMS (DTIP)［C］. 2011.

［45］ LIU M-Y, HANG C-Z, ZHAO X-F, et al. Advance on flexible pressure sensors based on metal and carbonaceous nanomaterial［J］. Nano Energy, 2021 (87): 106181.

［46］ SIM H J, CHOI C, LEE C J, et al. Flexible, stretchable and weavable piezoelectric fiber［J］. Advanced Engineering Materials, 2015 (17): 1270-1275.

［47］ LUND A, RUNDQVIST K, NILSSON E, et al. Energy harvesting textiles for a rainy day: Woven piezoelectrics based on melt-spun pvdf microfibres with a conducting core［J］. npj Flexible Electronics, 2018 (2): 9.

［48］ ZHANG Y, LIN Z, HUANG X, et al. A large-area, stretchable, textile-based tactile sensor［J］. Advanced Materials Technologies, 2020 (5): 190106.

［49］ TAO J, BAO R, WANG X, et al. Self-powered tactile sensor array systems based on the triboelectric effect［J］. Advanced Functional Materials, 2018 (29): 1806379.

［50］ HE Q, WU Y, FENG Z, et al. An all-textile triboelectric sensor for wearable teleoperated human-machine interaction［J］. Journal of Materials Chemistry A, 2019 (7): 26804-26811.

［51］ WANG J, HE J, MA L, et al. A humidity-resistant, stretchable and wearable textile-based triboelectric nanogenerator for mechanical energy harvesting and multifunctional self-powered haptic sensing［J］. Chemical Engineering Journal, 2021 (423): 130200.

［52］ DOGANAY D, CICEK M O, DURUKAN M B, et al. Fabric based wearable triboelectric nanogenerators for human machine interface［J］. Nano Energy, 2021 (89): 106412.

［53］ JEON S-B, KIM W-G, PARK S-J, et al. Self-powered wearable touchpad composed of all commercial fabrics utilizing a crossline array of triboelectric generators［J］. Nano Energy, 2019 (65): 103994.

［54］ JIANG Y, DONG K, LI X, et al. Stretchable, washable, and ultrathin triboelectric nanogenerators as skin-like highly sensitive self-powered haptic sensors［J］. Advanced Functional Materials, 2020 (31): 2005584.

［55］ LI T, LUO H, QIN L, et al. Flexible capacitive tactile sensor based on micropatterned dielectric layer［J］. Small, 2016 (12): 5042-5048.

［56］ MA L, YU X, YANG Y, et al. Highly sensitive flexible capacitive pressure sensor with a broad linear response range and finite element analysis of micro-array electrode［J］. Journal of Materiomics, 2020 (6): 321-329.

［57］ LUO J, GAO W, WANG Z L. The triboelectric nanogenerator as an innovative technology toward intelligent sports［J］. Advanced Materials, 2021 (33): e2004178.

［58］ LU P, WANG L, ZHU P, et al. Iontronic pressure sensor with high sensitivity and linear response over a wide pressure range based on soft micropillared electrodes［J］. Science Bulletin, 2021 (66): 1091-1100.

[59] DONG K, WU Z, DENG J, et al. A stretchable yarn embedded triboelectric nanogenerator as electronic skin for biomechanical energy harvesting and multifunctional pressure sensing [J]. Advanced Materials, 2018 (30): e1804944.

[60] JOO Y, YOON J, HA J, et al. Highly sensitive and bendable capacitive pressure sensor and its application to 1 v operation pressure-sensitive transistor [J]. Advanced Electronic Materials, 2017 (3): 1600455.

[61] YE X, SHI B, LI M, et al. All-textile sensors for boxing punch force and velocity detection [J]. Nano Energy, 2022 (97): 107114.

[62] TRUNG T Q, LE H S, DANG T M L, et al. Freestanding, fiber-based, wearable temperature sensor with tunable thermal index for healthcare monitoring [J]. Advanced Healthcare Materials, 2018 (7): 1800074.

[63] RAJAN G, MORGAN J J, MURPHY C, et al. Low operating voltage carbon-graphene hybrid e-textile for temperature sensing [J]. ACS Applied Materials & Interfaces, 2020 (12): 29861-29867.

[64] YANG Q, WANG X, DING X, et al. Fabrication and characterization of wrapped metal yarns-based fabric temperature sensors [J]. Polymers, 2019 (11): 1549.

[65] XIANG Z, WAN L, GONG Z, et al. Multifunctional textile platform for fiber optic wearable temperature-monitoring application [J]. Micromachines, 2019 (10): 806.

[66] LI Q, CHEN H, RAN Z-Y, et al. Full fabric sensing network with large deformation for continuous detection of skin temperature [J]. Smart Materials and Structures, 2018 (27): 105017.

[67] XU L, ZHAI H, CHEN X, et al. Coolmax/graphene-oxide functionalized textile humidity sensor with ultrafast response for human activities monitoring [J]. Chemical Engineering Journal, 2021 (412): 128639.

[68] JIANG Y, CHENG Y, LIU S, et al. Solid-state intramolecular motions in continuous fibers driven by ambient humidity for fluorescent sensors [J]. National Science Review, 2021 (8): nwaa135.

[69] RAUF S, VIJJAPU M T, ANDRéS M A, et al. Highly selective metal-organic framework textile humidity sensor [J]. ACS Applied Materials & Interfaces, 2020 (12): 29999-30006.

[70] MA L, WU R, PATIL A, et al. Full-textile wireless flexible humidity sensor for human physiological monitoring [J]. Advanced Functional Materials, 2019 (29): 1904549.

[71] WANG L, LU J, LI Q, et al. A core-sheath sensing yarn-based electrochemical fabric system for powerful sweat capture and stable sensing [J]. Advanced Functional Materials, 2022: 2200922.

[72] ZHAO Y, WANG B, HOJAIJI H, et al. A wearable freestanding electrochemical sensing system [J]. Science advances, 2020, 6 (12): eaaz0007.

［73］XU Y, HUANG W, ZHANG Y, et al. Electrochemical microfluidic multiplexed bioanalysis by a highly active bottlebrush-like nanocarbon microelectrode ［J］. Analytical Chemistry, 2022 (94): 4463-4473.

［74］RANI S D, RAMACHANDRAN R, SHEET S, et al. Nimoo4 nanoparticles decorated carbon nanofiber membranes for the flexible and high performance glucose sensors ［J］. Sensors and Actuators B: Chemical, 2020 (312): 127886.

［75］RANJITH K S, VILIAN A T E, GHOREISHIAN S M, et al. An ultrasensitive electrochemical sensing platform for rapid detection of rutin with a hybridized 2d-1d mxene-fewo4 nanocomposite ［J］. Sensors and Actuators B: Chemical, 2021 (344): 130202.

［76］DU F, HUANG W, SHI Y, et al. Real-time monitoring of no release from single cells using carbon fiber microdisk electrodes modified with single-walled carbon nanotubes ［J］. Biosensors and Bioelectronics, 2008 (24): 415-421.

［77］SHU Y, SU T, LU Q, et al. Highly stretchable wearable electrochemical sensor based on ni-co mof nanosheet-decorated ag/rgo/pu fiber for continuous sweat glucose detection ［J］. Analytical Chemistry, 2021 (93): 16222-16230.

［78］WANG S, QU C, LIU L, et al. Rhinophore bio-inspired stretchable and programmable electrochemical sensor ［J］. Biosensors and Bioelectronics, 2019 (142): 111519.

［79］WANG R, ZHAI Q, ZHAO Y, et al. Stretchable gold fiber-based wearable electrochemical sensor toward ph monitoring ［J］. Journal of Materials Chemistry B, 2020 (8): 3655-3660.

［80］ZHAO Y, ZHAI Q, DONG D, et al. Highly stretchable and strain-insensitive fiber-based wearable electrochemical biosensor to monitor glucose in the sweat ［J］. Analytical Chemistry, 2019 (91): 6569-6576.

图片来源

［1］图4-12: WANG L, TIAN M, QI X, et al. Customizable textile sensors based on helical core-spun yarns for seamless smart garments ［J］. Langmuir, 2021 (37): 3122-3129.

［2］图4-13: PYO S, LEE J, KIM W, et al. Multi-layered, hierarchical fabric-based tactile sensors with high sensitivity and linearity in ultrawide pressure range ［J］. Advanced Functional Materials, 2019 (29): 1902484.

［3］图4-14: LEE J, KWON H, SEO J, et al. Conductive fiber-based ultrasensitive textile pressure sensor for wearable electronics ［J］. Advanced Materials, 2015 (27): 2433-2439.

［4］图4-15: ZHANG Y, LIN Z, HUANG X, et al. A large-area, stretchable, textile-based tactile sensor ［J］. Advanced Materials Technologies, 2020 (5): 190106.

［5］图4-16: HE Q, WU Y, FENG Z, et al. An all-textile triboelectric sensor for wearable teleoperated human-machine interaction ［J］. Journal of Materials Chemistry A, 2019 (7):

26804-26811.

［6］图4-17: MA Y, OUYANG J, RAZA T, et al. Flexible all-textile dual tactile-tension sensors for monitoring athletic motion during taekwondo［J］. Nano Energy, 2021 (85): 105941.

［7］图4-18: YE X, SHI B, LI M, et al. All-textile sensors for boxing punch force and velocity detection［J］. Nano Energy, 2022 (97): 107114.

第五章　纺织基可穿戴柔性电路

第一节　引言

智能纺织品的电子信息系统一般由传感器、数据处理器、电源和导电连接线路等部分组成。柔性导电连接线路（柔性电路）的作用是将各主要电子元件连接起来，是智能纺织品的重要组成部分。传统的智能纺织品通常由较粗的常规电线将刚性材料或半导体与织物结合，其笨重、易磨损且无法随织物变形等缺点不能满足人们生活多元化的需求。随着柔性可穿戴器件的发展，相应催生了轻便、柔软、能与人体皮肤贴合的柔性连接器件。

柔性电路是构成柔性电子器件的关键组成部分。柔性电路质量轻、柔软性好，具有良好的可弯曲以及可拉伸性能，通常以液态硅胶、聚二甲基硅氧烷等聚合材料为柔性基板，以金属薄膜、石墨烯、导电墨水等导电材料作为导电电路，在可穿戴电子设备、柔性显示器、医疗设备、运动监测、柔性器件、柔性皮肤等方面得到了很好地应用，且各领域对其关注度也越来越高。

柔性电路是将金属纳米颗粒、金属氧化物、导电聚合物等导电材料与柔性衬底（如纸张、塑料、硅胶等）掺杂复合而成的电路，这种柔性电路通常具有较高的弹性和耐磨性，但透气性差；相比之下，以织物为基底的柔性电路具有更为理想的柔性和透气性，几乎可以实现任意角度的弯曲、扭转、拉伸等变形，能够满足日常生活的使用要求。

纺织基柔性电路以织物代替液态硅胶、聚二甲基硅氧烷等柔性材料基板，不但提高了柔性电路的弹性、柔软性、可弯曲性和可拉伸性，还具有织物特有的透气透湿、吸湿排汗、可穿着性等服用性能。

纺织基柔性电路根据制备方法大致可分为两大类。一类是将导电纱线引入机织或针织等织物结构中，在织物基底上形成导电电路，称为导电纱线引入法柔性电路；另一类是通过印刷法或打印法将导电材料或导电油墨印刷在织物上形成导电电路，称为纺织基印刷法柔性电路。本章将分别讨论两种方法制备的织物柔性电路在导电性、可穿戴性、耐用性等方面的优劣，介绍柔性电路制备过程及其存在的问题。同时分析织物柔性电路的应用领域，并展望未来织物柔性电路的发展前景。

第二节　导电纱线柔性电路

导电纱线引入法制备柔性电路是将导电纱线采用机织、针织、刺绣等纺织加工方法，将导电纱线引入织物结构中形成导电线路。这种导电织物质量轻、透气性好，既具备普通织物的舒适性，又兼具优异的导电性，因此采用将导电纱线与传统织造工艺结合的方式形成柔性电路是目前织物电路的主要研究方向之一。

导电纱线引入法的一个重要步骤是找到适宜织造的导电纱线，这些导电纱线应对人体及织物结构无影响，这就对导电纱线提出了更高的要求。在织物中使用标准的导线是纺织电路的早期方法。导线是通过缝制或者刚性材料封装的方式固定在织物表面，这种方式导电性好、工艺简单，但严重降低织物穿戴的舒适性。理想的导电纱线或织物应具有完全可调的导电性能，并在保持这些性能的同时具有可编织、可弯曲和耐磨损等纺织功能性。

导电纱线的选择是影响织物电路性能的重要因素。目前导电纱线引入法采用的导电纱线主要分为以下几种：

（1）导电金属丝。如金、银、铜、镍等，是由金属直接拉伸到较小的横截面形成。金属丝具有优异的导电性，但是抗弯刚度较大，编织困难。

（2）金属化纤维或纱线。主要由电镀、化学沉积、涂覆等方法制得，如镀银纱线、铜离子纤维。此类导电纱线有接近原纱线的优良特性，但在使用过程中存在导电层剥落、镀层氧化等问题，目前这些问题仍是领域内亟待解决的难点。

（3）导电包覆纱。以导电金属丝为芯纱，外层包覆非导电纤维或纱线。此法制得的导电纱线，由于金属丝位于芯部，外部的非导电纤维或纱线可以很好地保护芯部的金属丝，在一定程度上起到降低纱线磨损和绝缘的作用。

（4）导电混纺纱。通过导电纤维和非导电纤维混合纺纱形成导电纱线。混纺导电纱对纺纱工艺要求较高，具有制备困难、纱体内导电纤维分布不匀等问题。

（5）绝缘导电纱。类似于导电包覆纱，是通过在导电纱外层涂敷绝缘聚合物膜得到。对于某些织物结构电路，为了避免使用过程导电纱相互接触短路及保护导电纱线以减小磨损，应采用绝缘导电纱。绝缘导电纱制备的柔性电路还可以节省最终电路封装程序。

一、机织法柔性电路

机织法是通过控制纬纱穿过经纱规律的不同，形成不同的织物组织和结构。机织物因其独特的织造方式，在机织物中引入导电纱线形成导电线路的方式主要有两种。一种是将导电纱和非导电纱交织形成电路，如图5-1所示。研究者Li等采用机织法制备柔性电路，根据LED分布的位置在斜纹织物基底上设计导电线路，该机织物电路板具有多孔、柔性特性，应变可达到30%，可与柔性传感器或刚性电子元件连接（图5-2）。另一种方式是利用一维电子条的概念，以长丝和延伸的形式实现灵活的模块化电路。在机织物织造开、闭口过程中，形成一个类似"口袋"的形状，将制作的电子条沿着纬纱方向引入"口袋"从而形成柔性电路。科莫拉夫（Komolafe）等在"口袋"嵌入了一种柔性电路板，该电路由柔性基板、金属线、电子元件等组成（图5-3）。第一种方式制备的柔性织物电路中，导电纱位于织物表面，在后续使用过程易磨损失效；第二种方式制备的柔性织物电路可以随时拆卸，而且电子条周围纱线可对电路起到一定的保护作用，但是由于电子条具有一定刚性，此法也在一定程度降低了织物舒适性。

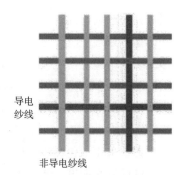

图5-1　机织法将导电纱线引入织物组织示意图

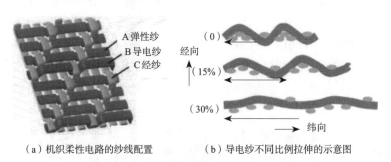

（a）机织柔性电路的纱线配置　　　（b）导电纱不同比例拉伸的示意图

图5-2　采用机织法将导电纱线引入织物

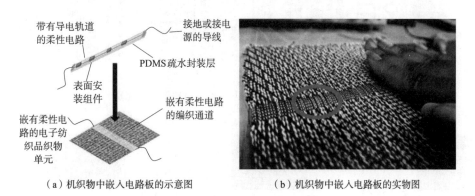

（a）机织物中嵌入电路板的示意图　　　（b）机织物中嵌入电路板的实物图

图5-3　在机织物中嵌入柔性电路板

机织过程中经纱和纬纱都经历了显著的轴向张力，因为张力的存在，从而可以控制纱线轴向曲率，满足更多种类纤维或纱线在机织加工过程中的可编织性。经纬向纱线交错可以形成稳定性织物结构，由此制备的电路可确保电子元件能够与互连线正确对齐。此外，机织结构中三维角联锁结构的导电纱线允许沿着或穿过织物，能更容易地传输信号。

二、针织法柔性电路

针织物具有很高的灵活性和穿戴舒适性，使其在体育、医学和其他领域的可穿戴设备应用上具有较高的发展潜力。针织物柔性电路制备的基本原理是将导电纱线与非导电纱线套圈形成线圈结构，使电流沿着导电纱线形成的线圈横列或纵行传输，如图5-4所示。针织物因其线圈结构而具有结构不稳定性，制备的柔性电路板易被拉伸或扭曲，Lou等为此提供了一种解决方案，采用双包覆纱在带有提花设备的钩针机上设计针织图案，制得的柔性电路较稳定且具有多孔结构，透气性良好，该电路可与传感器等电子元件结合，形成可穿戴的远红外治疗和健康监测电子纺织品（图5-5）。相较于机织

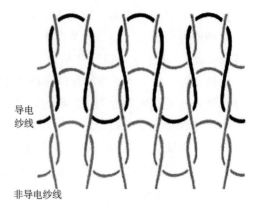

导电纱线

非导电纱线

图5-4　针织法将导电纱线引入织物组织

物，因为复杂的线圈结构，针织柔性电路设计更加困难。在众多柔性电路应用中，如何实现三维可拉伸及稳定的电路对提高柔性电路可穿戴性具有重要意义。Tao等制造了三维可拉伸的针织柔性电路板，并证明了该电路板在多次三维冲头疲劳试验中仍具有较好的导电性（图5-6）。

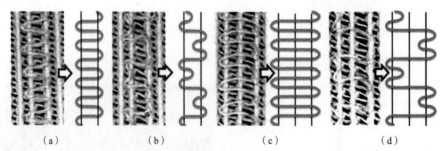

(a)　　　　　　　(b)　　　　　　　(c)　　　　　　　(d)

图5-5　Lou等设计的几种柔性电路的针织图案

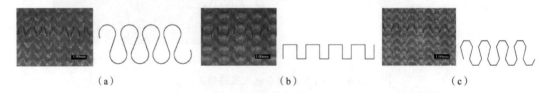

(a)　　　　　　　　　(b)　　　　　　　　　(c)

图5-6　Tao等设计的三维可拉伸针织柔性电路嵌入针织物的图案

　　针织物在智能电子纺织品中常用于柔性连接器件等可穿戴电子器件的开发。对用于人体运动和医疗的智能纺织品而言，为监测到准确的生理信号，需要传感电路与皮肤贴身配置。这就要求设计的织物柔性电路应具有与人体皮肤相当的低模量及优异的弹性。针织法柔性电路具有更优越的弹性，是理想的柔性电路基板，但是针织结构中的导电纱线曲率较大，限制了导电纱线在材料和尺寸方面的选择。如何实现复杂的、灵活的针织柔性电路仍需要进行大量的基础研究工作。

三、刺绣法柔性电路

刺绣是在织物上集成柔性电路的一种更简单的方法。刺绣法将紧密重叠的导电纱线缝合在织物基底上，形成各种导电电路图案。Philip与Levig公司通过将金属丝刺绣在织物上的方法先后开发了音乐夹克、键盘等产品，依靠刺绣在织物上的导电纱线与电子产品的连接，可与外界对话，实现服装的电子化和数字化。该音乐夹克包含了一个简易的网络系统，刺绣在织物上的光纤将随身携带的电子产品连接起来，并且通过刺绣在织物上的软键盘，实现对手机和播放机的控制；在衣领内有一个微型麦克风和一对可随意调节左右声道的立体声耳机，可以与外界对话和收听广播（图5-7）。

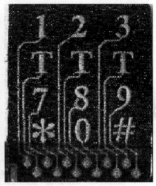

图5-7　音乐夹克

传统手工刺绣费时费力，近年来研究人员开发了电子刺绣工艺，可以通过计算机辅助设计快速精确地实现柔性电路图案。Rehmi等使用刺绣机将导电纱线在柔性基板上的金属化接触区刺绣，以产生导电连接。早期的刺绣电路通常与柔性非织物基板连接，在织物导电区集成各种电子元件。随着智能纺织品的发展，对导电纤维和纱线提出了更高的要求，直接将电子功能赋予纤维或纱线，减少刚性电子元件的使用。近年来，许多研究已经采用物理或化学方法使纱线具有传感性能，将传感性能纱线与导电纱线通过刺绣形成具有传感性能的电路是未来刺绣法制备织物电路的主流方向。

刺绣法通过计算机辅助设计，可直接在织物中形成任意形状的电路，但是导线穿过织物时会发生弯曲，因此要求导电纱线具有较高的强度和弹性，以免织造过程产生断裂。刺绣法制备电路成本较低、工艺简单、灵活度高，更容易实现复杂导电图案。因为刺绣属于织物后加工过程，导电线路可随时除去和修改。但是刺绣在织物表面的导电线路较硬挺，降低了织物整体的延伸性，不适宜贴身织物的电路设计，减小了柔性电路的应用范围。

第三节　纺织基印刷法柔性电路

一、丝网印刷柔性电路

丝网印刷技术是一种应用广泛并且历史悠久的传统实用技术，其最早起源于中国古代。近年来，随着微电子技术的发展，丝网印刷技术又焕发出新的活力，微电子结合丝网印刷技术在导电线路制造等相关领域的发展起着重要的作用。

丝网印刷是通过刮刀对丝网表面的浆料进行移动刮压，使其透过丝网的图案区域渗透到基底材料表面，从而实现图案的印刷。图5-8（a）为自动平面丝网印刷示意图，该印刷机主要由刮板叶片、夹持把、速度压力控制器和溢流板组成。其工作示意图如图5-8（b）所示。印刷前，将基板吸附在印制平台上，用夹持器将丝网网板固定好，开启真空吸附开关；印刷时，调整好刮板的高度和速度，使刮板在运行过程中将印刷材料均匀铺展在整个网板上；调节回墨刀的速度和角度，来回运行回墨刀使印刷材料在一定的压力下压入网板的网孔中，刮去多余材料；压印完成后，丝网在张力下基片分离，最终得到所要印刷的图案。

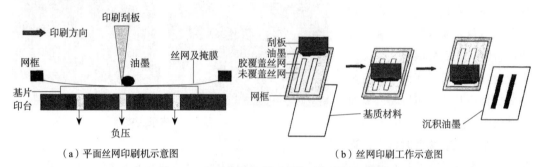

（a）平面丝网印刷机示意图　　　　　　（b）丝网印刷工作示意图

图5-8　平面丝网印刷机及其工作原理示意图

丝网印刷导电线路主要是将树脂、纳米金属等材料均匀地分散到有机或无机溶剂中，通过丝网印刷制成导电线路。目前，国内外许多学者对丝网印刷导电线路进行了研究。苏黎世联邦理工学院、韩国科学技术学院、比利时根特大学、美国加州大学圣地亚哥分校等在多种类型基板上印刷成型了

（a）带内置贴片天线的导电织物　　（b）带压力传感器的导电织物

图5-9　丝网印刷成型的不同形状柔性电路

导电线路。图5-9是不同研究人员采用丝网印刷在织物上印刷的导电线路。

丝网印刷技术制备柔性电路面临诸多挑战，许多研究已经致力于优化丝网印刷制备柔性电路的工艺，以获得导电性能较好的柔性电路。首先，织物表面的粗糙度和孔隙率使均匀导电层的印刷较为复杂，为此李克伟等尝试了一种解决方案，采用PVA改性与PVC改性方式对柔性基底进行改性处理，在柔性基底表面形成一层很薄的改性物质层，然后进行丝网印刷，制备的导电织物方块电阻（简称"方阻"）均小于10Ω。其次，印刷的电路应满足一定的力学性能，大多数的印刷是在低机械应力下进行的，印刷得到的柔性电路在拉伸过程中其电阻会发生变化。对于复杂电路，导线电阻变化将会影响整个电路的正常工作，因此常选用弹性较低的机织

物作为基底；印刷涂层是不透明的，掩盖了织物基底的颜色和图案，急需寻找透明的导电油墨或者通过一定美学设计，以满足柔性电路的实际应用。最后，高温烧结是丝网印刷必不可少的步骤，烧结影响纺织品的性质，导致织物变形、手感硬化和变黄等问题。Wang等开发了一种可以在低温下烧结并具有良好的导电性和黏结强度的导电油墨及加工方法。

　　丝网印刷导电线路可以使用多种类型的油墨，压印力小，可在平面和球面上印刷，实现导电线路的成型。丝网印刷制备导电线路工艺简单，已经用于加工装饰品，但每个印刷电子功能的油墨需要一个单独的丝网，印刷材料成本高、浪费大，限制了大面积柔性电路的制备。且丝网印刷的网格限制了印制电路的宽度，印制后还要烧结处理来增大导电率和致密性，较高的烧结温度会损坏基板材料，影响本身性能。此外，制备的柔性电路板能否抵抗较大应变和机器洗涤的高速旋转，是否适宜大规模生产仍是需要解决的问题。

二、喷墨打印柔性电路

　　喷墨打印法是一种将墨水微滴喷射到基板上形成导电图案的一种快速增材制造柔性电路的方法（图5-10）。这种方法具有非接触、高分辨率、高精度、数字化快速成型的特点。喷墨打印不需要丝网，只需在计算机上图像定义每层织物最终设计，可自由设计导电图案，再通过装置按照预定的轨迹打印出图案。喷墨打印法制备柔性电路在工业上大规模生产是可行的，因而许多国内外学者对此种技术在织物表面打印导电线路方面进行了广泛的研究。喷墨打印电子纺织品已经进入市场，但若想此类产品的商业开发取得更大进展，仍有许多需要解决的难题。

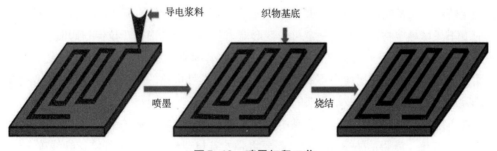

图5-10　喷墨打印工艺

　　喷墨打印面临的首要困难是喷墨墨水和烧结工艺。银粒子是印刷电子产品的首选材料，但分散的银粒子会堵住喷嘴，通过对油墨配方、喷墨印刷工艺进行优化，提高油墨印刷能力；打印后的图案必须经高温烧结以获得导电性，有研究者提出在室温下使用光子烧结或者红外烧结，以减少对织物基底的损伤。此外，喷墨打印沉积的固化导电材料的厚度通常小于1μm，难以在表面较粗糙的织物上打印连续的导电层。常见的纺织品是由弯曲和交织的纱线构成，织物表面纱线具有明显的倾角，为了克服织物的粗糙度和孔隙率，克里克帕耶夫（Krykpayev）等提出了一种解决方法，在喷墨印刷前首先在织物基底打印一个界面层，界面层可以是丝网印刷的聚氨酯基介电层，界面层覆盖织物表面，使其相对光滑,然后再通过喷墨打印集成一个完整的电路。但目前接口层所用的油墨价格昂贵,寻找其他可替代油墨是另一个需要探索的问题。喷墨打印的柔性电路可洗性与涂层和织物之间的附着力有关,需根据所应用领域,选择合适的涂层材料制备可弯曲、适宜洗涤的喷墨打印电路。

第四节　应变不敏感导线结构设计

导电纤维(纱线)作为智能电子纺织品中的重要结构单元,通常以聚氨酯、聚二甲基硅氧烷等弹性聚合材料作为基体,以导电性能良好的金属纳米材料(金属纳米线、金属纳米颗粒等)、碳纳米材料(炭黑、石墨烯、氧化石墨烯、碳纳米管等)、有机导电材料等作为提供导电性的纳米材料,经过纺丝或涂覆加工使导电材料在弹性聚合材料内部或表面形成稳定导电通路(智能导电材料详见第三章)。导电纤维(纱线)根据应用特性需求可分为应变灵敏和应变不敏感导电纤维(纱线)两种类型。

应变灵敏型导电纤维(纱线)具有优异的机械柔韧性、弹性以及导电性,拉伸时,导电网络中导电材料彼此之间接触面积会发生动态变化,导致它们的导电性会随着机械形变发生明显的变化。这种应变敏感的特性使它们成为可穿戴柔性传感器的理想设备,特别是在一些需求应力—应变特性的健康监测传感器领域。但是,如果将应变灵敏导电纤维(纱线)用于一维纤维状电极或电子设备内的互连导线,受到外在形变影响导线的电阻发生变化,电信号不能稳定传输,设备性能可能会严重下降。应变不灵敏导电材料的出现解决了这一问题。

应变不灵敏导电材料是具有稳定可逆变形能力且在一定的形变(拉伸、弯曲、折叠、扭曲或压缩等)条件下仍具有优良导电性能的导电复合材料。因此,在智能电子纺织品开发中,柔性电路的设计应采用应变不敏感导电材料作为柔性电路的导线,可以保证电信号的稳定,排除应变引起的电信号波动带来的影响。

应变不敏感导线在智能电子纺织品中连接各个部件,保障电路的稳定性,使电信号不随材料形变而变化。就目前的研究来看,需要将弹性基材或纺织材料(纤维、纱线等)、导电材料(导电凝胶、导电聚合物、导电纳米材料、离子液体、金属、碳基物质等)等经过合理配置来制备应变不敏感导电材料。此外,应变不敏感导线不仅可以作为电路中各部件之间的连接,还可以与传感器等相结合,使传感器的传感性能更加精准。

一、应变不敏感导线设计

应变不敏感依赖于一定的结构或者材料实现,虽然应变不敏感性能的实现方式不同,但原理类似,那就是保证应变不敏感导电材料中导电通路在形变中保持基本稳定。应变不敏感导线的常用设计方法包括在凝胶内形成稳定的导电路径、制备纤维内螺旋结构导体、使用液态金属作为应变不敏感材料的导电物质等。下面将分别从以上几个角度介绍应变不灵敏导线的不同设计方式。

（一）在凝胶内形成稳定的导电路径

在凝胶聚合物内形成稳定的、保持良好的导电路径是制备应变不敏感导电材料的一种重要方法。李耀勇（Yoo-Yong Lee）等采用导电聚合物聚3,4-乙烯二氧噻吩/聚苯乙烯磺酸（PEDOT∶PSS）作为导电材料与有机凝胶材料结合，制备了柔软、生物相容性好的应变不敏感导体材料。该材料在300%的大拉伸变形下具有良好的导电性，在50%的拉伸范围内具有应变不敏感性，且在1000次的测量循环中电阻保持良好。在凝胶基质内由螺旋的PEDOT∶PSS链形成了一个聚合物传导路径，在大应变下拉伸时，通过延伸PEDOT∶PSS链来维持电路径（图5-11）。

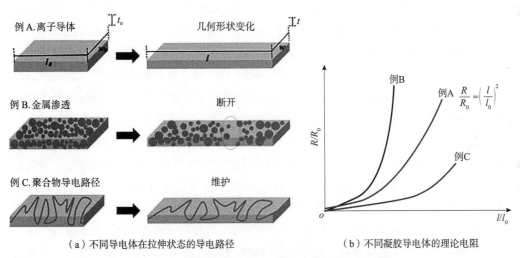

（a）不同导电体在拉伸状态的导电路径　　　　　（b）不同凝胶导电体的理论电阻

图5-11　凝胶基质中的导电路径及其拉伸电阻变化

Ma Xiangyan等基于水性有机硅交联剂，通过聚合物亲水性基团之间的反应制备了交联的聚丙烯酸（PAA）水凝胶，在高导电性、高拉伸性、长时间稳定性和应变不敏感性等方面性能突出。与PEDOT∶PSS/n-PAA水凝胶相比，PEDOT∶PSA/n-PAA水凝胶呈现出更均匀和紧密的折叠纹理。柔性PSA结构和与PAA结构增强了PEDOT∶PSA和PAA链之间的界面相互作用，促进了PEDOT∶PSA链高度分散在PAA水凝胶中，这是增加水凝胶传导的重要因素。此外，在增加PEDOT∶PSA重量比时，大量的PEDOT簇出现并分布在水凝胶中，由于导电组分在水凝胶中有效分散并且与羧基交联更好，PEDOT∶PSA/n-PAA水凝胶在较大的应变下仍然具有导电性。且重复测试可以保持水凝胶内的导电路径网络，前200个循环，导电路径受到拉伸变形的影响；随着疲劳试验次数的增加，电阻几乎不变且稳定。

（二）制备纤维内螺旋结构导体

纤维内螺旋结构是指通过一些方法在纤维内部形成螺旋状的通路，通路内填充导电物质，形成导电路径。内螺旋结构的纤维具有应变不敏感性能的原因和外螺旋结构类似。与外螺旋结构相比，具有内螺旋结构的纤维更有利于织造，可以更好地应用于智能可穿戴纺织品。Zhao等将螺旋铜线放置于模具中，涂覆软弹性体制成高度可拉伸的、可靠的导体复合材料，为可穿戴设备提供机械坚固和应变不敏感的电子导电性。Chen等在螺线铜线表面涂覆PDMS，并在PDMS成型后将螺旋铜线分离出去，使PDMS中形成了螺旋状的通道，通过在PDMS纤维内的螺旋通道中填充导电的离子液体，制备应变不敏感纤维，该纤维具有良好的导电性和防水性；由于离子液体分子模量小，纤维具有持久性和稳定性。朱丽叶S.马里昂（Juliette S Marion）等通过在热拉伸弹性体内注入金属丝形成偏心纤维，通过扭转偏心纤维形成具有内螺旋结构的应变不敏感纤维。

（三）使用液态金属作为导电材料

液态金属在变形过程中还能保持金属的导电性，在水中的溶解度极低，在室温或者接近室温下，液态金属具有流体以及金属的性质，即导电性和可变形性。与汞不同，镓的液态金属毒性低，基本没有蒸汽压，因此被认为是安全的。基于镓的液态金属具有天然表面氧化物皮肤，易氧化，氧化物的存在使得液态金属可以是非球形的，由于氧化物的存在，液态金属可以重新配置形状，而且氧化物对电性能的影响不大，但是会干扰灵敏的电化学测量，改变液态金属的流变特性，黏附在物体表面。液态金属的电学性能与常见的固体导体具有显著的差异，拉伸应变时，其电阻比Pouillet定律预测值小。故而液态金属具有高电阻稳定性。

薛超等在湿法纺丝制备的聚氨酯纤维表面浸涂水性聚氨酯增强液态金属的浸润性，并在预拉伸状态下涂覆液态金属，再用水性聚氨酯将液态金属封装起来，得到的复合导电纤维具有良好的电阻稳定性。Ma等在静电纺弹性纤维垫上涂覆或打印液态金属制成可拉伸导体，液态金属纤维垫具有高渗透性、可拉伸性、导电性和电气稳定性。此外，液态金属纤维垫显示出良好的生物相容性和对超过1800%应变的全方位拉伸的智能适应性。Zheng等通过同轴湿纺工艺连续制造本质上可拉伸、高导电性但电导稳定的液态金属鞘芯微纤维，微纤维可拉伸至1170%，在完全激活导电路径后，由于拉伸诱导的通道打开和从渗流液态金属网络的弯曲蛇形导电路径向外拉伸，实现了非常高的导电率和在200%应变下仅4%的电阻变化。

二、应变不敏感柔性结构设计

在柔性电子器件的设计制备中，为了保证弹性导体在应变下仍具有稳定的电学性能，避免机械拉伸过程中一维导电纤维导电性能的下降对柔性电路传输信号的干扰，除了上述对导电材料本身的结构进行设计，获得应变不敏感导线外，对于刚性导电材料，通过对其弹性基体的结构进行加工，使其形成波浪或网状等结构来保持导电通路稳定畅通，也是一种重要的途径。近年来，各种弹性结构设计，如扭曲、螺旋、褶皱、岛—桥、剪纸等结构设计已经被探索用于一维高机械稳定导电纤维的开发中。导电纤维的高弹性结构设计，利用其结构的变形代替导电材料或导电纤维自身的拉伸，维持了导电纤维在拉伸过程中导电材料间的有效接触，最大限度地减少了纤维导电性能的变化，从而有效保证了弹性导电纤维优异的导电性能以及传输信号的稳定性。

（一）褶皱波浪结构

常见的导电材料本身拉伸性较差，难以直接用于可穿戴电子器件。结构设计是实现高度可拉伸性的重要途径。作为自然界常见的结构之一，褶皱结构具有良好的延展性与可变形性，在柔性可穿戴电子器件领域应用广泛。

一维褶皱波浪形（蛇纹或弹簧状）结构具有高度可拉伸性。当这种弹性结构被拉动时，几何形状释放相应的形变，同时不引起导电材料本身以及搭接处的应力集中。褶皱结构的弹性导体的优势主要表现在以下几个方面：

（1）提高了可拉伸性，这有助于提高各类电子器件在大拉伸形变下保持稳定的电学等本征性能。

（2）产生较大比表面积，这有助于提高智能可穿戴电子器件与生物界面的亲和力与柔顺性，增加器件对皮肤等组织器官的高度适应性。

（3）可获得复杂且可控的表面形貌，这有助于提高应变传感器以及压敏传感器的性能，这种褶皱凸起的形貌，对于微观变化以及受力等可以非常敏感。

（4）提高与其他微纳米材料之间的吸附作用，这有助于提高各类检测器的灵敏度，在电生理学领域应用非常广泛。

褶皱结构的形变能力对导线的可拉伸性起着关键的作用，导电层的厚度以及导电层和弹性层的界面作用对褶皱的形貌、延展性和电学性能的循环特性有显著的影响。预拉伸—释放应变是形成褶皱结构的最常用方法。通过调节预拉伸倍数、预拉伸方向、导电粒子排列与预拉伸方向的关系，可以得到一维、二维、多级褶皱等多种褶皱形貌。褶皱弹性导电结构的理论研究应当更加深入，褶皱结构也可以与其他结构（如螺旋、折叠等）混合使用，来进一步提高电子器件的结构设计水平。低成本、高度可控、含有褶皱结构的智能可穿戴器件的制备方法还有待进一步深入研究。

（二）蛇形结构

蛇形弹性导电结构的设计理念起源于对脆性无机硅材料的可拉伸设计上，其设计制作的具有蛇形网状结构的柔弹性导电元件，使得无机导电材料能够随着弹性基底的延展而伸长变形，但不会发生断裂等破坏。平面设计的刚性导电导体通常与弹性衬底结合或者嵌入，以适应大的机械应变。

蛇形结构的高度可拉伸延展性源自其蜿蜒的"二维弹簧"结构的延伸。这种设计可以将弹性导体中的无机半导体材料在拉伸条件下的应变提升到10%~20%。尽管这些蛇形结构设计赋予了导线高度弹性应变，但是其拉伸性仍然受导电网络与弹性基底之间黏附力的限制。此外，局部应力集中也会导致这种蛇形结构失效，其需要更加均匀的应力分布以提高其弹性。

（三）剪纸结构

除了褶皱、蛇形高弹性导电结构外，剪纸拓扑结构也可以赋予导电材料高度可拉伸性。为了实现剪纸结构，细线切割被引入导电薄膜中，其力学性能可以根据切割模式进行调整。单元切割形状和层次结构是影响其弹性的两大重要参数。薄膜厚度对由平面内变形向平面外变形的转变影响很大，较薄的薄膜更容易弯曲。目前人们使用了不同的技术来创建剪纸Kirigami图案，包括光刻、激光束切割、刀片切割或使用计算机控制的电子切割机。相关有限元研究表明，应力主要集中在Kirigami图案连接处。增加切削长度可以提高材料的拉伸性能，但会削弱材料的强度，降低材料的屈曲载荷。

（四）螺旋结构

如前面所述，基于二维平面内蛇形弹性结构设计的拉伸性，受限于局部应力集中引起的结构破坏以及导体与基底之间的黏附性，最近研究表明，应变分布在三维结构中更加均匀，基于三维线圈弹性导电结构比二维线圈结构具有更加优异的可拉伸性，其大应变取决于线圈形状在缓解最大局部应变的有效性，类似于螺旋弹簧的变形。此螺旋结构是对导电材料的弹性基体的结构设计，属于纤维外螺旋结构。

在拉伸过程中，螺旋结构的纤维或纱线在宏观上发生了形变，但是由于螺旋结构的存在，纤维或纱线自身形变较小，所以螺旋结构的纤维或纱线具有良好的可拉伸性能，并且具有应变时电阻不敏感的能力。因此，构筑螺旋结构是制备应变不敏感纤维或纱线的重要方法。

纤维或纱线的外螺旋结构是指其宏观上在外部呈现类似弹簧状或者"电话线"状的螺旋结构。外螺旋结构按照形成方式大概有以下几种：对纤维纱线或薄膜进行过度加捻或者卷绕、利用模具或者工具塑造螺旋结构、预拉伸处理等。

1. 过度加捻或卷绕

纤维纱线或薄膜过捻，在表面形成大的螺旋环。Shang等将碳纳米管薄膜纺成直纱，再使用电动机过度加捻使其出现螺旋环，得到直—螺旋—直混合导电纱段，具有可拉伸性能。为了控制成圈的位置，在纱线的两侧滴上聚乙烯醇水溶液的小液滴，并在聚乙烯醇的区域生成螺旋圈。一旦在该位置出现螺旋，从该点开始依次形成的后续环，最终形成具有两个直纱端的螺旋段，螺旋段的长度（或环的数量）由纺纱周期决定。华（Hua）等将氧化石墨烯膜旋转成螺旋纤维，然后用氢碘酸还原得到导电的还原氧化石墨烯的螺旋纤维，具有可拉伸性，应变周期内电阻可逆性。在实验中，切割氧化石墨烯膜得到的条带的宽度将决定初生纤维的直径。Liu等将从碳纳米管阵列中抽出的碳纳米管片致密成碳纳米管纤维，在一端连续应用聚乙烯醇液滴进行增强，并进一步旋转碳纳米管聚合物复合纤维制成宏观螺旋结构，具有超拉伸性和稳定性。Gao等将通过静电纺收集在滚筒上的聚氨酯纳米纤维膜切割成条状并安装到电动机上，喷涂碳纳米管/乙醇悬浮液后，将碳纳米管/聚氨酯纳米纤维复合带捻成直纱，进一步复捻成螺旋纱，将碳纳米管通过简单的加捻策略稳定卷绕锁定在纱中，螺旋纱由于碳纳米管在微观层面上的交错导电网络，宏观层面上的螺旋结构，再加上弹性聚氨酯分子的协同作用，具有导电、超拉伸、高拉伸灵敏度等性能，碳纳米管/聚氨酯螺旋纱在900%范围内实现了良好的可回复性，最大伸长率高达1700%。

2. 利用模具或工具塑造螺旋结构

利用具有螺旋状沟槽的模具可以塑造出螺旋结构的纤维，或者将纤维缠绕在杆上定形也可以使纤维具有螺旋状。万（Won）等将聚二甲基硅氧烷（PDMS）前驱液渗入螺杆与吸管之间的间隙，在固化后得到了螺旋状的PDMS基体，然后将铜纳米线网络转移到这个基体上制成了螺旋状导电纤维，该纤维大应变下电阻变化小，具有应变不敏感性能。传统的导电金属氧化物和金属薄膜不适合作为可拉伸器件的电极，因为它们容易受到拉伸应变和弯曲应变的影响，而通过这种方法可以将廉价的金属源用于应变不敏感纤维的制备。吴章勋（Woo Janghoon）等将聚氨酯纤维缠绕在不锈钢螺旋槽模具周围，用银前体处理后，使用还原法在纤维内生成和嵌入银纳米粒子，从模具上松开纤维，并涂覆PDMS，制成螺旋导电纤维，在拉伸下具有显著的电性能，其电滞后和机械滞后可忽略不计，循环稳定性好。

3. 预拉伸处理

将具有弹性的纤维进行预拉伸，与塑性的导电纤维（如金属丝）黏结在一起，然后对预拉伸的弹性纤维进行松弛处理，由于弹性纤维的松弛和导电纤维的塑性变形，形成螺旋结构。Yang等将预拉伸的聚氨酯纤维和铜丝固定在一起，由于预拉伸聚氨酯纤维的应力松弛和铜纤维的塑性变形，形成3D螺旋导电纤维，具有可拉伸性、导电性、可洗性、可焊接性，由于微观上没有应力、没有形变，螺旋纤维拉伸时电阻变化可以忽略。

4. 纺纱方法

与纺纱方法相结合，将导电纤维和弹性纤维合理配置，在弹性纤维变形时，预留出导电纤维的变形的余量，使纺出的纱具有应变不敏感性能。比如，可以利用改性环锭纺纱，以及螺旋结构的原理，纺出应变不敏感纱线。通过改性环锭纺可以将导电纱线螺旋缠绕在以弹性纤维为芯的包芯纱上，在纱线上形成螺旋的导电通路。王（Wang）等通过改性环锭纺纱的方法在芯层为弹性纤维的包芯纱的表面螺旋缠绕不锈钢长丝，制成了含金属丝的螺旋形弹性复合纱，具有良好的拉伸性和物理性能。

（五）镂空网格结构

通过引入镂空网格结构也可以获得具有各种形状开口孔结构的高拉伸性导体。当镂空网格结构被拉伸时，开孔随着条带变形向拉伸方向旋转以适应变形，同时应力在连接顶点处上升。网格结构可以通过许多制造工艺获得，其与织物的编织网状结构有着类似的原理，譬如菱形碳的可拉伸电极，菱形结构的变形适应了应变，从而提高了拉伸性能和更好的机械耐用性。3D打印技术也可以大规模制造具有不同开孔结构的PDMS纳米复合材料，添加石墨烯以调节PDMS的黏弹性，其可以制备出正方形网格、六边形网格和菱形网格的镂空网状弹性导体，其中菱形网格的PDMS最大变形能力可超过400%，同时智能导电材料石墨烯与其复合后可以制备高性能传感器，具有高的应变系数以及宽的工作范围。

在智能可穿戴领域，应变不敏感导电材料是新的发展趋势，应变不敏感导电材料可应用于连接电路，也可应用于传感器等。作为柔性导线，应变不敏感导电材料在未来的智能电子纺织品领域的应用不可或缺，具有广阔的研究前景。

第五节　纺织基柔性电路的应用及发展趋势

一、纺织基柔性电路的应用

织物基柔性电路主要用于连接传感器、发光二极管、织物天线、织物电极等电子元件，通过将电子元器件内置或嵌入基于织物的电子网络中，形成以织物为基底的大面积可穿戴的电子信息系统，并最终用于装饰、运动监测、医疗健康、军事等领域。本结总结了织物基柔性电路各种制备方法的优劣及其应用领域（表5-1）。

表5-1　织物柔性电路制备方法及其应用对比

制备方法	优势	劣势	应用
导电纱线引入法	柔性好，服用性能好	工艺复杂，对导电纱要求高	灯光照明、装饰、连接传感器，用于医疗保健
丝网印刷法	工艺简单、适宜大规模生产	材料浪费严重，高温烧结损坏织物	装饰、照明、数据传输
喷墨打印法	可精确设计电路，工艺简单	喷墨易堵塞，高温烧结损坏织物	装饰、照明、数据传输

传统导电纱线引入法主要用于对电路要求不高的应用领域，如装饰及人体运动监测。常见的传感器电路用于监测人体运动和健康。乔（CHOW）等研究出了一种健身袜子用于运动和健康监测，在袜子基底上将导电纱线电路与织物压阻式传感器相连，导电电路与脚踝处的脚环相连，通过脚环与手机蓝牙相连传输运动信息；电路连接发光二极管以达到照明电路及装饰作用。有服装设计师将LED灯集成到纱线上，再通过刺绣方式将纱线以设计图案集成到节日服装上用于装饰。

喷墨打印和丝网印刷可以实现对电路的精细控制，适于对电路要求高的应用领域。例如，在织物基底上通过丝网印刷技术形成柔性电路，连接织物天线用于数据传输可大幅减轻传统天线设备质量。这种天线设备的开发对于医疗、军队装备及个人识别等领域具有重要意义。

除了将电子元件附加在纤维或纱线上，纺织纤维或纱线本身可以用特殊涂层进行功能化，以制造逻辑电路。有研究证明，将用于开关目的的晶体管直接集成到织物纤维中，简化了电子纺织品的制造过程。

二、纺织基柔性电路的发展趋势

目前，各种制备织物柔性电路板的方法均存在一些问题，但随着可穿戴智能纺织品微型化、智能化的快速发展，织物柔性电路的发展具有光明前景。

　　柔性电路应具有趋同于纺织品的服用性能。电子元件附着在织物上，为传统纺织品开辟了新的特征，但如何保留传统纺织品特性是一个关键问题。在日常使用过程中，弯曲、剪切、透气性和耐洗涤等特性对柔性电路的发展越来越重要。

　　将现代技术集成到服装中需要更为复杂精细的电路设计，以实现一个完整的智能纺织品电子系统，这些电子系统具有各种功能，并均匀分布在整个织物上。随着功能纤维的发展，这些功能纤维可直接整合到柔性电路中，从而实现更为复杂的电路设计。

　　织物柔性电路的理想状态是实现稳定、低功耗的电流传输。未来柔性电路应具有良好整体导电性及机械和环境稳定性的可持续柔性系统，目前相关研究较少，稳定、低功耗电流对柔性电路的可靠性及使用寿命具有重要意义。

本章小结

　　本章介绍的柔性电路指的是柔性导电连接线路，通常用作各种柔性可穿戴应用中的连接器件，解决了刚性电路或手工布线在灵活性、空间节省和应用限制等方面的适用性。现在常用的柔性电路多是无源布线结构，用于互连集成电路、电阻器、电容器等电子元件；而有线结构则是直接用于电子组件之间的互连。柔性电路结构的每个元素都必须能够在产品的整个生命周期内始终如一地满足对其的要求。此外，该材料必须与柔性电路结构的其他元件一起可靠地工作，以确保易于制造和使用可靠性。然而，目前应用较多的柔性电路材料从功能区分包括柔性聚合物薄膜基材、黏合剂和金属箔等导电元件，柔性电路为层压结构，只是比传统的刚性电路更柔更软，并非真正意义上的柔性电路。在智能电子纺织品开发应用中依然受到灵活性和柔性等限制，因此发展智能纺织品与可穿戴技术，柔性电路的进一步深入研究开发也是必不可少的重要环节之一。在柔性纺织结构中赋予纤维/纱线/织物连接导线的功能将是柔性可穿戴领域未来研究的一个重要方向。

参考文献

［1］肖渊，蒋龙，陈兰，等．织物表面导电线路成形方法的研究进展［J］．纺织导报，2015
　　 (8): 92-95.

［2］张岩，裴泽光，陈革．喷气涡流纺金属丝包芯纱的制备及其结构与性能［J］．纺织学报，
　　 2018, 39(5): 25-31.

［3］SEYEDIN S, ZHANG P, NAEBE M, et al. Textile strain sensors: a review of the fabrication
　　 technologies, performance evaluation and applications［J］. Materials Horizons, 2019, 6(2):
　　 219-249.

［4］魏锴，汪韬，王志勇，等．仿生高分子界面涂层增强柔性电路黏附力和抗刮擦性能研究
　　 ［J］．中国科学．化学，2018, 48(9): 1131-1140.

［5］王瑾，缪旭红．基于织物的柔性电路制备方法及应用研究进展［J］．丝绸，2021, 58(3):

36-40.

［6］马飞祥，丁晨，凌忠文，等. 导电织物制备方法及应用研究进展［J］. 材料导报，2020，34(1) 1114-1125.

［7］WU S, LIU P, ZHANG Y, et al. Flexible and conductive nanofiber-structured single yarn sensor for smart wearable devices［J］.Sensors & Actuators: B. Chemical, 2017(252): 679-705.

［8］袁伟，林剑，顾唯兵，等. 基于银纳米线柔性可延展电路的印刷制备［J］. 中国科学. 物理学·力学·天文学，2016，46(4): 104-112.

［9］李克伟，谢森培，李康，等. 织物/纸基柔性印刷电子薄膜导电性能研究［J］. 哈尔滨工业大学学报，2020，52(6): 200-206.

［10］LINA M C, ALISON B F. Smart fabric sensors and e-textile technologies: a review［J］. Smart Materials and Structures, 2014, 23(5): 27-55.

［11］TALHA A, KONY C, ALPERB, et al. Flexible interconnects for electronic textilesflexible interconnects for electronic textiles［J］. Advanced Materials Technologies, 2018, 3(10): 2170-2177.

［12］陈莉，刘皓，周丽. 镀银长丝针织物的结构及其导电发热性能［J］. 纺织学报，2013，34(10): 52-56.

［13］陈硕. 基于导电油墨的纺织物基底标签天线研究［D］. 武汉. 武汉理工大学，2017.

［14］LI QIAO, RAN ZIYUAN, DING XIN, et al. Fabric circuit board connecting to flexible sensors or rigid components for wearable applications［J］. Sensors, 2019, 19(17): 3745.

［15］KOMOLAFE A, TORAH R, WEI Y, et al. Integrating flexible filament circuits for emilextile applications［J］. Advanced Materials Technologies, 2019, 4(7): 1900176.

［16］OJUROYEO O, TORAHRN, KOMOLAFE A O, et al. Embedded capacitive proximity and touch sensing flexible circuit system for electronic textile and wearable systems［J］. IEEE Sensors Journal, 2019, 19(16): 6975-6985.

［17］LOU CW, HE CH, LIN JH. Manufacturing techniques and property evaluations of conductive elastic knits［J］. Journal of Industrial Textiles, 2019, 49(4): 503-533.

［18］LI Q. A stretchable knitted interconnect for three-dimensional curvilinear surfaces［J］. Textile Research Journal, 2011, 81(11): 1171-1182.

［19］刘敏，庄勤亮. 智能柔性传感器的应用及其发展前景［J］. 纺织学报，2009，1: 38-42.

［20］陈兰. 织物表面微滴喷射打印沉积过程研究［D］. 西安：西安工程大学，2016.

［21］LEE Y Y, KANG H Y, GWON S H, et al. A strain-insensitive stretchable electronic conductor: PEDOT: PSS/acrylamide organogels［J］. Advanced Materials, 2016, 28(8): 1636-1643.

［22］MA X Y, CAI W P, ZHANG S, et al. Highly stretchable polymer conductors based on as-prepared PEDOT: PSA/n-PAA hydrogels［J］. New Journal of Chemistry, 2018, 42(1):

692-698.

［23］ ZHAO Y, TAN Y J, YANG W D, et al. Scaling metal-elastomer composites toward stretchable multi-helical conductive paths for robust responsive wearable health devices［J］. Advanced Healthcare Materials, 2021, 10(17).

［24］ CHEN S, LIU H Z, LIU S Q, et al. Transparent and waterproof ionic liquid-based fibers for highly durable multifunctional sensors and strain-insensitive stretchable conductors［J］. Acs Applied Materials & Interfaces, 2018, 10(4): 4305-4314.

［25］ MARION J S, GUPTA N, CHEUNG H, et al. Thermally drawn highly conductive fibers with controlled elasticity［J］. Advanced materials (Deerfield Beach, Fla), 2022: e2201081.

［26］ DICKEY M D. Stretchable and soft electronics using liquid metals［J］. Advanced Materials, 2017, 29(27).

［27］ SANCHEZ-BOTERO L, SHAH D S, KRAMER-BOTTIGLIO R. Are liquid metals bulk conductors［J］. Advanced Materials, n/a(n/a): 2109427.

［28］ 薛超, 杨晓川, 夏旺. 液态金属/聚氨酯复合弹性导电纤维的制备及性［J］. 印染. 2021, 47(12): 13-16.

［29］ MA Z J, HUANG Q Y, XU Q, et al. Permeable superelastic liquid-metal fibre mat enables biocompatible and monolithic stretchable electronics［J］. Nature Materials, 2021, 20(6): 859.

［30］ ZHENG L J, ZHU M M, WU B H, et al. Conductance-stable liquid metal sheath-core microfibers for stretchy smart fabrics and self-powered sensing［J］. Science Advances, 2021, 7(22): abg 4041.

［31］ HUA C F, SHANG Y Y, LI X Y, et al. Helical graphene oxide fibers as a stretchable sensor and an electrocapillary sucker［J］. Nanoscale, 2016, 8(20): 10659-10668.

［32］ LIU X, YANG Q S, LIEW K M, et al. Superstretchability and stability of helical structures of carbon nanotube/polymer composite fibers: Coarse-grained molecular dynamics modeling and simulation［J］. Carbon, 2017, 115: 220-228.

［33］ GAO Y, GUO F Y, CAO P, et al. Winding-locked carbon nanotubes/polymer nanofibers helical yarn for ultrastretchable conductor and strain sensor［J］. Acs Nano, 2020, 14(3): 3442-3450.

［34］ WON Y, KIM A, YANG W, et al. A highly stretchable, helical copper nanowire conductor exhibiting a stretchability of 700%［J］. Npg Asia Materials, 2014, 6: 88.

［35］ WOO J, LEE H, YI C, et al. Ultrastretchable helical conductive fibers using percolated Ag nanoparticle networks encapsulated by elastic polymers with high durability in omnidirectional deformations for wearable electronics［J］. Advanced Functional Materials, 2020, 30(29): 1910026.

［36］ LIANG Q Q, ZHANG D, JI P, et al. High-strength superstretchable helical bacterial cellulose fibers with a "self-Fiber-reinforced structure"［J］. Acs Applied Materials & Interfaces,

2021, 13(1): 1545−1554.

［37］YANG Z H, ZHAI Z R, SONG Z M, et al. Conductive and elastic 3D helical fibers for use in washable and wearable electronics［J］. Advanced Materials, 2020, 32(10).

图片来源

［1］图5-2: LI QIAO, RAN ZIYUAN, DING XIN, et al. Fabric circuit board connecting to flexible sensors or rigid components for wearable applications［J］. Sensors, 2019, 19(17): 3745.

［2］图5-3: OJUROYEO O, TORAHRN, KOMOLAFE A O, et al. Embedded capacitive proximity and touch sensing flexible circuit system for electronic textile and wearable systems ［J］. IEEE Sensors Journal, 2019, 19(16): 6975−6985.

［3］图5-4: 王瑾, 缪旭红. 基于织物的柔性电路制备方法及应用研究进展［J］. 丝绸, 2021, 58(3): 36−40.

［4］图5-5: LOU CW, HE CH, LIN JH. Manufacturing techniques and property evaluations of conductive elastic knits ［J］. Journal of Industrial Textiles, 2019, 49(4): 503−533.

［5］图5-6: LI Q. A stretchable knitted interconnect for three−dimensional curvilinear surfaces ［J］. Textile Research Journal, 2011, 81(11): 1171−1182.

［6］图5-7: 刘敏, 庄勤亮. 智能柔性传感器的应用及其发展前景［J］. 纺织学报, 2009, 1: 38−42.

［7］图5-11: LEE Y Y, KANG H Y, GWON S H, et al. A Strain−insensitive stretchable electronic conductor: PEDOT: PSS/acrylamide organogels［J］. Advanced Materials, 2016, 28(8): 1636−1643.

第六章 纺织基可穿戴能源转换与储能器件

第一节 引言

在我们迈向现代"智能"可穿戴社会过程中，柔性传感器、处理设备及其相关连接装置发挥着重要作用，相关设备的可穿戴化极大地改变了我们的生活方式，其技术广泛应用于包括健康监测、活动跟踪、军事装备和通信信息等领域。与此同时，可穿戴电子产品的快速发展激发了对柔性、可弯曲、高性能、舒适和耐用的储能设备的强烈需求，以有效地为可穿戴电子设备提供动力。柔性能源存储/转换装置是上述功能器件能否持续运转的重要保障。传统的能源转换或存储器件大多为硬质刚性结构，且体型与电容量或功率密度呈正比，虽坚固耐用，但难以满足微型化、便携化、轻量化、柔性化、集成化、连续化及耐水洗耐弯折等的可穿戴器件应用要求。因此，这就迫切需要开发新型能源存储和转换器件，以满足当前和未来可穿戴设备的需求，其中柔性设备能让我们更接近电子智能社会，这种柔性可能是可穿戴式的或者是可植入的，而更先进的便携式电子设备可能会使用人工智能和电子皮肤，它们共同之处在于电源装置是轻巧、灵活、紧凑、结构简单的。

近年来，凭借纺织纤维材料自身优异的柔性和穿戴舒适性，特别是工作过程中纤维基柔性能源装置可以在弯曲、折叠甚至扭转拉伸等复杂变形条件下稳定运行的优势，可穿戴能源纤维基纺织品逐渐成为可穿戴能源技术的重要发展方向，被认为是解决可穿戴器件电能供应问题的完美候选材料之一，其相关研究的深入极大地推动了可穿戴单元的柔性能源转换与储能装置的开发。从有效利用可再生可持续能源及便携式自供电能源等角度来看，选择柔性纺织品作为能源存储或转换的主要载体，不仅可以为微/纳米电子设备提供电能，还可以作为自供电传感器提供交互功能，是应对便携式能源或可穿戴式能源挑战的最有效的方法之一。

在早期阶段，相关产品的开发者们尝试将传统的刚性电子设备直接贴附或缝合于柔性纺织品中，如将电池或电容器直接封装在服装特定"口袋"中，以期实现能源器件的"可穿戴"。但这种"假穿戴式"组合导致服装穿着舒适度降低、器件笨拙，且性能不可靠，限制了可穿戴技术的广泛应用。也有部分研究者为了提高器件的灵活性，将柔性功能组件（如电极、电解质和集流器）集成到柔性塑料薄膜中。这些柔性器件没有或仅具有非常低的拉伸能力，难以满足大拉伸或大变形应用。此外，塑料膜状基底通常不渗透空气和/或水分，造成人体穿着的不舒适性，引入服装面料表面也容易引起扭曲或褶皱。能源器件的这种微型化组装和加工过程可赋予微储能器件实际应用的高能量密度。根据可穿戴能源的设计要求，所制备的设备应在实际应用中显示出理想的稳定性和耐久性。然而，大多数这种"假穿戴式"装备在长时间机械应变甚至数次变形后便会形成多个断裂，最终失去功能。显然，简单地将刚性电子能源器件或其他电子设备与纺织基体组合，无法满足真正的便携式、可持续、一体化柔性可穿戴能源需求。随着当前电子设备的小型化、微型化发展，高效、轻质和超柔性的能源转换与储能器件是未来可穿戴能源的重要发展方向，而如何实现上述器件系统地、自然地集成到纺织品中，则是未来开发纺织基能源装置需要重点解决的关键问题。

众多纺织纤维材料均可用于能源装置加工，例如天然纤维中的纤维素纤维等，合成纤维中的涤纶、锦纶等。然而，并不是所有纤维或纱线均适合作为能源器件加工的柔性基体材料，它们必须具有满足加工或适应运行环境的能力。从纤维本体特性角度分析，纺织基能源材料对纤维性能要求较高，通常需要具有较好的纤维长径比、均匀性、强度和柔韧性、弹性和纤维黏结性。从纤维形貌角度分析，制备能源器件的纺织基材料基本单元可以是短纤维（长度为毫米或英寸级的纤维）或长丝（长度长达数米的纤维）。但针对纺织纤维的可穿戴应用，多需要电活性涂层工艺，因而长丝纤维具有比短纤维更突出的优势。

一般来说，纺织品对微型能源器件/系统的贡献主要体现于两方面：

（1）可以通过在纤维内部或表面建立纳米结构的方式，以实现整体功能改性，从而满足能源器件的基本组装或制备需求。例如，在纤维成型过程中，通过导电共纺丝或皮芯结构设计等系列方法实现新型导电纤维加工。

（2）可以通过后加工的方式，例如印刷、涂层、浸渍等方法，利用交叉的网络结构赋予织物延展性，实现电子功能的大规模扩展。

毫无疑问，智能纺织品的智能化功能实现离不开轻质、高效、柔性、耐使用的能源设备，而这其中纺织基柔性超级电容器和锂离子电池被认为是在不久的将来最有应用前景的可穿戴能源器件。随着可穿戴设备的快速发展，对能够为这些设备提供动力的轻量级和灵活的能源的需求已经大幅增加。通过传统的可充电电池为这些设备供电，极大地降低了设备的使用寿命和可持续运行。因此，能够有效地从环境中获取并存储的能源逐渐引起了人们的关注，包括太阳、运动、风、热电、电化学、摩擦电等。有上述能源转换需求而转换的自供电电子产品和转换设备便是当下研究前沿热点。例如，微/纳米级体系下将机械能转化为电能的压电和摩擦电发电机，可以为微/纳米电子设备提供电力，规避了需要传统的能源装置的充放电过程，实现实时自供电；利用太阳能发电的钙钛矿太阳能电池；利用身体与周围环境之间的温度差异而发电的热电发电机等。除上述储能及自供电能源装置外，纺织基能源装置还包括锂硫电池、锂空气电池、锌空气电池和铝空气电池等，也得到了深入研究与发展。

选择和设计具有柔软性、可成型性、美学多样性、可拉伸性和高机械耐久性的可弯曲基体是制造可穿戴电子产品所面临的一些关键挑战。本章详细阐述了纺织纤维材料在能量转换与储能器件等领域的应用，主要包括纺织基压电能量转换器件、纺织基摩擦电能量转换器件、太阳能光电能量转换器件、纺织基热电储能器件和纺织基电容器储能器件等。介绍了相关上述相关器件材料的基本工作原理、优势与特点，讨论了针对特定功能器件纺织纤维材料的设计原则和要点，分析和概括了近年来能源转换与储能织物的研究进展，总结了柔性储能织物发展道路上面临的挑战及可能的解决方案，对其未来的发展方向进行了展望。

第二节　锂离子电池

一、锂离子电池概述

根据电池循环性能，可将其分为一次电池与二次电池，其中二次电池又称可充电电池。当前已商业化的二次电池主要分为镍镉蓄电池、铅酸蓄电池、镍氢电池和锂离子电池四类，而锂离子电池因具有能量密度高、循环寿命长、充放电速度快等优势，已被广泛应用于便携式智能电子产品、航空航天、新能源电动车等领域。锂电池概念最早由吉尔伯特N.刘易斯（Gilbert N. Lewis）于1912年提出并开展系列研究，直至20世纪70年代，埃克森公司才以TiS_2和金属锂作为电池的正、负极材料成功研制出首个可充放电的二次锂离子电池。但该电池存在充电过程中负极锂沉积不均匀等问题，长时间使用后易引发电池短路、着火甚至爆炸等安全隐患，因此存在一定的循环寿命和使用安全性等问题。

进入20世纪80年代，阿曼德（Armand）率先提出"摇椅式电池"概念，利用嵌锂化合物替换锂离子电池中的负极金属锂，实现了充放电过程中锂离子的可逆嵌入和脱出。很快，古迪纳夫（Goodenough）合成出$LiCoO_2$（钴酸锂）作为锂离子电池的正极（阴极）材料，并证明了该嵌锂化合物在锂离子的嵌入和脱出过程中的巨大意义。20世纪80年代末，亚则米（Yazami）与尤希娜（Yohsino）等又先后以石墨等碳材料优化了锂电池的负极（阳极）材料，为锂离子电池的商业化奠定了重要基础。1991年，索尼公司开发出第一款商业化的新型二次锂离子电池，其中的正极材料为$LiCoO_2$，负极材料为石墨，电解质为与正负极材料具有良好相容性的六氟磷酸锂（$LiPF_6$）+乙烯碳酸酯（EC）+二乙基碳酸酯（DEC）的共混体系，这一创新工作引领锂电池产业进入了发展新纪元。

传统锂电池主要以硬质金属材料制备，在柔性可穿戴应用中饱受困扰。金属集流体弯折后无法恢复，且弯折过程中电极材料易脱落；活性材料之间以及活性材料与集流体之间靠黏结剂黏合，相互之间也易脱落；电池组装过程中会堆叠或卷绕，形变会导致应力集中从而使电池损坏。柔性化是近年来能源器件发展的重要方向，而从能源器件中纤维组织结构角度划分，主要可将当前纺织基能源存储装置划分为两类："一维"纤维或纱线状能源器件和"二维"织物状能源器件（图6-1）。

顾名思义，一维纤维状锂电池

（a）一维纤维状TEESDs　　　　（b）二维织物状TEESDs

■■集流体　■活性物质　■电解质

图6-1　两类纺织基能源存储装置示意图

主要是将电极、集流器、分离组件和电解质等关键部件通过纤维或纱线平行、缠绕或核壳结构的形式集成到同一个一维系统中，其优点是可以直接编织、缝合或刺绣到织物面料中。然而，受制于这种独特的一维线性结构，并需要保证多器件的结构、功能兼容，纤维状锂电池的制备与组装非常具有挑战性。早期主要考虑到金属材料优异的电导率，基于简单的金属电极一维化策略，利用钛、铂等金属纤维直接替代传统金属电极的方法开发相关功能器件。较早地，权（Kwon）等基于螺旋形的镍—锡镀铜线（图6-2）开发了一种柔性同轴线缆状锂离子电池，他们将金属线缠束成空心螺旋阳极，再依次缠绕涤纶（PET）隔膜、铝线集流器、包覆层，并将由正磷酸锂（LiPF$_6$）、碳酸乙烯和碳酸丙烷混合配成的液态电解质注入电极组件中心中空空间完成电池组件的完整搭建（线缆状电池结构如图6-3所示）。但大多数金属线的柔韧性和体积尺寸相比于传统的纺织纱线材料依然存在巨大差距，且金属纤维基锂电池易发生安全问题，一系列缺陷极大限制了它们在智能可穿戴领域的潜在应用。因此，传统纺织用天然（棉、麻）或化学（涤纶、芳纶）纤维基及新型碳基（石墨烯、碳纳米管）一维导电纤维得到了广泛关注。

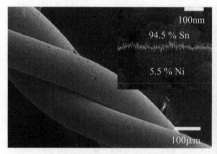

图6-2 用三股镍—锡涂层铜线制备的螺旋阳极SEM图像

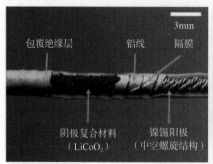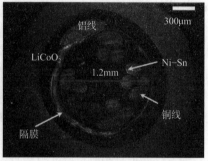

（a）分层组件层的电缆电池的侧视图

（b）外径为1.2mm的空心阳极电缆电池的横截面光学显微镜照片

图6-3 电缆电池的组件

二维织物锂离子电池表现为平面织物结构，主要由织物电极、电解质、分离隔膜组成，其中的织物组织可通过编织、针织、非织造等多种形式制备。与其他储能装置相比，织物形锂电池因经纬交织结构或非织造加固工艺等表现出优异的力学性能，同时凭借其自身优异的灵活性和稳定性，可以直接通过贴合加固或缝纫加工等工艺直接集成到纺织服装中，可有效保证电子服装的穿着舒适性、耐磨性、耐水洗等，解决现有可穿戴电子设备的能源供给问题。二维织物锂离子电池的加工、制备与组装方法相比于纤维态电池较为简单，通常采用溅射、喷涂、印刷等方法将电极材料直接附于织物组织表面，再组装成完整电池。例如，Lee等最早基于商业化的织物材料组装了织物状锂离子电池，他们利用无静电沉积技术制备了Ni涂层聚酯织物，其面电阻低至 $0.35\,\Omega/sq$，进一步将 $LiFePO_4$ 和 $Li_4Ti_5O_{12}$ 黏附于Ni基织物表面充当电池的阴阳极。通过反复弯折、循环稳定性测试等（图6-4），证明了所制备的纺织基锂离子电池具有优异的力学稳定性和运行持久性，电池充放电容量达到了 $13\,mA\cdot h$。

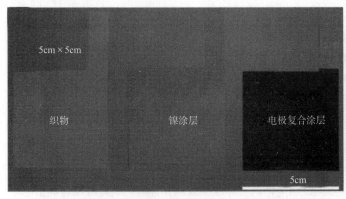

（a）有源电极的制备顺序从左到右：裸聚酯纱基板，采用静电沉积法（EDM），以及电极复合材料保形涂层后的最终电极

（b）镍涂层织物的形貌

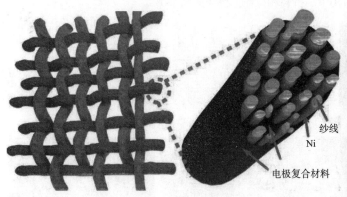

（c）编织电池电极纱线示意图

（d）复合电极织物（左上角）的横断面 SEM图，以及碳、铁和镍的EDS元素图

图6-4　可穿戴纺织电池的电极结构及其增强的折叠容忍性

二、纤维状锂离子电池

为了实现可穿戴式锂离子电池，探索高性能纤维状锂离子电池是最有效的路径之一。由于纤维状锂离子电池的一维线性特殊结构，其电阻会随着纤维器件长度的增加而增大，而高电阻会导致器件运行时产生大量热量，影响器件电化学转化效率。

碳基纤维，例如碳纳米管（CNTs）和石墨烯（GPs）等，具有低密度、高导电率和高力学性能等优势，搭配$LiMn_2O_4$金属氧化物、无机硅等活性材料可制备具有高能量密度、高能量转换速率等优异电化学性能的复合纤维电极，在柔性可穿戴能源器件制备中发挥重要作用。为了满足电子器件柔性基可穿戴应用需求，复旦大学彭慧胜教授于2014年率先报道了一种应变可高达600%的超拉伸锂离子电池。具体方法是首先利用化学气相沉积、溶液涂覆及纤维加捻卷绕等方法制备了两种取向多壁碳纳米管纤维电极（正极$MWCNT/LiMn_2O_4$，负极$Li_4Ti_5O_{12}/MWCNT$），接着将两纤维电极以固定的缠绕角度θ缠绕在弹性基体（聚二甲基硅氧烷，PDMS）上，最后在得到的电极组件上涂上一层凝胶电解质和PDMS膜来密封电池。如图6-5所示，图中（a）（b）为$MWCNT/LiMn_2O_4$和$MWCNT/Li_4Ti_5O_{12}$复合纤维在不同放大倍数下的扫描电镜（SEM）图像；（c）（d）为上述两种复合纤维在拉伸200%后的不同强度下的SEM图像；（e）（f）分别为40cm、3cm的可拉伸纤维形状电池在拉伸200%前后的长度照片；（g）为可拉伸纤维形状电池拉伸200%的照片，（h）为可拉伸纤维形状锂离子电池编织成腕套的照片。纤维中多壁碳纳米管与分散良好的金属氧化物纳米颗粒高度对齐，且纤维电极、弹性基体与凝胶电解质间的这种扭曲结构是纤维电极具有超强拉伸性能的关键。所制备的超拉伸锂离子电池的初始放电容量可达到91.3mA·h/g，系统研究并评价拉伸程度、拉伸次数、充放电循环次数等对电池的充放电性能的影响，发现600%拉伸状态时电池比容量依然可以保持88%以上，而经过数十次的拉伸及充放电循环后，电池比容量值依然稳定。彭教授进一步测试该电池的实际编织或拉伸性能，这种纤维锂离子电池在拉伸200%状态下，依然可以轻易点亮LED灯；受益于纤维良好的拉伸稳定性能，可充分满足纺织加工要求，并适用柔性穿戴应用中的折叠和拉伸，拉伸达到600%。

（a）　　　　　　（b）　　　　　　（c）　　　　　　（d）

（e）　　　　　　（f）　　　　　　（g）　　　　　　（h）

图6-5　可拉伸复合材料电池及具拉伸性能

阿米特·亚达夫（Amit Yadav）等设计和开发了一种基于导电碳纤维（直径8~10μm）的微型同轴锂离子电池。他们首先利用电泳沉积技术将磷酸铁锂沉积在碳纤维表面，再浸渍于环氧树脂（PEO）与三氟甲磺酸锂的乙醇溶液中包覆聚电解质隔膜，最后利用同样的电泳沉积技术依次将钛酸锂、PEO/MWCNT沉积于纤维表面分别作为阳极层与集流器，最终制备的纤维锂离子电池厚度约为22μm。他们发现，由于阴极层和聚电解质的抑制沉积作用，外层高沉积电压方可实现纤维表面阳极层的均匀和平滑分布[图6-6（a）（b）]，最终电池的截面及表面SEM显示所制备的同轴纤维电池各功能层均稳定包覆在一起[图6-6（c）（d）]。该研究团队进一步从纤维弯折状态下的电池工作状态评价了该电池便携式及可穿戴应用可能[图6-6（e）（f）]，发现电池工作状态稳定，仅有纤维机械稳定性引起的电压波动。

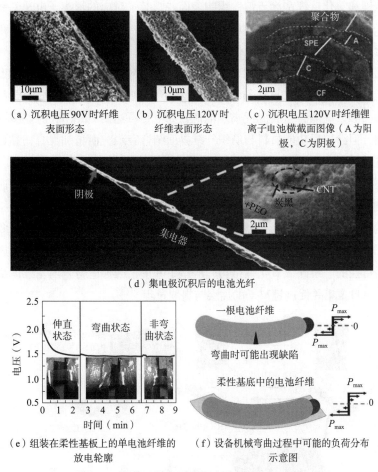

（a）沉积电压90V时纤维表面形态　　（b）沉积电压120V时纤维表面形态　　（c）沉积电压120V时纤维锂离子电池横截面图像（A为阳极，C为阴极）

（d）集电极沉积后的电池光纤

（e）组装在柔性基板上的单电池纤维的放电轮廓　　（f）设备机械弯曲过程中可能的负荷分布示意图

图6-6　两种不同电压涂层电池纤维SEM照片

三、织物状锂离子电池

类似于纤维状锂离子电池，织物状锂离子电池也首先需要考虑活性电极的制备，既要赋予织物材料以电极特性，又要保持纺织材料的固有特性。常用的织物锂电池电极制备方法大致可以概括为以下几方面：

（1）直接将活性材料涂层于纺织纤维表面，例如浸渍法、丝网印刷、刮涂法等；

（2）纺织纤维表面的化学原位生长，例如电沉积、水热反应、原位化学聚合等；

（3）活性材料/纤维聚合物材料的直接纺丝加工。

织物状锂离子电池应用灵活、加工方便，然而其应用推广依然面临巨大挑战，其中受限于有限的人体表面积（<1.5m²），其表面电化学性能是最大挑战。此外，织物的可磨损控制、舒适性、透气性也是当前织物状锂离子电池需要解决的关键问题。

利用简单的涂层工艺将导电及活性材料涂层于织物表面是最经济、最快速的锂离子电池加工方式之一。金俊成（Joo-Seong Kim）等利用刮涂工艺实现了锂离子电池的大面积组装，他们将磷酸铁锂和氧化钛锂刮涂于镀镍织物表面并组装了对应的锂离子电池，其相关产品可直接应用于帐篷、睡袋、窗帘、遮阳伞等户外柔性产品。阿里亚斯（Arias）等则将非织造布纤维膜浸入含钴氧化锂和钛酸锂等活性材料的浸渍液中，可通过纤维毡的毛细管吸附控制及织物表面涂层去除的方法控制活性材料在电极中负载的厚度和面积，涂层厚度约为150μm，阴极和阳极负载量分别为13.2mg/cm²和11.6mg/cm²。利用超薄碳纳米管涂层及多孔聚丙烯分别作为集流器和分离隔膜组装成锂离子电池，面电容可达到1mA·h/cm²。涂层工艺操作简单、灵活方便，但涂层后功能材料与纺织纤维界面结合有限，而添加聚合物黏合剂则势必影响整体储能能力。因此，众多研究者尝试从纤维表面化学原位生长策略出发，研制相关锂离子电池。有研究人员通过低温化学浴沉积将β-FeOOH组装于碳纤维织物表面，而后在空气中退火得到α-Fe₂O₃负载的碳纤维织物（Fe₂O₃@CTs），制备示意图如图6-7所示。基于Fe₂O₃@CTs的锂离子电池具有可控优化的活性材料负载和超薄3D相互连接的多孔结构，这位电池提供了优异的循环稳定性和充放电速率。Xia等采用简单的一步原位水热法在碳纤维织物上生长了可控的三维硅二氧化钛结构，构建了基于二维导电材料的三维体系结构，这种结构可有效减少自聚集并促进锂离子的插层与提取过程。

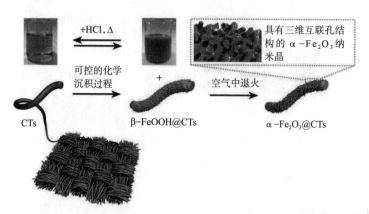

图6-7 柔性碳纤维织物上 α-Fe₂O₃ 纳米晶体可扩展控制组装的可回收工艺示意图

复旦大学彭慧胜与陈培宁教授研究发现，纤维锂离子电池内阻与长度呈双曲余切函数关系，随着长度的增加，内阻先减小后趋于稳定。基于这一发现，他们分别利用PVDF和羧甲基纤维素钠与丁苯橡胶乳液改善正负极活性浆料在纤维表面的负载问题，经过扭曲、封装制备了高强度的纤维电池。其表面活性材料经100000次弯曲后未发生明显剥落或开裂，长度1m的纤维锂电池可表现出85.69W·h/kg高能量密度。进一步地，利用工业剑杆织机将纤维电池编织成柔性纺织品，并与无线充电模块集成，形成柔性智能供电织物电池，其充电电压可达4.4V，并具有极高的耐折叠、耐洗涤和耐穿孔等安全特性。

第三节　柔性超级电容器

超级电容器是目前研究最为广泛的柔性储能器件之一，而柔性超级电容器具有机械柔性好、循环寿命长、重量轻、体积小、材料与器件结构多样化等优势，在可穿戴器件中得到了广泛关注。本章总结了近年来纤维基柔性超级电容器的发展及其在可穿戴场景中的应用，对其基本结构、工作原理进行了详细介绍与讨论，最后对其未来的发展前景进行了展望。

一、超级电容器概述

超级电容器（supercapacitors），又称电化学电容器，是介于普通电容器和电池之间的一种新型绿色储能设备，可广泛应用于便携式穿戴设备、小型电子设备和交通运输装置等，具有超长循环寿命（可达百万次循环）、快速充放电能力及高功率密度等优势特性。但受限于电极性能及电压窗口，超级电容器的能量密度远低于锂离子电池等储能装置，如何提升其能量密度一直是摆在人们面前的巨大挑战。

超级电容器的主要结构类似于锂离子电池，主要由电极、封装材料、隔膜和电解质几部分组成，其中电极、电解质是不可或缺组件，而隔膜可由凝胶电解质替代。电极是超级电容器电荷储存/输送的重要部件，电极材料主要有碳材料、过渡金属氧化物和导电聚合物等，其也是当前限制超级电容器综合性能的主要因素，因此其性能提升对超级电容器的发展至关重要。封装与隔膜材料分别是用于提供外部保护、力学支撑和阻隔电子等作用的组件，是超级电容器的重要组成部件。电解质决定了超级电容器的最大电压窗口，分水系电解质和有机系电解质，其中水系电解质由于较低的水分解电压，其工作电压一般不高于1V；而有机系电解质则不受该限制，最大工作电压可达2.7V。电极材料的性质和微观结构不仅对能量和功率密度至关重要，而且对电化学器件的安全性和循环寿命也至关重要。综合来看，电极性能及电压窗口大小直接决定了超级电容器的综合性能，而正负电极结构与性能、活性材料及电解质的选择与组合才是决定超级电容器的本质因素。

超级电容器工作原理：通过电极/电解质界面的静电电荷积累（双电层电容）和/或电极表面氧化还原分子层（赝电容）来存储能量，借助于储存在超级电容器中的能量可以在短时间内快速释放的特点，其具有较高功率密度。依据上述储能机制的差异，超级电容器主要可分为三类：双电层电容器（electric double layer capacitors）、赝电容器（pseudo capacitors）、混合型电容器（asymmetrics upercapacitors）。双电层电容器工作过程中不涉及任何化学反应，主要是以电极材料与电解质界面间的静电电荷积累产生的静电场来进行能量储存的。当对其进行充电时，由于外加电源的作用电子会由正极转向负极，此时电解液中会形成电场，从而使阴阳离子分别向正负极进行迁移，电解液中的阳离子和阴离子会彻底分离并在相反电极的附近聚集，形成典型的双电层结构，由此得名双电层电容器。赝电容器是依靠电极材料表面或者近表面产生快速的法拉第电荷转移来实现储能过程的，与锂离子电池的工作原理类似。

因其充放电过程为法拉第过程，因此又称为法拉第准电容器。双电层电容器与赝电容器综合对比来看，双电层电容器凭借其物理静电储能特性，具有极高的可逆性，从而赋予其超高的功率密度和循环稳定性；赝电容器的储能过程为化学反应过程，且电极材料不涉及相变发生，由于化学反应中的吉布斯自由能，其具有更高的比电容和能量密度。赝电容器与双电层电容器的工作原理与特点详细对比见表6-1。

表6-1　赝电容器与双电层电容器对比

电容器类型	双电层电容器	赝电容器
工作原理	电极/电解质离子吸附与脱附	电极活性物质可逆氧化还原反应
储能形式	物理静电储能	化学过程
优势特点	超高的功率密度和循环稳定性	高比电容和能量密度

双电层电容器与赝电容器也因具有两个相同的电极又统称对称电容器。为了能结合双电层电容器与赝电容器的优点，人们将具有高功率密度的双电层电容器电极作为一极，同时将具有高能量密度的赝电容器电极作为另一极，从而构成具有高工作电压的混合型超级电容器，进而提升超级电容器的整体性能。混合型超级电容器在运行过程中，两个电极分别提供双电层电容和赝电容以实现大规模储能和快速能量传输，因此会同时产生赝电容和双电层电容两种储能机制，能有效地弥补各自的优缺点且产生协同效应。但是混合型超级电容器的功率密度和循环寿命的提升依然是当前面临的巨大挑战。

二、可穿戴超级电容器性能指标

超级电容器的电化学性能评价指标主要包括比容量、交流阻抗、能量密度、功率密度和循环稳定性等，通常用循环伏安法、恒流充放电及交流阻抗测试表征上述性能。可穿戴超级电容器除上述性能评价外，通常要引入拉伸、弯折、水洗后电化学性能稳定性，甚至对于纤维基超级电容器还有长度比电容和面积比电容等指标评价。

（1）循环伏安法（cycle voltammetry，CV）。该法是以外加电路给工作电极施加一个线性变化的电位信号，通过检测电流中的响应电流从而获取电流—电压关系曲线，可以直观地了解电极材料在电压窗口范围内的电化学行为。

（2）恒电流充放电法。该法是通过对工作电极施加一个恒定的电流，便会得到电位随时间变化的曲线，称为恒电流充放电图，它是一种重要的研究电极电容性及循环稳定性的方法。可以根据恒电流充放电测试结果计算电极材料的比电容，另外，也可以通过数千次甚至上万次的恒流充放电循环来表征工作电极的循环稳定性。

（3）交流阻抗法。该法是一种极其重要的电化学测试技术，可以直观地反映出电极的过程动力学以及界面反应等特性。根据交流阻抗测试所获取的曲线称为Nyquist曲线，其横轴为阻抗的实部 Z'，纵轴为虚部 $-Z''$。理想的超级电容器的 Z'' 与 Z' 的关系曲线是一条垂直线，不存在频率效应。

比电容是表示超级电容器存储电荷能力最重要的参数，其可以利用循环伏安法测试，并根据下面的公式计算得出。

$$C_s = \frac{\int IdV}{2v\pi\Delta V} \text{ 或 } C_s = \frac{I\Delta t}{\pi\Delta V} \tag{6-1}$$

式中：I 为充放电电流（A）；V 为电压（V）；v 为电压扫描速率（V/s）；Δt 为放电时间；ΔV 为扫描点位范围；π 为用来衡量电极材料物理参数，如质量、面积、体积等。

在实际应用评价中，比电容指标包括质量比电容（F/g）、面积比电容（F/cm^2）、体积比电容（F/cm^3）、长度比电容（F/cm）等，如需计算相对应的比电容，则分别用对应的物理参数值进行替换计算即可。

电容器的能量密度和功率密度的计算公式可分别表示为：

$$E = \frac{CV^2}{2} \tag{6-2}$$

$$P_m = \frac{V^2}{4\pi R_{ES}} \tag{6-3}$$

$$P_a = E/t \tag{6-4}$$

式中：E、P_m 和 P_a 分别为超级电容器的能量密度、最大功率密度和平均功率密度；C、V、R_{ES} 和 t 分别为超级电容器的比电容、电势窗口、电极材料等效串联电阻和放电时间。

三、纺织基超级电容器

当前，聚合物塑料、导电纸及碳材料涂层布等多种基体材料均已被用来开发柔性超级电容器，然而这些传统的电极基底材料难以编织成纺织品，故而无法提供足够的灵活性来满足未来柔性可穿戴电子设备的需求。此外，超级电容器主要是通过在正负电极之间添加活性层来实现高电化学性能，而简单的活性层添加并不能有效满足可穿戴中的轻量化、耐摩擦等应用要求。因此，近年来，人们开始基于纺织基电极制备超级电容器。

（一）纺织基电极制备超级电容器的策略

（1）利用导电碳材料的直接纤维化而后浸渍电解液，再加工成电极制备超级电容器。例如，Dalton 等将两根碳纳米管纤维浸渍在 PVA/H$_3$PO$_4$ 电解液中，干燥后将两根纤维相互缠绕并进一步涂层电解液，制备得到具有高比容量、高能量密度和良好循环稳定性的超级电容器。

（2）利用纤维涂层导电材料。例如，通过涂层工艺将各种活性碳材料如碳纳米管和石墨烯涂在 PET 等纤维上作为电极来制造高性能超电容器。

（3）直接碳化电极法。例如，棉或 PAN 等纤维材料的高温碳化法制备电极。

（4）金属材料的纤维化加工等。

但简单的纤维基电极制备依然无法兼顾穿戴能源设备的薄、轻、透明等需求，很多研究者尝试从纤维电极或电容器电极结构调控入手来寻求解决方法。目前一维纤维状超级电容器和二维织物状超级电容器的开发关键均在于如何制造纤维状电极活性材料和设计新颖的器件结构，即保持优良电化学性能的光纤（纤维）形式的储能器件。近年来，人们朝着这一方向做出了相当大的努力。

（二）纤维状超级电容器的组装形式（图6-8）

（1）平行型。两个纤维电极平行并排，电极中间配制隔膜和电解质。

（2）缠绕型。两个纤维电极隔膜和电解质缠绕在一起。

（3）同轴型。核电极被外层电极包裹，它们之间有隔膜和电解质。

（4）连续型。两个电极连续排列，并被电解质以端到端结构覆盖，它们之间有一个分离器。

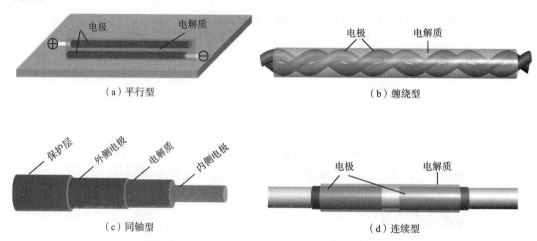

图6-8　不同结构的纤维状超级电容器组装示意图

（三）纤维状超级电容器的优势

（1）纳微纤维型电容器装置可以适应各种变形，保证其在与人体密切接触时可稳定运行。

（2）一维储能装置可编织成具有透气性的可变形纺织品，表现出与可穿戴电子器件相匹配的电化学性能。迄今为止，通常采用碳基材料和过渡金属氧化物，作为活性材料进行超级电容纤维的构建。

（四）纤维状超级电容器

纤维状超级电容器是通过模拟传统平面超级电容器的夹心结构而制备的。以导电纤维作为内电极，并依次涂覆凝胶电解质层并缠绕外电极，上述同轴结构进一步发展为扭曲结构，两个纤维电极分别涂上一层凝胶电解质，缠绕在一起，便得到最简单的纤维形式的超级电容器。缠绕型纤维状超级电容器最早由Bae与王中林院士等于2011年首次提出，基于聚甲基丙烯酸甲酯（PMMA）塑料线和凯夫拉（Kevlar）纤维开发了一款微型超级电容器（图6-9），他们利用水热法将ZnO纳米线阵列沉积于两种纤维表面，将凯夫拉纤维电极缠绕于PMMA电极并浸渍于KNO_3溶液中完成组装，电容器中塑料线的活性区域可达5mm。凭借纤维表面高密度ZnO/电解质界面对离子的有效吸附，在100mV/s的扫描速率下，该器件的线电容和面电容分别为0.01mF/cm和0.21mF/cm²。为了进一步优化电容器的电容量，他们将具有超大赝电容的MnO₂涂层于ZnO/PMMA纤维表面，发现该纤维基电容器的比电容可提升至少20倍，电容量可达到2.4mF/cm²和0.2mF/cm。

利用纤维的缠绕构建纤维电容器方法简单、易操作，因此区别于对称型电容器，通过两种纤维电极的分别制备与缠绕控制，可制备非对称型超级电容器，从而提高器件的工作窗口，提高能量密度。Lu等开发了基于一维核壳纳米线（NW）电极的高性能和柔性固态非对称超级电容器（图6-10），将经氢处理的TiO₂纳米线生长在碳纤维织物表面上作为导电支架

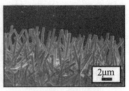

（a）覆盖有氧化锌纳米线阵列的镀金塑料线的低分辨率扫描电镜图像

（b）塑料线的高倍扫描电镜图像，显示纳米线阵列

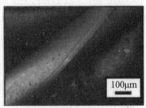

（c）一种基于光纤的超级电容器

（d）由纠缠的凯夫拉纤维和塑料线组成的纤维超电容器的低分辨率扫描电镜图像

图6-9　一款微型超级电容器

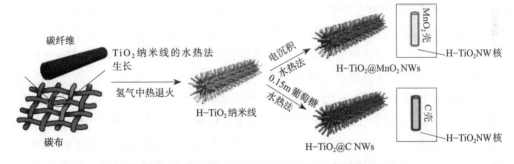

（a）H-TiO₂@MnO₂和H-TiO₂@C核壳NW在碳布基底上生长过程的示意图

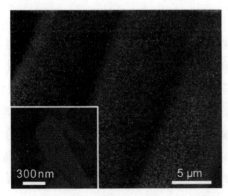
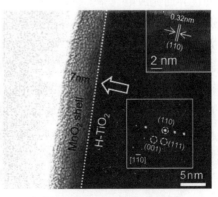

（b）碳布上的H-TiO₂@MnO₂NW的SEM图像

（c）H-TiO₂@MnO₂NW的TEM图像

图6-10　基于一维核壳纳米线电极的非对称超级电容器的制备

核心来支撑具有电化学活性的 MnO_2 和碳壳（ $H-TiO_2@MnO_2$ 和 $H-TiO_2@C$ ）。NW 电极具有优异的比表面积，扩充了离子可达区域并改善了离子运动状态，高导电的 $H-TiO_2$ NW 芯为电荷传输提供了有效的途径，无黏结剂器件制造提供了较低的界面电阻和快速的电化学反应速率。 $H-TiO_2@MnO_2$ 和 $H-TiO_2@C$ 电极的最大质量比电容分别可达 449.6F/g 和 253.4F/g（扫描速率都为 10mV/s）。由这两种电极组成的非对称超级电容器的电压可以扩展到 1.8V，质量比电容和体积能量密度分别可达到 139.6F/g 和为 $0.30mW \cdot h/cm^3$ 。且由于活性材料直接长在碳纤维织物上，因此所得到的电极具有很好的柔性。

Niu 等合成了 $Co_3O_4@MnO_2$ 核壳纳米线基全固态不对称超级电容器，通过水热合成途径将 Co_3O_4 纳米线生长于 Ni 线表面，然后利用高锰酸钾和前驱体在随后的水热反应中进一步沉积 MnO_2 层。将活性炭、氧化石墨烯和聚四氟乙烯混合物沉积在碳纤维上，制备电容器负极。采用 PVA/KOH 作为固态超级电容器器件的凝胶电解质。该纤维状电容器在 $0.1mA/cm^2$ 条件下，表现出出色的高电容能力（ $13.9mF/cm^2$ ），而在高输入电流密度为 $0.6mA/cm^2$ 的情况下，经过 1000 次循环后，依然可以保持 82% 的初始容量。

近年来的研究发现，相分离复合电容器结构中的纳米纤维具有互连的网状结构，有助于产生更高的面电容。因此，众多研究者尝试从纳米纤维纱线技术角度，开发系列纤维状超级电容器。Shao 等以镀镍的棉纤维为芯层，用静电纺丝制备的丙烯腈（PAN）纳米纤维作为皮层包裹芯纤维，原位沉积聚（3,4-乙烯二氧噻吩）：聚（苯磺酸酯）（PEDOT：PSS）得到复合电极，并使用 PVA/H_3PO_4 作为凝胶电解质制备了纤维状电容器。所制备的纤维状电容器重量轻、柔性高、抗弯曲疲劳、可串联或并联连接，适用于各种可穿戴电子产品。其中，纳米纤维包覆结构具有较大的比表面积，可以为电解质渗透和离子转移提供更多的通道，增加复合电极材料的赝电容存储能力。该电容器的体积比电容可达到 $26.88F/cm^3$ （ $0.08A/cm^3$ ），能量密度可达 $9.56mW \cdot h/cm^3$ ，功率密度可达 $830mW/cm^3$ 。Shi 等则提出了一种高效的连续柔性碳纳米纤维纱线批量生产策略，采用静电纺丝技术制备一维 PAN 聚合物纳米纤维束，然后通过热交联和热解处理调控 CNF 的微观结构与功能，获得稳定的 CNF 纱线。进一步组装纤维状超级电容器，具有出色的长度比电容和优异的充放电速率。

（五）织物状超级电容器

泰光允（Tae Gwang Yun）等开发了一种棉织物基超级电容器，具体采用三电极电镀系统，在碳纳米管涂层的棉织物上沉积了聚吡咯包覆的二氧化锰纳米颗粒层制备得到柔性电极，进而与聚氧化乙烯（PEO）基凝胶电解质组装为织物基超级电容器，如图 6-11 所示。聚吡咯薄层通过防止二氧化锰纳米颗粒的分层，大大提高了电化学的可靠性。低模量聚吡咯薄层可充当良好的黏合剂，保持伴随电容器循环充放电时经历体积膨胀/收缩的二氧化锰纳米颗粒的稳定性，进而有效防止了活性材料的分层，从而提高了导电性和储能能力。所制备的电容器比电容达到 461F/g，提升了 38%，循环 10000 次后，剩余比电容可保持在 93.8%。

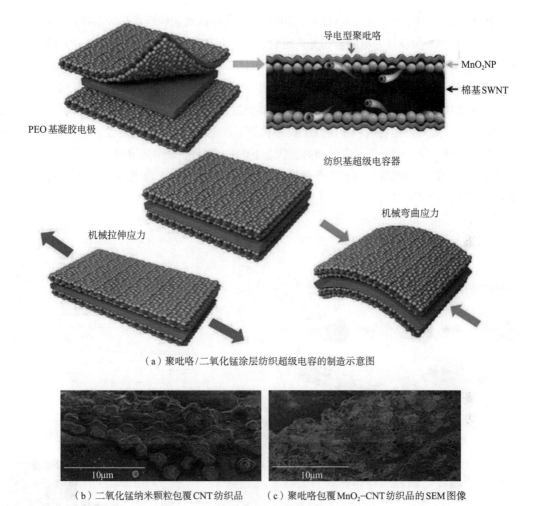

导电型聚吡咯

MnO₂NP

棉基SWNT

PEO基凝胶电极

纺织基超级电容器

机械弯曲应力

机械拉伸应力

（a）聚吡咯/二氧化锰涂层纺织超级电容的制造示意图

10μm

10μm

（b）二氧化锰纳米颗粒包覆CNT纺织品　　（c）聚吡咯包覆MnO₂-CNT纺织品的SEM图像

图6-11　棉织物基超级电容器的制备

四、多功能超级电容器

相比于锂电池等储能器件，超级电容器结构简单，非常有潜力作为一个基体平台系统，将多功能材料或智能模块引入纤维电极中已完成功能化或智能化设计，从而表现出更出色的环境适应性，形成功能超级电容器纤维。

可穿戴电子产品的灵活性、延展性和轻量性特点确保了众多新型可拉伸的场景应用可能性，而传统电子产品或纺织技术却无法实现上述目标。近年来，在具有可拉伸性能的纤维基体上直接制造储能系统的组件已成为一种典型的制备可拉伸功能超级电容器策略。例如，可借助弹性聚二甲基硅氧烷纤维作为基体，负载导电组分并涂上凝胶电解质进而复合制成电容器装置，可拉伸纤维的电化学性能在高达300%的应变下几乎保持不变。Li通过两步简单的溶液浸渍处理工艺合成了一种新型的MnO₂/氧化CNT混合纤维，将凝胶电解质涂层的MnO₂锚定于平行放置在预拉伸的聚二甲基硅氧烷（PDMS）膜上的氧化CNT纤维。在释放PDMS

膜的预应变后，构建了一个无黏合剂、集电器和分离器的可拉伸纤维超级电容器，如图6–12所示。LiCl–PVA凝胶作为电解质和分离组分，同时PDMS基底也涂覆有LiCl–PVA凝胶以增强纤维与PDMS衬底之间的界面键合。MnO_2/氧化CNT混合纤维赋予纤维电容器高比体积电容（409.4F/cm^3），这大约是原始碳纳米管纤维电容器的33倍。更重要的是，当电流密度从0.75A/cm^3增加到18.84A/cm^3时，纤维状电容器仍然保持了58.6%的电容，表明其具有良好的充放电速率。此外，作者进一步研究了拉伸状态下该电容器的运行稳定性，分别针对初始状态、20%拉伸应变、40%拉伸应变和折叠状态下的CV循环性能，发现这些CV曲线的变化可以忽略不计，说明当纤维拉伸或折叠变形时，电容的变化很小，表现出优异的力学性能和电化学稳定性能。

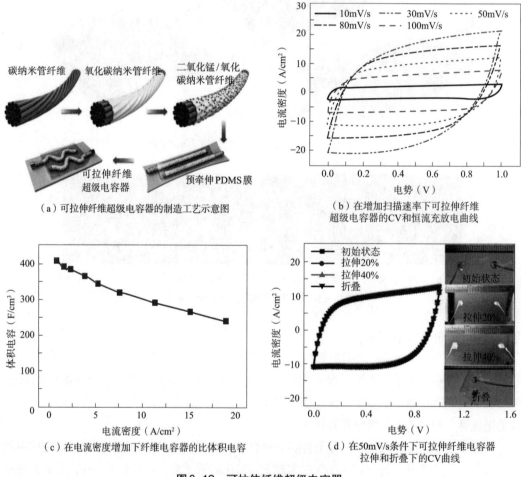

（a）可拉伸纤维超级电容器的制造工艺示意图

（b）在增加扫描速率下可拉伸纤维超级电容器的CV和恒流充放电曲线

（c）在电流密度增加下纤维电容器的比体积电容

（d）在50mV/s条件下可拉伸纤维电容器拉伸和折叠下的CV曲线

图6-12 可拉伸纤维超级电容器

对普通弹性纤维基体进行功能层修饰，能有效地构建系列响应行为。例如，在纤维电极上将具有法拉第反应的赝电容器与具有电致变色功能组分相结合，可以实现电致变色功能与超级电容器纤维的功能整合。在稳定的电化学性能的前提下，荧光组分为光纤引入了荧光指示能力，这对于黑暗环境下的柔性和可穿戴设备尤其具有重大意义。Liao通过共混纺丝的方法，将荧光染料颗粒稳定锚定在规则排列的多壁碳纳米管表面，进而制备红色、橙色、黄色、绿色、蓝色和紫色的多种颜色混合纤维电极，如图6-13所示。考虑到新型的荧光纤维电极体系中荧光组分对电化学性质的影响，作者系统地评价了荧光绿色超级电容器纤维的电化学性能，当荧光组分负载量达到极限值的两倍含量时，荧光绿色纤维电极的比体积容也仅从2.74略微下降到2.36F/cm^3，其电容值依然保持在初始电容的86%以上。电容的轻微下降可能是由于引入染料颗粒后直径的增加所致，这也证明了这种荧光型电容器的可靠性。

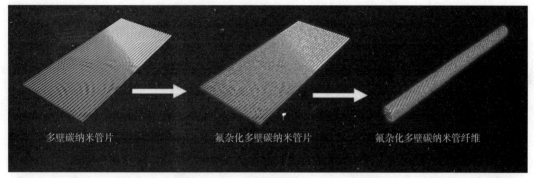

（a）制备工艺

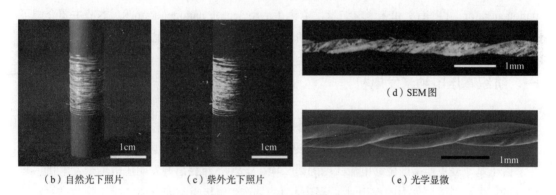

（b）自然光下照片　　　　（c）紫外光下照片　　　　（e）光学显微

图6-13　多颜色混合纤维电极的制备

将充放电条件下显示不同颜色的电致变色聚合物Pani电沉积到排列的CNT纤维电极中，构建超级电容器。所得到的变色函数可以表示超容量的工作状态。

Chen制备了一种新型的可拉伸和自愈的线状超级电容器。首先将两根由海胆状NiCo$_2$O$_4$纳米材料包裹的聚乙烯醇/氢氧化钾（PVA/KOH）水凝胶缠绕在一起，进而形成一个完整的超级电容器。值得注意的是，PVA水凝胶可以很容易地用一个比较小的拉力（12.51kPa）实现300%的形变量。这一结果优于之前报道的以350kPa的拉力拉伸到300%应变的聚氨酯。此外，该线状超级电容器表现出良好的电化学性能。在电流密度为0.053mA/cm^{2}时面积比电容为3.88mF/cm^2，并且在1000次充放电后仍有88.23%的剩余面积比电容，显示了良好的循环稳定性。此外，在四次切断/自愈后电容保留量仍有82.19%。这项工作将会为下一代自愈和可穿戴设备提供一种新的设计方案。

第四节 纺织基压电和摩擦电纳米发电机

锂离子电池与电容器等能源设备的存储电能仍然来自传统的能源结构，需要专门的充电过程才能充当可穿戴移动电源装置。此外，由于有限的电容、频繁的充电、可计算的生命周期、潜在的安全风险、昂贵的处理成本和严重的环境危害等固有的缺点，或许它们并不是未来可穿戴电子产品的最理想的能源形式。在可穿戴应用过程中，人作为多功能器件的承载主体可以提供丰富的机械能来源，并且作为应用终端，如能以自给自足的方式实现能量的获取和利用尤为重要。纳米发电机，作为一种革命性的新型能量收集装置，通过非常简单的结构便能实现低频机械触发的高效能量转换。由于重量轻、成本低、环境友好与适用性广泛，纳米发电机在可穿戴供电和多功能自动力传感方面具有广阔的应用前景。纺织材料能够承受复杂的机械变形，如拉伸、扭转、弯曲和折叠，而将先进的纳米发电机技术与传统的纺织材料和结构融合，有利于充分发挥纺织基多维柔性与机械稳定性优势，实现人体机械能与电能的稳定与快速转换。目前，纺织基纳米发电机凭借其在柔性可穿戴能源领域的广阔应用潜力，已引起了研究者广泛的关注。根据材料组成、结构特性和工作机理等不同，纳米发电机主要分为压电纳米发电机（piezoelectric nanogenerator，PENG）、摩擦电纳米发电机（triboelectrical nanogenerator，TENG）和热释电纳米发电机（pyroelectric nanogenerator）。本节主要介绍了纺织基压电纳米发电机和摩擦电纳米发电机在可穿戴领域的应用情况。

一、纺织基压电纳米发电机

压电效应是指某些材料在所施加的机械应力下产生电荷的能力，而这一过程是可逆的，这意味着材料内部的应力与电能可以相互转化。压电则是指基于压电效应的应力感应电。王中林院士基于麦克斯韦的位移电流式中的第二项，于2006年提出并发明压电纳米发电机。当绝缘的压电材料受到外力的作用时，会于材料两端产生电极化空间分离电荷，受力进一步增加，导致积累电荷形成更高的电荷密度，产生压电势，如果电极与外部负载连接，压电势将驱动电子通过外部电路，以部分屏蔽压电势，并实现一个新的平衡状态，从而实现了机械能转化为电能的过程；当外力被释放时，电子反向回流，重新平衡由应变释放引起的电荷。压电过程中机械能与电能转换过程示意图如图6-14所示。图6-14（a）为压电电荷产生过程的示意图，i未按压平衡初始状态，ii按压产生电荷累积阶段，iii最大按压状态，iv形变恢复过程。图6-14（b）为典型的开路电压（V_{oc}）和短路电流（I_{sc}）与时间的曲线，其中四个部分对应于图6-14（a）中的四个受力变化过程。如果通过施加往复应变连续地改变压电势，则一个稳定的脉冲电流将流过外部电路。因此，借助压电材料这一独特的能量转换特性，可将它们应用于能量收集、人体状态监测和人机界面交互等领域。

目前压电材料众多，具有代表性的压电材料可分为无机压电材料和压电聚合物材料。无机压电材料主要包括半导体纳米材料（如氧化锌、氮化镓、硫化镉和硫化锌等）、铅基

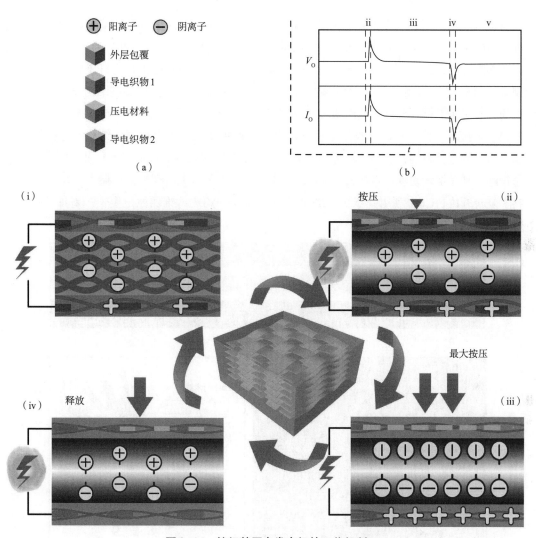

图6-14　纺织基压电发电机的工作机制

陶瓷（如钛酸铅和$PbZrO_3$）和无铅陶瓷（如钛酸钡、KNN、$KNbO_3$、$LiNbO_3$、$LiTaO_3$和Na_2WO_3）。压电聚合物材料主要指压电类有机聚合物，如聚酰胺、聚丙烯（PP）、聚偏氟乙烯（PVDF）及其共聚物聚（偏氟乙烯—三氟乙烯）（PVDF-TrFE）等。众多压电材料中，PVDF是一种半结晶聚合物，它至少由四种晶相组成，其中，β相具有更加优异的极化和压电灵敏性能（−29pm/V），其对压电功能具有更重要的意义。PVDF的压电电荷常数比压电陶瓷等无机压电材料要小得多，因此开发基于PVDF或其共聚物材料纺织基压电纳米发电机时，通常需要通过原位极化、热牵伸和高电场作用等提升PVDF中的β相。

根据结构特点和制造方法，目前的纺织基压电发电机主要分为单纤维型、织物型，织物型又可细分为普通织物型和多层堆叠结构织物型。

（一）单纤维型压电发电机

纺织材料的基本组成单元是单纤维，单纤维型压电发电机的研发对于可穿戴能源的发展具有重大意义。早期，单纤维型压电发电机主要是通过将柔性压电材料简单地包裹在高强度、高模量的纤维基板上而制备。王忠林院士开发的首个基于纤维的PENG，便是利用水热方法在凯夫拉纤维表面径向生长氧化锌纳米线，进一步与涂有Au电极的纤维缠绕在一起而制备（图6-15）。早期基于单纤维型纳米发电机主要策略为核—壳夹心型结构设计，内外电极间夹心有压电核心材料。然而这种非固定式设计，在复杂的运动变形或长期机械变化刺激下极易被破坏。为了提高其长期工作稳定性，当前主要采用聚合物固定结构、外保护层包裹控制、混合材料制备、熔纺法等多种方法。例如，S.WazedAli基于有机—无机压电材料复合策略，利用熔融纺丝技术制备了PVDF（聚合物基体）与铌酸钾钠纳米棒（KNN，填充材料）复合纤维；Chen利用一步纺丝法实现CsPbBr$_3$在PVDF纤维的原位生长，制备了一种长效运行稳定的纳米发电机。

（a）沿径向覆盖有氧化锌纳米线阵列的凯夫拉纤维的扫描电镜图像

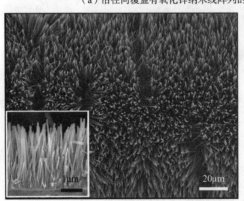

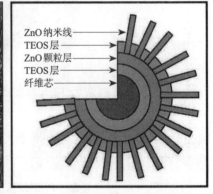

（b）更高倍率的SEM图像和纤维的横截面图像　　（c）TEOS增强纤维的横断面结构示意图

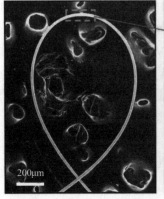

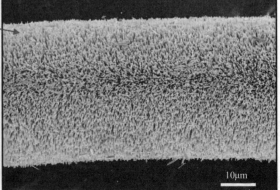

（d）环状纤维的SEM图像　　（e）环状纤维的扩大部分，显示了氧化锌纳米线在弯曲区域的分布

图6-15　凯夫拉纤维表面径向生长ZnO纳米线制备PENG

（二）织物型压电发电机

受限于活性区域及装置数量影响，单纤维型发电机的压电输出值相对较低，而利用纺织成型技术将压电纤维组合成二维或三维织物的方法，是解决这一问题的有效路径。例如，许多研究者直接选用纺织材料作为基体，采用纳米阵列沉积等方法制备柔性压电发电机。Guo利用水热法将ZnO纳米棒固载于银涂层的尼龙织物表面，制备了一种图案化的纺织基PENG，详细路线图如图6-16所示。图中（a）采用丝网印刷法覆盖织物表面作为电极，（b）Ag涂层布织物，（c）Ag涂层织物被固定在一个定制的聚四氟乙烯支架上，（d）氧化锌纳米棒阵列的水热生长，（e）氧化锌纳米棒垂直排列在银涂层织物的表面。所制备的ZnO-T-PENG可从人体肢体运动中获取能量来为微电子设备提供能量，手掌拍手和手指弯曲的能量转换活动可为该PENG产生分别高达4V和20nA、0.8V和5nA的输出电压和电流。

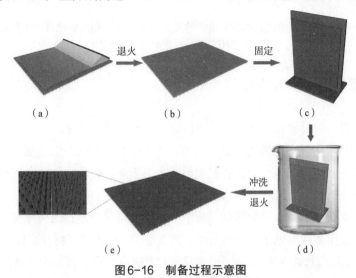

图6-16　制备过程示意图

事实上，优化织物型PENG的织物组织结构或复合结构组成设计是这一领域的研究重点。Anaëlle Talbourdet集成了多压电组件的三维织物结构，基于100%熔纺压电PVDF纤维开发了一种基于3D联锁编织织物的PENG。通过比较二维纯编织PENG的电流输出，发现三维联锁编织结构的能量收集能力有显著提高，这一发现证实压电纤维或织物的复合组织结构优化是理想PENG制备的有效方法。乔伊（Choy）等为了实现二维织物基PENGs的高拉伸性及稳定性，通过将PVDF-NaNbO$_3$压电非织造布作为主动压电组件置于两个弹性针织物电极之间，制备了一种高度耐用的全纺织基PENG。进一步将上述复合纤维组件与PDMS封装，以增强机械坚固性，并保护其免受灰尘和水。这一策略证实了采用可拉伸的导电材料和压电材料复合的方法，可有效提升纺织基PENGs的拉伸与稳定性。所合成的织物具有高达250%的优良拉伸能力及低至0.0525MPa的杨氏模量，且NaNbO$_3$纳米线的独特耦合特性影响了杂化压电结构的压电性，开路电压和电流的峰值是3.2V和4.2mA。受益于该复合结构，所制备的纳米发电机可稳定循环1000000次，可达传统复合纳米发电机最长寿命的30倍多。织物电极循环压缩试验数据如图6-17所示。

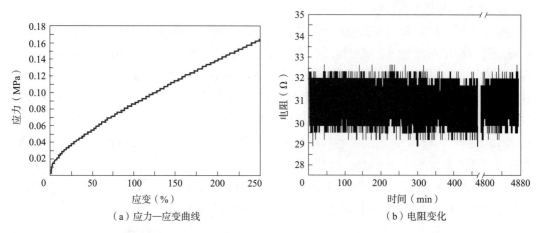

（a）应力—应变曲线　　　　　　　　（b）电阻变化

图6-17　循环压缩试验中织物电极的应力—应变曲线和织物电极的电阻变化
（压力为0.2MPa，频率为1/34Hz）

二、纺织基摩擦电纳米发电机

摩擦电效应是一种材料通过摩擦与不同的材料接触后带电的现象，早在2600多年前便已为人类所熟知。日常生活中也随处可见，例如，梳子和头发摩擦产生静电、冬天手触摸金属把手的触电现象等。摩擦起电可以很容易地解释为由于两种物质之间的摩擦而引起的电荷转移，而实际上其中的机制目前仍有争议。通常认为，两种材料发生接触时，二者间会形成化学键同时伴随着电荷移动，以平衡接触过程中产生的电化学势差；当两种材料分离时，有的成键原子倾向于保留多余的电子，有的倾向于失去电子，这样就使材料表面产生摩擦电荷。

具有摩擦起电效应的材料众多，几乎任意两种材料间均可发生摩擦起电效应，具体摩擦起电材料序列如表6-2所示，序号小的显示正电，序号大的显示负电。除借助材料本征摩擦特性，还可通过物理、化学等方法对材料进行表面形貌微加工及表面功能化，以有效提升材料间接触面积、接触特性、摩擦效应，影响静电感应过程。

表6-2　常见摩擦起电材料序列

序号	材料名称	序号	材料名称
1	聚甲醛	9	纸张
2	乙基纤维素	10	纺织棉花
3	聚酰胺11	11	木材
4	聚酰胺66	12	硬橡胶
5	三聚氰胺	13	镍，铜
6	编织羊毛	14	硫
7	编织蚕丝	15	黄铜，银
8	铝	16	醋酯纤维，人造纤维

续表

序号	材料名称	序号	材料名称
17	聚甲基丙烯酸甲酯	27	聚碳酸双酚
18	聚乙烯醇	28	聚3,3-双（氯甲基）丁氧环
19	聚酯	29	聚偏二氯乙烯
20	聚异丁烯	30	聚苯乙烯
21	聚氨酯，柔性海绵	31	聚乙烯
22	聚对苯二甲酸乙二醇酯	32	聚丙烯
23	氯丁橡胶	33	聚酰亚胺
24	自然橡胶	34	聚氯乙烯
25	聚丙烯腈	35	聚二甲基硅氧烷
26	腈氨纶	36	聚四氟乙烯

注　序号越小，越趋向"正"，越容易失去电子；序号越大，越趋向"负"，越容易得到电子。

TENG自2012年被王中林课题组发明以来，得到了广泛关注，其主要有四种工作模式（图6-18）：单电极模式、独立层模式、水平滑动模式和接触—分离模式。

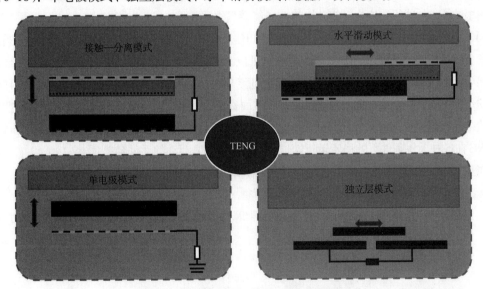

图6-18　摩擦纳米发电机的四种工作模式

（1）单电极模式。只有TENG的底部有接地电极，上表面无电极装置，当上表面有带电物体接近或离开下部物体时，发生电势变化从而引起下表面电极与大地间的电子交换，最终产生电流。这种基本工作模式可用于接触—分离结构和滑动结构。

（2）独立层模式。介电层的背面分别设置两个不相连的对称电极，电极的大小及其间距与移动物体的尺寸均处于同一量级，带电物体在两电极间的往复运动会促使两个电极之间产生电势差，进而驱动电子在外电路负载中的往复运动形成电流。

（3）水平滑动模式。两种介电材料接触并平行相对滑移时，材料表面产生摩擦电荷并极化，并进一步驱动电子在上下两电极间的移动，周期性的滑动分离与闭合便会形成交流输出。

（4）接触—分离模式。两个介电材料背面均有金属电极，当两材料正面接触时，会与接触面形成符号相反的表面电荷；分离时，两电极间会形成电势差，驱动电子从一端电极流向另一端电极。此过程的往复接触与分离便形成了交流电流。

与压电纳米发电机类似，纺织基TENG可分为单纤维型和织物型。进一步根据操作模式、结构特征和制造方法分类，织物型TENG可细分为常规纺织成型织物TENG、多层织物堆叠结构的织物TENG、横向滑动模式的织物结构TENG和纳米纤维网状或膜结构的织物TENG。

第一个纤维基TENG由王中林院士于2014年报道，该装置由涂有碳纳米管的棉线和涂有聚四氟乙烯与碳纳米管的棉线相互缠绕而成。该工作也首次证实了摩擦纳米发电机可利用纤维进行加工组装，推动了纳米能源技术在柔性可穿戴领域的应用。单纤维TENG输出电压及电流的不足限制了它们的应用，为了进一步增加装置有效接触面积，提升能源转换效率，织物型TENG是目前研究重点。

Kim等制备了高度可拉伸的二维机织物基摩擦纳米发电机，首先分别在铝丝表面和PDMS管内壁制备垂直的ZnO和Au纳米线阵列，将铝丝插入PDMS管中制备得到单根的能量纱线，然后将单根的能量纱线织造成为机织结构的6×6能量织物[图6-19（a）]。图6-19（b）显示了TENG不同位置的输出电压和输出电流。从位置Ⅰ和位置Ⅱ开始，产生了约3μA的输出电流，尽管在位置Ⅱ中的输出电流稍大一些。输出电流是Ⅲ位置的最高电流（~6μA），几乎是扁平纤维部分输出电流的两倍。这表明，每个纤维的输出电流是相当均匀的，尽管纤维在编织过程中可能会收到形变影响，但纤维的输出功率很稳定，表面基于编织手段实现大面积纳米发电机的可能性。实验结果发现织物的可拉伸度高达25%以上，进一步通过其表面覆盖防水织物，赋予织物基TENG在各种天气条件下的稳定运行性，并可应用为足底驱动的运动鞋垫[图6-19（c）]。将该织物基TENG组装入鞋底，当人行走时可以很容易地点亮27组LED灯泡[图6-19（d）]。

凯伦·洛扎诺（Karen Lozano）和穆罕默德·贾西姆·乌丁（Mohammed Jasim Uddin）等基于PVDF-TPU/Au纳米纤维设计了一种新型摩擦电纳米发电装置，通过等离子体辅助溅射

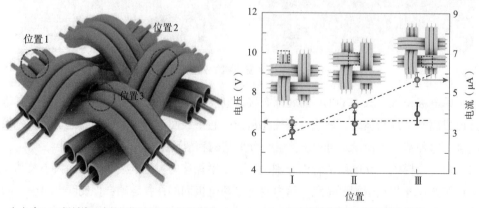

（a）由6×6根纤维组成的织物型TENG的示意图　　（b）光纤的输出电压和输出电流

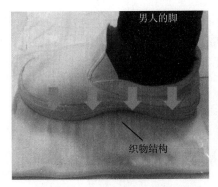

（c）织物型TENG在人体脚下模拟示意图

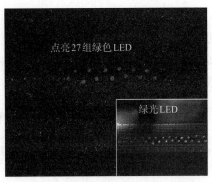

（d）27组商业绿色LED灯在行走时被点亮的
效果照片

图6-19　二维机织物基摩擦纳米发电机

涂层技术在TPU纳米纤维膜表面沉积的Au纳米层有效改善了接触面积和TENG输出性能。与常规PVDF/TPU纳米发电机相比，在TPU表面嵌入的Au层具有较高的摩擦电开路电压和短路电流输出，分别可达254V和86μA（240bpm负载频率），分别提升了112%和87%（图6-20）。

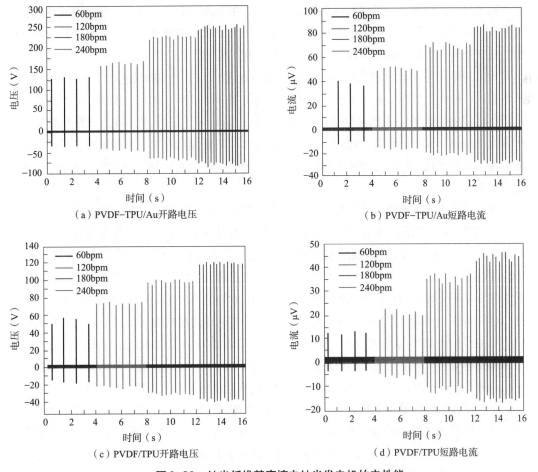

图6-20　纳米纤维基摩擦电纳米发电机的电性能

PENG和TENG均可用来收集生活中包括人体活动、物体震动、摇摆、转动、风能等各种形式的机械能，是未来新型微纳能源发展的重要方向之一。除此之外，它们还可用作自驱动传感器来监测机械信号，用于监测肌肉拉伸、脉搏、呼吸等人体基本生命体征，是未来可穿戴传感器件的重要组成部分。

第五节　纺织基太阳能电池

随着全球气候变暖的加剧，世界各国大力推进太阳能、风能等可再生能源的发展。但当前利用化石燃料发电仍然占据主导地位，其中以燃煤发电为主，其次是燃气发电。据统计，2020年可再生能源发电占全球发电总量的28.6%，而这其中只有6.3%来自包括太阳能在内的可再生能源，继续大力发展清洁、可再生能源，是人类社会的必然选择。

太阳是地球上最丰富的能源，其清洁无污染、无须开采、没有运输成本，是最重要的可再生能源之一。事实上，理论计算表明，太阳一天中为地球提供的能量，便足以满足所有人类整整一年的能源需求。因此，如何利用"无尽"的太阳能能源并将其引入可穿戴能源器件中，或许是解决当前智能电子器件在户外能源续航问题的重要解决方案之一。

太阳能电池是一类通过光电效应或者光化学效应，直接把光能转化成电能的能源器件，其本质是一种光伏电池。光伏效应指光照使不均匀半导体或半导体与金属结合的不同部位之间产生电位差的现象，该现象最早由贝克勒尔（Becquerel）于1839年在金属卤化物的溶液中首次观察到。目前，已开发出第三代太阳能电池，主要包括有机太阳能电池、量子点太阳能电池、染料敏化太阳能电池和钙钛矿敏化太阳能电池。毫无疑问，硅（Si）是目前光伏行业的基准材料。

因此，新型光伏电池亟须开发，这其中染料致敏化太阳能电池、钙钛矿太阳能电池走入人们的视野。与硅太阳能电池相比，新型太阳能电池可以使用低温制造技术进行处理，其生产成本较低。然而，除钙钛矿太阳能电池外，其余太阳能电池的功率转换效率（PCEs）远低于商用硅光伏电池。此外，受限于传统太阳能电池重量大、刚性较强但脆性较大等问题，其无法在可穿戴装置中使用。而柔性纺织基太阳能电池则是传统太阳能电池的一个很好的替代品，这种柔软、灵活、轻便的功能特性使它们能够集成在便携式电子应用中。纺织基柔性太阳能电池是纺织技术与光伏技术交叉的一项具有变革性的前沿技术，近年来，先后演化出纺织基染料敏化太阳能电池（dye-sensitized solar cells，DSSCs）、纺织基钙钛矿太阳能电池（perovskite solar cells，PSCs）、纺织基聚合物太阳能电池等新型太阳能电池技术。

纺织基太阳能电池按照阳极形态也可分为纤维状太阳能电池和织物平面状太阳能电池。纤维状太阳能电池制备的基本思路：电池活性层涂在圆柱形一维纤维基体（例如金属或碳纤维等）表面，其功能可以发生于活性涂层纤维的表层或光学纤维的内部，将来自外部涂层或纤维截面的光耦合到内部活性层。例如，最早的纤维状染料敏化太阳能电池可追溯到

2001年，以不锈钢丝为基体，表面涂覆TiO_2薄层氧化物半导体材料，进一步吸附染料后作为工作电极；再将透明导电高分子涂覆在工作电极表面，作为对电极。将上述复合电极封装入透明管并注入电解质，制备得到不锈钢纤维基染料敏化太阳能电池，其工作电压可达到0.3~0.35V/10cm。织物平面状太阳能电池制备的基本思路是：选用平面纺织面料为基底材料，通过底部电极、光伏层、底部电极设计等步骤，封装制得。例如，德国弗劳恩霍夫陶瓷技术和系统研究所通过转移印花的方式在织物表面引入橡胶层，利用卷对卷工艺将导电聚酯纤维电极及光伏层引入，并封装保护层制备得到织物型太阳能电池。

一、染料敏化太阳能电池

染料敏化太阳能电池（DSSC）具有制备工艺简单、色彩丰富和弱光效率高等优点，受到广泛关注。与基于刚性和脆性的导电玻璃基DSSC相比，现有纺织基DSSC具有重量轻、生产成本低等优势，并可充分适用于卷对卷制造工艺。DSSCs已经成为一种技术上和经济上可信的替代PN结光伏器件。20世纪60年代末，德国的特里布施（Tributsch）发现了吸附有染料分子的半导体在一定条件下会产生电流的现象后，人们发现电化学电池中的有机染料在光照条件下，可转化为激发态，进而其电子会注入半导体的导带中从而产生电流。1972年合成了第一个氯素敏化氧化锌电极。首次通过将激发态染料分子的电子注入半导体的宽带隙中，将光子转化为电。然而，这些染料敏化太阳能电池的效率非常低，单层染料分子的吸收入射光仅能达到1%，DSSCs的光电转换效率也始终未突破1%。直到20世纪90年代初，加州大学伯克里分校的Grätzel和O'Regan等在基于$10\mu m$厚、涂有染料光敏剂的二氧化钛颗粒薄膜上进行光收集，所制备的DSSCs可达7.1%~7.9%的光电转换效率，并具有出色的短路电流密度（$> 12mA/cm^2$）和特殊的稳定性（> 500万次）和低成本等优势，这开启了DSSCs发展的新时代。Grätzel团队进一步将DSSCs的光电转换效率提升到了10%，这已经接近传统Si太阳能电池的商业化水平。DSSCs的研究取得的巨大的进步使其已逐步进入替代传统Si太阳能电池的候选者。

染料敏化太阳能电池是一种将太阳辐射直接转化为电流的半导体光伏器件，由半导体光阳极、染料（敏化剂）、电解质和对电极4个主要部件组成，是比较典型的"三明治"结构，基本结构如图6-21所示。在传统的太阳能电池中，硅提供两种功能：作为光电子的来源和提供电场来分离电荷和产生电流。但是，在DSSCs中，大部

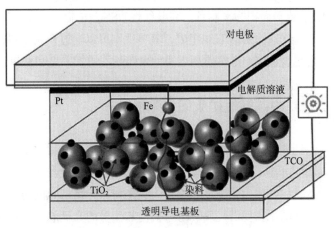

图6-21 染料敏化太阳能电池结构示意图

分半导体仅用作电荷转运体，光电子由光敏染料提供。理论预测的DSSCs的功率转换效率（PCE）约为20%。柔性DSSCs主要可分为平面叠层结构和类纤维状结构两类，其中平面叠层结构DSSCs是将电池各部分组件依次堆叠而成，类纤维状结构是将各部分组件以包覆的形式组成线状，通过增加电池长径比使其更具柔性。从平面器件出发，DSSCs使用镀氧化铟锡（ITO）的透明薄膜等柔性导电基底替代刚性导电玻璃，实现柔性化；从线性器件出发，目前已开发出导线、管棒等类纤维形状DSSCs。

DSSC的工作原理包括四个基本步骤：光吸收、电子注入、载流子传输和电流的收集，其中光子转换为电流的步骤如下。

入射光（光子）被光敏剂吸收，进而被氧化和光敏化，电子促进其从基态（S^+/S）转化为激发态（$S^+/S*$）。

（1）当染料分子的激发态HOMO能级高于光阳极半导体材料的导带底时，激发电子就注入光阳极材料的导带中，而染料则从激发态（$S*$）转变为氧化态（S^+）。

$$S^+/S* \longrightarrow S^+/S + e^-$$

（2）释放的电子将会被TiO_2半导体的导带捕获，通过TiO_2层传输到氟掺杂锡氧化物（FTO）基底并被输出到外部电路，最终迁移到对电极处。

（3）对电极上的电子在催化剂参与下将I_3^-还原为I^-，I^-离子在浓度梯度的作用下扩散到光阳极上，将氧化态的染料（S^+）还原回其基态，从而使染料再生。

$$S^+/S + e^- \longrightarrow S^+/S*$$

（4）I^-被氧化为I_3^-（氧化态），并通过扩散返回对电极处。

$$I_3^- + 2e^- \longrightarrow 3I^-$$

值得注意的是，DSSCs的重要特征是发生在半导体/染料界面处的电荷的产生与发生在半导体和电解质中的电荷传输是相对独立的。这就为器件的设计提供了更大的自由空间，既可以对染料进行合理的设计以最大限度地提高对整个太阳光谱的吸收，又可以单独设计半导体和电解质来增强电荷的传输特性。

上文交代过，DSSCs可通过线性和平面两个角度制备，那么柔性DSSCs即可利用一维纤维/线或平面织物来制备。在其线性DSSCs的制备方案中，柔性DSSCs的线性光阳极可由介孔二氧化钛涂层的Ti线组成，其厚度则可以通过控制染料吸收时间来调整，用扭曲的Pt线作为对电极包裹。电解质用透明的聚四氟乙烯管填充和密封。

二、纺织基钙钛矿太阳能电池

钙钛矿材料可以在低温下通过溶液涂层、气相沉积和固化成型工艺轻松制备，已应用于太阳能电池、发光器件、光电探测器、记忆电阻器等。其中，钙钛矿太阳能电池是以钙钛矿型的有机金属卤化物半导体作为吸光材料并进行光电转换的一种新型光伏电池，属于第三代太阳能电池。凭借轻质、耐弯折性和优异的光伏效率，钙钛矿太阳能电池被认为是传统光伏电池最有前景的替代方案之一。钙钛矿太阳能电池中的光活性层在低温条件下便可加工完成，这一优势使钙钛矿太阳能电池成为制造柔性能源器件的理想装置。钙钛矿电池的组成根据功能可分为底电极、电子传输层、介孔层、钙钛矿层、空穴传输层和顶电极。具体到单个电池，因其包含的功能层会有差异而呈现不同的结构，常见的有介孔结构、介观超结构、平板结构、无空穴传输层结构、有机结构等。针对于平面PSCs，其一般是夹层结构，其中光活性层被夹于两个电荷传输层之间。

与传统的太阳能电池相比，柔性钙钛矿太阳能电池具有以下优点：柔性可弯曲、折叠；具有较高的重量输出比功率；与大规模的卷对卷工艺兼容，可大批量制造；便于携带、运输和安装等优势。其基本原理是太阳光入射至器件的钙钛矿吸光层，吸光层吸收光子后受激发而产生激子。由于所用吸光材料的价带边低于空穴传输材料的价带边，而其导带边高于电子传输材料的导带边，使得激子在空穴传输层/钙钛矿吸光层/电子传输层两界面上产生分离，将空穴、电子分别注入空穴传输层和电子传输层中，并分别经对电极和导电基底收集，最终经外电路形成电流并完成工作循环。柔性衬底是决定柔性钙钛矿太阳能电池性能的关键因素。目前，用于柔性器件制备的衬底主要为聚合物衬底，当达到临界弯曲半径时，其透明导电层发生断裂，导致光电性能发生严重衰减，同时水分子极易穿过聚合物衬底，影响电池的机械和钙钛矿长期稳定性。因此，如何将纺织材料与太阳能电池部件相结合是有效实现钙钛矿太阳能电池可穿戴化的关键。

在纤维基可穿戴钙钛矿研究中，Peng等首次报道了以钙钛矿改性钢线和多壁碳纳米管片作为顶部电极的纤维形钙钛矿太阳能电池，其光电转换效率仅有3.3%。随着纤维结构研究的深入，利用核—壳、卷绕、并列、编织等结构实现柔性钙钛矿太阳能电池的可穿戴日渐成熟。例如，单纤维结构通常采用半透明薄膜（例如金属薄膜和碳纳米管薄膜）作为覆盖内部纤维电极的顶部电极，其中顶部电极的光透明度和电荷收集的平衡是决定钙钛矿太阳能电池器件性能高低的关键。卷绕型结构，通常为双纤维通过双扭曲卷绕或单纤维缠绕来实现。近年来，更有学者基于该结构设想，采用弹性纤维阴极和螺旋型光阳极纤维制备了一种新型的可拉伸光伏器件，其光电转换效率可达为7.1%。最重要的是，利用其双扭曲结构，形成了可拉伸的DNA形态的太阳能电池，其具有出色的拉伸形变性能。编织结构则是用纤维功能电极形成织物或纺织型器件，例如将线型光电阳极和对电极交错编织成光伏纺织品，便可实现大规模太阳能光电转换器件制备。

第六节　其他可穿戴能源装置

目前，应用于可穿戴技术的纺织基能源装置还有纤维基锌—空气电池、钠基电池、钴锌电池电池等。但整体上，纤维形状电池的未来应用趋势依然是面向小型化、便携化、耐久性与安全性强等关键需求，例如能放置口袋中驱动智能纺织品的结构材料电池系统。此外，从理论上的纺织基柔性电池到具有高性能、生物相容性和穿着舒适性的工业化纺织基能源装置，对可穿戴应用及未来发展具有重大意义。更重要的是，如何通过对新型纺织材料的优化设计，实现其与电子器件、能源装置甚至传感反馈等多功能元素的巧妙配合，从而有效地拓宽纺织基能源电池的应用范围，也是一个关键挑战。未来，实现特殊功能、电化学性能、耐久安全性能等达到合适平衡，并伴随着纤维状电池与其他柔性穿戴系统的集成一体化，这将为智能电子纺织品的发展带来革命性变革。

一、纺织基微生物燃料电池

微生物燃料电池（microbial fuel cell，MFC）是一种利用微生物将有机物中的化学能直接转化成电能的装置。其基本工作原理是：在阳极室厌氧环境下，有机物在微生物作用下分解并释放出电子和质子，电子依靠合适的电子传递介体在生物组分和阳极之间进行有效传递，并通过外电路传递到阴极形成电流，而质子通过质子交换膜传递到阴极，氧化剂（一般为氧气）在阴极得到电子被还原并与质子结合成水。

宾厄姆顿大学的研究人员已经开发出一种纺织生物电池，可以作为未来可穿戴电子产品的基础。该电池与之前的纸基微生物燃料电池相比，其能产生的功率更大。即使经过反复的扭转和拉伸循环，织物基电池仍具有稳定的发电能力。微生物燃料电池被一些人认为是可穿戴设备的最佳电源，因为微生物细胞可以作为生物催化剂，提供稳定的酶促反应和较长的使用寿命。即使从人类身体产生的汗水也可以作为支持细菌活力的潜在燃料。

二、金属—空气电池

近年来，凭借成本低廉、比能量高等优势，金属—空气电池逐渐进入人们视野。金属—空气电池主要是以电极电位较负的金属如镁、铝、锌、汞、铁等作负极，以空气中的氧或纯氧作正极的活性物质。这其中，锌—空气和铝—空气纤维型电池研究最多，成为未来可穿戴能源的重要能源方式之一。

锌—空气电池相比于锂离子电池可提供更高的理论能量密度，其理论上可达 $1086W \cdot h/kg$（约是锂离子电池的 5 倍）。制备纤维型锌—空气电池的主要挑战在于空气电极的制备，它需要较高的催化活性、良好的透气性和在各种变形下的结构稳定性。

金属铝具有极低的质量密度和较高的电子交换能力（$Al^{3+}+3e^- \longrightarrow Al$），其在金属—空气电池应用中一直居于理论性能领先地位。因此，铝—空气电池的理论能量密度可达 $2796W \cdot h/kg$，远远超过锌—空气电池。且从金属储存量角度来看，它是地球上最丰富的金属元素之一，因此用铝制造各类可穿戴电池具有可持续发展的未来前景。而在实际应用中，类似于锂—空气和锌—空气电池系统，柔性铝—空气电池的电化学性能很大程度上依赖于空气阴极。目前，已有研究利用多孔碳纳米管层，成功地探索了铝—空气电池纤维的柔性空气阴极。将空气阴极层涂上凝胶电解质，然后包裹在一根类似弹簧的 Al 线上，所得到的铝—空气电池纤维表现出理想的柔韧性、延展性，其能量密度可达1168W·h/kg。但铝—空气电池也存在关键弊端，由于热力学铝不能在水溶液中电沉积，因而铝—空气电池不能充电。这是阻碍其在可穿戴电子领域实际应用的最大障碍。

本章小结

在本章中，较为系统地分析了当下多种可利用柔性纺织材料实现能源存储与转换的新型能源装置，包括锂电池、超级电容器、纳米发电机、太阳能电池等，它们是未来可穿戴场景应用的重要能源装置。值得注意的是，虽然上述新型柔性能源器件的开发已成为当下研究热点，从能源转换效率、电池充放电次数、能量密度等多个维度均取得了巨大提升，但可以预见的是，纺织基能源装置的商业化进程任重而道远，其仍有许多障碍需要克服。例如，需要提升纺织纤维材料的力学性能以满足加工制备工艺及实际应用需求，尤其是纤维状电池加工成织物电池过程中，其纤维本体特性需满足织造需求；此外，纺织基能源器件的安全性、循环稳定性等关键性能问题也需要进一步优化与提升。

参考文献

［1］ REDDY M V, SUBBA RAO G V, CHOWDARI B V R. Metal oxides and oxysalts as anode materials for Li ion batteries ［J］. Chemical Reviews, 2013, 113(7): 5364-5457.

［2］ 云斯宁. 新能源材料与器件 ［M］. 北京：中国建材工业出版社, 2019.

［3］ GHADBEIGI L, HARADA J K, LETTIERE B R, et al. Performance and resource considerations ofLi-ion battery electrode materials ［J］. Energy & Environmental Science, 2015(8): 1640.

［4］ ARAVINDAN V, LEE Y, MADHAVI S. Research progress on negative electrodes for practical Li-ion batteries: beyond carbonaceous anodes ［J］. Advanced Energy Materials, 2015, 5(13): 1402225.

［5］ PAMPAL E S, STOJANOVSKA E, SIMON B, et al. A review of nanofibrous structures in lithium ion batteries ［J］. Journal of Power Sources, 2015, 300: 199-215.

［6］ KWON Y H, WOO S, JUNG H, et al. Cable-type flexible lithium Ion battery based on hollow multi-helix electrodes ［J］. Advanced Materials, 2012, 24(38): 5192-5197.

［7］ LEE Y, KIM J, NOH J, et al. Wearable textile battery rechargeable by solar energy ［J］. Nano Letters, 2013, 13(11): 5753-5761.

［8］ LU L, HU Y, DAI K. The advance of fiber-shaped lithium ion batteries ［J］. Materials Today Chemistry, 2017, 5: 24-33.

［9］ YADAV A, DE B, SINGH S K, et al. Facile development strategy of a single carbon-fiber-based all-solid-state flexible lithium-ion battery for wearable electronics ［J］. ACS Applied

Materials & Interfaces, 2019, 11(8): 7974-7980.

[10] KIM J, LEE Y, LEE I, et al. Large area multi-stacked lithium-ion batteries for flexible and rollable applications [J]. J. Mater. Chem. A, 2014, 2(28): 10862-10868.

[11] YANG J, YU L, ZHENG B, et al. Carbon microtube textile with MoS$_2$ nanosheets grown on both outer and inner walls as multifunctional interlayer for lithium-sulfur batteries [J]. Advanced Science, 2020, 7(21): 1903260.

[12] GAIKWAD A M, KHAU B V, DAVIES G, et al. A high areal capacity flexible lithium-ion battery with a strain-compliant design [J]. Advanced Energy Materials, 2015, 5(3): 1401389.

[13] SHEN L, DING B, NIE P, et al. Advanced energy-storage architectures composed of spinel lithium metal oxide nanocrystal on carbon textiles [J]. Advanced Energy Materials, 2013, 3(11): 1484-1489.

[14] XIA Y, XIONG W, JIANG Y, et al. Controllable in-situ growth of 3D villose TiO$_2$ architectures on carbon textiles as flexible anode for advanced lithium-ion batteries [J]. Materials Letters, 2018, 229: 122-125.

[15] HE J, LU C, JIANG H, et al. Scalable production of high-performing woven lithium-ion fibre batteries [J]. Nature, 2021, 597(7874): 57-63.

[16] PAN S, LIN H, DENG J, et al. Novel wearable energy devices based on aligned carbon nanotube fiber textiles [J]. Advanced Energy Materials, 2015, 5(4): 1401438.

[17] CHEN T, XUE Y, ROY A K, et al. Transparent and stretchable high-performance supercapacitors based on wrinkled graphene electrodes [J]. ACS Nano, 2014, 8(1): 1039-1046.

[18] XU Y, LIN Z, HUANG X, et al. Flexible solid-state supercapacitors based on three-dimensional graphene hydrogel films [J]. ACS Nano, 2013, 7(5): 4042-4049.

[19] DALTON A B, COLLINS S, MUNOZ E, et al. Super-tough carbon-nanotube fibres [J]. Nature, 2003, 423(6941): 703.

[20] 何一涛, 王鲁香, 贾殿赠, 等. 静电纺丝法制备煤基纳米碳纤维及其在超级电容器中的应用 [J]. 高等学校化学学报, 2015, 36(1): 157-164.

[21] CAI Z, LI L, REN J, et al. Flexible, weavable and efficient microsupercapacitor wires based on polyaniline composite fibers incorporated with aligned carbon nanotubes [J]. Journal of Materials Chemistry. A, Materials for Energy and Sustainability, 2013, 1(2): 258-261.

[22] CHEN X, LIN H, DENG J, et al. Electrochromic fiber-shaped supercapacitors [J]. Adv Mater, 2014, 26(48): 8126-8132.

[23] BAE J, SONG M K, PARK Y J, et al. Fiber supercapacitors made of nanowire-fiber hybrid structures for wearable/flexible energy storage [J]. Angewandte Chemie International Edition, 2011, 50(7): 1683-1687.

[24] LU X, YU M, WANG G, et al. H-TiO$_2$@MnO$_2$//H-TiO$_2$@C core-shell nanowires for high

performance and flexible asymmetric supercapacitors [J]. Advanced Materials (Weinheim), 2013, 25(2): 267-272.

[25] NIU X, ZHU G, YIN Z, et al. Fiber-based all-solid-state asymmetric supercapacitors based on Co_3O_4@MnO_2 core/shell nanowire arrays [J]. Journal of Materials Chemistry. A, Materials for Energy and Sustainability, 2017, 5(44): 22939-22944.

[26] WU J, ZHANG Q, ZHOU A, et al. Phase-separated polyaniline/graphene composite electrodes for high-rate electrochemical supercapacitors [J]. Adv Mater, 2016, 28(46): 10211-10216.

[27] SUN X, HE J, QIANG R, et al. Electrospun conductive nanofiber yarn for a wearable yarn supercapacitor with high volumetric energy density [J]. Materials (Basel), 2019, 12(2).

[28] SHI L, LI X, JIA Y, et al. Continuous carbon nanofiber bundles with tunable pore structures and functions for weavable fibrous supercapacitors [J]. Energy Storage Materials, 2016, 5: 43-49.

[29] YUN T G, HWANG B, KIM D, et al. Polypyrrole-MnO(2)-coated textile-based flexible-stretchable supercapacitor with high electrochemical and mechanical reliability [J]. ACS Appl Mater Interfaces, 2015, 7(17): 9228-9234.

[30] YUE B, WANG C, DING X, et al. Electrochemically synthesized stretchable polypyrrole/fabric electrodes for supercapacitor [J]. Electrochimica Acta, 2013, 113: 17-22.

[31] PULLANCHIYODAN A, MANJAKKAL L, NTAGIOS M, et al. MnOx-electrodeposited fabric-based stretchable supercapacitors with intrinsic strain sensing [J]. ACS Appl Mater Interfaces, 2021, 13(40): 47581-47592.

[32] LI M, ZU M, YU J, et al. Stretchable fiber supercapacitors with high volumetric performance based on buckled MnO_2/oxidized carbon nanotube fiber electrodes [J]. Small, 2017, 13(12).

[33] LIAO M, SUN H, ZHANG J, et al. Multicolor, fluorescent supercapacitor fiber [J]. Small, 2018, 14(43): e1702052.

[34] JIA R, LI L, AI Y, et al. Self-healable wire-shaped supercapacitors with two twisted $NiCo_2O_4$ coated polyvinyl alcohol hydrogel fibers [J]. Science China Materials, 2018, 61(2): 254-262.

[35] DONG K, PENG X, WANG Z L. Fiber/fabric-based piezoelectric and triboelectric nanog-enerators for flexible/Stretchable and wearable electronics and artificial intelligence [J]. Adv Mater, 2020, 32(5): e1902549.

[36] QIN Y, WANG X, WANG Z L. Microfibre-nanowire hybrid structure for energy scavenging [J]. Nature, 2008, 451(7180): 809-813.

[37] ZHANG L, BAI S, SU C, et al. A high-reliability Kevlar fiber-ZnO nanowires hybrid nanogenerator and its application on self-powered UV detection [J]. Advanced Functional Materials, 2015, 25(36): 5794-5798.

[38] BAIRAGI S, ALI S W. A unique piezoelectric nanogenerator composed of melt-spun PVDF/

KNN nanorod-based nanocomposite fibre〔J〕. European Polymer Journal, 2019, 116: 554-561.

〔39〕CHEN H, ZHOU L, FANG Z, et al. Piezoelectric nanogenerator based on In situ growth all-inorganic CsPbBr$_3$ perovskite nanocrystals in PVDF fibers with long-term stability〔J〕. Advanced Functional Materials, 2021, 31(19): n/a-n/a.

〔40〕TALBOURDET A, RAULT F, LEMORT G, et al.3D interlock design 100% PVCD piezoelectric to improve energy harvesting〔J〕.Smart Materials and Structures, 2018, 27(7): 75010.

〔41〕ZENG W, TAO X, CHEN S, et al. Highly durable all-fiber nanogenerator for mechanical energy harvesting〔J〕. Energy & Environmental Science, 2013, 6(9): 2631.

〔42〕ABIR S, SADAF M, SAHA S K, et al. Nanofiber-based substrate for a triboelectric nanogenerator: high-performance flexible energy fiber mats〔J〕. ACS Applied Materials & Interfaces, 2021, 13(50): 60401-60412.

〔43〕WU Y, ZHONG X, WANG X, et al. Hybrid energy cell for simultaneously harvesting wind, solar, and chemical energies〔J〕. Nano Research, 2014, 7(11): 1631-1639.

〔44〕KIM K N, CHUN J, KIM J W, et al. Highly stretchable 2D fabrics for wearable triboelectric nanogenerator under harsh environments〔J〕. ACS Nano, 2015, 9(6): 6394-6400.

〔45〕THOMAS M, RAJIV S. Dye-sensitized solar cells based on an electrospun polymer nanocomposite membrane as electrolyte〔J〕. New Journal of Chemistry, 2019, 43(11): 4444-4454.

〔46〕KABIR F, BHUIYAN M M H, HOSSAIN M R, et al. Improvement of efficiency of Dye Sensitized Solar Cells by optimizing the combination ratio of Natural Red and Yellow dyes〔J〕. Optik (Stuttgart), 2019, 179: 252-258.

〔47〕WEI P, HAO Z, YANG Y.Hollow nickel selenide nanospheres coated in carbon as wateroxygen electrocatalysts〔J〕. Materials Letters, 2021, 305: 130748.

〔48〕O'REGAN B, GRATZEL M. A low-cost, high-efficiency solar cell based on dye-sensitized colloidal TiO2 films〔J〕. Nature (London), 1991, 353(6346): 737-740.

〔49〕SHARMA K, SHARMA V, SHARMA S S. Dye-sensitized solar cells: fundamentals and current status〔J〕. Nanoscale Res Lett, 2018, 13(1): 381.

〔50〕GRATZEL, M, PARK N G.Organometal halide perovskite photovoltaics: a diamond in the rough〔J〕. NANO, 2014, 9(5): 484.

〔51〕何云龙, 沈沪江, 王炜, 等. 柔性染料敏化太阳能电池和柔性钙钛矿太阳能电池关键电极材料研究进展〔J〕. 材料导报, 2018, 32(21): 3677-3688.

〔52〕QIU L, DENG J, LU X, et al. Integrating perovskite solar cells into a flexible fiber〔J〕. Angew Chem Int Ed Engl, 2014, 53(39): 10425-10428.

图片来源

［1］图6-2、图6-3: KWON Y H, WOO S, JUNG H, et al. Cable-type flexible lithium ion battery based on hollow multi-helix electrodes［J］. Advanced Materials, 2012, 24(38): 5192-5197.

［2］图6-4: LEE Y, KIM J, NOH J, et al. Wearable textile battery rechargeable by solar energy［J］. Nano Letters, 2013, 13(11): 5753-5761.

［3］图6-5: ZHANG Y, BAI W, REN J, et al. Super-stretchy lithium-ion battery based on carbon nanotube fiber［J］. Journal of Materials Chemistry A, 2014, 2(29): 11054.

［4］图6-6: YADAV A, DE B, SINGH S K, et al. Facile development strategy of a single carbon-fiber-based all-solid-state flexible Lithium-iIon battery for wearable electronics［J］. ACS Applied Materials & Interfaces, 2019, 11(8): 7974-7980.

［5］图6-7: XIONG W, JIANG Y, XIA Y, et al. A sustainable approach for scalable production of α-Fe$_2$O$_3$ nanocrystals with 3D interconnected porous architectures on flexible Carbon textiles as integrated electrodes for lithium-ion batteries［J］. Journal of Power Sources, 2018, 401: 65-72.

［6］图6-9: BAE J, SONG M K, PARK Y J, et al. Fiber supercapacitors made of nanowire-fiber hybrid structures for wearable/flexible energy storage［J］. Angewandte Chemie International Edition, 2011, 50(7): 1683-1687.

［7］图6-10: LU X, YU M, WANG G, et al. H-TiO$_2$@MnO$_2$//H-TiO$_2$@Ccore-shell nanowires for high performance and flexible asymmetric supercapacitors［J］. Advanced Materials (Weinheim), 2013, 25(2): 267-272.

［8］图6-11: YUN T G, HWANG B, KIM D, et al. Polypyrrole-MnO(2)-coated textile-based flexible-stretchable supercapacitor with high electrochemical and mechanical reliability［J］. ACS Appl Mater Interfaces, 2015, 7(17): 9228-9234.

［9］图6-12: LI M, ZU M, YU J, et al. Stretchable fiber supercapacitors with high volumetric performance based on buckled MnO$_2$/oxidized carbon nanotube fiber electrodes［J］. Small, 2017, 13(12): 1602994.

［10］图6-13: LIAO M, SUN H, ZHANG J, et al. Multicolor, fluorescent supercapacitor fiber［J］. Small, 2018, 14(43): e1702052.

［11］图6-14: QIN Y, WANG X, WANG Z L. Microfibre-nanowire hybrid structure for energy scavenging［J］. Nature, 2008, 451(7180): 809-813.

［12］图6-15: ZHI Z, YING C, GUO J. ZnO nanorods patterned-textile using a novel hydrothermal method for sandwich structured-piezoelectric nanogenerator for humam energy harvesting［J］. Physica E Low Dimensional Systems & Nanostructures, 2018: S1386947718308701.

［13］图6-16: ZENG W, TAO X, CHEN S, et al. Highly durable all-fiber nanogenerator for mechanical energy harvesting [J]. Energy & Environmental Science, 2013, 6(9): 2631.

[14] 图6-17: KIM K N, CHUN J, KIM J W, et al. Highly stretchable 2D fabrics for wearable triboelectric nanogenerator under harsh environments [J]. ACS Nano, 2015, 9(6): 6394-6400.

[15] 图6-18: ABIR S, SADAF M, SAHA S K, et al. Nanofiber-based substrate for a triboelectric nanogenerator: high-performance flexible energy fiber mats [J]. ACS Applied Materials & Interfaces, 2021, 13(50): 60401-60412.

第七章　纺织基可穿戴执行和响应器件

第一节　引言

随着健康医疗、娱乐休闲需求的增加以及老年生活质量等问题的凸显，迫切需要柔性可穿戴设备提高医疗卫生服务水平以及满足生活多样化需求。近年来智能可穿戴电子器件和人机交互技术也得到了快速发展，如现代医疗中的贴合人体监测设备、电子皮肤以及苹果iWatch等可以有效实时感应人体的血糖、血压、睡眠深度、心跳等一系列健康状况。特别是随着人类全面进入人工智能（AI）时代，柔性可穿戴设备更是显示出其重要性。

从本质上讲，智能穿戴器件大致可划分为可穿戴能源器件、可穿戴显示器件、可穿戴传感器和可穿戴驱动器四大领域。自从研究人员首次尝试将智能可穿戴技术引入电子纺织品中以来，人们已经付出了很多努力致力于智能可穿戴电子纺织品的发展，这种纺织品具有多种多样的应用，从时尚到高科技和特定的医疗解决方案。

尽管各种智能导电材料、创新的结构和设计得到了长足的发展，然而，所有智能纺织品的突出问题是它们缺乏对环境做出反应并与之互动的能力，这些信号刺激的来源可以是物理的，也可以是化学的。由于纤维织物的可穿着性以及柔韧性，赋予传统纤维和织物能源管理、传感属性和动态响应能力，提升智能穿戴技术的安全舒适性和主动响应性，开发智慧衣物和友好型人机交互界面，对于进一步提升人们生活质量有着极其重要的意义。

人体皮肤作为人体最大的感觉器官，能够适应动态行为的变化，对广泛的刺激能够做出及时反应，当外界感官刺激传输到大脑后，可以根据反馈信号进行自我调节以适应环境的变化。受人体皮肤灵敏触觉的启发，模仿人体皮肤功能的可穿戴柔性传感器已经吸引了研究人员的兴趣。可穿戴柔性传感器可用来检测应变、湿度、温度以及人体生理信号等信息，能够将外界输入的力学刺激有效地变成电信号，具有高灵敏度、良好的柔性、优良的回复性、耐久性以及形变性能等，可广泛应用在智能交通、运动时尚、智能家居与健康医疗等领域。为了模仿人体皮肤的适应性、敏感性和自我调节能力，人们在电子皮肤的材料创新上投入了大量精力，例如，通过开发可以改变其化学性质的智能导电材料或改性后的物理特性和功能，并通过设计电路将环境刺激转化为实时电信号。智能电子织物不仅可以对环境气体、人体的运动姿势、生理信号（如脉搏、体温、血糖、血压、呼吸、心率和汗液等）等进行监测以及语音手势识别。将其应用在机器人或者义肢上，可以使机器人或肢体缺失者获得响应周围刺激的功能。因此，可穿戴电子纺织品可以强化或新增我们感知世界的能力。然而，一个完整的智能可穿戴系统不仅需要对外界刺激的感知，还需要对信号分析后给予反馈并做出相应的反应。因此，纺织基可穿戴执行和响应器件是完成智能可穿戴系统的重要组成部分（图7-1）。

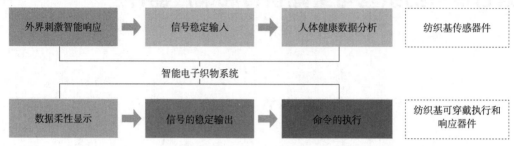

图7-1 智能电子织物系统包括传感、显示与执行器件

　　人机交互作为一种新兴的智能界面，允许人类与机器人或机器人之间的操作、交互和协作，以更高的效率完成工作或解决一些复杂的问题或者危险的任务，其需要能够对反馈信号具有执行能力的智能可穿戴器件。从本质上讲，柔性驱动器件是将其他形式的能量转化为机械能。受益于自然界生物驱动行为的启发以及刺激响应性高分子、纤维材料的快速发展，近年来驱动执行器得到了长足的发展，并逐渐从单一变形驱动功能向集成感知、报告、运动等多功能演化的转变，由此赋予智能可穿戴系统适应环境变化反馈调控以及自主执行任务的"智能"属性，极大拓展了智能可穿戴器件的能力界限和应用场景。

　　软机器人受到生物体的适应性的启发，能够提供出色的机械适应性，能够与人类进行安全友好的互动。柔性纤维及织物为后续设计具有无毒、低驱动电压、高功率密度的高性能驱动器提供了新的平台，可满足机器人在更广泛、更复杂的环境下使用。近年来，一些新颖的智能响应功能的软体机器人在纤维以及织物上实现，并且实现了能量收集、传感器、执行器与纤维织物的无缝集成，进一步推动实现基于纤维织物的机械手和人机界面，并且有望实现远程操作、协助人体运动、援助、人类感知、健康监测、生物医学检测和治疗等诸多应用。由此，智能电子织物成为在外界刺激下可做出主动响应的新平台，具有自驱动、自监测、自修复等多种功能，在人工智能、智能制造、生物医疗、机器人等领域具有广泛的应用前景。

　　另外，将显示功能有效集成到电子织物中也是人类梦寐以求的目标，从而有效融合柔性显示器件功能、纺织方法、织物形态于一体，在衣服上浏览资讯、收发信息、事件备忘，实现人类直接从织物读取信息的新模式，使得人类通过智能电子织物与外界进行有效交互成为可能。开发显示织物，有望彻底改变当前的电子设备，并重塑电子和相关领域（如生物医学和软机器人）的未来。人们逐渐意识到显示器的典型平面结构可能不适用于便携式电子设备和软机器人等各种快速发展领域中对柔性电子产品的需求（图7-2）。为了使平面显示器具有柔性，虽然可以做得很薄，但这也意味着它们在变形时很容易断裂。此外，对于平面显示器，很难实现不规则和曲面的3D扭曲性，以及可穿戴和生物医学应用的透气性。而纤维织物在可穿戴执行和响应器件的应用中具有独特的优势，因为它们可以精确配置和高性能设计，并且能够借助传统的纺织制造工艺如缝纫、编织、针织等制造技术大规模制备智能电子纺织品，并且能够保证良好的耐磨性、亲肤性、耐洗性和耐用性。除了上述优点外，纺织品显示器还可以方便、高效地与外部信号终端（即计算机和大脑）进行通信，以实现蓬勃发展的软智能电子和机器人技术。这对于人机友好的可穿戴

人工肌肉　　　　　　　　　　发光织物

图7-2　纺织基执行与显示器件

执行和响应器件来说是十分有趣与必要的，而且具有广泛的应用前景。

第二节　纺织基发光及柔性显示器件

智能可穿戴电子纺织品代表了一种新兴技术，旨在开发具有多重增强功能的电子产品，织物代表了我们生活中无处不在的元素，因此它是便携式和可穿戴电子设备集成的理想平台。人们已经实现了不同的传感器集成到纺织品中，例如压力传感器、应变传感器、基于电化学晶体管的人体压力传感器、葡萄糖电化学传感器等。将显示器、传感器和其他电子元件集成到纺织品中，在医疗保健、防护服、电磁屏蔽、时尚和运动等领域具有重要应用。发光纺织品可以有不同的应用：传感、时尚、视觉交流、光疗等。很久以来，人们常常因为看到萤火虫能自身发光而非常羡慕，希望自己也可以拥有这种功能，而发光织物可以帮助人们实现这一特定场景的应用。发光纤维/织物的研究最早起始于将发光材料通过一定方式加入纤维/织物中，使纤维或织物具有发光性能。稀土元素由于其独特的电子层结构，能够产生吸收和发射光谱现象，是目前研究较多的发光材料，其已广泛应用于照明、化工、冶金、防伪等领域。由发光纤维或发光材料制成的发光纺织品，以其独特发光性能受到广泛关注，在交通警示、消防应急、服装设计、舞台表演、休闲娱乐等领域有着广泛应用并扮演重要角色。

稀土发光纤维/织物属于典型的"蓄光纤维/织物"。稀土元素具有未充满电子的4f层电子结构，而且4f层电子被外层$5s^2$、$5p^6$电子有效屏蔽。当光线照射到稀土发光材料时，位于稀土离子内层的4f电子则可以有效吸收光，进而从能量较低的能级（基态）跃迁到能量较高的能级（激发态），此时能量被储存在发光材料中；而当稀土发光材料处于黑暗环境时，这些被储存在稀土发光材料中的能量则会被释放出来，电子从能量较高的能级（激发态）跃迁回能量较低能级（基态）或落入中间陷阱能级中，能量则以发光的形式被释放，而落入陷阱中的电子需要再次受到激发跃迁，最终返回基态。因此，稀土发光材料属于蓄光纤维/织物，而基态和激发态之间的能量差值决定了稀土发光材料所发光的颜色。

稀土发光纤维/织物利用稀土材料作为发光体，以聚丙烯、聚酰胺及聚酯等纤维/织物为基底，经过特种纺丝或者织造工艺制成具有夜光性的蓄光型纤维/织物。由于其发光行为主

要受控于稀土发光材料在低能级的基态和较高能级激发态之间的跃迁影响，导致其显示发光难以有效可控，而且难以实现显示图案的迅速切换以满足信号传递的需求。因此，近年来电致发光纤维/织物得到了广泛的关注，本书中将着重围绕电致发光电子纺织品展开。

电致发光纤维/织物将弹性基底材料与发光材料相结合，将传统薄膜功能层进行纤维化，构筑具有多层核壳结构的电致发光纤维/织物。其具有可编织、可穿戴等优势，而且随着智能导电材料的发展以及高性能纤维/织物电极的突破，纤维/织物电极实现了低电压下高的发光强度、力学稳定性以及更优的亮度分布。通过搭配不同发光颜色的纤维材料构成织物实物，实现绚丽的颜色效果。而且相较于传统薄膜基柔性发光显示器件，由于纤维状柔性发光显示器件的独特圆柱形结构，可以实现360°发光显示以及360°弯折变形。于是，近年来基于碳纤维、聚合物纤维、金属纤维、水凝胶纤维、针织/机织纺织品、非织造布等基体的柔性发光显示系统得到了发展。电致发光显示可以通过不同的方式与纺织品进行集成，目前已经研究开发了不同种类的技术：交流电致发光器件、无机和有机以及发光电化学电池等。

近年来，人们开展了广泛的纤维/织物基发光显示研究，以开发具有发光纤维以及织物形式的各种功能器件。在各种功能中，照明和显示功能是可穿戴电子设备中非常理想的功能，显示响应织物是一种可以将发光显示与纺织品相结合用于人类视觉通信的重要智能反馈系统，为先进光电技术和悠久的纺织工业之间的融合带来新的机遇和应用。以柔性、质轻的纺织品为基础的多彩显示器有望改变可穿戴电子产品和时装工业。除此之外，基于发光纺织品的光动力疗法（PDT）近年来也吸引了人们的广泛关注。PDT作为一种局部选择性治疗方法，多用于癌症、新生儿黄疸（高胆红素血症）等治疗，当光敏剂被光子激发时可以与氧反应生成对癌细胞有害的物质，从而杀死癌细胞。光的均匀性是PDT治疗过程中的一个关键难题，而柔性灵活多变的织物基发光系统则可以有效地向人体弯曲表面传递均匀光线，可以有效适应病变靶向区域的复杂性，使病变位置得到有效治疗。

一、纺织基电化学发光柔性器件

电化学发光是指通过电化学反应而导致的发光，电化学发光器件包含两个对电极，以及溶解在盐中的离子导体活性发光材料，当正负电荷通过对电极注入时，夹在两电极之间的发光层将会发生氧化还原电化学反应而发光。其最早的技术源于对有机发光二极管的发光层修饰添加离子以及固体电解质时，发现的一种独特的发光现象。除了共轭聚合物外，过渡金属离子配合物中也能观察到这种发光现象，因此分别称为聚合物电化学发光和过渡金属离子配合物发光，其制备过程及结构如图7-3所示。当没有施加电压时，发光活性层中的电荷是随机分布的，当施加外部偏压时，电场诱导离子重新分布；尤其是阴离子和阳离子向相应的电极迁移，在电极和活性层之间的界面处形成双电层，当外加电压较低时，来自电极的载流子注入受到限制，离子漂移占主导地位并诱导双电层的形成，而活性层的中心部分保持无场；在这些条件下，设备显示低亮度值。当偏压增加时，更多的电荷注入有机层中，导致氧化还原过程。新的电荷种类由位于有机层/电极界面的离子稳定，并形成掺杂区；掺杂可以改善

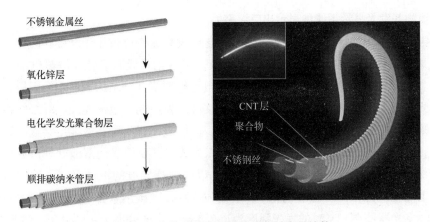

图7-3　电化学发光纤维的制备过程及结构

电极的电荷注入，因为它导致最高占据分子轨道和最低未占据分子轨道能级向费米能级弯曲。随着时间的推移，掺杂区彼此缓慢生长，最终在发射层中形成PIN结。由于高导电掺杂区，注入的电子和空穴有效地移动到本征（未掺杂）结，因此它们重新组合形成激子，通过辐射衰减过程导致"发光"。

这一独特的发光机制，使得电化学发光具有一些优势：首先，每种电极都可以在双电层结构中使用，而不必考虑功函数水平。其次，其典型优点在于装置结构非常简单，夹在两个电极之间的活性层（由电致发光材料、离子和固体电解质组成），可以通过溶液处理容易地沉积；并且可增加活性层厚度，以改善机械稳定性，并减少与热稳定性相关的问题；其简单的结构也避免了短路问题的出现；可以使用高稳定性和非反应性电极，而不会出现降解问题。

当然，电化学发光也存在着自身的缺点，譬如其离子导电的特性，使其反应时间比较长，通常在毫秒到数小时之间，这个特点也使得电化学发光在警示标牌等领域比显示领域更具有优势。此外，要同时兼顾"高亮度、高效率运行"和"长期稳定性"的综合发光性能，其运行寿命仍然是一个需要考虑的问题，只有长寿命电化学发光才能在未来智能可穿戴技术领域实现广泛应用。针对上述电化学发光的缺点，研究人员已经投入大量精力来改善这些缺点。

曼德马克（Mindemark）等最近报道了一种高效、长寿命的电化学发光装置，该装置采用合成的星形支化低聚醚基电解质。因为相关研究发现，决定电化学发光设备性能的主要是电解质，所以他们设计了复杂的电解液，以实现高功率转换效率和长期稳定性。由此产生的电化学发光器件显示出快速开启特性，在$100cd/m^2$下的工作寿命超过$1400h$，并且具有$18.1lm/W$的高功率转换效率。

Tang等利用主体、客体和电解质活性材料的混合系统来抑制激子扩散和猝灭，从而通过定制的陷阱在过渡金属离子电化学发光器件中实现有效的三线态发射。凭借其简易、柔韧以及对基底的包容性，电化学发光被尝试应用于柔性可拉伸显示方面，通过将电化学发光组件嵌入聚二甲基硅氧烷和聚丙烯酸酯等高弹性基底中，可拉伸发光显示器被成功开发出来。在柔性电子织物基发光显示系统中显示出巨大潜力。

人们尝试将电化学技术与织物相结合，电化学发光器件已被用于纤维状的智能可穿戴应用中。通过选择高导电的导电纤维作为阴极，用氧化锌或者氧化镍涂覆电子传输层材料，进一步在纤维表面负载发光层，将透明导电薄膜缠绕在纤维的表面作为阳极，构造出纤维状发光电池。通过调整聚合物发光层可以使纤维发不同颜色的光，让纤维织物更加绚烂多彩，采用编织工艺将纤维组装成发光织物，能够进一步实现在智能可穿戴服装中的应用。Zhang等首次通过简单的涂覆、缠绕的加工方式，基于简易的溶液处理法成功制备了第一个纤维状电化学发光器件，该器件的结构以柔性高导电的不锈钢金属丝作为基底电极，然后上面依次包含ZnO层、电化学聚合物发光层以及碳纳米管电极层。首次制备的纤维状电化学发光器件在13V时的发光强度为609cd/m^2，电流效率为0.83cd/A。更重要的是，该设备性能优越（如发光强度与视角无关），这是由于一维纤维状电子器件可以成功地编织成纺织品。应当注意的是，尽管这些设备是采用全溶液工艺生产的，它们无法避免高温退火过程，这限制了它们在各种普通高分子聚合物纤维材料基底中的应用。Zhang等开发了由两个CNTs电极和绝缘纤维上的发射层组成的纤维基电化学发光器件，他们采用低温加工工艺成功制备纤维状发光器件，但是该发光器件显示出低亮度和效率以及高的工作电压（30V），这是由于该工艺缺乏了ZnO纳米颗粒层高温退火工艺。因此，开发低温甚至常温的有机发光功能层对于制备纤维/织物基显示发光系统具有重要的研究意义。尽管如此，对于广泛的普通高分子聚合物纤维以及织物材料，这种制造工艺被认为是制备可穿戴发光器件的最理想的方法。

Yang等也报道了使用同轴静电纺丝方法在小于微米的纤维基底上制备了过渡金属络合离子发光器件，该电纺纤维具有典型的核—壳结构，以高导电液态金属GaIn为核，以钌（II）三（联吡啶）（[Ru(bpy)$_3$]$^{2+}$(PF6)$^-$)$_2$和聚氧化乙酯（PEO）混合物为壳。纳米纤维垂直于两根钢棒排列，然后，在静电纺丝的纳米纤维上蒸镀70nm厚的氧化铟锡（ITO）电极，并用阴影掩膜绘制图案。由此产生的亚微米纤维基发光器件在5.6V下可以用肉眼观察到电致发光（图7-4）。但由于ITO的脆性，使得该发光显示器件的柔韧性有限，特别是其在高长径比的

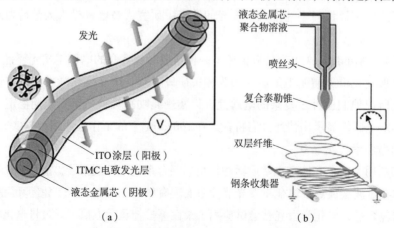

图7-4 基于同轴静电纺丝制备的电化学发光纤维

纤维上蒸镀ITO材料，不仅使工艺较为烦琐，而且造成材料的浪费，开发更加简单有效的制备工艺对于高性能发光纤维/织物是十分必要的。

　　另一种制备纤维基智能可穿戴电子发光器件的直接方法是利用一种基于纺织品的方法，类似于制作柔性或可拉伸的平面型电化学发光器件的方法。相关研究报道了一种基于织物的大面积发光装置，该装置采用镀银铜丝和聚（乙烯萘）单丝纤维。最近，Liang等报道了使用可拉伸、可转移银纳米线（AgNW）-PDMS电极的基于纺织的PLECs，该电极在82%的透光率下显示出低的薄层电阻$9\,\Omega/sq$。由于纤维/织物基电化学发光器件的发光效率一直低于传统薄膜基的发光显示器件，导致纺织基发光显示系统的发展受限，而随着近年来研究的不断深入，纤维/织物基发光显示系统的发光效率逐渐提升，已接近薄膜基发光器件。

二、纺织基直流电致发光柔性器件

　　2014年，诺贝尔物理学奖联合授予日本科学家的赤崎勇、天野浩以及美国加州大学圣巴巴拉分校的美籍日裔科学家中村修二，以表彰他们在发明一种新型高效节能光源方面的贡献，即蓝色发光二极管（LED），为能源节省开拓了新空间。LED具有低功耗和高稳定性等特点，在电致发光领域不可或缺，不仅在背光显示单元，而且在装饰照明和环境友好的光疗等领域也有巨大的应用潜力，将LED应用于智能可穿戴发光系统成为必然趋势。

　　LED的辐射原理基于由P型半导体和N型半导体组成的PN结结构，在PN结中，N型半导体中的电子和P型半导体中价带的空穴流向对面，从而在PN结处形成一个平衡态的耗尽区。在正向偏压下，N区电子和P区空穴被注入内置电势之外的相反层，从而产生辐射复合。根据这种辐射原理，发射波长取决于化合物的类型，如红外用砷化镓（GaAs），红色和黄色用砷化镓磷化（GaAsP），绿色用GaP，蓝色用氮化镓（GaN）等。但是无机基LED通常是刚性的，而且需要先进的晶体生长技术和高温过程，这使得它们通常不适用于诸如柔性、可拉伸和可穿戴电子产品，因为这些产品通常是热敏性的。鉴于LED在照明、显示和生物医学等领域的广泛应用，使得人们努力将高效LED与可伸缩和可穿戴的基材结合起来，同时保持其固有的基底柔韧性。

　　最近，赖因（Rein）等成功地开发了纤维级LED（图7-5）。为了克服之前制造技术的弱点，他们采用热拉伸工艺，成功地将高性能二极管光纤注入具有导电导线（钨或铜）的微细器件中。此外，他们还成功地将这些二极管纤维嵌入实际的服装中。通过光学设计，促进了二极管光纤之间的光信号传输和接收。本研究的意义在于，将LED和光电二极管引入光纤，这是可穿戴应用最基本的一步，展示了可穿戴电子技术的新可能性。此外，李（Lee）等还报道了利用透明弹性胶黏剂（TEA）的转移/黏接过程，将可穿戴的μLED阵列附着在织物上以验证户外可穿戴应用的适用性，可穿戴式μLED阵列在多种测试下显示了耐久性，例如弯曲测试，弯曲半径为2.5mm，10万次循环，10%拉伸，恶劣条件下（如85℃/85%）的稳定性试验等。

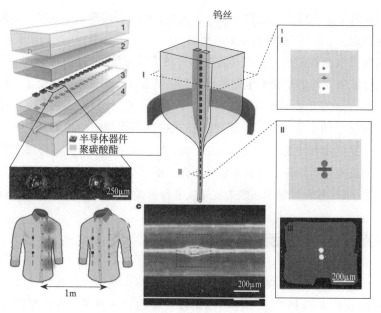

钨丝

半导体器件
聚碳酸酯

250μm

1m

200μm

200μm

图7-5　直流电致发光纤维

三、纺织基交流电致发光柔性器件

近年来，交流电致发光（ACEL）器件也被认为是一种有吸引力的电致发光器件。ACEL通常由底部、顶部电极、绝缘层和发光荧光粉颗粒组成的简单夹层结构（图7-6），当过渡金属掺杂的硫化锌电介质在交变电压下极化时，磷光颗粒发出光与直流电驱动的发光器件（如LECs和LED）不同，交流电驱动的发光器件通过频繁地翻转外加电场来避免电荷积累，这可能会提高工作寿命和功率效率。此外，当连接到50Hz/60Hz、110V/220V的通用交流电源时，ACEL设备不需要昂贵的开关机制或复杂的后端电子电路。使得它具有成本效益和节能，因为当设备匹配110V/220V，50Hz/60Hz电源时，可以避免电源转换器和整流器的功率损耗。然而，高驱动电压仍然限制了便携式设备的实际应用，特别是在可穿戴电子产品方向。因此，在降低驱动电压、提高可穿戴设备的功率效率方面需要进一步的研究。

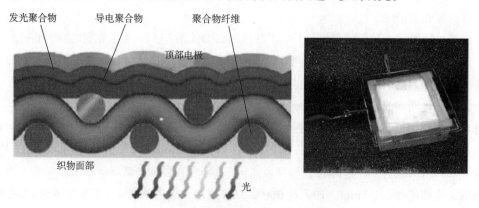

发光聚合物　　导电聚合物　　聚合物纤维

顶部电极

织物面部

光

图7-6　典型交流电致发光器件结构示意图

1935年，德斯特里奥（Destriau）等首次报道了交流电致发光现象。他观察到，将铜掺杂的硫化锌（ZnS）晶体悬浮在蓖麻油中，然后夹在两块云母片之间，在强交变电场的作用下能够有效发光。直到1952年，基于氧化锡（SnO₂）的透明导电电极研制成功后，才制备出第一个真正实际应用的发光器件。它由掺杂的ZnS粉末嵌入介电基体中，夹在两个电极之间组成。今天，ACEL器件以两种不同的方式制造：简单的方法是电介质和磷光体混合在一起，然后作为单层沉积；或者，磷光体沉积为薄膜并夹在两个电介质之间。70多年来，过渡金属掺杂硫化锌（通常为ZnS∶Cu）的ACEL机理在该领域得到了广泛的研究。与LECs、有机发光二极管（OLED）和LEDs的发光机制不同，ACEL的发光机制依赖于发射层中的荧光粉的场致激发。在ACEL器件的发射行为中，有多个步骤是依次进行的。首先，将电荷注入磷光层后，电子和空穴在高电场下加速。其次，激发和电离的发光中心产生电子—空穴对。当辐射复合发生时，激子弛豫回到正常状态，并发出光。由于这种独特的发射机制，ACEL器件只能在两个电极之间有一个发射层，类似于LECs。此外，电极的工作功能也不需要电荷注入。

近年来，ACEL装置的广泛应用已经渗透到现代技术装置中。其良好的亮度、大面积照明、低功耗和耐风化性使ACEL设备能够应用于手表、计算机屏幕、汽车和航空仪表面板的背光。最近，随着对更舒适和方便的设备的需求不断增长，基于灵活和可伸缩技术的可穿戴电子设备变得非常受欢迎，ACEL器件作为可穿戴设备的新概念具有吸引力，因为它们可以简单地由机械变形电极组成，如离子导体、金属纳米线和碳纳米管、无机/橡胶荧光粉发光材料和电介质。

在ACEL器件中，由于其可以融合新型柔性智能导电材料以及可拉伸导电网络结构的设计，可拉伸和柔性电极在机械应变下的电阻变化与发射层的电阻变化相比是相当轻微的。因此，当施加应变时，通过智能导电材料或者电极结构的变化，可以有效转移、消耗外界载荷，在机械形变下电极电导率的变化较小，而且很少影响发射性能。开发一种无机/橡胶磷光发射层，使之成为一种柔性、可拉伸的ACEL器件具有十分重要的意义，这种ACEL器件的可变形特性使其在高应变下比其他类型的发光器件（如LECs或LED）更稳定。

引人关注的是，在曲面纤维/织物衬底上构筑发光功能层时，由于其高曲率通常导致功能层如电子、空穴等不均匀分布，导致纤维/织物基发光材料性能比平面基的产品操作稳定性差、使用寿命较短（由于暴露于湿气和氧气、电子系统中），输入/输出端的高分辨率全彩LED阵列的制备技术仍然受到限制，纤维基材的显示装置与其他可穿戴的电子器件整合难度大等。但是ACEL设备在纤维/织物上的性能容忍度比其他发光器件要好，对于厚度为50~1000μm的ACEL设备，在表面粗糙的织物或纤维上，其仍然可以提供强大的发光显示性能，同时ACEL设备也显示出灵活性，能够用于可穿戴电子设备。此外，当ACEL设备与便携式/可穿戴电子设备集成时，在长时间运行期间的低热辐射性能也很有利。

Wang等报道了全溶液处理的可拉伸ACEL器件，该器件由喷涂银纳米管底部电极、ZnS∶Cu/PDMS发射层和沉积银纳米管作为顶部电极组成[图7-7（a）]，结合PDMS矩阵衍生的PDMS复合层的高可拉伸性，使其保持高达100%的可伸缩性能[图7-7（b）]。这种可伸缩的ACEL设备可以进行面对面扭曲、折叠和180°弯曲，而不会降低其性能。拉森（Larson）等展示了一种具有高度可拉伸性的ACEL皮肤，该皮肤由透明水凝胶电极和掺杂ZnS磷的介电弹性体组成，可以在软机器人中改变其颜色。这种可拉伸蒙皮可以被拉伸至480%的单轴应变而不变形，还可以感知自身的形状变化和外部应力。

尽管织物和纤维的粗糙表面不适合用于开发"电流驱动"发光器件，因为高织物粗糙度表面可能会引发泄漏电流和非辐射衰减过程，但ACEL设备很容易开发，因为其器件结构简单，厚实而坚固。Zhang等报道了纺织基ACEL器件，他们使用介电有机硅弹性体来适应织物的粗糙表面以降低粗糙度对器件性能的影响，表现出很高的变形能力。此外，硅弹性体同样可以作为压力传感器，由于其对各种外界刺激敏感。基于该弹性织物的ACEL在100%的应变下拉伸100个循环后仍然保持98.5%的发光性能，其发光亮度高于70cd/m²。他们还过改变ZnS的掺杂剂，实现了在氨纶织物上显示不同颜色的ACEL发光器件[图7-7（c）]。

Liang等开发了可编织的彩色ACEL发光器件，该纤维基ACEL彩色发光器件浸涂ZnS作为发光层，并使用高纵横比AgNWs作为内电极和外电极，形成典型的三明治发光结构。由于AgNW的机械柔韧性，使得ACEL表现出优越的机械形变容忍性，通过使用有机硅弹性体作为内部介电隔离层以及保护层和封装，防止湿气和氧化性气体侵入发光装置，防止器件性能的退化，器件在长期使用过程中表现出均匀的亮度。在195V电压下表现出202cd/m²的发光亮度。即使在2mm弯曲半径机械形变下，500次循环后亮度仅下降9.1%。当设备反复浸入人造汗液后，其依然保持着高亮度，表明该器件的优异稳定性[图7-7（d）]。

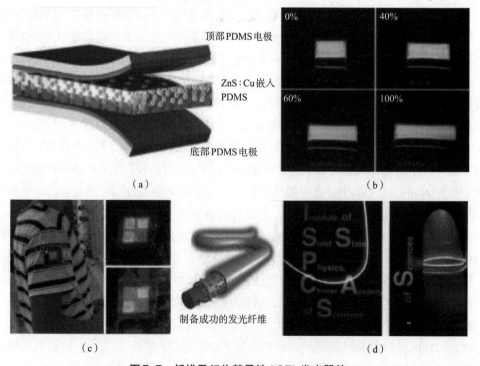

图7-7　纤维及织物基柔性ACEL发光器件

四、纺织基力致发光柔性器件

生活中常见的显示装置如交通显示牌、广告牌等，一直依赖于电驱动，其对于夜间以及大雾等天气需要长时间持续低照明度显然是不利的，亟须不用外部电源供电且能够持续发光的显示照明系统。力致发光技术打破了发光需要电流驱动的局限，其定义为光的产生是由物理机械运动产生，具有力致发光性质的材料因其在新型光源、显示和压力传感器等领域的应用前景而受到广泛的关注。力致发光效应早在1605年因刮糖块能够观察到发光而发现。微尺度（微米、纳米）的硫化锌材料（包括掺杂材料）及其力致发光性能一直引起人们的广泛兴趣而对其研究。

力致发光又称摩擦发光、断裂发光或压电发光，是指固体材料在机械外力作用下，如摩擦、挤压、拉伸、碰撞等机械刺激下，破裂或形变而产生发光，这是直接将机械能转变成光能的一种发光现象。与其他类型的发光相比，力致发光不需要外加电压或紫外光照射等激发源，其环境友好的激发方式使得力致发光材料在应力传感、压光照明和加密防伪等领域具有重要的潜在应用，目前，力致发光电子织物多基于ZnS：Cu的运动驱动的发光织物器件，织物结构为ZnS：Cu和聚二甲基硅氧烷的复合材料。研究表明，ZnS：Cu和聚二甲基硅氧烷的复合材料发光器件可以在一个拉伸周期内可以发射两次，并且连续的光可以通过各种运动发射。力致发光纤维织物制备方法较为简单，所制备的复合纤维可以在拉伸和释放过程中发出强度可调的柔和光。此外，即使在数万次拉伸和释放循环后，力致发光纤维织物的结构和光学性能仍保持良好。通过不同离子的掺杂以及不同的颜色组合，力致发光纤维及织物的颜色可以调整为绿色、黄色或橙色，这些颜色甚至可以组合在一根纤维或者织物中。力致发光纤维织物有效弥补了传统电致发光需要电流驱动的局限，开拓了显示织物的应用领域。

最近，基于ZnS与PDMS之间的摩擦起电而引起的力致发光引起了广泛关注。帕克（Park）等通过运动驱动的摩擦电致发光演示了一种自供电纺织系统。这也是基于力致发光的机理，其源于PTFE纤维与复合材料（PDMS+ZnS：Cu）之间产生摩擦电（图7-8）。它可以通过两种方式运行：内部电场和外部电场。当PTFE纤维挤压ZnS：Cu嵌入PDMS时，PDMS与ZnS：Cu界面分离，并在ZnS：Cu荧光粉周围产生内部电场。另外，它们表面之间

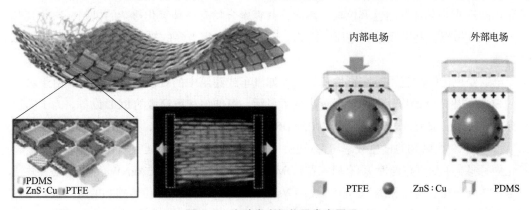

图7-8　力致发光织物及发光原理

的空间会产生一个外部电场，当推力被移除时，两表面就会带相反的电荷。因此，这两种方式产生的电场都能使荧光粉产生电致发光。当由复合纤维和聚四氟乙烯纤维组成的编织织物被拉伸和收缩时，这两种力会导致发射波长为510nm的绿光。由于该发光织物无须电池驱动，而且可以随着人体的运动而发光，因而其在可穿戴智能服装中具有重要的应用前景，尤其适用于电子织物中的应急照明电子产品。

五、其他纺织基发光与显示器件

电致变色是指材料的光学属性（反射率、透过率、汲取率等）在外加电场的作用下发生稳定、可逆的颜色变化的现象，在外观上表现为颜色和透明度的可逆变化。具有电致变色性能的材料称为电致变色材料，用电致变色材料做成的器件称为电致变色器件（ECD）。电致变色器件一般较多用于薄膜类电子器件，由两电极之间的电解质和电致变色材料组成。电极通常发展为柔性透明类型，如ITO、ZnO、银纳米线、石墨烯、碳纳米管和导电聚合物等，其功能层为可以实现电致变色的EC层，可以实现不同颜色之间的变换，典型的EC材料是过渡金属氧化物和共轭有机聚合物。一般情况下，由于施加的偏置或电流，一层EC被还原，另一层EC被氧化，导致颜色由白色变为彩色。相反，当去除偏置后，EC层呈现出原来的白色状态。对于小型ECD，切换过程通常不到几秒，对于较大的ECD，如窗口，切换过程甚至需要几分钟。最近OPPO手机引入了电致变色的功能，可变色的后盖成为该产品的一大亮点。电致变色器件由于其可逆性、颜色变化的方便性和灵敏性、颜色深度的可控性、颜色记忆性、驱动电压低、多色性和环境适应性强等特点，目前已经得到广泛的应用，特别是在电致变色智能窗领域，可用来动态调节环境采光以及室内温度。

自1969年德巴（Deb）首次证明三氧化钨是可逆变色层以来，其他过渡金属氧化物（TMOs）已被广泛研究用于EC层。此外，研究人员还对纳米颗粒、纳米棒和纳米线等纳米结构进行了研究，以缓解包括显色效率和光学对比度在内的性能限制。其他类型的EC材料包括共轭有机聚合物，如聚噻吩、PPy和PANI等。使用π共轭聚合物可以实现诸如灵活性、更高的显色效率、更低的驱动电压和更低的响应时间等特性。因此，可以通过调整带内跃迁来获得各种颜色调色板。然而，共轭聚合物有一种氧化掺杂的机制，导致其对水分、氧气敏感，甚至高偏置电压。因此，还需要付出相当多的努力来提高ECD的稳定性和寿命。

电致变色传统的应用是在刚性基材上，如汽车或建筑中的智能窗户。然而，由于对下一代ECD的更广泛的应用需求，最近出现了灵活、可伸缩和可穿戴的ECD设备。为了实现可穿戴式ECD，研究人员开发了浸泡在PEDOT∶PSS溶液中的氨纶，并通过喷涂功能层形成EC层。为了获得更高的显色效率和稳定性，过渡金属氧化物也被研究以克服刚性无机金属氧化物的弱点（如可拉伸性）。有研究在PDMS弹性体中使用了嵌入AgNWs导电网络，并通过电化学沉积在非连续和纳米岛状的AgNWs上制备了WO_3。外部拉伸施加的应力被PDMS和AgNWs重新定位吸收，而对WO_3不起作用，这使得EC层的降解最小化成为可能。ECD

器件显示了快速的颜色转换响应时间。对于可穿戴设备，使用PDMS将这些ECD设备植入棉织物基板上，以引入AgNWs。真正的可穿戴式显示应用需要纤维电致变色织物，在纤维上实现两个电极需要付出相当大的努力。Peng等使用CNTs和共轭聚合物首次制备了电致变色纤维。他们合成了CNTs/聚二乙炔纳米复合纤维，具有可逆的颜色变化。然而，低可逆性和对外界刺激（pH、温度、化学或机械应力）的高灵敏度限制了实际应用。

随着智能可穿戴技术的出现，人们希望开发出可以适应人体剧烈运动的电子变色织物。有研究将弹性氨纶织物浸没于导电聚合物PEDOT∶PSS中，然后将电致变色材料EC喷涂到织物表面而制得电致变色显示织物[图7-9（a）]。除此之外，解决无机电致变色材料在应力下的机械损坏也是十分关键的问题。研究人员将银纳米线与无机变色材料WO₃嵌入高弹性衬底PDMS中，在外力作用下，机械载荷被高弹性PDMS所吸收，金属纳米线的导电网络结构也得以重构，而未对电致变色材料产生机械破坏，从而使电致变色器件在外界机械形变下仍然保持很高的发光亮度以及稳定性[图7-9（b）]。

图7-9　电致变色显示织物

有机发光二极管（OLED），又称为有机电激光显示、有机发光半导体。OLED属于一种电流型的有机发光器件，是通过载流子的注入和复合而致发光的现象，发光强度与注入的电流呈正比。OLED在电场的作用下，阳极产生的空穴和阴极产生的电子会发生移动，分别向空穴传输层和电子传输层注入，迁移到发光层。当二者在发光层相遇时，产生能量激子，从而激发发光分子最终产生可见光。OLED器件由基板、阴极、阳极、空穴注入层（HIL）、

电子注入层（EIL）、空穴传输层（HTL）、电子传输层（ETL）、电子阻挡层（EBL）、空穴阻挡层（HBL）、发光层（EML）等部分构成（图7-10）。其中，基板是整个器件的基础，在智能电子织物中，弹性织物被选为基板。自1987年第一种双层小分子OLED被成功开发以来，人们一直在为OLED技术的快速发展付出巨大的努力。OLED具有薄、轻、机械灵活性、可加工

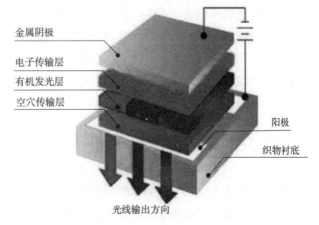

图7-10　OLED类型发光织物结构

性、低制造成本、低工作电压、高功率效率、宽视角、具有无限对比度的发光特性等多功能特性，使其成为下一代固态照明和显示的有前途的候选材料。随着OLED技术的逐渐成熟，在柔性大尺寸电视机和可折叠智能手机上成功实现了可折叠OLED的商用化。

OLED多是基于其多层结构设计，包括电子/空穴注入层和电子/空穴传输层的引入和优化，最大限度地实现电荷平衡。在制备方法上，真空沉积工艺已成为工业上沉积多层结构的首选方法。基于弹性可拉伸基底的OLED器件已经被开发，包括与之适配的可拉伸透明电极。近年来，系列新型石墨烯、碳纳米管、金属纳米线等柔性可拉伸透明电极被用于开发可穿戴OLED。考虑到纤维的高曲率表面以及织物表面的高粗糙度，开发OLED基可穿戴器件仍有许多关键技术难题亟须突破。

OLED上述的这些引人注目的特性，如低工作电压、机械灵活性、超薄和质轻等，使其能够用于便携式应用，尤其是可穿戴电子产品。然而，它们的厚度（几百纳米）会对OLED器件在粗糙、弯曲的光纤表面上的稳定性产生不利影响。因此，在开发纤维或织物基板上的OLED时，关键因素是在光纤或织物基板上均匀地生产包含OLED器件的薄膜，或者，在尽可能保持其固有特性的同时将这些基板压平。到目前为止，已经有几种方法成功地在纤维和织物基板上开发了OLED。2007年，奥康纳（O'connor）等报道了第一个在480μm厚聚酰亚胺（PI）涂层二氧化硅纤维上制备的纤维状发光器件。使用旋转真空蒸发法将得到的光纤形状的荧光OLED共沉积在纤维的整个表面上。在制造工艺方面，该研究采用的旋转真空蒸发工艺成本高，不适合大规模生产。然而，考虑到高真空热蒸发工艺主要用于工业化生产的商业化OLED面板，这一研究仍具有重要意义，成功将平板基板上热沉积的高效多层OLED应用于纤维状基材上。

最近，权（Kwon）等报道了基于溶液处理（浸渍涂覆）与热蒸镀相结合制备OLED发光显示织物的过程。该方法为低成本、大面积批量生产OLED器件提供了有效的方案。目前，制备纤维/织物基柔性OLED发光器件都是基于溶液处理底部电极以及功能发光层，然后通过热蒸镀法制备顶部电极。同样，基于对该工作的改进，除了将顶部电极360°全部覆盖纤维之外，也可以部分蒸镀纤维的表面作为电极，而未被蒸镀覆盖的部分用于高效发光。值得注意的是，由于OLED器件对于衬底以及各功能层的粗糙度要求比较苛刻，因此，导电聚合物PEDOT经常被用来平衡器件的粗糙度，通过多次浸涂PEDOT：PSS来达到衬底以及功能层的平坦化，从而规避由于粗糙度过高导致的器件短路甚至失效，然而，PEDOT：PSS的平坦化同样也会导致发光效率降低。因此，在实际制备纤维/织物基OLED显示织物的时候需要综合考虑各方面性能。

此外，纤维状OLED的直径已经通过控制将纤维从溶液中提拉出的速度进行有效调控（300~90μm），这意味着更灵活的纤维状OLED可以随着纤维直径的减小而获得。此外，相关研究证明，这些设备可承受3.5mm的弯曲半径，可以有效编织成衣物（图7-11）。通过原子层沉积（ALD）法在发光纤维表面沉积Al_2O_3，通过沉积50nm厚的Al_2O_3即可有效提高器件的操作稳定性，即使在电流驱动下连续工作80h，仍然可以保持高稳定性。然而，封装材质通常较脆，降低了纤维状器件的柔韧性。

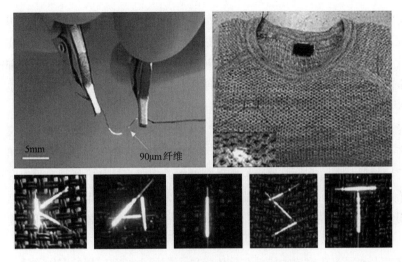

图7-11　纤维/织物基OLED发光器件

第三节　纺织基自驱动器件

　　智能可穿戴系统与外界信息的交互，不仅体现在其对外界的灵敏传感，也需要其对外界刺激的响应与执行。执行器需要将外部能量转换为某种动作如机械形变，确保其能够在外部激励下提供机械形变行为或者反应（如动作或变形等）。智能驱动器通过拉伸、收缩、扭转等变形的组合，可以实现不同类型的机械运动，例如弯曲、滚动和跳跃等系列动作。软体机器人需要柔性驱动器，例如通过人工肌肉举起、拉伸或搬运物体来执行某些工作。另外，在高级智能可穿戴系统的开发中，还需要集成感知、信号传输以及控制功能的驱动器，这进一步激发了对多功能的高性能驱动器的需求。然而，由于传统的刚性执行器（如电动机、气动执行器、液压执行器等）通常比较笨重，而且噪声和硬度太大，导致传统执行器不适用于柔性智能电子织物可穿戴系统的集成。近年来，柔性软体执行器得以迅速发展，并在柔性机器人、人机交互、智能传感、健康护理、医学辅助治疗及能量捕获、收集和转换等领域得到广泛应用。与刚性传统执行器相比，新型软体/柔性驱动器具有高度柔韧性、质轻、操作简便、易于集成和安全性高等优点，能够与传统纺织加工技术相结合，通过机织、针织、缝纫或浸没涂覆等工艺将功能材料在纤维/织物等衬底上集成织物基驱动器。

　　根据驱动响应材料的不同，柔性智能驱动器可分为加捻纤维/纱线、形状记忆聚合物、介电弹性体水凝胶、液晶高分子、导电聚合物及天然材料等。

　　具有加捻结构的纤维/纱线可以通过对纤维基体材料实施加捻来产生拉伸和扭转驱动，而将该加捻纤维/纱线卷曲成弹簧状螺旋结构则可以进一步增大其伸缩驱动的行程范围。基于机械加捻的纤维/纱线近年来得到了广泛的研究，其可以对热、溶剂吸收或渗透、电化学和光等刺激产生响应从而产生机械形变。

形状记忆聚合物基驱动器也是近年来发展比较迅速的一类柔性执行器，其可以表现出拉伸和扭转驱动等机械形变行为。通过预变形以及升温固定聚合物链段，可以预先设定聚合物的暂时形状；进而通过升温使聚合物链重新被激活，驱动器形状回复到变形之前的形状。形状记忆聚合物基驱动器可以显示单向和双向驱动，其具体行为取决于不同聚合物结构设计产生的可逆或不可逆的交联点。

介电弹性体基驱动器则是一种由柔性电活性聚合物构成的驱动器，顾名思义，其需要外界电刺激产生形变行为，具有变形速度快、驱动应变大、轻便等优势，在软体机器人领域有着广泛的应用前景。通过在介电聚合物驱动器两侧的电极上施加电压，在静电吸引力的作用下沿驱动器厚度方向压缩，同时驱动器横向尺寸增大。堆叠多层聚合物驱动器或设计管状结构及"弹簧状"弹性结构可以放大驱动行程范围、实现伸缩驱动，而且可以提供较大的驱动力。

水凝胶基驱动器因其柔软的特点在软体机器人领域中具有广阔的应用前景。水凝胶作为一种重要的刺激响应材料，其可以在温度、pH、电、光等外部刺激下产生形状变化。机械形变是基于聚合物链的形态变化导致其在溶剂中的溶解度改变而引起的。最近研究发现，其他类型的外界刺激，例如湿气、溶剂和磁场等也可以使水凝胶产生驱动行为。

液晶高分子基驱动器也可以完成拉伸和扭转等驱动行为，在热或光驱动时液晶高分子从向列相转变为各向同性相，进而完成驱动行为。驱动前通过多种方式如拉伸取向、表面取向等对液晶高分子前体进行预先加工，可以实现液晶高分子对热/光等刺激的响应行为而产生伸缩或扭转驱动。液晶高分子基驱动器还可以通过在驱动期间对聚合物交联网络的影响表现为不可逆或可逆的致动。

导电聚合物可以设计为电化学驱动器。当给聚合物施加电压时，它可以响应电刺激从而表现出可逆的伸长驱动行为，当移除电压时又可以回复为原状。使用不同类型和结构设计的导电聚合物可以提升柔性驱动器的驱动行程、驱动能力以及驱动做功能力。从外观结构上来讲，导电聚合物也可以通过加工演变为一维纤维/纱线基驱动器。

除了上述合成材料，某些天然材料在受到外部刺激的时候（如湿度）也可以产生拉伸和扭转等驱动行为，例如蜘蛛丝和蚕丝等。蜘蛛丝是由蜘蛛的腺体分泌的一种生物蛋白质纤维，其具有其优异的力学性能、精巧的分级结构和潜在的应用前景。蜘蛛在其生命历程以及捕食过程中，会因生存需要或外界刺激产生多种性能和功能不同的丝，其中以大壶状腺丝力学性能最为优越，被誉为"生物钢"。相关研究显示，蜘蛛丝这种大壶状腺丝对水/湿气尤为敏感，具有"超收缩"性能，当相对湿度达到一定水平时，其可在长度方向上表现出高达50%的收缩。蜘蛛丝的超收缩性能使其在人造肌肉或柔性可拉伸驱动器领域具有潜在的应用价值。对于蜘蛛丝而言，其扭转驱动强烈依赖于天然纤维材料内部的扭转结构，同时它还可以表现出可逆和不可逆的伸缩驱动。当蜘蛛丝暴露于湿气中可以观察到其不可逆的超收缩现象，同时由吸收水分造成的蜘蛛丝体积膨胀也可产生可逆驱动。基于蜘蛛丝的"固—液"过渡效应还可以设计一种可逆驱动，蜘蛛丝在驱动过程中会在液滴中弯曲并收缩成线圈。可以看出，通过不同软体驱动材料以及相应柔性结构的设计，可以开发出多功能的执行器。

　　根据外部激励，柔性驱动器可分为热执行器、电化学执行器、湿度执行器、光学执行器、形状记忆驱动等。当纺织基驱动器受到外部刺激如电化学、温度、压力、湿度、光等时，它可以在一维、二维或三维方向上产生位移，响应地做出收缩、伸展或旋转等反馈行为（图7-12）。例如，扭曲纤维可用于强大的人造肌肉，并可将刺激时的体积扩张转化为扭转旋转或轴向收缩，这是源于它们的纤维螺旋结构。随着捻度的增加，纤维内部产生扭转应力，纤维体积膨胀使扭转应力增大，导致纤维解捻。此外，编织或编织驱动纤维纱线可以被进一步编织成织物驱动器，获得更高的驱动位移和驱动力以生产更加积极的反馈响应，这些智能响应对于人类自我保护以及提高生活质量具有重要的意义。在外部刺激中，由于可以控制机器人以及传感器的供电，因此电刺激表现出更大的潜力，能够使大部分机器人部件实现高度集成智能系统。同时，将纤维和织物有效合理设计也可以作为电源，从人体或周围环境中收集以及储存能量。

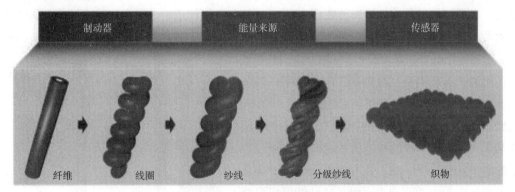

图7-12　从纤维、纱线到织物的柔性执行器件

　　近年来，越来越多的努力致力于发展用于自供电可穿戴纤维/织物基驱动系统，驱动能既可以来自外部热能、机械能、水能、太阳能、光能等，也可以来自纤维织物的摩擦发电/压电等。这些自供能设备可以使驱动器和传感器无缝集成，简化纤维织物操作系统。对于可穿戴设备来说，电源或传感器连接起来可以更友好地人机交互，建构更智能的人机交互，实现更加智能的响应执行。本节重点围绕不同刺激驱动的纤维/织物驱动器展开。

一、纺织基电驱动柔性器件

　　电是最常用的驱动能源，因为它容易获得而且可控。所有的电参数，如电压、电流等，均可以精确地输出和控制，此外电驱动响应速度快，驱动器可以具有多样性的优势，因此，科学家们开发出了不同类型的可以依靠电力的纤维及织物基驱动器。导电纤维纱线在电流通过时，由于扭曲纤维在电流—磁力或静电力作用下距离的变化而被驱动。在电化学驱动的情况下，电荷插入多孔电极，诱导体积变化和应变导致驱动等。压电材料将在外加电场下响应产生机械形变，压电聚合物譬如聚偏氟乙烯（PVDF）、聚偏氟乙烯氟共三氟乙烯（PVDF-TrFE）、尼龙、聚脲等均可以加工成纤维织物的形式而产生驱动。电化学驱动扭转纤维可以直接将电能转化为机械能，这对低电压驱动的发展具有重要意义。能源效率是电化学驱动纤维织物的一个重要因素。与热膨胀驱动相比，电化学驱动有两个优点：其效率不受卡诺效率的限制，无须大量电能的输入即可维持行程。

CNTs纤维是最常用的电驱动材料。美国国家工程院院士鲍曼（Baughman）在相关方面开展了大量研究工作。2011年，Baughman和合作者利用加捻CNTs纤维研制出了超强人工肌肉，这种驱动器可以在590r/min的转速下产生15000°的扭矩。扭转人工肌肉还可以利用电磁效应将机械能转化为电能，可以作为发电机产生电信号，也可以作为传感器利用电信号检测旋转。具有电热、扭转的人工肌肉纤维可以举起比同样直径的人体骨骼肌所举起重量重25倍的重物。这些全固态的扭转和拉伸人工肌纤维在微机械设备中具有很好的应用前景，如在微流体和医疗导管中执行控制阀和搅拌液体等功能。随后，科研人员研制出了卷曲的电化学动力的碳纳米管人工肌肉纤维，可用于全固态平行肌或编织肌，无须液体电解质。这种电化学人工肌肉纤维的收缩能量转换效率为5.4%，是三电极体系中电化学驱动碳纳米管人工肌肉的4.1倍。除了电荷插入引起的体积变化，导电纱也可以直接通过电流驱动来改变纤维距离。凯姆（Kim）等尝试开发了一种全固态纤维基人工肌肉，有效避免了复杂的三电极体系、液体电解质的使用以及烦琐的封装后处理，可以在5V的低驱动电压下产生较大的扭转（53°/mm）（图7-13）。虽然这些纱线基电机械驱动器在通过很小的电流的情况下，也可以在空气、溶剂等环境下工作并产生大的驱动力，但是这些纱线需要持续的能量供应以维持其形变状态，限制了其应用领域。

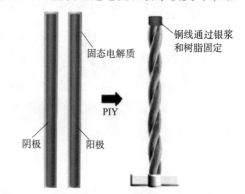

图7-13　电驱动执行器

二、纺织基光驱动柔性器件

阳光是无处不在且取之不尽的能源，光驱动响应器（非光热效应）源自分子顺序、两亲性、分子构象以及共轭结构的变化。近年来，光驱动型纤维织物因其光来源丰富、无电磁干扰、可远程控制等优点引起了人们的广泛关注。它们可以在光刺激下产生可逆的机械变形，软机器人、传感器和仿生设备方面显示出应用前景。液晶（LCs）是最常见的光响应性晶体材料，具有快速和可逆变形的优点。驱动原理是基于光诱导的分子聚合物网络的重新排列。LCs基中空纤维致动器具有双层结构，EVA管作为柔性基板，内表面覆盖有一层LCs。中空纤维中充满了各种液体弹头，可以用光推动。光照时，LCs分子重新定向，分子变形引起毛细管力变化，从而推动液体的运动。研究表明，液体弹头沿预设方向被推进，甚至以0.4mm/s的速度爬上斜坡。通过串联和并联连接多个微型泵，提高了微型泵的性能。由于灵活性，光纤微型泵可以定制成不同的结构，如螺旋和循环。此外，LCs基中空纤维致动器由于其光诱导特性显示出优异的可靠性、自愈性，在可穿戴和可植入集成微流体系统中表现出潜在应用。

受刺激反应系统分子运动能够转化为宏观运动的启发，Chen等开发出通过超分子马达的分层自组装驱动的人造肌肉。分子马达被基团修饰以获得光响应性和两亲性，排列的分子马达的旋转被累积、放大和传播以提供宏观运动。通过紫外线照射，人造肌肉向着光弯曲并成功举起一张纸。然而这行执行器的可逆性以及重复性很差，需要花几个小时在黑暗中加热到50℃以恢复其原始构象，并且在第二次用紫外光照射时它只能弯曲到45°的形变，因此该驱动器的应用受到局限。但值得肯定的是，其通过分子水平的自组装设计驱动器提供了一种有效的设计思路。Wang等通过湿法纺丝和捻线插入制造了聚丙烯酸钠（PAAS）/GO复合加捻纤维人造肌肉，该肌肉可以在近红外辐射下在25℃的驱动温度下旋转，通过从GO表面蒸发吸收的水，导致扭曲的纤维收缩。Wang进一步使用类似技术设计了海藻酸钠（SA）/GO扭转纤维人造肌肉。该肌肉在红外光刺激下产生快速可逆的旋转和伸长/收缩。由光刺激驱动的人造肌肉纤维也可以通过使用其他光响应复合材料的旋转和扭曲插入技术以及通过将CNTs薄膜扭曲成纤维来制造（图7-14）。但是光驱动执行器受天气以及光照强度等不确定因素的影响，导致该类执行器件的应用受到一定约束。

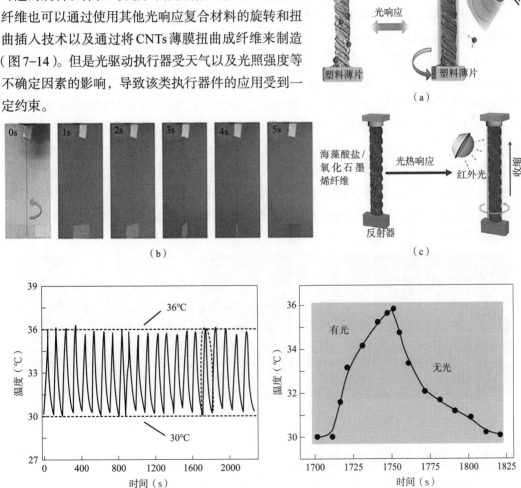

图7-14 光驱动执行器

三、纺织基热驱动柔性器件

热性能是材料最重要的基本性能之一，它关系到材料的重排、膨胀、熔化、分解等响应行为。热驱动是利用材料的热膨胀来驱动扭曲纤维织物的机械形变，可以通过焦耳加热、对流加热或光热响应来实现，因此其显示了热驱动的显著优势，具有高度可控和可远程操作的优势。典型的例子是具有半结晶结构的聚合物纤维材料，例如，尼龙和聚乙烯钓鱼线热响应驱动可以通过在纱线中加入热响应复合物来实现。低温驱动是通过将复合物功能材料渗透到扭曲纳米纤维纱线的缝隙中来实现的。功能材料的体积热膨胀改变了纳米纤维之间的距离，使纱线变形。功能材料通常是低温熔化的材料，如蜡或液态金属。蜡在约40℃融化，并提供30%的体积膨胀，从而驱动主纱解捻，并提供收缩和扭转驱动。由于界面能的关系，液体蜡即使没有包裹，也会被限制在纱的缝隙中。冷却后，蜡会凝固并收缩回原来的体积，使纱线恢复扭曲的结构。依赖蜡熔化的驱动具有高周期寿命、高能量和功率密度。此外，复合功能材料还可以填充到一个空心微管，以实现驱动和刚度柔韧性的变化。

鲍曼（Baughman）等开发了一种加捻扭曲纤维驱动器，也称为人工肌肉，将聚乙烯和锦纶进行加捻得到高度螺旋的结构。当温度在25~95℃时，两种聚合物纤维的可逆体积变化约2%。捻度插入技术有效地放大了拉伸行程，导致卷曲纤维人工肌肉收缩高达49%。这种基于钓鱼线的扭曲纤维人工肌肉具有工作性能好、耐久性高等优点。这些材料的低价格和高重复可用性为人工肌肉纤维的仿生应用打开了一扇新的大门。例如，受人类手部解剖学的启发，锦纶卷曲人造肌肉可以用来构建人工手指（图7-15），其由锦纶、导电镀银纤维、聚酯纤维和棉纤维织成。12块平行的102μm直径的锦纶卷曲人工肌肉可以举起3kg重的物体。与单根大直径肌纤维相比，该结构具有较大的比散热面积和较低的响应时间。卷曲纤维肌肉的热诱导扩张可用于智能服装，通过打开材料孔隙增加穿戴者的舒适度，卷曲纤维肌肉的热诱导收缩可用于减少防护服的孔隙度，以保护应急人员免受高温伤害。

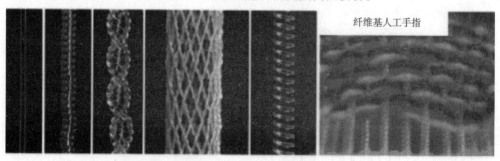

纤维基人工手指

图7-15 热驱动执行器

四、纺织基溶剂及气驱动柔性器件

（一）纺织基溶剂驱动柔性器件

吸湿性是许多纤维织物的本有的物理特性，由于纤维以及材料吸收溶剂，质量的交换将导致体积的膨胀变化。例如，棉纱、丝纤维或纤维素纳米纤维可以吸水膨胀，CNTs纱线在吸收有机溶剂时可以膨胀。与石蜡的体积热膨胀相比，一些交联纤维通过溶剂吸附或渗透的体积膨胀大于30%，有些情况下甚至可以接近400%。

许多溶剂反应纤维人工肌肉已经实现了拉伸和扭转驱动。非对称双层结构也是实现溶剂及蒸汽驱动的有效策略。夏因（Shin）等将两种常见材料聚环氧乙烷和聚酰亚胺结合，开发了一种水/湿度响应驱动器。活性层是基于定向静电纺丝制备的定向环氧乙烷纳米纤维层。排列好的纳米纤维限制了沿纤维长轴方向的膨胀，从而也增强了垂直方向的膨胀。经试验和理论验证，排列后的纤维具有更快、更强的响应特性。该研究团队利用双层驱动器构造了一个湿机器人。该机器人的腿被设计成具有非对称结构的驱动器。在周期性的湿度变化下，通过执行器的可逆弯曲实现了机器人的单向运动。此外，在存在垂直湿度梯度的区域，通过周期性地向上（湿度低区域）和向下（湿度高区域）弯曲，可以实现自动持续爬行。采用非对称结构和材料设计的自维持自动机器人，也可以可用于清洁湿表面或消毒皮肤，对于开发高性能智能执行响应器件具有重要的意义。

南开大学刘遵峰团队开展了大量开创性工作，团队研发出新型"智能烫发新技术"（图7-16），利用加捻和冷烫技术制备了可以自行固定的头发驱动器，可通过感知湿度实现自动伸缩，实现长发短发间的智能转换。头发是一种由丰富角蛋白组成的天然生物材料，具有高拉伸强度、高隔热性、完全的生物降解性以及容易获得等优点。由于头发中 α-角蛋白对水具有高灵敏响应特性，因此纤维状头发非常适合制备自固定的人工驱动器。将加捻后的头发纤维用硫代乙醇酸铵溶液还原，打开原来存在的S—S键形成—SH键。然后，在月桂胺氧化物溶液中氧化S—S键重组形成新的交联网络，以保持头发纤维的捻度，从而实现"智能烫发新技术"的自固定。该驱动器可以通过控制从—SH键到S—S键的氧化程度，来实现自固定驱动器的可逆性和不可逆性的调控。这种优异的驱动性能取决于头发纤维吸水后角蛋白内氢键断裂和相关的结构转化造成的体积膨胀，宏观测试表征证实了这一湿度驱动的高效性。此外，该团队还基于蚕丝纤维吸水后诱导蛋白内氢键的损失和相关的结构转化，实现了

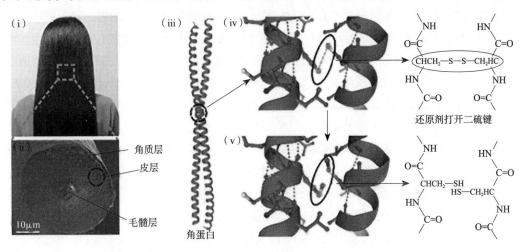

图7-16　溶剂及蒸汽驱动执行器

蚕丝织物在水雾和湿度驱动下扭转、拉伸和收缩驱动，制备出了"懒人衬衫"。

（二）纺织基气驱动柔性器件

除上述几种外界刺激响应性柔性驱动器之外，气动驱动器也是智能可穿戴执行器的一种常见形式，可通过气压变化来改变材料的形状。例如，针织纺织品、机织纺织品和中间的薄安全气囊已集成在一起，用于制备织物基气动驱动器。当中间气囊充气时，会产生一系列多个角度的自由活动。但这一类驱动器也具有体积较大、外部压缩机设备对材料密闭性要求高等局限。

五、各类纺织基柔性器件的局限性

应当注意的是，每种驱动器都有着其优势与相对局限性。虽然柔性驱动器如电执行器、气动执行器有着快速高效的执行效率和响应，但其均需要额外设备等，因而受到限制；而对于离子驱动器等则又面临着极慢的响应或恢复速度；虽然热驱动执行器可以从环境中获取热源和快速的响应以及恢复等，但其热膨胀系数的精细匹配与设计仍然需要深入研究以实现高效驱动。引人关注的是，基于天然纤维的湿度驱动器，提供的输出机械应变、压力和驱动能力比动物骨骼肌和许多由合成材料制成的执行器要高几个数量级，其使得人们对于开发高效的人工肌肉、人体假肢等充满了期待，在开发高性能纤维/织物基柔性响应执行器件方面有着重要的应用前景。

此外，织物基驱动器仍然面临着一些挑战。第一，织物基柔性驱动器产生的力和运动相较于传统刚性驱动器件仍然相对很小。第二，织物基柔性驱动器驱动面临着可逆性较差的问题。第三，织物基柔性驱动器还面临着驱动不可精确控制的局限。因此，织物基柔性驱动器仍需要深入研究以实现其在智能可穿戴系统的响应、执行等应用。

本章小结

在纤维织物基发光显示响应方面，纤维状ACEL器件具有出色的延展性，易于制造，但必须解决超过200V的高工作电压，这限制了它们在便携式智能可穿戴应用中的适用性。无机LED在器件稳定性和功率效率方面优于其他发光显示设备，因此它们经常被用于生物医学应用。然而，它们的刚性本质限制了其在可穿戴电子产品中的实际应用。OLED凭借其薄、轻、机械灵活性、低工作电压和高功率效率等多功能特性，在下一代柔性显示器中占据了优势，而且技术已经成熟，弥补了前面二者固有的缺点。然而，由于OLED是由几十纳米厚度的功能层组成的，考虑到纺织行业精确的批量生产方法，其很难制备OLED。此外，必须开发一种可清洗的封装技术用于实际应用，并考虑可穿戴电子产品的安全性。在设备制造方面，由于服装中含有大量的纤维，目前行业中使用的真空沉积成本较高，不适合在纺织行业大批量生产。因此，为了实现低成本制造，需要开发新的制造工艺，如可采用模压、喷涂、浸涂等简易工艺，不仅可以降低其生产成本而且可以实现其批量化生产。

除了电致发光器件外，力致发光纤维织物在可穿戴设备的应用中也受到了广泛关注，因为它们的辐射发光可以在不使用电池供电的情况下通过拉伸等机械运动来激发。而且纤维织物基发光显示由于其圆柱形状，使其可以360°发光显示，这是薄膜类器件所无法比拟的。由于纤维织物基的照明设备可以贴合在离人体非常近的地方，包括光激活治疗和个性化健康监测在内的多种智能应用。在未来的发展上，必须采用可清洗和可穿戴的封装和钝化技术，以避免有毒成分如电解质或纳米颗粒的泄漏。此外，未来的研究重点必须放在多功能集成的电子器件上，而不是局限于某一单元的开发，这是大多数过去的研究所忽略的，相信在不久的将来先进的纤维电子技术将与传统的纺织工业发生革命性融合，在智能可穿戴领域大放异彩。

受生物有机体主动响应外界刺激的启发，开发具有自我调节、响应执行的智能可穿戴系统引起了人们极大的兴趣，它关乎着智能可穿戴系统与外界环境的智能交互，可以将外部的各种类型刺激转换为持续的、周期性的机械驱动。虽然刺激响应执行材料的开发探索尚处于初级阶段，但是其优异的性能以及广阔的应用前景，让人们对其在智能可穿戴系统的革新充满了期待。纤维织物响应执行器是传感、驱动、能量提供三者的有机融合，从而使智能可穿戴系统对电、热、光、溶剂、气等外部刺激具有不同的响应功能。电驱动具有更精确的操作和可控性，但其需要持续的电源供应，增加了系统集成的难度，开发自驱动响应器件是未来的发展趋势。相比之下，温度变化、湿度变化、溶剂/代谢物或光学刺激等则可以有效避免这些缺点，但是其响应速度以及可靠性仍有待突破，包括需要对纤维和织物从热传导、机械运动、水、太阳能辐射等方面收集能量的能力进行改性。同时对执行响应器件的开发需要进一步将材料、化学、电气和纺织工程技术结合起来，多学科融合交叉，开展更为复杂的响应执行驱动结构、系统、功能设计。相信不久的将来，随着电子纺织品与可穿戴技术的不断交叉融合，具有感知、信号传输、显示以及指令执行驱动的智能电子纺织品将会走进现实生活。

参考文献

［1］ZHANG Z, GUO K, LI Y, et al. A colour-tunable, weavable fibre-shaped polymer light-emitting electrochemical cell［J］. Nature Photonics, 2015, 9(4): 233-238.

［2］MINDEMARK J, TANG S, WANG J, et al. High-performance light-emitting electrochemical cells by electrolyte design［J］. Chemistry of Materials, 2016, 28(8): 2618-2623.

［3］TANG S, SANDSTRÖM A, LUNDBERG P, et al. Design rules for light-emitting electrochemical cells delivering bright luminance at 27.5 percent external quantum efficiency［J］. Nature Communications, 2017, 8(1): 1-9.

［4］ZHANG Z, ZHANG Q, GUO K, et al. Flexible electroluminescent fiber fabricated from coaxially wound carbon nanotube sheets［J］. Journal of Materials Chemistry C, 2015, 3(22): 5621-5624.

［5］YANG H, LIGHTNER C R, DONG L. Light-emitting coaxial nanofibers［J］. ACS Nano, 2012, 6(1): 622-628.

［6］LIANG F C, CHANG Y W, KUO C C, et al. A mechanically robust silver nanowirepolydimethylsiloxane electrode based on facile transfer printing techniques for wearable displays [J]. Nanoscale, 2019, 11(4): 1520−1530.

[7] REIN M, FAVROD V D, HOU C, et al. Diode fibres for fabric−based optical communications [J]. Nature, 2018, 560(7717): 214−218.

[8] LEE H E, LEE D, LEE T I, et al. Wireless powered wearable micro light−emitting diodes [J]. Nano Energy, 2019, 55: 454−462.

[9] DESTRIAU, G. Recherches sur les scintillations des sulfures de zinc aux rayons. [J]. J. Chim. Phys, 1936, 33: 587−625.

[10] VERBOVEN I, DEFERME W. Direct printing of light−emitting devices on textile substrates [J]. Narrow Smart Text, 2017, 259–277.

[11] WANG J, YAN C, CHEE K J, et al. Highly stretchable and self-deformable alternating current electroluminescent devices [J]. Advanced Materials, 2015, 27(18): 2876−2882.

[12] WANG J, YAN C, CAI G, et al. Extremely stretchable electroluminescent devices with ionic conductors [J]. Advanced Materials, 2016, 28(22): 4490−4496.

[13] LARSON C, PEELE B, LI S, et al. Highly stretchable electroluminescent skin for optical signaling and tactile sensing [J]. Science, 2016, 351(6277): 1071−1074.

[14] ZHANG Z, SHI X, LOU H, et al. A stretchable and sensitive light−emitting fabric [J]. Journal of Materials Chemistry C, 2017, 5(17): 4139−4144.

[15] LIANG G, YI M, HU H, et al. Wearable electronics: coaxial-structured weavable and wearable electroluminescent Fibers [J]. Advanced Electronic Materials, 2017, 3(12): 1770052.

[16] PARK H J, KIM S M, LEE J H, et al. Self−powered motion−driven triboelectric electroluminescence textile system [J]. ACS Applied materials & Interfaces, 2019, 11(5): 5200−5207.

[17] KWON S, HWANG Y H, NAM M, et al. Recent progress of fiber shaped lighting devices for smart display applications—a fibertronic perspective [J]. Advanced Materials, 2020, 32(5): 1903488.

[18] XIONG J, CHEN J, LEE P S. Functional fibers and fabrics for soft robotics, wearables, and human−robot interface [J]. Advanced Materials, 2021, 33(19): 2002640.

[19] LIM M S, NAM M, CHOI S, et al. Two−dimensionally stretchable organic light−emitting diode with elastic pillar arrays for stress relief [J]. Nano Letters, 2020, 20(3): 1526−1535.

[20] PENG H, SUN X, CAI F, et al. Electrochromatic carbon nanotube/polydiacetylene nanocomposite fibres [J]. Nature Nanotechnology, 2009, 4(11): 738−741.

[21] DING Y, INVERNALE M A, SOTZING G A. Conductivity trends of PEDOT−PSS impregnated fabric and the effect of conductivity on electrochromic textile [J]. ACS Applied Materials & Interfaces, 2010, 2(6): 1588−1593.

［22］INVERNALE M A, DING Y, SOTZING G A. All-organic electrochromic spandex［J］. ACS Applied Materials & Interfaces, 2010, 2(1): 296-300.

［23］YAN C, KANG W, WANG J, et al. Stretchable and wearable electrochromic devices［J］. ACS Nano, 2014, 8(1): 316-322.

［24］O'CONNOR B, AN K H, ZHAO Y, et al. Fiber shaped light emitting device［J］. Advanced Materials, 2007, 19(22): 3897-3900.

［25］KWON S, KIM H, CHOI S, et al. Weavable and highly efficient organic light-emitting fibers for wearable electronics: a scalable, low-temperature process［J］. Nano Letters, 2018, 18(1): 347-356.

［26］KWON S, KIM H, CHOI S, et al. Weavable and highly efficient organic light-emitting fibers for wearable electronics: a scalable, low-temperature process［J］. Nano Letters, 2018, 18(1): 347-356.

［27］HWANG Y H, NOH B, LEE J, et al. High-performance and reliable white organic light-emitting fibers for truly wearable textile displays［J］. Advanced Science, 2022: 2104855.

［28］XIONG J, CHEN J, LEE P S. Functional fibers and fabrics for soft robotics, wearables, and human-robot interface［J］. Advanced Materials, 2021, 33(19): 2002640.

［29］FOROUGHI J, SPINKS G M, WALLACE G G, et al. Torsional carbon nanotube artificial muscles［J］. Science, 2011, 334(6055): 494-497.

［30］LEE J A, KIM Y T, SPINKS G M, et al. All-solid-state carbon nanotube torsional and tensile artificial muscles［J］. Nano Letters, 2014, 14(5): 2664-2669.

［31］CHEN J, LEUNG F K C, STUART M C A, et al. Artificial muscle-like function from hierarchical supramolecular assembly of photoresponsive molecular motors［J］. Nature Chemistry, 2018, 10(2): 132-138.

［32］SHI Q, LI J, HOU C, et al. A remote controllable fiber-type near-infrared light-responsive actuator［J］. Chemical Communications, 2017, 53(81): 11118-11121.

［33］WANG W, XIANG C, SUN D, et al. Photothermal and moisture actuator made with graphene oxide and sodium alginate for remotely controllable and programmable intelligent devices［J］. ACS Applied Materials & Interfaces, 2019, 11(24): 21926-21934.

［34］CHEN P, XU Y, HE S, et al. Hierarchically arranged helical fibre actuators driven by solvents and vapours［J］. Nature Nanotechnology, 2015, 10(12): 1077-1083.

［35］CHU H, HU X, WANG Z, et al. Unipolar stroke, electroosmotic pump carbon nanotube yarn muscles［J］. Science, 2021, 371(6528): 494-498.

［36］LENG X, HU X, ZHAO W, et al. Recent advances in twisted-fiber artificial muscles［J］. Advanced Intelligent Systems, 2021, 3(5): 2000185.

［37］WU Y, YIM J K, LIANG J, et al. Insect-scale fast moving and ultrarobust soft robot［J］. Science Robotics, 2019, 4(32): eaax1594.

[38] LENG X, ZHOU X, LIU J, et al. Tuning the reversibility of hair artificial muscles by disulfide cross-linking for sensors, switches, and soft robotics [J]. Materials Horizons, 2021, 8(5): 1538-1546.

[39] 陶肖明, 刘苏, 杨宝, 等. 织物电子器件及系统的发展现状, 科学问题, 核心技术和应用展望 [J]. 科学通报, 2021, 66 (24): 17.

[40] 杨超, 夏兆鹏, 王思雨, 等. 柔性可弯曲高容量复合织物电极的制备及性能 [J]. 复合材料学报, 2022, 39 (8): 3811-3821.

[41] 李瑞凯, 李瑞昌, 朱琳, 等. 基于石墨烯织物电极的七导联心电监测系统 [J]. 纺织学报, 2022, 43(7): 149-154.

[42] WANG W, XIANG C, LIU Q, et al. Natural alginate fiber-based actuator driven by water or moisture for energy harvesting and smart controller applications [J]. Journal of Materials Chemistry A, 2018, 6(45): 22599-22608.

[43] CHEN J, PAKDEL E, XIE W, et al. High-performance natural melanin/poly (vinyl alcohol-co-ethylene) nanofibers/pa6 fiber for twisted and coiled fiber-based actuator [J]. Advanced Fiber Materials, 2020, 2(2): 64-73.

[44] YI J, CHEN X, SONG C, et al. Fiber-reinforced origamic robotic actuator [J]. Soft Robotics, 2018, 5(1): 81-92.

[45] KIM H, MOON J H, MUN T J, et al. Thermally responsive torsional and tensile fiber actuator based on graphene oxide [J]. ACS Applied Materials & Interfaces, 2018, 10(38): 32760-32764.

图片来源

[1] 图 7-3: ZHANG Z, GUO K, LI Y, et al. A colour-tunable, weavable fibre-shaped polymer light-emitting electrochemical cell [J]. Nature Photonics, 2015, 9(4): 233-238.

[2] 图 7-4: YANG H, LIGHTNER C R, DONG L. Light-emitting coaxial nanofibers [J]. ACS Nano, 2012, 6(1): 622-628.

[3] 图 7-5: REIN M, FAVROD V D, HOU C, et al. Diode fibres for fabric-based optical communications [J]. Nature, 2018, 560(7717): 214-218.

[4] 图 7-7: WANG J, YAN C, CHEE K J, et al. Highly stretchable and self-deformable alternating current electroluminescent devices [J]. Advanced Materials, 2015, 27(18): 2876-2882; ZHANG Z, SHI X, LOU H, et al. A stretchable and sensitive light-emitting fabric [J]. Journal of Materials Chemistry C, 2017, 5(17): 4139-4144; LIANG G, YI M, HU H, et al. Wearable Electronics: Coaxial-Structured Weavable and Wearable Electroluminescent Fibers [J]. Advanced Electronic Materials, 2017, 3(12): 1770052.

[5] 图 7-8: PARK H J, KIM S M, LEE J H, et al. Self-powered motion-driven triboelectric

electroluminescence textile system [J]. ACS Applied Materials & Interfaces, 2019, 11(5): 5200−5207.

［6］图7−9: DING Y, INVERNALE M A, SOTZING G A. Conductivity trends of PEDOT−PSS impregnated fabric and the effect of conductivity on electrochromic textile [J]. ACS Applied Materials & Interfaces, 2010, 2(6): 1588−1593; INVERNALE M A, DING Y, SOTZING G A. All−organic electrochromic spandex [J]. ACS Applied Materials & Interfaces, 2010, 2(1): 296−300; YAN C, KANG W, WANG J, et al. Stretchable and wearable electrochromic devices [J]. ACS Nano, 2014, 8(1): 316−322.

［7］图7−11: KWON S, KIM H, CHOI S, et al. Weavable and highly efficient organic light−emitting fibers for wearable electronics: a scalable, low−temperature process [J]. Nano Letters, 2018, 18(1): 347−356; KWON S, KIM H, CHOI S, et al. Weavable and highly efficient organic light−emitting fibers for wearable electronics: a scalable, low−temperature process [J]. Nano Letters, 2018, 18(1): 347−356; HWANG Y H, NOH B, LEE J, et al. High-performance and reliable white organic light-emitting fibers for truly wearable textile displays [J]. Advanced Science, 2022: 2104855.

［8］图7−12: XIONG J, CHEN J, LEE P S. Functional fibers and fabrics for soft robotics, wearables, and human−robot interface [J]. Advanced Materials, 2021, 33(19): 2002640.

［9］图7−13: LEE J A, KIM Y T, SPINKS G M, et al. All−solid−state carbon nanotube torsional and tensile artificial muscles [J]. Nano Letters, 2014, 14(5): 2664−2669.

［10］图7−14: SHI Q, LI J, HOU C, et al. A remote controllable fiber−type near−infrared light−responsive actuator [J]. Chemical Communications, 2017, 53(81): 11118−11121; WANG W, XIANG C, SUN D, et al. Photothermal and moisture actuator made with graphene oxide and sodium alginate for remotely controllable and programmable intelligent devices [J]. ACS Applied Materials & Interfaces, 2019, 11(24): 21926−21934; CHEN P, XU Y, HE S, et al. Hierarchically arranged helical fibre actuators driven by solvents and vapours [J]. Nature Nanotechnology, 2015, 10(12): 1077−1083.

［11］图7−15: CHU H, HU X, WANG Z, et al. Unipolar stroke, electroosmotic pump carbon nanotube yarn muscles [J]. Science, 2021, 371(6528): 494−498; LENG X, HU X, ZHAO W, et al. Recent advances in twisted-fiber artificial muscles [J]. Advanced Intelligent Systems, 2021, 3(5): 2000185.

［12］图7−16: LENG X, ZHOU X, LIU J, et al. Tuning the reversibility of hair artificial muscles by disulfide cross−linking for sensors, switches, and soft robotics [J]. Materials Horizons, 2021, 8(5): 1538−1546.

第八章 智能电子纺织品集成加工技术

第一节 引言

随着智能电子纺织品概念的出现，柔性可穿戴产品爆发式涌现。根据智能电子纺织品的结构，可分为纤维、纱线和织物状（图8-1）。其中纤维状器件可通过直接纺丝等方法制备；纱线状器件可通过纺纱工艺制造；智能织物可以由由纤维状、纱线状电子器件逐级构筑而成，也可通过处理整个织物实现加工成型。

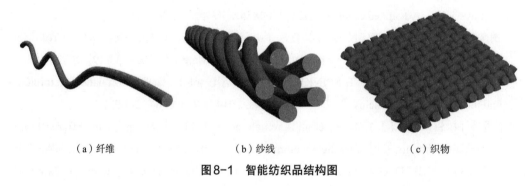

（a）纤维　　　　　　　（b）纱线　　　　　　　（c）织物

图8-1　智能纺织品结构图

第二节 智能电子纺织品纺丝技术

一、本征导电纤维及纱线

一般来说，本征导电的纤维和纱线是没有导电性的导体。通过添加导电物质可以使纤维具有导电性，根据其添加的导电物质导电纤维的种类主要分为金属基导电纤维、聚合物基导电纤维、碳基导电纤维、复合导电纤维等。从发展历程上看，早期的导电纤维是金属型纤维，由于金属导体内部存在大量可自由移动的电子，在电场力作用下，电子定向移动可形成电流。当外接电源有电势差时，原本无序的自由电子做定向移动，从而实现金属型纤维的导电，这种金属型纤维具有极佳的导电性。但由于金属导电纤维（如铜纤维等）笨重，且柔性耐弯折性能差，应变范围和应变系数较小，不具备智能纺织品相对较高的力学性能和舒适性等要求，因此较少直接应用于柔性可穿戴智能纺织品中。一维可拉伸导电纤维的制造方法是重要的考虑因素，因为各种参数，例如导电纤维的性能、稳定性、成本和效率由其制作方法决定。制造一维可拉伸导电纤维的典型方法基于导电复合材料纺丝或以涂层的形式在弹性纤维表面负载导电材料。随着导电纤维的不断发展，其制备方法也多种多样。

（一）湿法纺丝

为了制造可拉伸的导电纤维，直接将导电材料与聚合物纤维共混纺丝或者直接将导电材料进行纺丝，已成为目前通用的方法。湿纺方法是一种可扩展的长丝纱生产技术，目前已广泛应用于工业。它是将聚合物溶液以及导电材料通过喷丝孔喷出，然后进入凝固浴，经过溶剂—非溶剂交换成型。研究人员通过将纳米银与聚氨酯弹性体经湿法纺丝进行混纺，得到了可拉伸的导电纤维，但是这种聚合物混纺存在着高弹性与导电性之间的权衡关系，因为导电网络与聚合物网络相互之间彼此隔离，相互制约。近年来人们对于石墨烯、碳纳米管等复合导电纤维了开发，研究发现，只有添加0.5%以下的碳纳米材料才不会有效降低聚合物纤维的强度，然而如此低的碳纳米材料在聚合物纤维基体内无法形成有效的导电网络，而添加过多的碳纳米材料，不仅降低纤维的弹性，而且导致可纺性变差。为了避免这种共混结构，将导电材料与聚合物纤维以"皮芯"形式同轴纺出，可以制备出具有高拉伸性以及优异稳定性的导电纤维。

CNTs是一种潜力巨大的超级材料，是未来构建超强结构和智能可穿戴器件的理想核心基础材料。将CNTs组装成纤维宏观体是实现CNTs宏量应用的重要途径之一。CNTs纤维是碳纳米管的一维连续组装体，在结构功能一体化复合材料、纤维状能源器件、人工肌肉以及轻质导电线缆等方面具有非常广泛的应用前景，其不仅可以单独使用，而且可以通过编织形成二维薄膜或者三维编织结构，成为最受关注的碳纳米管宏观体。研究人员前期研究了CNTs的液晶湿法纺丝工艺，通过将CNTs溶于硫酸，挤出后经过乙醚或水溶液将纤维洗涤干燥后得到纯CNTs导电纤维。湿法纺丝法能进行大批量生产，制备的纤维导电率较高、力学性能较好，但后处理除杂工序复杂。在导电特性上，通过掺杂手段拓宽管间电子跃迁通道后，CNTs纤维在比电导率性能上有望超越金属导体的极限，在轻量化导线方向展现出发展优势；而通过与金属的复合，基于碳纳米管快速导热的性能，能够大幅度提高复合导体的极限载流能力，在未来超大电流的应用中有望取代传统金属导体。近年来随着智能可穿戴技术的发展，基于CNTs纤维的全碳纤维显示出其优异的性能，像标准缝纫线一样柔软，同时具有金属级导电性和与皮肤的低界面阻抗。可以与传统服装制造技术相结合，将CNTs织进运动衫，收集心电图和心率数据，这些数据与标准监测仪和胸带监测仪相匹配，纤维具有高柔韧性，在人体运动时不易断裂，衬衫可以机洗。

石墨烯纤维展示出轻量、机械柔性、弯折性、可拉伸性以及可以编织进织物的性能，可以作为新一代智能电子。通过对氧化石墨烯液晶的调控，在湿法纺丝过程中，氧化石墨烯经过剪切流动、凝固成型、牵伸取向等一些工序之后得到结构密实的氧化石墨烯纤维，湿法纺丝将石墨烯片沿一维方向宏观组装而成的新型碳质纤维，再经过还原和石墨化处理之后即可得到石墨烯纤维。经过数年的发展，石墨烯纤维的单批次生产规模从数米提升到了数千米。由于石墨烯纤维的构筑基元是具有良好的导电、导热、机械强度等性能的二维晶体石墨烯，因此该纤维具有优异的导电、导热等突出性能。通过结构优化，石墨烯纤维的机械强度已经超过2GPa，模量达到400GPa，导电率达到1.0×10^6S/m的级别，而导热系数也超过了1500W/（m·K），在某些领域超越传统的碳质纤维，并成功用于多功能织物、轻质导线、能量收集及转换、可穿戴储能装备、柔性电子器件、神经信号记录微电极等。特别是石墨烯纤维可以编织成柔性织物穿戴在人体表面，作为柔性纤维状电池或者电容器的电极实现储能器件的智能可穿戴，可以利用电热转换实现医疗保健和电磁屏蔽，也可以开发石墨烯纤维的光电性能实现远距离的信号传输。

二维纳米材料与块体材料相比，比表面积高、表面化学多样，具有极好的电、化学、物理和力学性能，很容易组装成纳米结构。将二维的纳米材料组装成一维宏观纤维是将纳米材料宏观化的一个重要步骤。二维纳米片宏观组装成一维纤维的一个实用方法是湿法纺丝，通过纺丝液的凝胶化及凝固浴的固化成纤维可以实现连续大规模的制备。目前，通过湿法纺丝法也已经实现了无添加剂、无黏合剂、无复合的超高电导率的MXene纤维的连续可控制备，其电导率高达7713S/cm。由于其超高的电导率，有望用于柔性、便携的智能可穿戴设备中。

（二）熔融纺丝

干法熔融纺丝也被用于导电纤维的制备中。在纺丝过程中，原料被加热到熔点以上或溶于溶剂中，而后经喷丝孔进入空气中冷却成型。虽然该方法涉及有机溶剂挥发等问题，但是该方法比湿法纺丝成型更快。一般是将一种聚合物熔体直接送往纺丝。切片纺丝则需将高聚物溶体经注带、切粒等纺前准备工序而后送往纺丝。直接纺丝法具有卷绕速度高、无须溶剂和沉淀剂、工艺流程短等优点。对于熔点低于分解温度、可熔融形成热稳定熔体的成纤聚合物，均可采用直接纺丝法。虽然金属纤维也属于典型的熔融纺丝纤维，但是金属熔体纺丝的挑战在于其与玻璃或聚合物的熔体纺丝相比，金属的熔体黏度大约比玻璃和聚合物低100倍。因此，通过将金属溶体直接挤出，熔体很容易断裂，只形成液滴而不是纤维。金属纤维的连续生产是通过在旋转流体中熔体纺丝实现的，在此过程中，金属或其合金熔化在高温高压的气态气氛中。液体表面充入超高压惰性气体，由于高压，熔体被喷出然后冷却成型。聚合物导电纤维熔融纺丝法，一般用于锦纶、聚酯等纤维的制备过程中，但不论湿法纺丝还是干法纺丝其均属于掺杂纺丝的方法，即将导电材料掺杂并均匀分散到聚合物熔体中，然后通过湿法或熔体纺丝技术制备复合型导电纤维的方法。这种方法的应用范围比较广泛，但导电性能的好坏取决于导电材料的分散性，其需要有效解决导电纳米材料在聚合物熔体中的分散性问题。

复合纺丝法是将两种或两种以上的不同化学结构或性能的成纤高聚物熔体分别通过各自熔体的通道，再由分配板组件进行分配，于喷丝板处汇合成复合熔体流，从同一喷丝孔中喷出，使大分子沿轴向排列成预先设计好的纤维截面形状的纺丝法。此方法制得的有机导电纤维中导电物质沿纤维轴向连续，易于电荷逸散。常见的复合纤维结构有皮芯结构、单点或多点内切圆结构、"三明治"夹心结构等。复合型有机导电纤维不仅具有良好的耐摩擦、耐屈曲、耐氧化、耐腐蚀能力及持久导电性，且易与其他纤维抱合，易混纺或交织。

熔融热拉拔法最初是用于光纤的生产，最近被广泛应用于制备可拉伸导电纤维，通过调整预制件可以很容易地控制制造弹性导电纤维。可大规模生产制备的热拉伸工艺已经成功用于制备电连接的发光二极管纤维。美国麻省理工学院团队通过一种新型制造方法，将发光二极管和传感器直接织入了纺织级聚合物纤维中，该工艺可用于开发能够实现光通信和健康监测的新型可穿戴技术。首先通过构建离散的发光二极管预制品并将其内置到空腔边缘，接着铜线或者钨线可在空腔中进行连通操作，当这些预制件被加热拉伸时，这些金属导线就会逐渐靠近二极管直至形成电接触，最终可将数以百计的二极管平行连接到单根纤维中，这些纤维就可以很容易地织进织物中。利用这一新型加工工艺制造的纤维及其织物可以实现具备优异数据传输能力的光学通信，也为在纤维中引入电子器件提供了新的策略。这种智能纺织品可用于测量穿戴者的心率。

（三）阵列抽丝

阵列抽丝法多用于CNTs纤维的制备中。虽然前面提到湿法纺丝已经被用于制备CNTs连续纤维，但湿法纺丝缺乏控制CNTs排列的能力和亚微米级的堆积密度，湿法纺丝得到的纤维在力、电、热等性能上发挥的效率甚至不到10%，限制了CNTs纤维的工程化应用。而阵列纺丝是指将CNTs从阵列中抽丝，并利用干法牵伸的技术成功得到宏观连续的CNTs纤维。纤维继承了CNTs良好的传导性能，且具有极佳的柔性。值得注意的是，CNTs纤维也称为CNTs纱线，由于其与传统纺织纱线相似的加捻结构。然而，相比于金属纤维的导电性，譬如金属铜丝的为$5.8 \times 10^7 \text{S/m}$，CNTs纤维的导电性仅为$4 \times 10^4 \times 10^5 \text{S/m}$，可以看出，CNTs纤维的导电性仍有很大的提升空间，这主要是由于CNTs之间的搭接电阻较大。此外，CNTs纤维的导电性还受到CNTs的缺陷以及整体结构缺陷，如错位、局部纠缠或CNTs致密化不良等的影响。合成的CNTs表面的无定形碳和芳烃等杂质也会增加CNTs导电纤维的性能。碳纳米管阵列的制备时间长、价格昂贵，限制了其大批量生产。

（四）浮动催化纺丝

不同于上述两种纺丝方法，浮动催化纺丝法可直接从碳源制备出CNTs纤维。将液态乙醇、丙酮等作为碳源和铁纳米催化剂注入反应炉内，同时加入含硫有机物作为助剂，在化学气相沉积区合成CNTs气凝胶，载体气体牵出并连续收集，后经溶剂致密化和加捻处理形成纤维。研究发现，浮动催化技术的设备和工艺简单、效率高、原料便宜、性能优良，被认为是目前最有工业化生产前景的CNTs纤维制备方法。

二、后处理导电纤维及纱线

除了上述通过纺丝工艺将导电智能材料组装成纤维之外，目前各种表面处理技术也用于将导电构筑单元负载到纤维、纱线和织物表面，使其具有导电性能。

（一）化学沉积法

化学沉积是利用一种合适的还原剂使镀液中的金属离子还原并沉积在基体表面上的化学

还原过程。与电化学沉积不同，化学沉积不需要整流电源和阳极。在纺织领域，其一般通过自催化还原将金属沉积到纤维织物表面，金属盐（通常以络离子的形式存在）和适当的还原剂溶解在化学还原沉积液中。为了实际使用，沉积时溶解的金属物和还原剂必须连续出现在金属表面，而不是在大部分溶液中。因此，无电沉积也常被称为自催化沉积，因为沉积的金属充当进一步沉积金属的催化表面。化学沉淀法对仪器设备依赖小，有批量化生产的可能，与电沉积法相比，该方法可获得致密均匀的镀层，也可用于不规则、不易接触的表面。目前市面上用得较多的是镀银纤维。

基于纤维前处理反应机理的不同，化学沉积法又分钯催化还原法以及自组装法两种。钯催化还原法是指传统的化学沉积法，其在钯的催化作用下，氧化溶液中的还原剂，并提供电子，从而将银离子还原为金属单质银，并沉积于预处理后的纤维织物基材表面。但是，钯催化镀银得到的纤维镀层牢度普遍较低、结合力差，导致其应用范围相对较窄。自组装法是通过偶联剂偶联反应以及络合剂络合反应在纤维织物表面进行的化学表改性，通过引入功能基团，使银镀层与非金属表面依靠牢固的共价键相结合。与钯催化还原法相比，自组装法所得纤维镀层结合牢度更好、耐久性佳，是一种经济的新型化学镀方法，其开启了纤维化学镀银的新方向。该新技术使纤维表面获得特殊功能基团更容易，故在化学镀银纤维前处理上具有很好的应用。

（二）镀层法

镀层方法成本高，但导电性能稳定。如采用电镀、真空喷涂、磁控溅射、化学电涂沉降等方法在纤维表面形成金属、金属化合物、导电高聚物等导电层。以电镀为例，其是通过使用电流获得金属在纤维织物表面的沉积过程：其将纤维织物浸入电解质溶液中并用作阴极，阳极由沉积材料制成，它是以金属离子的形式溶解在沉积溶液中。这些阳离子通过溶液并在阴极表面还原为金属形式，形成金属层。由于待镀样品作为阴极，它需要在电镀过程之前是导电的。在纺织品中，不同的导电结构已被用于表面附加金属或金属氧化物层。例如，碳纤维已被用于将镍和银电镀到其表面上，同时也有半导体 ZnO 被电镀到纤维织物的表面，用于光伏织物的发电。与浸没涂覆法的溶剂型涂层相比，镀层膜的厚度精确可控。但也存在缺陷，如电镀法耗能巨大、废液处理比较复杂、难以实现纤维表面均匀光滑的效果等，需后续工艺处理，不适用规模化生产，所需设备和能源成本也较高。磁控溅射法是指用磁控溅射仪将金属原子从金属靶上溅射出来，在电场力影响下沉积至 CNTs 纤维上的方法，也是物理气相沉淀法（PVD）的一种。PVD 过程不涉及化学反应，因此沉积的导电材料纯度高且品质稳定，其主要包括真空蒸镀、磁控溅射镀以及真空离子镀，PVD 具有快速沉积、沉积厚度可控、精确成分控制等优势。

（三）物理涂覆法

浸渍涂覆法是一种广泛使用的基于溶液的工艺，是在基体纤维表面涂覆导电物质制备导电纤维的方法。即溶剂蒸发后，导电物质在纤维表面沉淀，均匀包覆纤维呈导电网络结构涂层，此过程简单、快速。该方法需要导电材料被均匀分散，同时也保证其被纤维纺织基材牢固固定，不会与基材分层。最早期的应用是在纱线或织物表面涂覆炭黑类导电物质。这种方法不仅工艺简易，且成本低廉、生产效率高，适合大批量生产。但此法亟待解决的问题是如何使导电物质均匀分散，且包覆后的导电纤维缺乏耐久性和导电稳定性。例如，由于高比表面积，CNTs和银纳米线在分散时容易团聚。为了使其均匀分散，可添加表面活性剂，但同时在一定程度上会降低导电性。

石墨烯基电子纺织品可通过该方法快速得到。石墨烯类似于染料分子，牢固吸附在纤维基材的表面，同时石墨烯的强疏水性为水的渗透提供了有效的屏障，使涂层更耐洗涤，石墨烯面料具有完美的水可洗性，与现有服装面料一致。

通过黏合剂等方法的结合可以进一步优化物理涂覆法。纳米石墨烯作为功能材料，水溶性聚氨酯作为黏合助剂，通过复配液整理法对棉织物进行涂层改性，获得的石墨烯基远红外功能后整理棉织物表现出优异的性能。经权威机构评定，该后整理棉织物的远红外发射率可达0.911，远远优于商用现有远红外发射保健产品（发射率约0.8）。石墨烯的远红外发射率高于传统常用远红外辐射性物质（如金属和非金属的氧化物、碳化物、氮化物或硼化物），且用量少、效果好，在新型远红外保健保温服饰的开发上极具应用潜力。将石墨烯纳米片和水溶性聚氨酯均匀共混，采用轧—烘—焙工艺涂层整理棉织物，对防紫外线性能进行测试探究。因石墨烯具有紫外线吸收功能，后整理棉织物的紫外线屏蔽功能突出。专业评定结果显示，当后整理织物中石墨烯的质量分数为0.4%时，其紫外线防护系数值可以达到356.74，是对照组空白棉织物的10倍。鉴于优良的抗紫外线功能，该石墨烯基功能纺织面料可应用于制作紫外线防护服装等可穿戴服饰及设备等。

（四）层层自组装法

除简单的物理涂覆外，采用更为精确的层层自组装法操控导电纳米材料在纤维织物基底的沉积近年来备受关注。当前，国内外有关石墨烯材料在纺织上应用的报道已屡见不鲜，然而，关于石墨烯应用于织物功能整理方面的探讨研究仍处于起步发展阶段，还需要投入大量的创新性研究工作，且传统的织物整理方法似乎并没有将石墨烯的优异性能展现出来，一定程度上限制了石墨烯在智能可穿戴领域的广泛应用。因此，采用新方法新技术研究石墨烯在纺织上的应用成为进一步发展的要求，针对适合于石墨烯在纤维织物上的应用，层层自组装法吸引了人们广泛的关注。

早在20世纪60~70年代，伊拉（Iler）和弗罗姆赫兹（Fromherz）等学者相继研究发现，包括胶体粒子、蛋白质和线型聚电解质等带相反电荷的高分子物质可以通过交替吸附的方法构筑多层结构，并先后提出了用带相反电荷的物质之间的交替吸附作用自组装形成多层膜结构的概念。80年代，萨吉夫（Sagiv）等开创了物质在固液界面上自组装形成二维有序的单分子层的方法，报道了硅氧烷等多种在固体基质上形成的单层自组装膜。直到90年代初，德歇尔（Decher）等在前人研究的基础上，首次利用带相反电荷的阴、阳离子聚电解质成功制备了具有多层平面二维结构的复合膜，进而提出静电层层自组装技术，并讨论了阴、阳离子聚电解质在固体基质表面交替吸附构成多层结构的过程。此后，层层自组装技术才逐渐进入人们的视线，并在近年内在各领域得到了广泛应用和快速发展。

所谓层层自组装，其实质就是借助组装物分子间的弱相互作用（如氢键作用、静电吸附、配位作用等），在基质表面上自发结缔逐层交替沉积，形成拥有独特功能的分子聚集体或超分子构造的过程。目前，研究最多的自组装超薄膜的技术包括LB膜技术、化学吸附自组装膜技术和交替沉降自组装技术。交替沉降组装技术是后来发展起来的，克服了LB膜技术需要特定的设备及组装膜结构易破坏的缺点，相对于其他大分子组装体系，交替沉降组装具有制备方法简单易控、成膜基质限制少、种类多、膜的机械和化学稳定性高等诸多优点。且这种方法以水为溶剂进行组装更加环保，是目前研究最热、应用最广的多层膜制备技术之一。

综上所述，层层自组装技术实质上是通过两种不同物质之间的物理作用驱动力交替吸附逐层沉积获得多层膜的过程。根据成膜驱动力的不同，可以将其分为多种不同的层层自组装类型。各种类型的自组装之间既有密切联系，又有各自的特点，下面将着重介绍静电层层自组装和氢键层层自组装。

1. 静电层层自组装技术

目前，由于静电相互作用的无差别性，静电自组装技术已可以将多种物质组装成多层膜，或在其他分子聚集体系中形成具有特异功能的薄膜或胶囊，如胶体微粒、蛋白质、合成聚电解质、功能纳米无机粒子等。静电层层自组装技术对基质材料的选取并无太多限制，但组装前要对基材进行预处理，包括对基材进行清洗和将基材表面处理成带正电荷或带负电荷，以便于组装物质沉降到基材上。基材带电处理后进行第一层带电成膜材料的沉降，成膜材料分子链与基材上的带电基团之间相互吸引使带电物质沉降到基材表面，清洗干燥后进行第二层带电成膜材料的沉降，带相反电荷的成膜材料分子链上的带电基团之间相互吸引使第二层膜沉降到第一层表面，再次清洗干燥。至此完成一次循环，之后重复以上步骤至所需层数。因此，组装过程的大致步骤可以总结为：基材预处理；带电成膜材料A吸附沉降；清洗干燥；带电成膜材料B吸附沉降；清洗干燥；重复以上步骤。

2. 氢键层层自组装技术

由于静电自组装技术要求成膜材料带电荷，因而这些成膜材料只能溶于水等极性溶剂中，限制了组装材料的种类。1997年，美国MIT大学的Rubner教授和吉林大学的张希教授等先后报道了以氢键作用为成膜动力制备自组装膜的方法，提出了氢键层层自组装技术。该组装方法拓宽了自组装技术成膜材料的种类，使许多不溶于极性溶剂的高分子材料也能组装形成超薄膜。氢键层层自组装的具体机理是成膜材料分子链上的极性基团之间相互吸引构成氢键，使层与层之间紧密吸附，因此在成膜材料的选择上，聚合物的分子链上要有极性侧基或官能团，使极性基团之间一定能构成氢键，比如酚醛树脂与聚乙烯基吡咯烷酮，酚醛树脂上极性极强的羟基氢原子能与聚乙烯基吡咯烷酮分子链上的羰基氧原子构成强烈的氢键。具体组装过程与静电层层组装过程类似，只是成膜驱动力由静电吸附变为氢键吸附。另外，对于基材的预处理，要将基材表面处理为亲水的或疏水的，便于接下来成膜材料在基材表面上氢键吸附。因此，组装过程也可以概括为：基材预处理；带极性基团的成膜材料A吸附沉降；清洗干燥；带极性基团的成膜材料B吸附沉降；清洗干燥；重复以上步骤。

3.层层自组装技术的应用

层层自组装技术作为高分子材料领域内的新兴技术，虽然发展时间不是很长，但是已经在光学电子器件、催化分离、生物传感器、生物医用材料等方面表现出了令人瞩目的应用前景。近年来，随着层层自组装技术研究的热潮的出现，其在纺织上特别是织物功能整理方面的应用也多见报道，以下着重介绍层层自组装技术在织物功能整理上的应用。

Wang等成功地用静电层层自组装技术对棉织物进行抗紫外线功能改性。经过静电层层自组装技术在棉织物表面形成含有紫外屏蔽剂的薄膜，实验发现，不同的紫外线屏蔽剂要达到一定的防紫外线效果需要组装的次数不同。三种荧光增白剂 Phorwite BA，Phorwite BBU，Uvitex NFW 组装次数分别为10、5、3，得到的抗紫外效果较好，UPF值达到40以上，而且得到的防紫外线棉织物有良好的耐水洗性。卡洛席欧（Carosio）等通过静电自组装将被氧化铝胶体包覆的二氧化硅（表面带正电）以及表面带负电荷的二氧化硅组装到PET织物表面，显著改善了涤纶织物的阻燃功能。结果表明，经过5次带正负电荷的二氧化硅胶体双分子层的组装后，涤纶织物的热释放速率峰值下降了20%，点火时间提高了45%。垂直燃烧试验表明，此纳米自组装涂层显著地降低了织物燃烧时间，消除熔滴。拉阿查奇（Laachachi）等通过静电层层自组装技术用聚丙烯胺（PAH）—聚磷酸盐（PSP）来改善聚酰胺织物的防火性能。由于PAH溶液带正电荷而PSP溶液带负电，能满足静电组装的要求，因而在锦纶66织物上组装PAH-PSP薄膜来提高织物的防火性。热重分析结果表明，这种组装薄膜的存在促进和改变原始的聚酰胺织物的降解途径；用热解燃烧流量热计来表征织物的热学性能，结果显示，一方面处理织物的热释放速率峰值显著降低，另一方面随着组装双分子层数的增加由于热量释放引起的温升（辅助催化效果）逐渐减小。

静电层层自组装技术在织物功能整理上的应用研究逐渐增多，除了上述介绍的抗紫外整理、防火阻燃整理外，被用来制备抗菌织物、电磁屏蔽织物等的研究也已见报道。而利用氢键自组装技术也能将活性大分子材料通过分子上基团间的相互吸引作用组装到织物上，从而赋予织物阻燃、吸附等功能改性，其在近年纺织材料研究上日趋火热。格兰兰（Grunlan）等以支化处理的聚乙烯亚胺和钠基蒙脱土为原料，在不同pH条件下对棉织物进行氢键层层自组装处理，赋予织物良好的阻燃性能。试验中对组装处理的织物进行热重分析，发现其炭化残渣高达13%，是未处理时的2倍，而仅有少于4%（质量分数）的炭化残渣来自组装膜本身。垂直燃烧测试的阴燃时间也减少。最佳的设计方案是在聚乙烯亚胺溶液pH为7，钠基蒙脱土的质量分数为1%时，经此方案组装的织物测得的阻燃效果最好。结果证明，用层层自组装方法对织物进行阻燃整理是简便可行的。Takuya Tsuzuki等是利用氢键层层自组装技术用石墨烯和氧化锌对PET织物进行改性，使其获得清洗油渍、染料等杂质的性能，并且织物处理后可循环使用。研究中先将ZnO纳米粒子用聚乙烯基吡啶（PVP）进行包覆，然后用PVP-ZnO胶体溶液和氧化石墨烯水溶液对PET织物样品依次进行浸泡组装。结果表明，组装膜具有良好的水油分离能力，而且其吸油能力能达到自身质量的23倍。在模拟太阳光下组装膜对水中染料污染的去除能力较强。多次吸附回收周期后其吸附能力仍然保留。

Hu以氧化石墨烯作为功能整理剂，聚乙烯醇作为成膜材料，通过氢键层层自组装技术在棉织物表面组装纳米功能薄膜，随后，以氢碘酸作为还原剂，通过低温化学还原法将氧化石墨烯还原为石墨烯，使得棉织物表面均匀负载石墨烯薄膜，获得石墨烯改性棉织物，其具有优异的导电性。进一步以分别带阴、阳离子的氧化石墨烯和壳聚糖溶液作为成膜材料，研究通过静电层层自组装在棉织物表面附着纳米功能薄膜，并对改性织物进行测试与表征，得到具有紫外线防护功能的改性棉织物。随后，将氧化石墨烯还原为石墨烯，织物表现出优异的导电功能及紫外线防护功能。

采用氧化石墨烯作为功能整理剂，浸泡传统棉织物，氧化石墨烯可以通过键合作用与棉纤维结合。通过原位聚合法在棉织物表面附着纳米二氧化锰，随后，在管式炉中氮气环境下高温热解，氧化石墨烯可通过还原变为石墨烯。棉织物表面形成均匀石墨烯薄膜负载二氧化锰纳米粒子的构筑结构，获得的石墨烯改性棉织物表现出优异的电化学储能性能。采用层层自组装技术，以分别带阴、阳离子的聚二甲基苯磺酸钠和壳聚糖溶液作为正负聚电解质材料，纳米石墨烯片作为功能材料，通过静电力吸附作用使纳米石墨烯功能薄膜在棉织物表面层层附着，整理后棉织物表现出优异的屏蔽电磁波特性。而进一步将石墨烯分散液与聚二甲基硅氧烷先后处理医用脱脂棉织物，获得聚二甲基硅氧烷—石墨烯分层包覆超疏水棉织物，由于石墨烯优异的光热转化特性，开辟了石墨烯在疏水纺织品材料和太阳能水蒸发相关领域的应用新途径。将其各项性能与炭黑基超疏水棉织物比较，其在吸收太阳光加强水蒸发的性能更为突出，除智能可穿戴应用外，还可应用于太阳能水蒸发加强相关领域，如盐碱水淡化、光催化、氢分解等，应用前景广阔。石墨烯及其衍生物具有特殊且突出的物理化学性质，将其在纺织品表面形成涂覆层或膜从而实现对织物的表面改性，使其获得导电性能、电化学、电热、防电磁屏蔽以及其他智能可穿戴等性能。

（五）碳化处理法

利用目前的碳化处理技术深度处理纤维。常见纤维（如聚丙烯腈纤维、纤维素纤维、沥青系纤维、蚕丝等）经碳化处理后，由于纤维的主链碳原子较多，提高了纤维的导电能力。以碳纤维为例，经碳化处理后，碳纤维导电性能和耐热性良好，但同时模量高，缺乏韧性，适用范围有限。目前较多采用的方法是丙烯腈系纤维的低温碳化处理法制备碳纤维。碳纳米纤维属于共价碳纳米材料家族，具有与CNTs相似的导电性和稳定性。将碳纳米纤维与CNTs区分开来的主要特点是在碳纳米纤维的外壁上有更多的边缘位点，这可以促进电活性分析物的电子转移。其独特的化学和物理特性使碳纳米纤维与众不同，并成为下一代片上互连材料的候选材料。与CNTs纤维相比，碳纳米纤维具有更低的制造成本，其在保持大纵横比和高机械和电学性能的基础上，在柔性设计中特别是有吸引力的智能纺织品中大量使用的电路、电极、传感器和执行器，更具有独特的优势。例如，碳纳米纤维已经在纺织行业使用，特别是在增加服装的热舒适性方面。在潜水服、滑雪服和运动服等纺织品在极端环境应用中，碳纳米纤维同样可以赋予服装卓越的特性。

（六）原位聚合法

原位聚合法是指将聚合物的单体浸泡于纤维织物的表面，然后通过一系列引发方式引发单体的聚合，在表面原位形成导电聚合物。原位化学聚合可以分为单浴和双浴工艺。对于单浴原位聚合工艺，单体和氧化剂溶液在单个反应容器中混合，同时将织物基材浸入其中；双浴原位聚合工艺，需要将纤维纺织基材首先用单体溶液处理，然后将富含单体的纺织基材浸入氧化剂溶液进行聚合反应，其包括聚苯胺（PANI）、聚吡咯（PPY）以及聚噻吩等常见的导电聚合物。由于是单体在纤维织物表面的原位聚合，高分子链紧紧贴合在聚合物基体的表面，因此该方法制备的导电层黏附力较强，不易脱落。原位电化学聚合通常在单电池中进行，其中阳极和阴极两个电极与外部电源连接，电池提供带有合适电解质的单体溶液和掺杂剂。在大多数情况下，电解质也可以充当掺杂剂，单体的电化学氧化导致聚合物薄膜沉积在阳极表面。如果阳极表面覆盖有织物基材，则聚合物会沉积在上面。聚合速度和沉积速率取决于电极材料、溶剂类型、电解质、电源电压、温度、时间等参数。

原位气相聚合是一种非常适合处理溶解性能差的导电聚合物工艺，其首先将纺织品浸渍在含有氧化剂和掺杂剂的水溶液中，干燥之后，将织物暴露于单体蒸汽中以进行原位聚合。原位气相聚合得到的织物电导率较高，且均匀度高，但是，控制附加组件很困难，并且设备复杂。

（七）丝网印刷

丝网印刷是一种传统的印刷方式，应用于纺织品和电子工业中。因为它是一个低成本和简单的过程，因此通过该方式在织物表面后处理制备导电纤维及织物备受关注。这种印刷技术，将要打印的图像以照相方式转移到织物模板上，非打印区域涂有不渗透物质。导电油墨通过畅通无阻的网孔被转移到织物基底上。在导电油墨的选择上，铜粉可用于制备导电油墨，但实际使用铜油墨时有一些困难，由于铜在大气条件下的热力学不稳定导致其被氧化，而金导电油墨非常昂贵，银导电油墨则处于适中的范围。纳米碳材料由于其高化学稳定性以及高导电性而备受青睐。英国曼彻斯特大学使用简单的丝网印刷技术将导电的石墨烯墨水印刷在棉织物上，通过直接在纺织品上印上类似于柔性电池的设备，有效解决了可穿戴设备充电的问题。丝网印刷是一种具有普适性的后沉积导电材料的制备方法。

（八）喷墨印刷

与丝网印刷相比，喷墨印刷是一项年轻的技术，它是自20世纪50年代逐渐发展起来的一项技术。一般来说，根据喷墨打印原理的不同其可分为两种：连续打印和按需打印。在连续喷墨打印中，带电液滴可以直接飞到介质上，而不带电的液滴被偏转到一个排水沟中进行再循环。根据不同的需要通过两种不同的方法将导电图案印刷到纺织品上基材。金属分散体纳米颗粒分散在水性或有机载体中形成导电喷墨油墨。油墨必须包含适当的前驱体和载体，此外，它们可能含有各种黏合剂、分散剂及其他助剂，取决于前体的性质和织物的类型。目前喷墨印刷的主要问题在于克服织物基底的高粗糙度以及提高耐高温烧结性能。

第三节 智能电子纺织品纺纱技术

20世纪50年代起,先后涌现了各种纺纱技术,包括转杯纺、喷气纺、静电纺、摩擦纺、平行纺、涡流纺、自捻纺、赛络纺、索罗纺和包芯纺纱等,这些纺纱新技术的出现,为智能可穿戴纱线的制造提供了可能。纱线是构成纺织织品的基本单元,赋予其特殊的功能可实现织物的智能特性。可通过合理的结构设计和工艺加工将智能纱线,集成在织物内部或者直接织造成织物,得到具有基本纺织属性的智能传感织物。因此,纱线电子器件的研究引起了广泛兴趣。近年来纱线状电子器件的研究成果逐年增加,2013~2018年文章数量均达到3000篇以上,增长迅速(图8-2)。

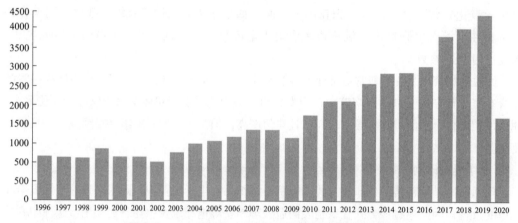

图8-2 web of science中关于纱线电子器件的文章

借助传统的纺纱技术,智能纱线的制造主要包括加捻、缠绕、包芯、编织等工艺。智能纱线的结构一般有同轴、缠绕、平行等(图8-3)。

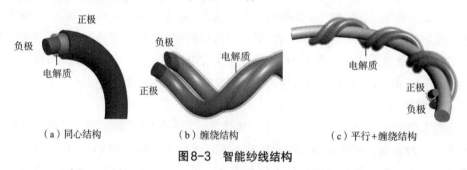

(a)同心结构　　　　(b)缠绕结构　　　　(c)平行+缠绕结构

图8-3 智能纱线结构

中科院王院士开发了一种具有高压力灵敏度和舒适性的摩擦电全织物传感器阵列,该织物由包芯工艺和加捻工艺制造的传感纱线针织而成[图8-4(a)]。它具有压力敏感性(7.84mV/Pa)、快速响应时间(20ms)、稳定性(>100000次循环)、宽工作频带(高达20Hz)和机洗性(>40次洗涤)[图8-4(b)]。将制作好的智能电子纺织品缝合到衣服的不同部位,同时监测动脉脉搏波和呼吸信号。用于心血管疾病和睡眠呼吸暂停综合征的长期无创评估,

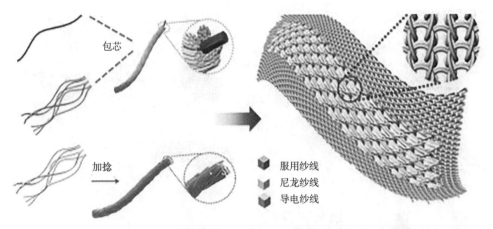

（a）采用包芯纱和加捻工艺制备功能纱线，并针织制造成的智能电子纺织品

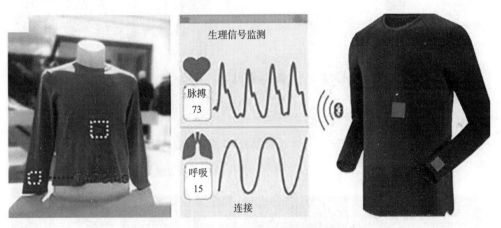

（b）智能电子纺织品可同时监测动脉脉搏波和呼吸信号

图8-4　一种具有高压力灵敏度和舒适性的摩擦电全织物传感器

在一些慢性疾病的定量分析方面取得了巨大进展。

　　青岛大学田明伟教授从纱线结构的角度出发，将无缝应变传感器和储能装置相结合，研制出一种基于纱线的多功能耐磨系统。然后，通过原位聚合制备PEDOT沉积的纱线，作为高导电纱线传感器和柔性纱线形状超级电容器（SC）。基于纱线的SCs与应变传感器结合在自供电柔性纺织品中，用于检测人体运动（图8-5）。多种纺织结构可以编织成包括传感器电源在内的服装，在可穿戴电子产品和智能服装领域具有广阔的应用潜力。

　　复旦大学彭慧胜教授课题组成功研发了一种发光织物显示器（图8-6）。该织物是由导电纬线和发光经线交织而成，在纬线和经线接触点形成微米级的电致发光单元。即使纺织品弯曲、拉伸或压制，电致发光单元之间的亮度偏差也不会超过8%，并且保持稳定。由该织物制备的显示器、键盘和电源可组成集成系统，用作通信工具。证明了该系统在包括医疗保健在内的各个领域的应用潜力。

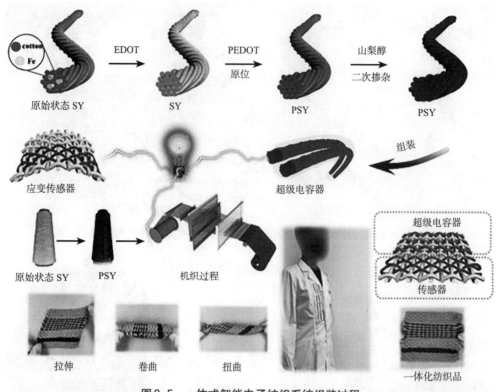

图8-5　一体式智能电子纺织系统组装过程

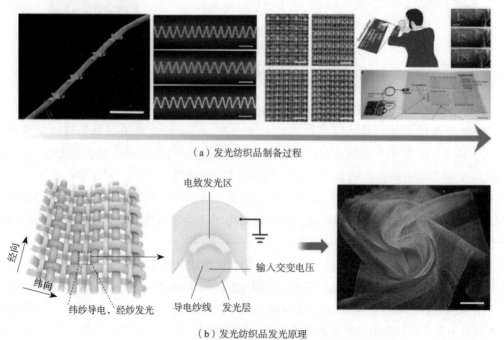

图8-6　智能发光纺织品

第四节　智能电子纺织品针织技术

可穿戴技术将传统纺织与新型电子相结合。最早的电子织物将电子互连模块以可拆卸的方式置入服装内或缝入服装内，所制得的电子织物具有较低的集成水平。随着柔性织物器件的发展，织物电极和织物应变传感等柔性器件逐渐取代了部分传统刚性电子器件，例如用于心电图监测的针织电极、用于呼吸监测和压阻运动检测的针织拉伸传感器等。但包括运算和储存在内的其他电子功能的实现仍然依赖于传统印刷电路板模块。更为理想的集成电子织物为全织物电子设备。

针织物由相互串套的纱线线圈组成，通过控制线圈大小可以调节针织物的结构，以达到所需的性能。纬编针织物弹性较大，非常适合做内衣和运动服装。经编针织物则不易脱散，结构较稳定。由于针织结构具有较高的延伸性，因此穿戴舒适性好。

与机织物相比，针织结构具有良好的拉伸回复和剪切性能，优异的贴合性、透气性和舒适性，因此用于构建智能可穿戴系统具有多方面的优势。针织技术灵活性较高，可以以针织线圈为基本单元构建并调控织物的结构和性能，支持较为复杂的纱线相互作用，因而更有利于电子电路的创建。同时，针织允许更为可控的设计接触点，以及生成三维形状的能力，而无须增加剪裁和缝纫等制造步骤。例如，采用全自动电脑横机通过嵌花工艺可以控制材料的具体编织区域，以专门定位导电纱，实现用于传感功能的区域布线；也可编织管状组织和口袋等多种几何形状，最大限度地确保一次成型，使多种纺织传感模式成为可能。此外，通过数字化针织工艺和导电纱线的引入，使得智能电子纺织品可以批量生产，同时也可减少纱线废料的产生，从而提高针织物制品的成本效益。

麻省理工学院媒体实验室（MITMediaLab）针对针织传感器在许多新领域的应用展开了拓展性的研究，在其名为SensorKnits的研究项目中，采用全自动纬编针织技术开发针织传感器，探索了多种针织结构的电阻、压阻和电容特性。针织传感器在多种领域具有广泛的潜在应用前景。例如，可以使用针织变阻器把安全灯无缝集成到背包中，安全灯的亮度可控。

下面将介绍一些针织结构在智能电子纺织品上的商业应用案例和科研案例。

一、智能纬编织物

加热服装、加热帐篷和加热座椅等加热纺织品能够应用于医疗保健等领域，可采用市面上常见的金属加热材料和碳纤维加热材料制成。英国研发了一种新型碳橡胶加热材料FabRoc®，该材料的耐久性和安全性较好，具有柔软轻便、加热速度快和可实现低电压下有效加热的优点。采用电脑横机针织技术，可将FabRoc®纱线制成加热纺织品，但由于FabRoc®纱线弹性较大，且断裂强度低，因此在针织过程中易断纱，导致织造困难，这对针织工艺提出了一定的挑战。采用德国美名格（Memminger）公司的特殊送纱系统后，FabRoc®纱线的张力下降，减少了断纱现象，从而提高了针织效率。

在由FabRoc®纱线制成的加热针织物中，基于欧姆定律，电流流经作为加热元件的针织线圈而产生热量。加热元件的电能由电阻很低的导电纱所制成的针织母线提供，以确保足够的电流从电源流向针织加热器。针织结构中导电纱的选择和设计很重要。所采用导电纱线需具有柔韧性，使其在针织过程中易于弯曲成圈，且成圈后仍有导电性。同时，导电纱制成的母线需具有低电阻，使其在较低电压下可以实现高效加热。可使用不同种类的导电纱，例如常见的镀银尼龙复丝纱。图8-7展示了由镀银尼龙纱线经针织构成的母线与由FabRoc®纱线经针织构成的加热元件之间的连接。加热织物结构的三个重要部分，即母线、加热元件和其连接，都经针织工艺一体成型。但是，必须避免两个母线（正极和负极）之间产生接触，以防产生短路。母线之间的短路会导致加热织物结构中出现热点，还会损坏电源。因此，母线的设计也很重要。该研究还发现，在母线中织进更多的横行会降低电阻，从而增大电流。当母线的横行数增加到四行时，电阻明显下降；进一步增加横行数时，电阻变化不大。针织线圈形成了一个个小型电网，从而降低了织物的整体电阻。

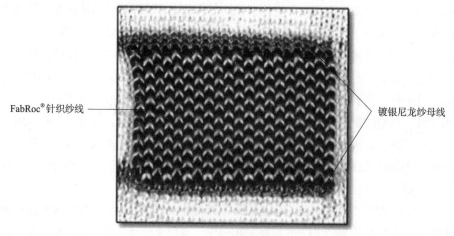

FabRoc®针织纱线

镀银尼龙纱母线

图8-7　针织加热织物

商品名为Vigour的智能针织长袖开衫是一款适用于老年痴呆患者康复训练用的可穿戴电子纺织品，集成了由导电纱制成的拉伸传感器。通过与应用程序相连，患者在训练中得到及时的反馈和鼓励，有助于康复训练计划的推进；医生也可以对患者的身体运动及康复进展情况进行智能跟踪和深入分析。因此，具有很高的社会应用价值。

将健康监测功能集成到常规纺织品中，还可以制成妊娠监测用的织物电子设备。例如，德雷塞尔表达与创意交互技术中心的岛精高级技术实验室设计制造了一种用于妊娠监测的针织肚带。该肚带以导电线用作无线无源射频识别标签，可以发送有关子宫收缩的信息。

由于电极和皮肤表面之间的运动将导致采集信号过程中产生运动伪影的问题，因此含有纺织电极的服装多被设计为与身体贴合紧密的款式。但对于妊娠监测而言，由于孕妇肚形及大小因人而异，且在孕期内不断产生变化，因此，皮肤—电极接触伪影的问题并不能完全避免。由于织物的可拉伸性及其与孕妇腹部的贴合能力对于确保舒适性和电极与皮肤之间的良好接触至关重要，因此可采用延伸性和弹性较好的纬编织物。若采用无缝全成型技术，将省去织物内的缝接部分，使织物的舒适性和贴合度得到进一步提高。此外，在纺织电级的选择上，金、银纺织电极比传统的AgCl电极佩戴舒适性更高，对皮肤的刺激性也更小。

除传感器之外，妊娠监测还需要其他电子元件，例如低功率放大器、处理单元和用于将数据传输到个人设备的无线电等，通常为焊接到印刷电路板上的硬质元件，可通过缝制的方式嵌入服装。商用案例包括Lilypad Arduino，是一种专为可穿戴设备设计的微控制器板。使用导电线，可将微控制器板缝入织物。然而，采用硬质电子元件将大大降低织物的穿戴舒适性。可采用柔性电路板作为解决方案之一，但由于其拉伸性能差，也只能一定程度上改善这一问题。

二、智能针织间隔织物

索因（Soin）等开发了一种针织间隔压电织物（图8-8），织物上下两个面层分别以镀银尼龙纱织成纬平纹组织，而熔纺PVDF纱线作为间隔层纱线将两个面层连接。所制成的压电织物在0.02~0.10MPa冲击压力下可产生1.10~$5.10\mu W/cm^2$的输出功率。

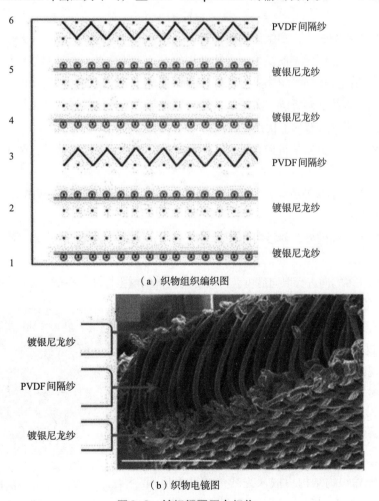

（a）织物组织编织图

（b）织物电镜图

图8-8　针织间隔压电织物

将开关集成到夹克和手套等纺织品中制成织物开关，可以实现对开关和音量大小等的控制（图8-9）。TITV与合作伙伴CarTrim采用了一款以间隔织物作为分隔层的织物开关，该织物开关集成于汽车座椅中，当按下按钮时两个导电条带被连通，得以控制运动。

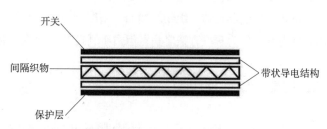

图8-9　针织间隔织物开关

三、智能多轴向经编织物

在多轴向经编织物中，多组无卷曲平行伸直排列的纱线衬入织物中，并由编织纱绑缚形成整体织物，因此也叫无卷曲织物。织物结构的设计灵活性高，通过调整衬纱方向可实现定向增强或准各向同性增强，织物具有较好的弹性模量、抗拉强度和撕裂强度。衬纱一般选用合成纤维、玻璃纤维、碳纤维、芳纶和玄武岩纤维等力学性能较好的纤维材料。与机织物相比，多轴向经编织物具有如下优点：

（1）衬纱沿一定方向平行伸直排列，织物中的纤维处于无卷曲状态，赋予取向织物优良的力学性能；

（2）由于衬纱不参与编织，可采用玻璃纤维、碳纤维和光纤等对弯曲应力敏感的纤维，扩大了原料范围；

（3）除经向、纬向外，衬纱可作用于多个斜向，织物力学稳定性高，可在多方向上承载载荷；

（4）织物在多方向进行取向后可获得准各向同性的增强性能，在受力方向条件未知的应用中具有优势；

（5）具有开孔结构；

（6）通过设计纤维取向可以实现织物的性能优化，从而实现减重和成本节约。

因此，多轴向经编织物可在很多领域替代机织物增强织物，在柔性复合材料领域中具有独特的优势，可以应用于汽车、船舶、土工建筑、航空航天和风力发电等领域。

多轴向经编织物结构中嵌入光纤传感器可应用于建筑加固。例如，图8-10所示为意大利Selcom

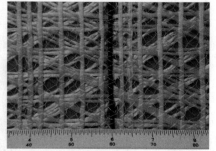

图8-10　意大利Selcom Multiaxial Technology公司生产的SENTEX 8300多轴向经编织物应用于建筑加固

Multiaxial Technology公司生产的SENTEX8300多轴向经编织物，克重为460g/m²。在该织物经向（0°）、纬向（90°）和两个斜向上的四组衬纱以玻璃纤维和合成纤维为原料，同时采用聚合物光纤（polymeroptical fibers）以经向（0°）衬入。该多轴向经编织物作为增强织物，经环氧树脂砂浆浸渍后可制成柔性高强度复合材料，专门用于砌体墙的抗震加固。

第五节　智能电子纺织品机织技术

织物结构的类型影响组成纤维的物理、力学性能及其导电性能。无论采用何种类型的织物结构，构成织物的纱线与纱线之间的结合须足够紧密。机织组织结构的多样化为纺织基传感器的设计提供了多种可能。通常，由于具有良好的尺寸稳定性和柔韧性，机织物是实现导电性的最佳基材。此外，由于纱线在织物中排列有序，使得基于织物的复杂电路设计成为可能。与其他织物结构相比，机织物具有较高的强度和尺寸稳定性。机织物可以是单层、双层或多层织物。因此，通过对机织物进行组织结构设计，可以达到所需的拉伸强度、撕裂强度、剪切强度、透气性、吸湿性、悬垂性和抗皱性等特性。

下面将介绍一些机织结构在智能电子纺织品上的商业应用案例和科研案例。

一、平纹组织智能织物

（一）机织压电织物（平纹组织）

Bai等织造了一种机织物基压电纳米发电机（PENG）（图8-11）。其中，经纱由ZnO纳米线制成，纬纱由包覆有钯（Pd）膜的ZnO纳米线制成。纬纱与滑块相连，而其他纱线保持固定不动。随着滑块移动，固定导线上的纳米线由于摩擦产生形变，从而产生约17pA的峰值输出电流。

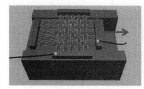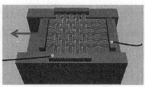

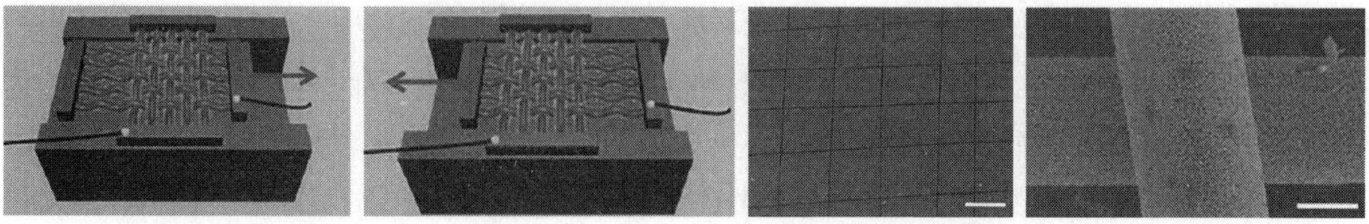

（a）工作原理（箭头所示为滑块沿插槽的移动方向）　（b）机织物基压电纳米发电机交织区域的实物图　（c）织物内交织点处的SEM图像

图8-11　机织物基压电纳米发电机

（二）机织压电织物（平纹组织、2/2加强斜纹组织）

压电纤维在可穿戴织物中的集成方式影响其所采集能量的大小。尽管迄今为止，许多针织、机织、非织造和复合结构已被用于制作能量收集织物，但有学者认为，机织是最佳生产方法。马格尼兹（Magniez）等展示了一种以熔纺PVDF纤维生产压电织物的方法，该纤维采用Busschaert双组分挤出机制成。PVDF纤维与导电纤维组装在一起，集成到涤纶织物中制成纺织基柔性力学传感器，所采用织物组织结构包括平纹组织和2/2加强斜纹组织（图8-12）。在织物中，以PVDF作为经纱，以镀银锦纶纱为纬纱，并以不导电的锦纶纱作两个电极之间的绝缘体以防止短路。使用70N的冲击力在1Hz往复频率下测试织物的压电响应，测得的最大输出电压高达6V，平均灵敏度高达55mV/N。此外，两种织物组织结构所得压电响应的差异不大，采用平纹组织所得的平均输出电压和灵敏度稍高。

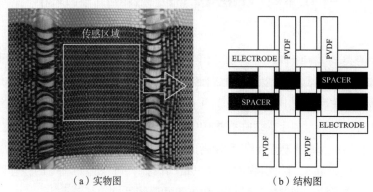

（a）实物图　　　　　　　　　　（b）结构图

图8-12　织物基柔性压电式力传感器的实物图和传感区域织物结构图（中间标记部分为传感区域。其中，涤纶纱和PVDF纱为白色，锦纶纱为黑色）

（三）机织物TENG（平纹组织）

王中林院士等人研究了集成纺织基摩擦电纳米发电机和柔性锂离子电池的自充电能源系统，可用于可穿戴电子设备供电。在该项研究中，设计了一种机织物TENG，用于收集各种人体运动能量。首先，采用化学沉积法在涤纶纱线上形成镍（Ni）涂层，使纱线具有导电性；然后，通过化学气相沉积（CVD）技术在镍涂层纱线上形成一层聚对二甲苯涂层。以镍（Ni）涂层纱线作为纬纱，以聚对二甲苯—镍涂层纱线作为经纱，织造成为纺织基摩擦电纳米发电机。如图8-13所示，纬纱和经纱上的镍涂层经由外部电路相连。所采用镍涂层织物的导电性优于常规的碳纳米管涂层织物或石墨烯涂层织物。在摩擦中，镍涂层具有电正性，聚对二甲苯具有电负性。当该TENG处于接触分离模式时，重复按压—释放动作将产生约为4μA的短路电流和约为50V的开路电压。机织物TENG保留了传统织物所具备的优良特性，如透气性、柔韧性、可水洗性和穿着舒适性等。此外，由于采用的是常规织造技术，因此该工艺成本效益较好，适宜规模化生产。

基于传统的机织工艺，重庆大学胡陈果教授团队和中科院北京纳米能源与系统研究所郭恒宇教授团队合作研究了一片式自充电能源织物（图8-14），通过在手工织布机上交替织入不同种类纱线织造而成，可用于可穿戴电子设备供电。对于能量产生部分，该研究分析了当电介质织物尺寸为3cm×3cm时接触分离模式下的织物基摩擦电纳米发电机的开路电压和转移电荷量等输出性能与聚四氟乙烯（PTFE）线的直径、碳纤维导线的间隔距离等织造参数之间的影响关系。

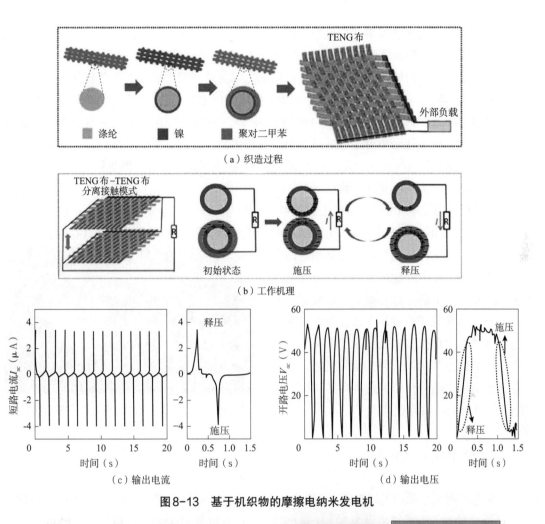

（a）织造过程

（b）工作机理

（c）输出电流

（d）输出电压

图8-13 基于机织物的摩擦电纳米发电机

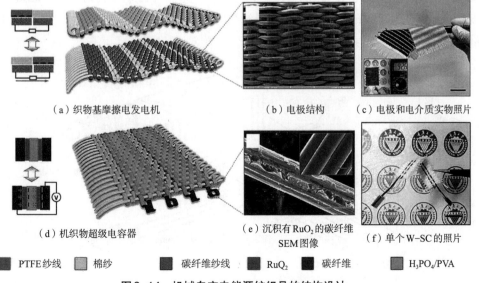

（a）织物基摩擦电发电机

（b）电极结构

（c）电极和电介质实物照片

（d）机织物超级电容器

（e）沉积有RuO_2的碳纤维 SEM图像

（f）单个W-SC的照片

PTFE纱线　棉纱　碳纤维纱线　RuO_2　碳纤维　H_3PO_4/PVA

图8-14 机械自充电能源纺织品的结构设计

（四）用于治疗新生儿黄疸的光疗织物

治疗新生儿黄疸最常见的方法是光照治疗法。通常将新生儿放置于保暖箱中照射蓝光，并以黑色眼罩盖住眼睛，穿尿不湿遮住会阴部，以免造成视网膜和会阴部皮肤的损伤。此外，光照期间新生儿还可能产生烦躁、哭闹等情绪，但难以及时得到看护人的安抚。针对常见蓝光照射法的不便之处，飞利浦（Philips）开发了一种能发出蓝光的光疗毯，将光源集成到机织物中。由于毯子相对柔软舒适且更贴近新生儿的皮肤，同时新生儿在家即可得到光疗，在治疗期间仍可与其看护人产生互动并得到看护人的悉心护理，因此将大大提高治疗效率。图8-15所示为飞利浦开发的Lumalive智能电子机织物平台。

美国罗德岛大学（URI）的学生杰舒华·哈博（Joshua Harper）也研发了一款结合LED光疗的名为"Jaundice Suit"的医用婴儿连身衣，将数百颗LED灯搭载于连身衣内，可以远程控制LED灯，同时还可以收集新生儿的心率、活动状态等生理数据，并远程发送至医生。此外，瑞士联邦材料测试与开发研究所（EMPA）也研发了一款用于治疗新生儿黄疸的穿戴式LED光疗睡衣，将光纤织进睡衣中，并以LED作为光纤导光管的光源，通过改变织物组织结构使编织角度得到调控，以达到发射蓝光波段的效果。

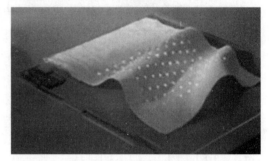

图8-15　飞利浦Lumalive智能电子机织物平台

二、缎纹组织智能织物

发光织物通常采用光纤在手工织布机上进行织造。织机示意图如图8-16所示。经纱为330dtex涤纶丝，经纱密度设为20根/cm。纬纱为日本东丽（Toray）公司生产的PMMA塑料光纤，光纤直径为0.25mm。纬纱密度因组织结构而异。织物尺寸为15cm（经向）×21.5cm（纬向）。

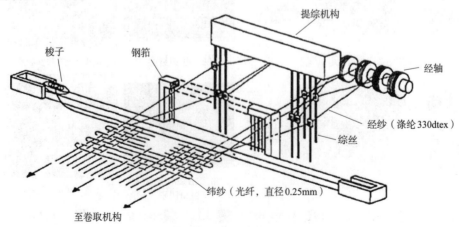

图8-16　织机示意图

发光织物的光扩散效果受到织物组织结构的影响。为了选出光扩散效果好、照明强度好和光强度均匀性好的发光织物，该研究项目对五种不同的样品进行了对比分析。其中四种分别采用平纹组织（PW）、缎纹组织4（SW4）、缎纹组织6（SW6）和缎纹组织8（SW8），另外一种为专门针对光动力疗法应用而开发的商用发光织物。平纹组织和缎纹组织都是基础组织。平纹是最简单的机织组织，其原理是经纱和纬纱上下交替交织。平纹组织具有以下特点：①交织点最多；②经纱与纬纱一上一下相互交替；③经、纬纱的纱线线密度受限；④所得织物强力大、交织紧密；⑤织物正反面相同。而在缎纹组织中，每根经纱/纬纱浮于几根纬纱/经纱上，并与另一根纬纱/经纱交织。缎纹组织所得织物表面光滑有光泽。通过调整经纬纱的交错点，使浮线覆盖于织物表面。缎纹组织具有以下特点：①由于每根经纱和纬纱之间只有一次交织，织物光泽性强；②织物面层的材料量非常多；③与平纹组织相比，缎纹组织结构较为松散。如图8-17所示，垂直方向为经纱（涤纶），水平方向为纬纱（PMMA塑料光纤），当纬纱位于经纱上方时组织点以黑色表示，当经纱位于纬纱上方时组织点以白色表示，则SW4、SW6和SW8这三种缎纹组织之间的差异在于每根经纱分别浮于3、5和7根纬纱上，并分别与第4、6和8根纬纱交织，即其浮长线具有不同的长度。通过测量得到，PW、

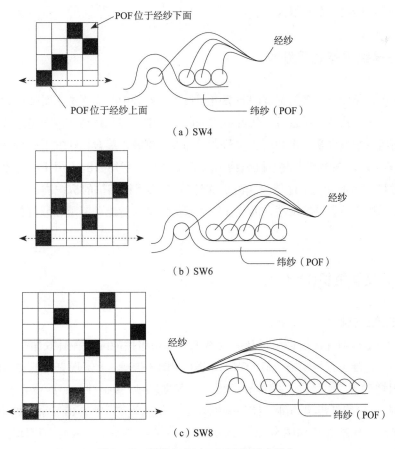

（a）SW4

（b）SW6

（c）SW8

图8-17　缎纹组织（POF：塑料光纤）

SW4、SW6和SW8四种组织织物的纬纱密度分别为17.6根/cm、28.3根/cm、35.2根/cm和39.2根/cm。

光照强度与织物组织结构、纬纱在织物内的弯曲曲率半径等因素密切相关。通过调整织物结构及工艺参数，可对其临床应用进行设计优化。理论上，当光纤弯曲程度较大时，其曲率半径较小，会导致辐射损耗和功率衰减的增加。但实际上，SW4、SW6和SW8三种缎纹织物的纬纱弯曲程度较为复杂。将光源连接在织物的两端，对比SW4、SW6和SW8三种缎纹组织的发光效果可得，SW4的发光强度较低，但其光强分布较为均匀；SW8和SW6的发光强度较好，但光强分布的离散性较大。织物离光源较近部位的光强大小为：SW8 > SW6 > SW4；织物离光源较远部位的光强大小为：SW4 > SW8 > SW6。

为提高照明强度和光强度的均匀性，研究者对发光织物进行了改进，使SW4、SW6和SW8三种缎纹组织在同一块织物中进行了优化分布，得到了一种具有混合组织结构的发光织物。将尺寸大于100cm^{2}的织物试样与功率为5W的激光二极管光源（635nm）相连，所得照明强度可达（18.2±2.5）mW/cm^2，光强度的均匀性也远优于市售LED面板。此外，与LED面板不同，发光织物具有柔软易弯曲的特性。且发光织物可作为波导分离光源。因此，采用同一种发光织物，可达到通过简单地改变光源来扩散不同波长的光的效果。因此，发光织物针对光动力疗法的应用空间很大。

三、3D蜂巢组织智能机织物

在极端火灾条件下，多数常规的救援电子设备因电源中断而无法正常使用，而采用具有阻燃功能的自供电式电子设备可有效解决这一问题。中科院北京纳米能源与系统研究所王中林院士课题组与东华大学汪军教授、厦门大学郭文熹副教授等合作研发了一种基于阻燃包缠纱的3D蜂巢组织摩擦电纳米发电机织物（3DF-TENG）（图8-18），用于消防服和室内火场逃生指示材料，如智能逃生地毯等。由于这种3D蜂巢组织结构的机织物还具有良好的降噪功能、优良的透气性和可机洗性，因此在智能家居装饰和智能可穿戴领域也具有潜在的应用前景。

四、三维正交智能机织物

（一）三维正交机织物TENG

织物组织结构的优化设计是提高织物基TENG输出性能的一种有效途径。王中林院士等报道了一种三维正交机织物（3DOW）TENG（图8-19），可实现更高的功率输出。该三维正交机织物TENG由经纱、纬纱和厚度方向的捆绑纱/接结纱三路纱线系统织成，经纱采用不锈钢丝/聚酯纤维混纺纱，纬纱采用聚二甲基硅氧烷（PDMS）涂层的不锈钢丝/聚酯纤维混纺纱。织造过程如图8-19（a）所示，将一层经纱夹在两层平行纬纱之间，再在厚度方向上织入接结纱。织物的电极连接方式不同，输出性能也不同。其中，双电极模式

d32[图8-19（c）]的输出最大。在3Hz的按压频率下，功率密度最高可达263.36mW/m²。该三维正交机织物TENG可应用于多种环境，如点亮警告指示灯、为商用电容器充电、驱动数字手表和跟踪人体运动信号等。

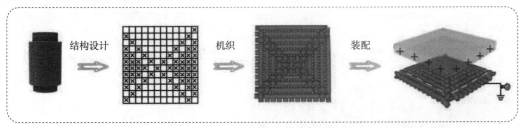

（a）制造过程示意图

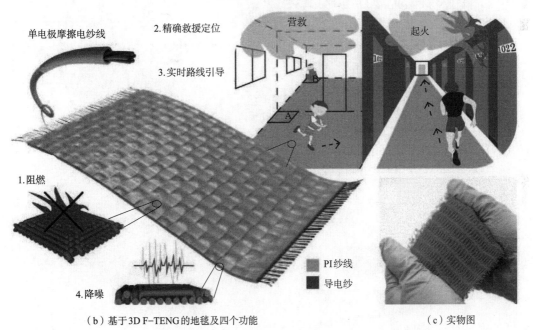

（b）基于3D F-TENG的地毯及四个功能　　　　　　　（c）实物图

图8-18　柔性3D F-TENG

（二）三维正交机织物微带天线

Kun Zhang和Fujun Xu等利用织造技术将微带天线集成到具备良好柔韧性的三维正交机织物中，设计出了一种柔性纺织结构天线（图8-20），可应用于可穿戴无线电子装置。三维正交机织物由经纱、纬纱和厚度方向的捆绑纱/接结纱三路纱线系统织成，织物本身有很好的整体性。由于织物内的经纱和纬纱具有无卷曲和无交织的结构特征，可通过经纱和纬纱的滑移以及接结纱取向角度的变化使织物很好地适应曲面或形变，即能够适应各种变形。因此，以导电纱线和介电纱线织造成的三维正交机织微带天线（3DOW-MA）具有易与人体共形的优势。即使将该微带天线弯曲成各种锥形结构，也表现出优异的辐射性能，具有准确的谐振频率、很小的能量损失和适当的增益值。因此，三维正交机织微带天线在智能柔性系统和无线体域网络中具有很大的应用前景。

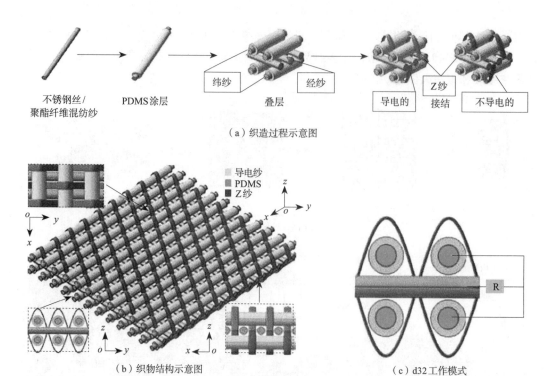

（a）织造过程示意图

（b）织物结构示意图

（c）d32工作模式

图8-19 三维正交机织物TENG

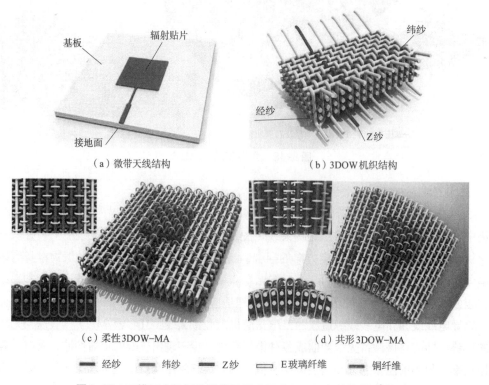

（a）微带天线结构

（b）3DOW机织结构

（c）柔性3DOW-MA

（d）共形3DOW-MA

图8-20 三维正交机织物微带天线（3DOW-MA）的结构示意图

第六节　智能电子纺织品编织技术

编织是一项具有悠久历史的纺织技术，20世纪80年代后，随着社会生产对新型纺织品发展的需要，编织技术逐渐走入大众的视野。编织技术是沿织物成型方向的三根或多根纱线倾斜交叉、相互交织的技术。由于其高的结构稳定性，逐渐应用于智能电子纺织品的加工和制造。基于编织织物内部纱线空间交织方式不同，可将其分为二维编织物和三维编织织物。

一、二维编织智能织物

二维编织物在其厚度方向没有纱线贯穿，纱线只在面内交织。其加工方式主要分为立体编织、卧室编织和径向编织等[图8-21（a）]。由于智能可穿戴纺织品尺寸较小，通常采用立体编织技术。二维编织物基本结构分可为1×1、2×2和3×3编织，在1×1编织中，每根纱线交替并重复覆盖单根纱线。在二维编织物中加入轴纱，形成二维三轴编织物，轴纱可以在编织物整轴全部添加或者按照需求部分添加，且轴纱被夹持在编织纱中间，没有屈曲[图8-21（b）]。因此可以增加织物轴向的强力，减小编织物轴向的伸长率。

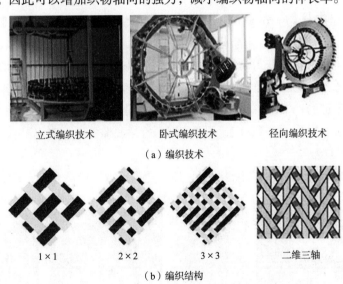

立式编织技术　　卧式编织技术　　径向编织技术

（a）编织技术

1×1　　2×2　　3×3　　二维三轴

（b）编织结构

图8-21　二维编织技术和编织结构

当前，二维编织物已经广泛应用于智能电子可穿戴领域。董凯和王忠林报告了一种采用二维编织技术制造的传感纱线[图8-22（a）]。该纱线由PVDF纱线和镀银的尼龙纱线编织而成，具有优良的摩擦电性能。将纱线织入袜中可制备具有力传感功能的智能袜子，该袜子用于不同人体姿势的足底压力映射[图8-22（b）~（d）]，同时具有可洗涤、可变形、透气和舒适的性能，在可穿戴智能纺织品中展现出广阔的前景。

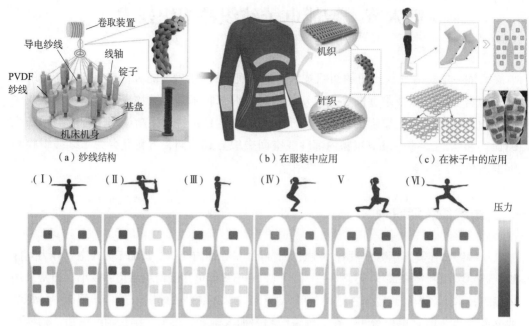

（a）纱线结构　　　　　　（b）在服装中应用　　　　　（c）在袜子中的应用

（d）智能传感袜能够感知人体的运动

图8-22　采用二维编织技术制造PVDF缠绕的镀银尼龙纱线及其应用

伍伦贡大学福鲁吉（Foroughi）教授采用二维编织工艺开发用于人体健康监测的自供电无线传感纱线。研究发现，由质量比为1∶10的钛酸钡（BT）纳米颗粒和聚偏氟乙烯（PVDF）编织的同轴纱线可获得高压电性能［图8-23（a）］。该纱线能量密度为4μV，输出功率为87μW，比之前报道的压电纺织品高45倍。可穿戴式能量电容器在20s内为10μF电容器充电，比之前报道的PVDF/BT和PVDF能量电容器分别快4倍和6倍。该PVDF/BT纱线可以无缝织入牛仔裤中［图8-23（b）］，用于实时医疗康复监测，同时也可以用于其他智能可穿戴纺织品。

河北科技大学陈爱兵教授和中科院半导体所沈国震教授团队合作报道了一种可编织的锌离子纱线电容器［图8-23（c）］，其中米级单位长度的$Ti_3C_2T_x$MXene正极作为核，作为

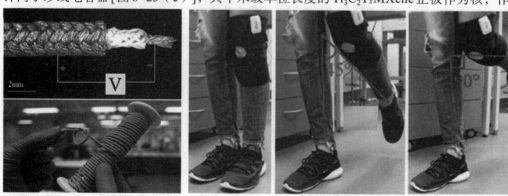

（a）传感纱线　　　　　　　　　　　　（b）将传感纱线编织入牛仔裤中

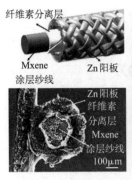

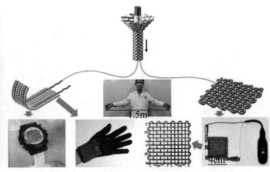

（c）可编织的锌离子纱线电容器　　　　（d）由纱线电容器编织的智能传感表带或纺织品

图8-23　一种用于人体健康监测的自供电无线传感纱线

壳的锌负极纤维穿过固体电解质编织在 $Ti_3C_2T_x$MXene纤维表面。ANSYSMaxwell模拟结果发现，与弹簧状结构相比，编织结构显示出更高的电容。所获得锌离子纱线电容器具有214mF/cm²的高面电容、高的能量密度42.8μW·h/cm²（5mV/s）以及出色的循环稳定性（5000次循环后容量保持率为83.58%）。此外，具有编织结构的纱线电容器显示出卓越的稳定性和可编织性，可将其编织到表带或嵌入纺织品中，为智能手表和LED阵列实现供能[图8-23（d）]。

二、三维编织智能织物

三维编织技术是二维编织技术的拓展，其与二维编织物的区别在于其织物内部具有厚度方向的纤维增强（厚度方向有纱线交织）。该技术具有较强的仿形编织能力，可以实现复杂结构的整体编织。20世纪70年代初，美国通用电气公司根据常规的编织绳原理发明了万向编织机；70年代中期，法国欧洲动力公司也发明了类似的编织机；80年代初，美国Gumagna公司发明了磁编技术，自此三维编织技术得到了迅速发展。随着三维编织技术的发展，多种编织工艺相继出现，例如四步法、二步法编织技术。当前最常用的编织方法为四步法编织技术（图8-24），四步一循环后携纱器经四步循环回到初始位置。编制步骤为：第一步，相邻行携纱器沿x方向交错移动一个位置；第二步，相邻列携纱沿y方向交错移动一个位置；第三、第四步与第一、第二步运动相反。

王杰研究员和王中林院士研究团队采用三维编织技术，提出一种基于摩擦纳米发电机的形状可设计且高度压缩回弹的三维编织结构智能发电和传感织物[图8-25（a）]。这种三维编织智能发电和传感织物由外编织支撑框架和内轴芯柱组成三维空间框架柱结构，能够实现在压缩载荷卸除下的快速回复。该织物具有高的压缩回弹性（压缩回弹系数60%）、多样的截面形状设计（矩形、正方形、圆环形等）、增强的电量输出（峰值功率密度26W/m³）、微小压力快速响应以及振动能量收集能力。该研究团队将这种三维编织结构智能织物应用在具有人体运动行为监测和远距离安全救助功能的智能鞋以及具有入口防护和入侵预警功能的自驱动身份识别地毯中[图8-25（b）]。

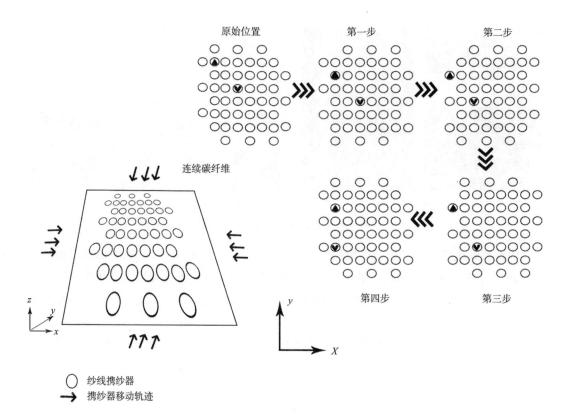

图8-24 四步法编织工艺

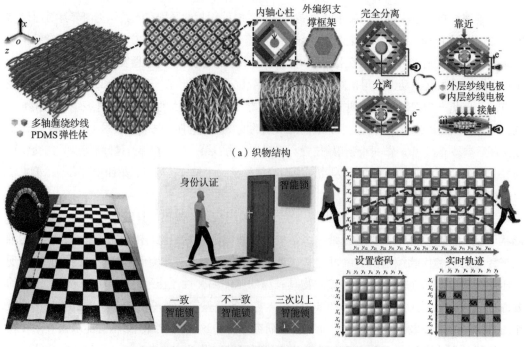

（a）织物结构

（b）具有入口防护和入侵预警功能的自驱动身份识别地毯

图8-25 三维编织结构智能发电和传感织物及其应用

第七节　智能电子纺织品3D打印技术

自从1986年第一个关于立体光刻的增材制造技术专利得到授权以来，增材制造技术便引起商业界和科学界的广泛关注。在过去的几十年中，众多增材制造技术的专利被开发，根据ASTM国际标准可将其分为：基于材料挤出的熔融沉积（fused deposition modeling，FDM）和油墨直写打印（directin writing，DIW）技术，光固化打印技术（vat photopolymerization），预浸料层压打印技术（sheet laminated），粉末床熔合打印技术（powder bed fusion），黏合剂喷墨技术（binder jetting），指向性能量沉积技术（directed energy deposition）和一些在此基础上开发的新型打印技术（图8-26）。

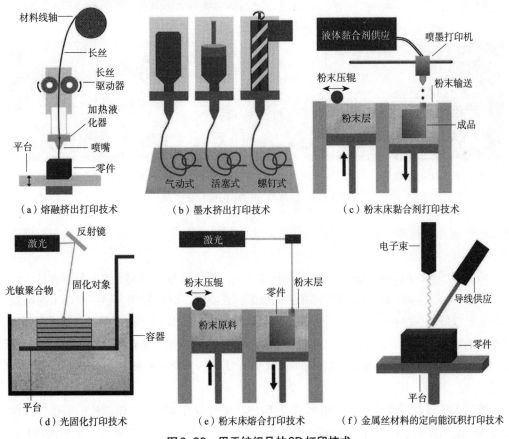

图8-26　用于纺织品的3D打印技术

在3D打印可穿戴纺织品领域中，最常用的打印技术是墨水挤出3D打印技术。清华大学张莹莹团队采用墨水挤出3D打印方法一步制备智能电子织物（图8-27）。通过将自行设计的同轴喷丝头集成到3D打印机上，实现了在织物上功能性皮芯结构纤维和智能电子器件的直接打印。作为该策略的一种展示，作者使用丝素蛋白作为介电皮层，碳纳米管作为导电芯层，在织物上构建了蚕丝智能图案，通过对人体运动时衣物摩擦产生的静电进行收集，可实

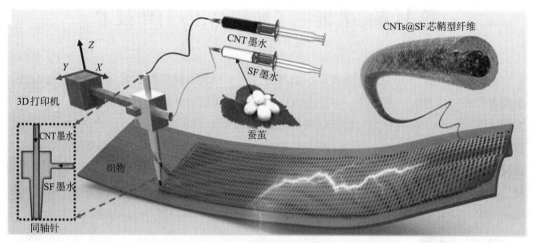

（a）使用同轴喷丝板的3D打印过程

（b）3D打印过程的照片

（c）客户设计的纺织品图案

（d）扭曲和折叠的智能纺纺品

图8-27　墨水挤出打印的智能纺织品

现能源的富集。此外，也可以直接打印图案化的超级电容器电子织物，从而实现对能源的管理。

韩国庆熙大学的李教授采用墨水打印技术开发一种加捻纱线锂离子电池制造方法。天然石墨和$LiNi_{0.6}Co_{0.2}Mn_{0.2}O_2$分别作为阳极和阴极的活性材料，碳纤维作为导电材料（图8-28）。将印刷电极纤维缠绕在一起，形成阳极和阴极纱线，然后将其组装在一起，得到一个锂离子纱线电池装置。所制备的器件电化学性能显著改善。因此，该方法能够以单个电极或完整设备的形式将电池直接集成到商用织物中，这为开发下一代智能织物储能设备开辟了一条新途径。

厦门大学姜教授开发了一种墨水3D打印方法来制备具有同轴芯鞘结构的可拉伸弹性纤维，该纤维由导电芯和绝缘鞘组成（图8-29）。增加石墨烯和PTFE颗粒能够显著调控PDMS预聚物的流变行为，使其适用于芯鞘同轴可拉伸纤维的3D打印。此外，还实现了可伸缩智能纺织品的大规模定制化制造。基于摩擦电效应，皮芯弹性纤维可以像电子皮肤一样发挥可穿戴触觉传感的功能，智能纺织品通过经纬交织的结构展示了矩阵触觉传感的能力。此外，智能纺织品具有耐洗性、透气性、超强拉伸性和坚固性等诸多优点，使其有望用于可穿戴电子产品。

特拉华大学付堃教授开发一种3D打印可扩展、低成本的柔性全纤维锂离子电池（LIB）。

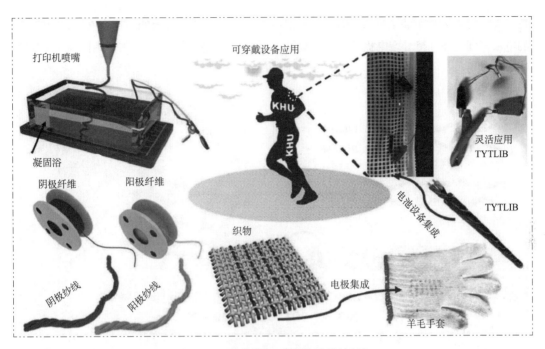

图 8-28　墨水 3D 打印电池纱线的制备

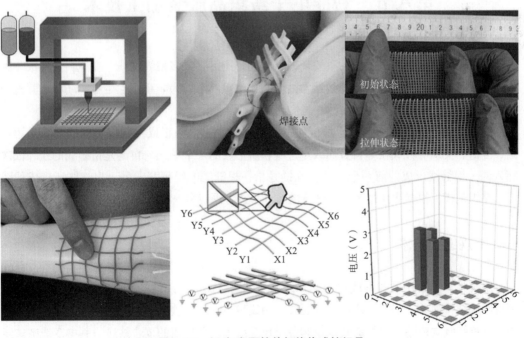

图 8-29　3D 打印可拉伸智能传感纺织品

含有碳纳米管和磷酸铁锂（LFP）或锂钛氧化物（LTO）的高黏度聚合物墨水分别用于打印
LFP 纤维阴极和 LTO 纤维阳极（图 8-30）。两种纤维电极在半电池配置中都表现出良好的柔
韧性和高电化学性能。通过将打印的 LFP 和 LTO 纤维与作为准固体电解质的凝胶聚合物扭绞

在一起，可以成功组装全纤维LIB。全纤维器件具有约110mA·h/g的高比容量在50m·mA/g的电流密度，并保持纤维电极的良好柔韧性，可以潜在地集成到纺织品中，用于未来的可穿戴电子应用。

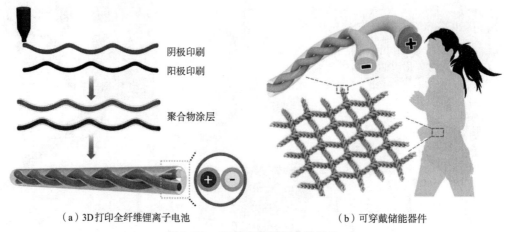

（a）3D打印全纤维锂离子电池　　　　　　　　　　（b）可穿戴储能器件

图8-30　3D打印锂离子电池纱线

第八节　智能电子纺织品服装加工技术

缝制工程是服装生产加工的重要环节，缝纫是用一根或多根缝纫线，在缝料上形成一种或多种线迹。缝纫过程中，缝纫线通常处于高速摩擦状态，为防止产生熔融、断线或其他问题，需要缝纫线具有一定的柔韧性、强度和耐热性。

线迹是缝料上两个相邻针眼所配置的缝线形式，是由一根或一根以上的缝纫线采用自链、互链、交织等方式在缝料表面或穿过缝料所形成的一个单元。自链是指缝线的线环依次穿入同一根缝线形成的前一个线环。互链是指一根缝线的线环穿入另一根缝线所形成的线环。交织是指一根缝线穿过另一根缝线的线环，或者围绕另一根缝线。

一、常规缝纫技术

服装生产中常用的四种线迹为锁式线迹、链式线迹、包缝线迹和绷缝线迹（图8-31）。锁式线迹结构简单、坚固，线迹不易脱散，用线量少，是服装生产中最基本的线迹。链式线迹包括单线链式线迹、双线链式线迹和各类包缝线迹复合形成的复合线迹。其中双线链式线迹正面线迹形态与锁式线迹相同，弹性和强力优于锁式线迹，且不易脱散，常用在弹性较强的面料和受拉伸较多的部位。包缝线迹常用于衣服边缘缝制，防止面料边缘脱散。绷缝线迹强力大，拉伸性好，线迹平整，既可以防止织物边缘脱散，也可以作为装饰线迹修饰缝料。以上线迹均由计算机控制完成，可重复性高。

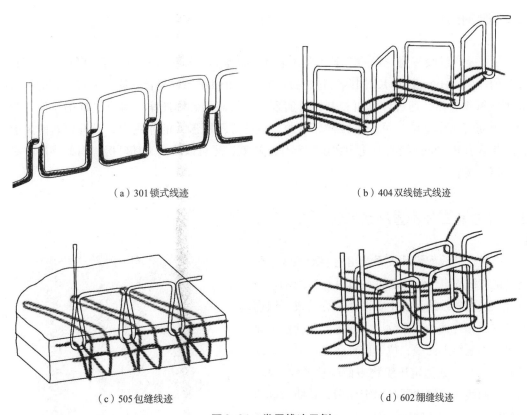

（a）301锁式线迹　　　　　　　　　　　　（b）404双线链式线迹

（c）505包缝线迹　　　　　　　　　　　　（d）602绷缝线迹

图8-31　常用线迹示例

　　使用缝纫技术，可以形成与机织、针织、编织结构不同的复杂的可穿戴织物结构，且可以实现一维、二维、三维等不同结构类型。北卡罗莱纳州立大学欧博·博兹库尔特（Alper Bozkurt）团队以银导线为电极，中间织物层为介电层，通过简单的锁式线迹将电极固定在织物上，每个交织点即为一个传感单元，形成电容式电子织物，可同时实现压力和湿度双信号感知，如图8-32所示。谷歌的Project Jacquard同样也将导电缝纫线通过缝纫的形式嵌入面料中，使面料能够作为触控屏使用，通过触屏控制，可以实现地图、搜索和音乐播放等功能，如图8-33所示。

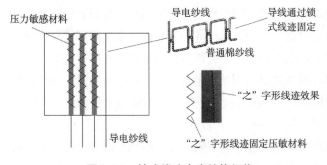

图8-32　锁式线迹电容结构织物

图8-33　谷歌Project Jacquard项目
中所用缝纫导线和缝纫线迹

二、刺绣技术

绣花是将纱线按照一定的图案和形式配置在织物上，与缝纫相比，绣花更具有装饰和美化的作用。Hyunhyub Ko团队通过将自主研发的PVDF导电复合纱线，通过绣花的形式配置在织物表面，通过计算机控制，可实现不同纹路的装饰图案，具有良好的拉伸、弯曲、剪切等力学性能，可识别拉伸、弯曲、压缩等不同形式的作用力，具有较高的灵敏性。将含有PVDF纱线的绣花图案织物制作成项圈，还可以检测人体呼吸，有效预防呼吸系统相关疾病。

三、个性化三线配置纱线系统

个性化三线配置纱线系统由之字形纱线结构将功能纱线固定于织物表面，如图8-34所示。个性化三线配置纱线系统主要由两部分构成，织物基底材料和三线纱线系统。三线主要包括位于面料表层的之字形面线，位于面料底层的底线，以及被面线和底线固定于织物表面的功能性纱线。其中，面线和底线主要起固定作用，智能织物的功能性取决于功能纱线。因功能纱线由面线和底线固定，不会碰触到缝纫机针，可以保证功能纱线的完整性。

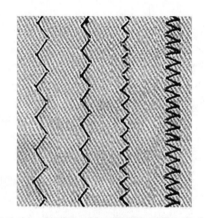

图8-34 个性化三线配置纱线系统及其应用

本章小结

随着智能纺织品在医疗、军事、建筑、防护、体育、健身、时尚、家居和娱乐等多种应用领域的不断拓展，多国已经相继提出自己的"智能纺织计划"的国家战略，例如德国的"未来纺织"（Future TEX）研究计划和美国的"革命性纤维与织物制造创新机构"（RFT-MII）。2022年4月，工信部、国家发改委发布的《关于产业用纺织品行业高质量发展的指导意见》中也提出了"加大智能纺织品开发推广"的具体任务。开发面向未来的纤维和织物已成为各国纺织产业升级的重要方向之一。而在智能电子纤维及织物中针对传感、通信、储能和执行等功能的实现则依赖于纤维材料和织物结构的核心制备技术。本章对纺丝、纺纱、针织、机织、编织、3D打印和服装加工技术等多种智能电子纺织品集成加工技术及案例进行了介绍。

随着柔性织物器件的发展和纺织品集成加工技术的不断进步，织物与电子之间的集成水平在不断提高，织物电极和织物应变传感等柔性器件逐渐取代了部分传统刚性电子器件，但包括运算和储存在内的电子功能的实现仍主要依赖于传统印刷电路板模块。具备柔软、透气、轻便、可拉伸、共形能力强等穿戴舒适性能的全织物电子设备将成为未来智能电子纺织品的发展方向。

参考文献

［1］OU J, ORAN D, HADDAD D D, et al. Sensor Knit: architecting textile sensors with machine knitting［J］. 3D Printing and Additive Manufacturing, 2019, 6(1): 1–11.

［2］DIAS T. Electronic textiles: smart fabrics and wearable technology［M］. Oxford: Woodhead Publishing, 2015.

［3］KENNON W R, DIAS T, XIE P. A novel positive yarn–feed system for flat–bed knitting machines［J］. Journal of the Textile Institute, 2000, 91(3): 140–150.

［4］TEN BHÖMER M, TOMICO O, HUMMELS C. Vigour: smart textile services to support rehabilitation［C］. Proceedings of the 5th Nordic Design Research Conference (Nordes 2013), Copenhagen, 2013.

［5］VAN LANGENHOVE L. Advances in smart medical textiles: treatments and health monitoring［M］. Oxford: Woodhead Publishing, 2016.

［6］SPENCER D J. Knitting technology: a comprehensive handbook and practical guide［M］. 3rd ed. Oxford: Woodhead Publishing, 2010.

［7］SOIN N, SHAH T H, ANAND S C, et al. Novel "3–D spacer" all fibre piezoelectric textiles for energy harvesting applications［J］. Energy & Environmental Science, 2014, 7(5): 1670–1679.

［8］KIRSTEIN T. Multidisciplinary know–how for smart–textiles developers［M］. Oxford: Woodhead Publishing, 2013.

［9］BAI S, ZHANG L, XU Q, et al. Two dimensional woven nanogenerator［J］. Nano Energy, 2013, 2(5): 749–753.

［10］YILMAZ N D. Smart textiles: wearable nanotechnology［M］. Beverly: Scrivener Publishing, 2018.

［11］MAGNIEZ K, KRAJEWSKI A, NEUENHOFER M, et al. Effect of drawing on the molecular orientation and polymorphism of melt–spun polyvinylidene fluoride fibers: toward the development of piezoelectric force sensors［J］. Journal of Applied Polymer Science, 2013, 129(5): 2699–2706.

［12］PU X, LI L, SONG H, et al. A self–charging power unit by integration of a textile triboelectric nanogenerator and a flexible lithium–ion battery for wearable electronics［J］. Advanced Materials, 2015, 27(15): 2472–2478.

［13］CHEN J, GUO H, PU X, et al. Traditional weaving craft for one–piece self–charging power textile for wearable electronics [J]. Nano Energy, 2018, 50: 536-543.

[14] KINGSTON R I. URI students design wearable technology in cutting-edge engineering class [EB/OL]. (2018-01-10) [2022-11-21]. The University of Rhode Island 官网.

[15] SCHMIDT A C, COURTNEY-PRATT J S, ROSS E A. Woven fiber optics [J]. Applied Optics, 1975, 14(2): 280-287.

[16] MA L, WU R, LIU S, et al. A machine-fabricated 3D honeycomb-structured flame-retardant triboelectric fabric for fire escape and rescue [J]. Advanced Materials, 2020, 32(38): 2003897.

[17] DONG K, DENG J, ZI Y, et al. 3D orthogonal woven triboelectric nanogenerator for effective biomechanical energy harvesting and as self-powered active motion sensors [J]. Advanced Materials, 2017, 29(38): 1702648.

[18] ZHANG K, ZHENG L, FARHA F I, et al. Three-dimensional textile structural conical conformal microstrip antennas for multifunctional flexible electronics [J]. ACS Applied Electronic Materials, 2020, 2(5): 1440-1448.

[19] 马丽芸. 基于皮芯结构复合纱的柔性传感器和纳米发电机的研究 [D]. 上海: 东华大学, 2021.

[20] FAN WENJING, et al. Machine-knitted washable sensor array textile for precise epidermal physiological signal monitoring [J]. Science Advances, 2020, 6(11): 2840.

[21] DU XIANJING, et al. Self-powered and self-sensing energy textile system for flexible wearable applications [J]. ACS Applied Materials & Interfaces, 2020, 12(50): 55876-55883.

[22] SHI XIANG, et al. Large-area display textiles integrated with functional systems [J]. Nature, 2021, 59(7849): 240-245.

[23] 张雄. 二维编织结构对复合材料性能影响 [D]. 天津: 天津工业大学, 2021.

[24] LI YINGYING, et al. Large-scale fabrication of core-shell triboelectric braided fibers and power textiles for energy harvesting and plantar pressure monitoring [J]. EcoMat, 2022: e12191.

[25] MOKHTARI FATEMEH, et al. Wearable electronic textiles from nanostructured piezoelectric fibers [J]. Advanced Materials Technologies, 2020, 5(4): 1900900.

[26] SHI BAO, et al. Continuous fabrication of $Ti_3C_2T_x$ MXene-based braided coaxial zinc-ion hybrid supercapacitors with improved performance [J]. Nano-micro letters, 2022, 14(1): 1-10.

[27] DONG KAI, et al. Shape adaptable and highly resilient 3D braided triboelectric nanogenerators as e-textiles for power and sensing [J]. Nature Communications, 2020, 11(1): 1-11.

[28] CHATTERJEE KONY, TUSHAR K. GHOSH. 3D printing of textiles: potential roadmap to

printing with fibers［J］. Advanced Materials, 2020, 32(4) 1902086.

［29］ZHANG MINGCHAO, et al. Printable smart pattern for multifunctional energy−management E−textile［J］. Matter, 2019, 1(1): 168−179.

［30］PRAVEEN SEKAR, et al. 3D−printed twisted yarn−type Li−ion battery towards smart fabrics［J］. Energy Storage Materials, 2021, 41: 748−757.

［31］CHEN YUXIN, et al. 3D printed stretchable smart fibers and textiles for self−powered e−skin ［J］. Nano Energy, 2021, 84: 105866.

［32］WANG YIBO, et al. 3D−printed all−fiber li−ion battery toward wearable energy storage［J］. Advanced Functional Materials, 2017, 27(43）1703140.

［33］AGCAYAZI T, TABOR J, MCKNIGHT M, et al. Fully−textile seam−line sensors for facile textile integration and tunable multi−modal sensing of pressure, humidity, and wetness［J］. Advanced Materials Technologies, 2020, 5(8): 2000155.

［34］POUPYREV I, GONG N−W, FUKUHARA S, et al. Project Jacquard: interactive digital textiles at scale［C］. Proceedings of the 2016 CHI Conference on Human Factors in Computing Systems, 2016: 4216−4227.

［35］SHIN Y−E, LEE J−E, PARK Y, et al. Sewing machine stitching of polyvinylidene fluoride fibers: programmable textile patterns for wearable triboelectric sensors［J］. Journal of Materials Chemistry A, 2018, 6(45): 22879−22888.

［36］EICHHOFF J, HEHL A, JOCKENHOEVEL S, et al. Textile fabrication technologies for embedding electronic functions into fibres, yarns and fabrics, Multidisciplinary Know−How for Smart−Textiles Developers［M］. Elsevier, 2013.

图片来源

［1］图8−7、图8−10: DIAS T. Electronic textiles: smart fabrics and wearable technology［M］. Oxford: Woodhead Publishing, 2015.

［2］图8−8: SOIN N, SHAH T H, ANAND S C, et al. Novel "3−D spacer" all fibre piezoelectric textiles for energy harvesting applications［J］. Energy & Environmental Science, 2014, 7(5): 1670−1679.

［3］图8−9: KIRSTEIN T. Multidisciplinary know−how for smart−textiles developers［M］. Oxford: Woodhead Publishing, 2013.

［4］图8−11、图8−7、图8−13: YILMAZ N D. Smart textiles: wearable nanotechnology［M］. Beverly: Scrivener Publishing, 2018.

［5］图8−12: MAGNIEZ K, KRAJEWSKI A, NEUENHOFER M, et al. Effect of drawing on the molecular orientation and polymorphism of melt−spun polyvinylidene fluoride fibers: toward the development of piezoelectric force sensors［J］. Journal of Applied Polymer Science,

2013, 129(5): 2699-2706.

［6］图8-14: CHEN J, GUO H, PU X, et al. Traditional weaving craft for one-piece self-charging power textile for wearable electronics［J］. Nano Energy, 2018, 50: 536-543.

［7］图8-15、图8-11: VAN LANGENHOVE L. Advances in smart medical textiles: treatments and health monitoring［M］. Oxford: Woodhead Publishing, 2016.

［8］图8-16: SCHMIDT A C, COURTNEY-PRATT J S, ROSS E A. Woven fiber optics［J］. Applied Optics, 1975, 14(2): 280-287.

［9］图8-18: MA L, WU R, LIU S, et al. A machine-fabricated 3D honeycomb-structured flame-retardant triboelectric fabric for fire escape and rescue［J］. Advanced Materials, 2020, 32(38): 2003897.

［10］图8-20: ZHANG K, ZHENG L, FARHA F I, et al. Three-dimensional textile structural conical conformal microstrip antennas for multifunctional flexible electronics［J］. ACS Applied Electronic Materials, 2020, 2(5): 1440-1448.

［11］图8-2: 马丽芸. 基于皮芯结构复合纱的柔性传感器和纳米发电机的研究［D］. 上海: 东华大学, 2021.

［12］图8-4: Fan Wenjing, et al. Machine-knitted washable sensor array textile for precise epidermal physiological signal monitoring［J］. Science Advances, 2020, 6(11): eaay2840.

［13］图8-5: Du, Xianjing, et al. Self-powered and self-sensing energy textile system for flexible wearable applications［J］. ACS Applied Materials & Interfaces, 2020, 12(50): 55876-55883.

［14］图8-6: Shi Xiang, et al. Large-area display textiles integrated with functional systems［J］. Nature, 2021, 591(7849): 240-245.

［15］图8-21: 张雄. 二维编织结构对复合材料性能影响［D］. 天津: 天津工业大学, 2021.

［16］图8-22: Li Yingying, et al. Large-scale fabrication of core-shell triboelectric braided fibers and power textiles for energy harvesting and plantar pressure monitoring［J］. EcoMat, 2022: e12191.

［17］图8-23: Shi Bao, et al. Continuous fabrication of $Ti_3C_2T_x$ MXene-based braided coaxial zinc-ion hybrid supercapacitors with improved performance［J］. Nano-Micro Letters, 2022, 14(1): 1-10.

［18］图8-25: Dong Kai, et al. Shape adaptable and highly resilient 3D braided triboelectric nanogenerators as e-textiles for power and sensing［J］. Nature Communications, 2020, 11(1): 1-11.

［19］图8-26: Chatterjee, Kony, and Tushar K. Ghosh. 3D printing of textiles: potential roadmap to printing with fibers［J］. Advanced Materials, 2020, 32(4): 1902086.

［20］图8-27: Zhang Mingchao, et al. Printable smart pattern for multifunctional energy-management E-textile［J］. Matter, 2019, 1(1): 168-179.

［21］图 8-28: Praveen Sekar, et al. 3D-printed twisted yarn-type Li-ion battery towards smart fabrics［J］. Energy Storage Materials, 2021, 41: 748-757.

［22］图 8-29: Chen Yuxin, et al. 3D printed stretchable smart fibers and textiles for self-powered e-skin［J］. Nano Energy, 2021, 84: 105866.

［23］图 8-30: Wang Yibo, et al. 3D-printed all-fiber li-ion battery toward wearable energy storage［J］. Advanced Functional Materials, 2017, 27(43): 1703140.

第九章　娱乐休闲用智能电子纺织品可穿戴应用

第一节　引言

近年来，随着电子产品的微型化以及柔性化发展，电子智能纺织品作为一种开发和应用最为广泛的智能纺织品，不断开拓其应用领域，更加贴近生活，尤其是近年来柔性传感器、驱动器、显示器、微处理器、电化学晶体管、锂离子电池等可穿戴电子产品的出现，使智能电子纺织品在娱乐休闲方面表现出广阔的应用前景。在柔性电子器件可穿戴实际应用中，除了需保障人体在长期穿着过程中的舒适外，人们更希望创造出一台可穿戴的微型计算机以满足娱乐休闲的需求。例如，简斯波特（Jansport）开发了一款由可编程智能电子织物制成的背包，将其变成社交媒体的工具，穿戴者可以与附近的人共享歌曲、视频、Facebook页面以及网站链接等，这种交换是通过一个应用程序进行的，人们只需把智能手机放在智能电子织物制成的背包附近即可，其背后的技术类似于QR码，但已融入背包设计中，每个背包都有独特的设计，这使得它可以被应用程序识别。穿着者可以直接与他们的智能电子服装进行有效互动，也可以通过电子纺织品与其他电子设备之间进行无线通信，这类服装可以感知传输信号、改变织物颜色、图案，并执行命令对周围环境的刺激做出实时快速反应。在时尚服装表演中，具有诸多新奇特性的智能电子纺织品也可以用于舞台展示，基于动态变化的服装设计可避免频繁更换服装服饰的烦琐；主动变色的电子纺织品同时可以根据外界环境的变化动态变幻自身颜色而实现伪装，影视作品《哈利·波特》中的"隐形斗篷"也将从玄幻场景逐渐走进现实；此外，电子纺织品相较于传统薄膜基柔性电子器件，其优异的透气性也提供了明显的娱乐休闲应用优势，有效避免长期穿戴过程中由于不透气导致的湿疹等皮肤疾病。因此，近年来柔性电子器件的相关研究更多将从弹性聚合物薄膜基底向纤维及织物衬底转变，以满足娱乐休闲的应用需求（图9-1）。

此外，柔性传感器可以无缝嵌入佩戴者的服装或环境中，从而可以实时提供反馈穿戴者的心率、出汗量、肌肉活动和其他参数，有效取代目前商用的苹果手表、小米手环、华为手环等，实现娱乐休闲电子产品的可穿戴。智能电子纺织品还可以提供有关环境光照水平、温度和其他环境条件的信息。例如，人们可以穿着带有嵌入式视频和音频记录的电子纺织品，并可将数据传送至基站以进行监控。例如，NadiX智能瑜伽裤作为一款高科技瑜伽裤，其内置有感应和触感（振动）装置，可识别各种瑜伽姿势并指导穿戴者完成瑜伽练习，具备蓝牙功能的智能电子织物可以连接到应用程序，从而允许用户从各种姿势中进行选择。2017年底，Twinery MAS将时尚和安全性与其新款智能电子夹克Nova完美结合起来，这款柔软轻便的智能电子夹克采用嵌入式照明技术，可在137m（450英尺）远的距离保持穿着者的可见性，这些灯充电后可以持续8h，这对于野外作业、旅游、探险等有着重要的意义。

通信功能同样可以内置于电子纺织品中，可拨打电话、发送短信，或者直接与附近的其他穿戴者进行交流，因此国内外相关研究机构预计随着智能电子织物的发展，其将全面取代目前的智能手机、平板等电子设备，其通信等娱乐休闲功能将被高度集成的智能电子织物中。

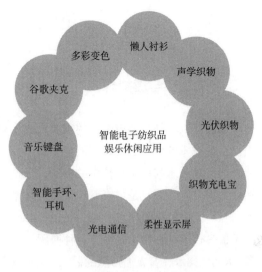

图9-1　智能电子纺织品在娱乐休闲领域的应用

同样的娱乐休闲功能可以为游戏玩家提供体验功能，纺织服装可成为游戏的控制装置。譬如，将增强现实（AR）与虚拟现实（VR）技术融入电子智能纺织品中，穿戴者能够感觉到他们在游戏中操纵的物体，或者当他们的角色受伤或死亡时会感到紧张、刺痛或震动。

智能电子纺织品将传统纺织与电子技术、信息技术以及可穿戴技术相融合，将传感、驱动、显示、发光、储能、发电、变色等功能赋予纺织品，有效提升了衣服的智能性，使其在娱乐休闲领域有着巨大的应用前景。特别是随着电子产品的微型化，用户可以随身携带电子器件，即"便携式电子"，其功能从音乐、视频播放（随身听、MP3、平板电脑）到通信、语音通话（蓝牙、手机），再到个性化健康护理监测（穿戴手环、生理传感器）等，几乎涵盖了生活的各个领域。

服装的轻盈和灵活性为微型电子的发展提供了新的可能。随着智能导电材料、织物结构设计、新型纺织技术的不断开发，纺织工业的新成就、新技术促使"便携式电子"直接完美融入纺织品中，有效拓展了服装及纺织品的全新应用领域，也改变了人们对于纺织的传统认知。例如，通过触摸衣服袖口实现语音通话，衣物袖子用作柔性键盘，衣服用作发光"警示"等。在实际生活中，将显示功能附加到织物中可以实现通信等信息的直接可视化，而且可以适应人体复杂曲面关节的形貌，为通信提供了更加酷炫的方式。

除了视觉、听觉方面的娱乐休闲外，由于智能电子纺织品与人体直接接触，通过织物传感器将人体生理活动信号转化为直观的可视化信号，不仅可以实现对人体健康状况及相关参数的实时监测，而且可以用作交际服装分析穿戴者的心理活动，甚至帮助语言障碍患者表达内心情感等。或许在不久的将来，手机支付不再需要扫一扫，只需要轻轻划动智能电子织物的衣袖就能安全支付；也不再需要智能手环监测身体的健康，只需要穿上智能电子服装就能实时得到身体的体征数据；再或者启动汽车不再需要钥匙，只需要驾驶者坐到座位上，汽车就能识别智能电子服装，听从操作者的指挥。因此，可以预计智能电子纺织品在娱乐休闲领域的应用未来将呈现爆发式增长。

第二节 人机交互

一、增强现实与虚拟现实

衣物是人与外界环境交换的重要媒介，若将衣服开发成控制或交互界面将十分具有吸引力。从纯技术的角度分析，智能电子纺织品可以被认为是纺织与电子两个行业的相互交叉融合，而信息技术与可穿戴技术的发展，无疑为智能电子纺织品的快速发展起到了重要推动作用。人机交互系统正是可以看作信息化技术发展的产物，该系统实现了人与计算机系统的有效交互。其中以增强现实（Augmented Reality，AR）技术和虚拟现实（Virtual Reality，VR）技术最具代表性，特别是由于各种原因，居家办公和娱乐推动线下场景数字化，使得人们对于VR/AR技术有着愈加强烈的需求。AR技术可以在真实环境中增添或者移除由计算机系统实时生成的可以交互的虚拟物体以及相关信息，实现虚拟信息与真实生活世界的巧妙融合。AR技术广泛运用了多媒体、三维建模、实时跟踪及注册、智能交互、传感等多种技术手段，其将计算机生成的文字、图像、三维立体模型、音乐、音频、视频等虚拟信息模拟仿真后，应用到真实世界中，而且信息之间互为补充，从而实现对真实世界的"增强"。以苹果的ARKit为例，该工具套件向用户提供适应现实各种场景的应用，比如测距仪、AR游戏。VR技术又称为虚拟实境或灵境技术，其可以让用户沉浸在由计算机生成的三维虚拟环境，并与现实环境相隔绝。虚拟现实技术基本实现方式是以计算机技术为主，并综合利用三维图形技术、多媒体技术、虚拟仿真技术、立体显示技术等多种高科技，借助计算机等设备产生一个逼真的三维视觉、听觉、触觉、嗅觉等多种感官体验的虚拟世界，从而使处于虚拟世界中的体验者产生一种身临其境的感觉。以HTC的VIVE头盔为例，佩戴者可以通过该设备看到虚拟界面，所有的操作均可以脱离且无须现实生活画面，相当于对传统屏幕浏览内容的一种贴身视角的深化。

近年来，采用智能织物技术制造的VR手套在人机交互中得到了广泛应用，VR手套可以戴在用户的手上，支持用户实时触摸、感觉和保持虚拟物体，其应用包括游戏、教育和军事训练等领域。苹果公司发明了一种能够测量单个手指运动的VR手套，该VR手套包括多个惯性测量单元以跟踪一个或多个手指/手部的运动。最近张（Zhang）等开发了一种光学驱动的可穿戴人机交互智能纺织品，通过将嵌入光学微/纳米纤维阵列的聚二甲基硅氧烷贴片与纺织品黏合在一起，成功应用于人机交互（图9-2）。得益于该智能电子纺织品的经纬向结构，其可以灵敏感触到手指在操作界面的轻微滑动。进一步借助机器学习对触摸方式进行分类，其动作识别率高达98.1%。作为概念性验证，通过触摸该人机交互用智能电子纺织品可以实现对机械手的遥控，显示了其在AR/VR领域的广阔应用前景。通过将摩擦纳米发电机与触觉传感电子织物相结合，触觉传感器可以产生输出电压信号，进一步通过多通道数据采集方法可以检测到多个通道的实时电压信号。最后，可以通过专门开发的数据分析和处理软件显示实时结果。由此开发的智能电子织物传感器可用于捕获触摸动作的轨迹以及实时检测压力分布，从而应用于自供电生物医学监测和人机交互传感领域。

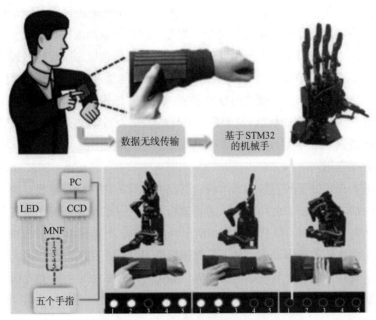

图9-2　人机交互智能电子织物

二、谷歌夹克

谷歌是全球最大的科技公司之一，拥有搜索引擎、YouTube、Android、地图等诸多重量级产品，其产品涉及人们生活中的方方面面，其用户以数十亿计数。最近，谷歌基于计算平台，先后推出了Android移动平台以及Android Wear可穿戴设备平台。与此同时，谷歌正在开发一款隐藏在智能可穿戴服装中的平台，第一款产品就是Jacquard（图9-3）。该产品旨在通过纺织领域标准的工业机织工艺将触觉以及手势交互编织到人体穿着的服装产品中，使得衣物可以完成触摸交互，将捕捉到的触摸以及手势数据传到手机及其他设备上，并借助计算机算法推断出人体的各种手势。Jacquard将穿着者与在线服务、应用程序、手机以及娱乐休闲功能有效连接起来。

智能可穿戴谷歌夹克的初衷在于让用户佩戴更多产品，将多种功能融入智能夹克中。能够让人一眼看出Jacquard不同于其他夹克的是，左袖口上的一个标签。这个标签的作用是建立与手机的连接，使袖口充当触模板。借助它，用户可以通过点触、滑动操作接听电话、控制音乐播放、导航。这个标签还为Jacquard提供

图9-3　谷歌开发的智能电子织物Jacquard

电能，谷歌称标签一次充电可以使用大约 2 周时间。充电方法很简单，把它插入计算机的 USB 接口即可。例如，在骑着自行车的人，如果需要导航帮助，但又不想掏出手机，这时 Jacquard 智能服装就可以大显身手了。通过滑动夹克上的织物触摸屏即可完成操控系统，或者通过语音的识别来领会穿戴者发出的指令。所有互动都可以通过袖口完成，它目前支持的触控动作包括点触、向内滑动、向外滑动，用户可以通过配套应用指定这些操作对应的智能手机功能。例如，当用户在通过手机听音乐时，操作者能够通过向外滑动操作跳到下一首歌，双击操作会告诉他当前正在播放的歌曲名字，用户可以通过袖口的触觉反馈知道手机收到了消息。相信后续随着 5G 时代以及大数据时代的到来，谷歌夹克可以收集更多的人体数据，在进一步丰富其娱乐休闲的基础上，拓宽其在人体健康监测、紧急救援、人工智能辅助等高端领域的智能应用。

目前该谷歌夹克还处于研发的初级阶段，其能够执行的用户指令还很有限，后面会根据用户的实际需要加入更多的智能功能。该类智能可穿戴产品的研发需要更多的跨专业领域的人共同合作。在耐久性方面，该智能夹克的耐水性比较差，只能耐 10 次的水洗，还远达不到真正服装领域对耐水洗的基本要求，从而导致该智能可穿戴产品的寿命较短。但是智能可穿戴谷歌夹克的出现让人们的生活更加丰富多彩，相信在不远的未来一件夹克即可完成所有智能电子产品的功能。

三、音乐键盘

虽然目前智能可穿戴电子产品层出不穷，但穿戴者不能够与可穿戴电子产品进行有效互动，譬如用户难以在可穿戴的电子产品上输入文字等任意想表达的信息或者指令，提高智能可穿戴电子产品与用户之间的交互界面是提高用户娱乐休闲体验满足感的关键。由于服装和纺织品的亲肤性，其与人类自然感觉相接近，为信息的输入提供了新的路径选择。由柔性纤维/纺织品制成的键盘是智能服装应用的理想输入设备，其需要织物基键盘合理区分指尖的合法动作和人体运动引起的非法变形和应力，因此，从织物组织设计、电路设计以及织物组织与电路的配合出发研制新型柔性织物键盘是十分必要的。

对于智能可穿戴系统，其信号的智能"输入"一直是个不小的难题。法国研究人员研发出一种可以织进衣服的可穿戴织物基键盘，它将为人们提供一种更简单的人机交互方式。人们现在大多采用键盘来操作计算机，然而，用微型电子元件来制造可穿戴键盘仍具有挑战性，因为键盘需要足够大才能容得下所需的按键，而且为了让用户能够将它穿戴在身上，还必须柔韧而具有伸展性，以适应人体的活动。该研究采用导电线和纤维织在一起，选用聚酯织物，使用绝缘硅橡胶 PDMS 将电路轮廓模印在织物上；然后将导电聚合物 PEDOT：PSS 对轮廓进行填充；最后，采用 PDMS 封住电路，使其具有一定的伸展性。这种技术提供了一种简单的人机交互方式。研究人员用电极连接电路和计算机，电路上的方形和矩形贴片充当键盘的按键。当这些贴片被按下时，电路中就会很容易地产生可检测的电信号。这种键盘可以编织在袖套上，有 11 个按键，代表数字 0~9 以及一个星号。这种键盘的可拉伸幅度能够达到原尺寸的30%，而且在拉伸1000次以后，仍然能够保持90%的原始导电性能。值得注意的是，相比于智能手表的触摸屏或者谷歌眼镜的手势控制，可穿戴织物键盘提供了一个更直观的交互操作界面（图9-4）。这种键盘不仅可以织进衣服，还可以安置在家具、壁纸等物品的表面，使得智能家居成为可能。织物基键盘输入技术使人们与智能设备的联系更紧密，也改变了人们与计算机的交互方式。这种智能可穿戴设备不仅可以用来操作智能手机、运动监测设备，而且可以用来操控植入式医疗设备。

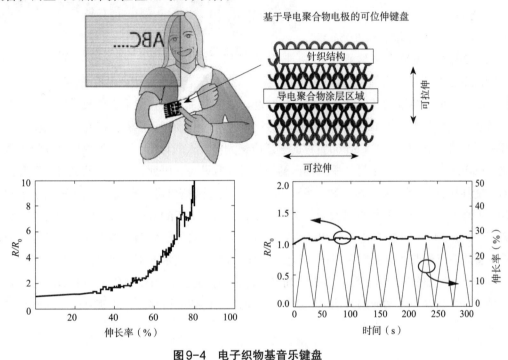

图9-4　电子织物基音乐键盘

第三节　听觉、视觉娱乐休闲

一、智能手环、耳机

　　智能手环是一种穿戴式智能电子设备。通过智能手环，用户可以记录日常生活中的锻炼、睡眠、心跳、血糖、血压以及饮食等实时数据以及健康指标，并将这些数据与手机、平板同步，起到通过数据指导健康生活的作用。目前市场上已推出iWatch、华为手环、小米手环等（图9-5）。在传统的医疗设备中，一些生理健康信号的监测是经由测量电生理信号与心电图来完成的，需要将电极连接到身体来测量，程序烦琐复杂，而智能手环则将其变得更加简便。特别是近年来人工智能和物联网技术的不断提高，通过智能手环采集人体的生理信息，随时随地对人体的健康状况进行监测，通过大数据采集以及分析，医疗人员可以随时掌握用户的实时状况，以便采取紧急施救措施，对于老年人以及婴幼儿的健康护理具有重要意义。以电商平台京东对于智能手环的销售为例，2022年1月数据显示，京东平台智能手表销量超过70万件，销售额超过8亿元，环比2021年12月增长了90%。同时，2022年智能手环线上市

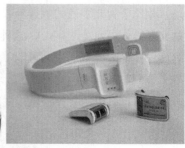

图9-5　娱乐休闲用智能手环及耳机

场的规模也有明显扩大趋势，因此，可以看出人们对于智能可穿戴产品有着强烈的需求。

　　随着智能可穿戴设备逐渐受到用户的欢迎，除了健康化的智能手表以及手环外，智能耳机市场也逐渐崛起。2012年底，苹果用经过全新设计的EarPod耳机，替换了已经在市场上存在了13年的旧款耳机，EarPod宣称能够适应绝大多数人的耳形，为人们提供极佳的聆听体验。EarPod是继iWatch之后，苹果推出的智能可穿戴设备，因此，许多人预测可穿戴设备会因智能耳机而翻身。据了解，2019年，可穿戴耳机占到整个可穿戴设备市场份额的55.3%。2019年全年，可穿戴耳机的出货量为1.705亿部，较2018年的4860万部增长率高达250.5%，表现十分强劲。由于智能电子纺织品与人体紧密接触，将这些微型智能手环、耳机等电子元件与智能电子服装相结合则可以进一步变革目前的可穿戴技术，不仅可以让这些智能手环等"便携式电子设备"无形中融入服装，而且穿起来更加舒适，由目前传统手腕部位的"戴智能手环"变为穿着多功能的智能电子织物，实现真正的智能可穿戴，以实时监测人体的健康状况。

二、光电通信

　　半导体二极管是现代计算、通信和传感技术以及电子设备的基本组成部分。因此，将它们整合到纺织品及纤维中，可以进一步提高织物的智能性，例如以织物为基础的通信或生理监测系统。目前已经证明，在纤维预成型时，通过纤维拉伸工艺将具有不同电子和光学性质的材料融合到单丝中，可以有效增加纤维和织物的多功能性。然而，该方法仅限于可以在其黏性状态下共同拉伸的材料，而且其性能比不上"器件级"材料。到目前为止，在热拉伸纤维中实现高质量半导体二极管还存在一些加工技术的挑战。

　　2018年，美国麻省理工学院和美国先进功能织物联盟（AFFOA）的研究人员首次研究出具有嵌入式电子元件的纤维（图9-6），这种纤维非常柔软，可以编织成柔软的织物并制成可穿着的衣服。相比于之前的谷歌智能夹克将触摸功能和手势操作功能编入面料，这次科研人员将光电通信功能编入智能可穿戴织物。研究人员将高速光电半导体器件（包括发光二极管和二极管光电探测器）嵌入纤维中，制成柔软的可清洗织物，并形成了完整的通信系统。这标志着织物中已经可以通过引入半导体器件，实现"智能化"面料，填补了迄今为止制造

具有复杂功能的面料的技术空
白。该项工作采用了一种电连接
二极管纤维的热拉伸工艺，他们
将预制棒的拉伸与高性能半导体
器件相结合。首先，他们制造了
一个大块的预制棒，在该结构内
部存在分立的二极管以及空心通

图9-6　光电通信电子织物

道，通过该空心通道可以馈送导电铜或钨丝。当预制棒被加热并被拉成纤维时，将导线逐渐
接近二极管直到它们形成电接触，从而在单根纤维内并联数百个二极管。最终，他们得到了
两种类型的纤维内器件：发光二极管和光电检测 PIN 二极管。通过在纤维的包层内设计光学
透镜，可以实现光准直和聚焦，并且使器件间距小于20cm。

　　这种功能化的纤维材料具有一个明显的优点：纤维本身就具有优异的防水性能，并且将
这种智能二极管纤维清洗10次后，依然能够保持其原有的多功能特性。为了证明这一点，该
团队将制备的光电探测纤维（光纤）放入鱼缸内，在鱼缸外面放一盏灯，将音乐以光学信号
的形式快速通过水传送给光纤；鱼缸中的光纤可以通过将光脉冲转换成电脉冲信号，电脉冲
信号再次被转换成音乐的形式。研究人员发现，纤维在水中放置数周后仍能保持其性能。

　　为了证明这种智能纤维的光通信性能，他们在两种含有接收/发射极纤维的织物之间，
建立了双向光通信线路。同时，利用二极管的光电容积脉搏波脉冲测量方法，该智能电子织
物能够实时监测人体的生理状态和健康参数，如心率、呼吸或者脉搏等。

　　该智能可穿戴电子织物提供了一条在纤维中实现更复杂功能的途径，业内专家预计未来
几年纤维界会出现一个新的"摩尔定律"。总之，就像过去数十年集成电路性能的发展一样，
光纤的功能复杂度将随着时间的推移呈现指数级增长。研究人员已经在逐步扩展智能电子织
物的基本功能，包括通信、照明、生理监测等。相信在未来几年，这种类似的智能电子面料
将为我们提供更多的增值智能可穿戴服务，不再仅仅是美观和舒适的选择。

三、柔性显示屏

　　从模糊到4K超高清分辨，从单色到彩色，从刚性笨重到柔性轻薄……近几十年来，显
示屏作为电子设备的重要输出端不断更新迭代，由最初的阴极射线管显示、液晶显示、有机
发光二极管显示发展至现在的柔性薄膜显示，取得了长足进步。但是想要进一步将传统的刚
性显示变为柔性的可穿戴设备，特别是将其做成可穿戴的织物显示器，即将衣服变为"显示
器"，将对人类的生活产生革命性的影响。2018年世界杯期间，柔宇科技推出最新的柔性屏
时尚套装世界杯限量版，柔性显示屏帽子与T恤，吸引了人们的目光。基于独创的柔性电子
技术，柔宇科技将超薄、轻便且富有柔性的彩色柔性显示屏与柔软舒适的纺织面料合二为
一，并支持手机实时传输、画面自定义变换，随时随地随心表达个性、放飞自我，可谓炫酷
十足。值得关注的是，这款科技感十足的柔性屏时尚套装穿戴起来便捷舒适，其中嵌入的超

薄全柔性显示屏足够轻、薄、柔、艳，不仅有 AMOLED 的鲜艳色彩，还拥有高清分辨率，像素分辨率达到主流智能手机水平。

2021年，复旦大学将织物显示采用传统纺织工艺编织出来，显示织物内呈现独特的搭接结构，由发光经线和导电纬线交错而成（图9-7）。施加交流电压后，位于发光纤维上的高分子复合发光活性层在搭接点区域被电场激发，形成一个个发光"像素点"。在电场的激发下，两端电极和发光层凭借物理搭接即可实现有效发光。将显示器集成到纺织品中，实现了可穿戴技术的终极形态。彭慧胜教授团队设计出的这块长6m、宽25cm的显示织物，包含着 5×10^5 个（大约50万个）间距约800μm的电致发光单元。电致发光单元之间的亮度偏差小于8%，这种织物不仅具有可拉伸性、透气性，而且经得起反复机洗。

图9-7 大面积柔性显示织物

早在2009年，该团队就提出利用聚丁二炔与取向碳纳米管复合以制备新型电致变色纤维的研究思路，然而，电致变色纤维及编制织物仅在白天可见，晚上则无法被有效应用，使其应用范围受限。随后于2015年，该团队在高曲率纤维表面涂覆发光功能层等制备工艺方面取得突破，成功解决共轭高分子活性层在高曲率纤维电极表面难以均匀成膜的技术难题，提出并实现了纤维基聚合物发光电化学池，并通过编成织物实现了不同的发光图案。然而此种方法仍然有其局限之处，经由发光纤维编织所显示的图案数量非常有限，无法实现平面显示器中基于发光像素点的可控显示。

如何在柔软且直径仅为几十至几百微米的纤维上构建可程序化控制的发光点阵列，是困扰显示/发光织物发展的一大难题。研究人员基于"在织物编织过程中，经纬线的交织可以自然地形成类似于显示器像素阵列的点阵"的整体设计思路，研制两种功能纤维：负载有发光活性材料的高分子复合纤维和透明导电的高分子凝胶纤维，通过两者在编织过程中的经纬交织形成电致发光单元，并通过有效的电路控制实现新型柔性显示织物。施加交流电压后，位于发光纤维上的高分子复合发光活性层在搭接点区域被电场激发，就形成一个个发光"像素点"。在电场的激发下，电极和发光层凭借物理搭接即可实现有效发光。

该可编织显示织物的重大技术突破在于以下两点：

（1）解决了柔性透明导电电极的难题。透明电极是指通过物理或者化学镀膜方法均匀制备出的一种兼具有高电导率（电阻率小于 $10^{-3}\Omega \cdot cm$）及可见光区域（$\lambda=380\sim780nm$）内高光学透过率的光电材料。其基本结构一般分为三层：最外层为起保护作用的硬化层；中间层为起支撑作用的基材，一般以透明弹性体为基底；内层为导电类材料制成的导电层，其在手机触摸屏、电致发光、电致变色纤维及织物中起着关键作用。譬如在触摸屏电子产品中，高的电导率可以使设备反应更加灵敏，高的透光率能够给用户带来更加舒适的视觉操作体验。类似地，在发光显示织物中只有高的透光率才能使更多的光透过纤维电极发出，只有高的电导率才能注入更多的电荷以及避免电量的损耗。

（2）实现了发光层在高曲率纤维基材上的均匀可控的负载。由于纤维的高曲率以及化学合成聚合物表面的惰性，一般难以在纤维基底表面均匀涂覆功能材料，这种大面积显示织物通过创新的"限域涂覆"制备思路，采用柔韧的高分子材料作为发光浆料基体，将其均一可控地负载在柔性纤维基底上，即让浸渍有发光浆料的纤维通过一个定制的微孔，使不平整的浆料涂层变得平滑，同时有效控制纤维的直径。在此基础上，通过多次涂覆，提升纤维圆周方向的发光层厚度均匀性，涂覆固化后得到了能抵御外界摩擦、反复弯折的发光功能层。

除显示织物之外，还基于编织方法实现了光伏织物、储能织物、触摸传感织物与显示织物的功能集成系统，使融合能量转换与存储、传感与显示等多功能于一身的织物系统成为可能。该系统在物联网和人机交互领域，如实时定位、智能通信、医疗辅助等方面表现出良好应用前景。

极地科考、地质勘探等野外工作场景中，只需在智能显示衣物上轻点几下，即可实时显示位置信息，地图导航由"衣"指引；把显示器"穿"在身上，语言障碍人群以此作为高效便捷交流和表达的工具……这些原存于想象中的场景，或许在不久的将来就能走进人们的生活。

四、声学织物

日常生活中我们有时需要手、臂、肘、耳朵与肩膀并用地接听电话，诊断疾病时患者需要到医院由医生借助听诊器的诊断，或者是嘈杂环境我们听不到声音，甚至有时户外作业需要背着沉重通信设备，从这些场景中可以看出声音监测与记录声音的重要性。我们可以畅想通过身上穿着的衣服就能无时无刻随时收听音乐、跟人语音聊天，能在嘈杂的环境中定向地听到自己想听的声音，能随时随地像医生一样听诊我们的心脏。衣服正在由传统的棉、麻、丝绸等形态逐渐转化为高度集成的柔性电子器件、信息通信交汇、智能可穿戴系统。目前，智能电子织物可以进行能量存储、光通信、热管理、显示、储存和处理数字信息，甚至具有简单的计算等功能。这类全新的智能电子织物将传统纺织制造、通信、人工智能、生命健康、脑科学、医疗机器人、航天科技等领域有机地串联起来，正在孕育新兴的学科方向与前沿技术，逐渐改变人们的生活方式以及拓展新兴领域。

"用纤维听诊我们的心跳"听起来似乎有些不可思议，但如今随着智能电子织物的发展，这一影视作品里的应用场景成为现实。美国麻省理工学院的科研团队在Nature主刊报道了他们新开发的一款声学织物，其可像人的耳朵一样听见并记录微弱的声音（图9-8）。织物是由相互缠绕的纱线制成的分层结构，这些纱线由加捻的短纤维或长丝相互扭转弯曲组成。因此，这种独特的层级结构具有非常庞大而复杂的界面，这些界面散射并消散传播的声子，将

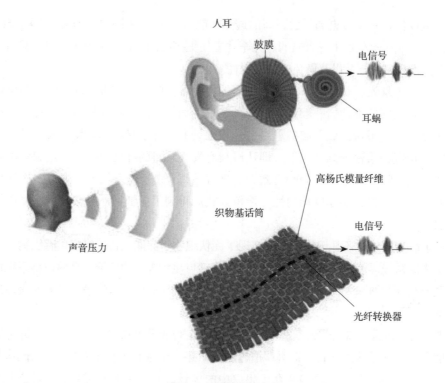

图9-8　声学电子织物

声音等信号的震动耗散为热能。然而，几千年以来，织物一直被用作高效的声音吸收器。在自然界中，纤维常常起到传递声音的作用，而不是耗散声音。例如，在人类的听觉系统中，鼓膜先将声压转变成中耳骨的机械振动，然后这种振动被传送到内耳的耳蜗。在耳蜗中，纤维状的毛束发生偏转，最终将机械振动转化为电信号，经信号传输最终由神经系统接收。受启发于听觉系统将声压转化为机械振动，再将机械振动转化为电信号这样一种有序的传导机制，以及纤维在听觉系统中的重要性，麻省理工学院的科研团队设计了这款全新的声学智能电子织物。与传统听觉系统复杂的三维结构不同，这款智能电子织物是平面状的，其由织物基体与编织进去的纤维传感器组成。织物基体由高模量纱线与棉线构造，可像鼓膜一样高效地将声压转化为机械振动。然后纤维传感器像耳蜗一样将机械振动转化为电信号。

该团队推出了一种可用作灵敏听觉麦克风的织物，同时保留了织物的传统品质，如可机洗性以及悬垂性。织物介质由高杨氏模量纺织纱线组成，将可听频率下微弱的 10^{-7} 大气压力波转换为低阶机械振动模式。织入智能电子织物中的功能单元是由热拉伸工艺制备的柔性复合压电纤维，其符合织物织造需求并可以将机械振动转换成电信号。影响该听觉麦克风织物灵敏度的关键是弹性包层，它将机械应力集中在压电复合层中，压电复合层具有大约 $46pC/N$ 的高压电电荷系数，这是热拉伸过程的结果。声音方向检测、声学通信和心脏听诊的应用证明了该声学织物的广泛适用性，可有效推动基于织物的人机界面、生理监控和健康护理、航空航天工程、通信、生物医学、机器人和计算等智能电子织物的发展。

五、时尚多彩变色

自然界中，变色龙是一个伪装的高手，变色龙会根据周围环境改变自身颜色，迷惑天敌或者捕获食物。人类模仿变色龙的这种变色能力，研制出了迷彩服，用于军事伪装方面，在国防军工方面有着重要的应用。但是同时目前的伪装存在的致命问题是其为静态的，不能够根据外界环境的变化，实现动态的多彩伪装。如果纤维织物可以自动改变自身颜色，在多种变色间自由切换，始终与环境一致，那么该伪装技术将极大推动人类的进步。

变色纤维织物是根据外界环境条件的变化而发生自身颜色变化的物质，其共同特点是将变色染料或颜料按照特定的工艺技术施加到纤维织物基材上。变色材料根据变色机理不同，可以分为电致变色材料、湿致变色材料、热致变色材料、光致变色材料四大类，其中光、热、电致变色材料在纺织品中应用最为广泛。光致变色材料是一种能在紫外线或者可见光的照射下发生变色、光线消失后又可以逆变到原来颜色的功能性材料，以螺环类为代表。光致变色材料已发展到有四种基本色：紫色、黄色、蓝色和红色。这四种光致变色材料初始结构均为闭环型，即印在织物上没有色泽，在紫外线照射下才变成紫色、黄色、蓝色、红色。热致变色材料是随着温度变化而引起颜色变化的材料，其源于温度引起的结构的异变，根据结构的变化又可分为可逆性变色与不可逆变色。热致变色织物在服用过程中，能够随季节、地区不同，室内、室外温度不同，而呈现多变的色彩。湿敏变色材料是颜色因水的湿润而变化的材料，其根据配合物的几何形状和配位体数目发生变化，引起吸收光谱（颜色）变化。电致变色材料是一类随外界电场有或无改变颜色的材料，其变色机理是变色功能染料分子的取向和液晶分子平行，当施加适当方向的电压作用，染料分子随着液晶分子发生旋转。前后两种状态的染料分子对可见光的吸收光谱不同，会产生颜色变化，通过人为控制织物的施加电压，即可控制织物的变色伪装。本章重点介绍智能可穿戴系统中的电致多彩变色。

彩色纤维作为织物和服装的基本构成单元，广泛应用于日常生活中。工业上通过染整技术连续化制备上千米的彩色纤维，从而实现彩色纤维的大规模商业应用。近些年，随着可穿戴电子产品的日益普及和智能服装概念的兴起，开发智能变色纤维，并将其应用在可穿戴显示、视觉传感和自适应伪装等领域，受到越来越多的关注。然而，在现有染整工艺中，染色后的纤维颜色无法可控地改变，导致智能变色纤维的连续化制备难度极大，也因此限制了彩色纤维的应用。电致变色具有可控性高、能耗低、材料种类和颜色变化丰富等优点，因此为实现智能变色提供了一个很好的策略。

但是，将电致变色纤维器件进一步推向产业应用仍面临巨大挑战。首先，由于复杂的器件结构和不成熟的连续加工技术（难以在高曲率纤维表面制备均匀的功能层），电致变色纤维只能在实验室手工制作，这导致纤维长度有限（约10cm），无法满足工业需求。其次，随着电致变色纤维长度的增加，电子转移/离子扩散距离增加，变色时间延长，难以保证均匀的颜色变化。最后，电致变色纤维中的电解质和其他活性层缺乏有效的保护，不利于长期的实际使用。因此开发普适的制备方法，构建基于不同电致变色材料的电致变色纤维，实现丰富的颜色变化，仍然是极具挑战的工作。

东华大学王宏志研究团队，利用平行双对电极结构，通过定制设备，首次实现了多色彩电致变色纤维的连续化制备，纤维长度可达百米以上（图9-9），纤维器件具有良好的电化学和环境稳定性（如机械稳定性、水洗稳定性、光照稳定性和热稳定性）。该电致变色纤维可编织成大面积智能变色织物，或植入织物中形成不同图案，在可穿戴显示和自适应伪装等领域具有广阔的应用前景。

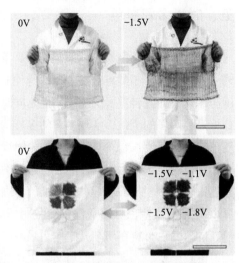

图9-9　电致变色纤维及织物

该电致变色纤维的制备方法：采用Cu@Ni金属纤维作为电极，依次在表面涂覆ITO层、电致变色活性层，最后通过挤出的方法，将两根对电极平行包裹在电致变色活性层表面并形成聚合物保护层，从而得到平行双对电极结构的电致变色纤维。通过使用不同的紫罗精类电致变色材料，在不同电压下，变色纤维可实现灰和蓝、灰和品红以及黄和绿、深红等色彩之间的可逆颜色变化。并且由于金属纤维电极良好的导电性和电致变色活性层形成的较短的离子扩散路径，可以使电致变色纤维具有较快的变色速度和响应行为。金属纤维表面涂覆的ITO层可有效减少电致变色活性层中离子与金属电极之间的副反应，从而极大地提高了电致变色纤维的电化学稳定性。300次机械弯曲形变循环后，智能纤维变色效果几乎保持不变。电致变色纤维外层的聚合物保护层有效提高了纤维的环境稳定性。电致变色纤维在100次弯折、100次水洗、20h光照和30h加热后仍具有较好的变色效果，显示出较强的实用性。对于电致变色纤维的可控性、变色均匀性和纤维长度的提高，可使用针织/机织等纺织加工工艺将电致变色纤维编织成大面积电致变色织物，在驱动电压为-1.5V时，该智能变色织物颜色变为蓝色，在电压为0时，智能变色织物颜色恢复为灰色，显示出良好的可逆性。利用智能电致变色纤维织物的颜色变化对人物进行伪装，展现了其根据周围环境变化进行自适应伪装的巨大潜力。除了用于自适应伪装外，具有各种颜色变化的电致变色纤维还可以植入/编织到织物中，用于可穿戴多彩图案显示。

第四节　触觉娱乐休闲

一、形状记忆纺织品

形状记忆纺织品是一种将具有形状记忆功能的材料通过织造或整理的方式引入纺织品中，在温度、机械力、光、pH等外界条件下，具有形状记忆、高形变回复、良好的抗震和适应性等优异性能的纺织品。例如，意大利CorpoNove公司设计出一款"懒人衬衫"。在衬衫面料里加入镍、钛和尼龙纤维，使之具有"形状记忆功能"的特性。当外界气温偏高时，衬衫的袖子会在几秒内自动从手腕卷到肘部；当温度降低时，袖子能自动复原。形状记忆织物可以被开发成功能各异的防护服装和装饰品等。随着对形状记忆材料研究的深入以及纺织品加工技术的进一步提高，形状记忆功能纺织品将会得到更大的发展。

南开大学刘遵峰团队开发出一种绿色环保的纯蚕丝人工肌肉，可通过感知湿度实现自动伸缩，可以感知皮肤表面湿度，出汗时长袖变为短袖，汗干后又恢复如初（图9-10）。这种新型人工肌肉，不仅可以用于智能织物，在柔软机器人研发领域也将大有可为。该纤维不使用化学修饰和添加剂，通过脱胶、加捻、合股、热定型等常规工业流程制作获得。蚕丝人工肌肉在水雾和湿度驱动下实现了扭转、拉伸和收缩致动。

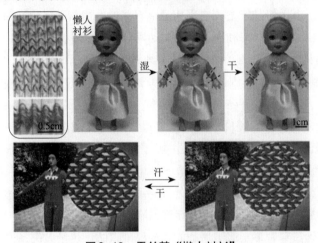

图9-10　蚕丝基"懒人衬衫"

为了不需要外界固定就能实现可逆驱动，该研究团队开发了一种扭矩平衡的纤维结构，通过将扭曲的纤维对折、合股，使得蚕丝纤维实现了自平衡。当暴露在水雾中时，扭转人工肌肉纤维实现了完全可逆扭转行程，非常接近于湿度驱动的扭转石墨烯纤维。当相对湿度从20%变为80%时，蚕丝人工肌肉的收缩率为70%。这种优异的致动性是因为蚕丝纤维吸水后诱导蛋白内氢键的损失和相关的结构转化，并且通过分子动力学模拟、X射线衍射和宏观表征得到进一步的证实。研究人员用蚕丝伸缩肌肉编织了一件玩偶大小的智能上衣，实现了环境湿度增加时（如出汗或潮湿环境），智能上衣的衣袖长度收缩至原长度的一半；湿度下降时衣袖又恢复如初。这种水分敏感的智能纺织品，可以通过改变宏观形状非常有效地实现水分和热量的管理功能。

由于蚕丝应用非常广泛且具有优异的穿戴舒适性，预计它将在工业应用中开辟更多的可能性，例如智能纺织品和柔性机器人。该产品具有"懒人衬衫"的相同效果，即不需要人为的操控衣物，只需要通过湿度的调整就能够实现衣物的自动伸长与收缩，或许当穿着者对着衣袖呼吸一口气就能够实现衣物的自动变换，极大丰富了智能可穿戴技术。

当然，除了在上述"懒人衬衫"中的衣袖收缩应用，通过仿生学将纤维基驱动器加工成仿"人工肌肉",不仅符合人们的穿着习惯,而且可以支撑外部肌肉,在实际生活中用于康复、主动矫形器以及辅助装置。而且由于智能电子纺织品优异的快速响应性以及高驱动力,甚至可以让瘫痪病人重新控制身体。

二、智能调温纺织品

智能电加热调温服装在2022北京冬奥会上大放异彩,冬奥会上很多工作人员的服装服饰配备了电加热材料,电加热服可以在−30℃的环境下持续加热180min以上,集防风、防水、透气、保暖等功能特性于一体,为人体防寒保暖保驾护航。冬奥服装之外,智能电加热技术也为不少冬奥特许商品、加热座椅、地毯、赛场专业设备提供了保障,由此引起了人们对于调温服的追求热潮。其关键技术之一是采用灵活石墨烯电加热服装让运动员免受低温寒冷的影响,石墨烯表现出超高热导率和通过晶格振动发射的红外辐射[图9-11(a)]。

与传统电加热材料相比,石墨烯复合纳米纤维表现更为柔韧,且与传统纤维/纺织品有良好的相容性[图9-11(b)]。因此,石墨烯基于电加热纺织品在智能可穿戴加热系统和热理疗方面显示出巨大的潜力。在冬季户外运动中,衣服搭配石墨烯复合纳米纤维主要通过热传导和热辐射使运动员保持温暖[图9-11(c)]。当有电流通过石墨烯基电加热服装时,会产生焦耳热(过程①)。同时,石墨烯片层中碳原子内部的热运动促使石墨烯格子产生红外线(过程②),从而升高温度,促进血液循环。此外,还可以通过引入一些具有红外辐射功能的材料如玻璃纤维等,进一步提高其红外发射率。未来,智能电加热还将在汽车热管理系统、低温环境专用加热服装、医疗卫生理疗等领域具有更广泛的应用。

传统上,人们通过穿着多层服装增加衣物的厚度以防止热量散失,但厚重的服装会限制着装者身体运动的灵活性,在一些特定场合如体育赛场并不实用。随着纺织技术以及新型智

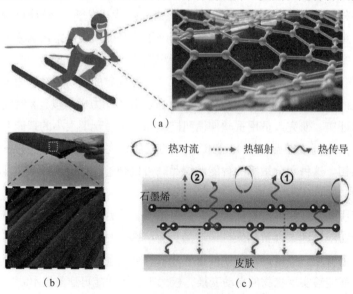

(a)

(b)

(c)

图9-11　冬奥会上电加热智能调温服

能导电材料的不断发展，智能电加热服装得以广泛应用，它将传统保暖服的被动隔热变为了主动控制加热。智能电加热服装的加热性能与其电导率、尺寸和施加电压（电流）等因素密切相关。此外，设计智能电子服装中电加热元件时要充分考虑热传导、热对流传热、热辐射、材料结构以及隔热性等因素的影响。譬如，设计具有反射表面结构和多孔内部结构的纤维/织物与高性能电加热材料结合，可以在高效产热的同时减少织物间的热损失以达到保暖的效果。电加热材料主要包括金属、碳材料、有机导电高分子和复合电加热材料。金属类加热材料主要有铁、铝、铜、银、不锈钢等金属或合金类材料，通过将金属丝加工成导电纱线，并进一步织成纺织品。后续又发展了通过磁控溅射或热蒸镀工艺将金属附在纤维织物的表面，以获得高延展性的电加热单元，其中以镀银导电纱线综合性能最为优异且使用较为广泛。此外，纳米化的金属导电材料如银纳米颗粒、银纳米线等也逐渐被开发出来并应用在柔性电加热服装领域。相较于金属类材料，碳基电加热材料具有模量低、延展性好以及便于织造等优势，主要包括碳纤维、碳纳米材料、炭黑以及石墨等。

随着纳米碳材料的进一步发展，一维CNT、二维石墨烯基电加热纺织品逐渐兴起，并引起人们的兴趣。有机导电高分子类电加热材料包括聚吡咯、聚噻吩以及聚苯胺等，由于导电高分子的溶液可加工特性，使得其在大面积制备方面具有独特优势。而复合类电加热材料主要是为了结合各种材料的优势，譬如有机/无机复合可以实现高电热响应性与高机械柔韧性的有机结合，便于利用成熟的纺织加工技术大规模加工制造智能电子纺织品。

虽然电加热服装的研究取得了相当大的进展，但在实际应用中仍然存在一些问题，具体表现在各种电加热材料都存在应用局限性：以金属丝作为发热原件的电加热服面临着极易氧化、防潮性不强、难以恒温的问题，而且金属丝延展性较差难以表现出织物优异的悬垂性；有机导电高分子聚合物则表现为电导率较低，通常需要复杂的掺杂工艺去提高其导电性能，而且聚合物还面临着老化的问题；有机/无机复合类电加热材料则面临着难以分散均匀的难题，无机类材料通常容易团聚，难以在聚合物基材中均匀分散。与金属类以及有机导电高分子聚合物相比，碳纳米材料具有电/热导率高、化学稳定性高以及密度小等优势，尤其是随着石墨烯的发现，近年来碳基电加热服装受到人们极大关注，成为未来智能电加热服装发展的重点。在市面上已经出现了采用石墨烯、CNT、碳纳米纤维为电加热单元的智能调温服装，譬如石墨烯发热马甲、冲锋衣、健康护具等产品，同时相关研究仍在不断深入以得到电加热性能更加优良的碳基柔性电加热服。因此，本书中以碳基智能电加热调温服为案例展开介绍。

智能电子纺织品能够实现电加热的效果是基于焦耳热原理，电子在外电压的驱动下发生定向移动，电加热元件中的电子与声子发生碰撞，将电能转化为热能，使温度升高。二维石墨烯作为单原子层厚度sp^2杂化碳键构成的晶体结构有着极高的电导率与热导率，其在通电情况下，电热元件中的碳分子会产生电子、离子和声子，由于布朗运动，它们会与碳分子团之间相互摩擦、碰撞从而产生热能，通过远红外线（波长5~14μm）的形式辐射出来，由此产生的远红外线还具有理疗功能，能够缓解老寒腿、痛经体寒、脊椎病、腰肌劳损等身体问题，在电加热服装领域有广阔的应用前景。特别是石墨烯的轻质、柔性、超高导热系数与电子迁移率等优点使其与传统电加热材料相比优势更加明显。

Bai等采用丝网印刷方法制备出具有高导电性的石墨烯导电织物，并用于柔性可穿戴加热服装和应变传感器。研究人员通过双面丝网印刷方法实现了石墨烯导电油墨对多孔粗糙的棉织物的功能化修饰，构筑了高导电网络。经过石墨烯修饰，所获得的电加热导电织物具有高电导率（1.18×10^4S/m），可应用于柔性智能可穿戴加热服装，在3V的低电压下显示出高稳态温度（52.6℃），同时，该石墨烯基智能电子织物还表现出优异的耐洗性、循环稳定性和耐环境性能。此外，该石墨烯导电织物还可应用于可穿戴应变传感器以监测人体健康状况，在精细应变范围内表现出高灵敏度、优异的恢复能力和稳定性，可以快速响应人体运动。因此，石墨烯导电织物为实现低成本和大规模制备可穿戴智能电子纺织品提供了一种有前景的策略。

制备智能电加热织物面临的主要技术挑战在于如何赋予织物加热功能的同时，最大限度地保持织物的本征组织结构、力学特性、透气性和耐水洗性，相关制备加工工艺显得尤为重要。目前已经实现了基于涂层、织造以及缝纫等加工工艺将碳纳米材料与柔性织物基底相结合的大规模生产。涂层方法具有较为显著的优势，由于其对织物基底的无差别化选择性，不需要经过织造或编织等纺织加工处理，可以在保持纤维/织物基底柔韧性的同时赋予其加热功能。喷涂法制备电加热服所需设备和工艺操作相对比较简单，而且涂层均匀，效率高，可通过调节喷枪的气流压力、流量、喷嘴距离、喷涂次数和石墨烯溶液浓度等工艺参数，确定制备电加热服的优异工艺参数。刮涂法适用于在织物表面制备轻薄的电加热涂层，涂层厚度受涂覆速率、刀口与织物基底间距、石墨烯溶液浓度等因素影响。该方法可以提高石墨烯的利用率，而且可与卷对卷加工技术结合，有望实现连续化、大规模生产。此外，还可以通过传统纺织加工工艺如机织、针织、缝纫将导电发热纤维或纱线（碳纤维、石墨烯纤维和CNT纤维等）织入智能织物中，从而赋予织物电加热功能特性。也可以通过更为简单的浸渍方法，将碳材料涂敷在普通的纺织纤维或纱线表面制备导电纤维或纱线，然后利用纺织加工工艺将导电纤维或纱线制备成柔性电加热织物。目前，采用传统纺织加工工艺如织造、缝纫的方法制备碳基智能电加热服装，对碳基导电纤维或纱线的导电性、牢固性、耐磨性和柔韧性要求较高，相关制备工艺和电加热材料性能仍需要进一步提升。

第五节　自供电织物

一、织物充电宝

现实生活中，除了健康传感、柔性显示以及多种变色等智能应用外，智能可穿戴设备若要实现其完整的闭环系统，就需要持续的能量供应，譬如，户外旅行、野外作业、野外生存及单兵装备，多数可穿戴电子设备易受电池容量和供电持续性的影响，为智能可穿戴设备持续地供给能量成了关键问题。如果我们身着的衣物或者旅行的帐篷可以为电子设备供电，将会是一个非常酷炫的应用场景。目前研究可以将充电宝功能集成于织物的有太阳能、热能以及机械能，可以利用光伏织物、热电织物、摩擦/压电织物提供能源，其不仅有效克服传统供电设备的刚性、笨重的缺点，而且可以随时随地为智能可穿戴设备供电，未来手机以及可穿戴电子设备续航时间短的情况将成为历史。

德国研究人员合作开发出基于纺织品的新型太阳能电池。这种基于纺织品的太阳能电池将为光伏发电增加一个全新的维度，弥补传统硅基太阳能电池用途的不足。研究人员将组成太阳能电池（底部电极、光伏层和顶部电极）的晶圆级薄层应用到织物上。首先采用转移印花工艺让织物表面变平，然后为织物涂上橡胶，通过常见的卷对卷生产工艺，由导电聚酯纤维组成两个电极以及光伏层。基于纺织工业的标准生产方法，在太阳能电池表面黏合了一层额外的保护层，从而使其更结实。这意味着以后人体穿着的服装、帽子、太阳伞、背包、斗篷、旅行帐篷以及地毯等均可以做成发电的织物。国内外有很多学者致力于可编织的太阳能电池，他们将平面的太阳能电池进行纤维化，然后结合传统纺织工艺将纤维状太阳能电池进行编织，得到光伏织物。该方法由于可以与传统纺织加工工艺进行有机契合，因此该方法制备太阳能电池织物被认为非常具有走向市场应用的前景。

将摩擦/压电纳米发电与传统的编织技术的结合可以制备自供电智能可穿戴织物，其以导电纤维织物作为正极，以尼龙、聚酰胺以及聚四氟乙烯作为对电极。常用的纺织品导电材料大致分为五类：金属和金属衍生物、导电聚合物、碳质填料、液体电极和它们的混合填料。导电纺织材料的主要制备方法主要有四类：涂布、纺丝、电镀和印刷。在导电材料和其他功能材料之间主要有四种类型的复合结构：内嵌式、外包覆式、均匀共混式和螺旋包埋式。其将生活中原本浪费掉的各种形式的机械能收集起来，为可穿戴电子设备供电。

热电织物可以将热能转化为电能，比如人体体温、阳光、篝火以及废热等均可以作为能量的来源，将传统纺织与热电技术有机结合制备热电织物，可以利用人体—环境间温差实现可穿戴电子设备的自主供电，同时兼具纺织品的穿着舒适性、透气性。东华大学研究人员利用弯曲纤维高弹性实现热电模块的自支撑，构筑了三维可拉伸热电织物。热电织物的拉伸应变可达80%，能实现持续供电与人体肢体动作的兼容性；基于热设计优化和结构优化，在44K温差下，输出功率密度可达$70mW/m^2$；同时，可满足热电模块非可视化的大面积热量收集。所构筑三维热电织物穿戴体验良好，实现了适合人体运动的热电器件的可穿戴应用。

当然，织物充电宝不仅需要具有能量转化的功能，将其他形式的能量转化为电能，而且需要能够储电的设备，而将织物进行柔性储能改进，则可以进一步保证能源供应的稳定性。化学电源（电池）已经发展成为当今生活的一种必需品，为电子产品供给能源，从早期的锌锰原电池，到铅酸蓄电池、镍镉/镍氢电池再到目前广泛使用的锂离子电池，电池储能技术经历了多次迭代。为了让纺织电池在便携式和可穿戴电子产品中得到广泛应用，必须能够大规模生产柔性、安全和可清洗的纤维电池。一个主流方向是制造直径为几十到几百微米的纤维状锂离子电池，这样它们就可以很容易地结合传统纺织加工工艺编织/针织成具有足够容量的可穿戴和透气纺织品，以满足各种可穿戴电子设备的能量密度、倍率、功率需求。

纤维状锂离子电池作为灵活的电源解决方案很有吸引力，因为它们可以编织成纺织品，为未来的可穿戴电子设备提供便利的供电方式。然而，迄今为止获得的储能锂离子纤维只有几厘米长，能量密度很低。这样短的纤维状电池是不切实际的，因为连接它们的附件会损害纤维的能量密度和稳定性。然而，更长的纤维被认为具有更高的内阻导致较大的电损耗，这无疑将损害大面积纤维状锂离子电池的电化学储能性能。复旦大学研究人员通过优化的可扩展工业流程生产数米高性能纤维状锂离子电池（图9-12）。这种纤维电池的能量密度为85.69W·h/kg，在500次充放电循环后，其电池储能容量保持率依然可以达到90.5%，与商业电池（如袋式电池）相当。纤维状锂离子电池被机械弯曲形变100000次后，仍然可以保持80%以上的容量。使用纤维状锂离子电池编织的智能电子纺织品可以提供更加个性化的健康管理。用于汗液检测的光纤传感器与纤维状锂离子电池、电致发光织物同时被编织进入夹克袖子，开发出具有自供电、自显示的健康传感智能电子织物：当用户在穿着该智能电子织物时，光纤传感器将实时监测Na^+和Ca^{2+}在汗水中的浓度并将数据发送到信号处理芯片，后者可以将信息传输到纺织品显示器。在10min内收集并显示信号，帮助用户通过纺织品显示器实时观察和监控他们的健康状况。这样的智能电子纺织品对康复治疗具有十分重要的意义，这种稳定持续的织物充电宝拓宽了智能可穿戴系统的应用范围，为智能可穿戴织物提供实时不间断的能量供应。

图9-12　可编织的锂离子电池

二、光伏织物

目前，太阳能电池多是笨重的硅基太阳能电池，太阳能电池板占据较多的土地面积，不易携带。德国弗劳恩霍夫协会报道，他们与其他研究机构以及工业合作伙伴尝试开发了基于智能电子纺织品的新型柔性可穿戴太阳能电池。这种基于纺织品的柔性可穿戴太阳能电池将为光伏发电增加一个全新的维度，有效弥补传统硅基太阳能电池应用领域的不足。如何将组成太阳能电池的各功能层如底部电极、光伏层和顶部电极有效构筑到织物衬底上，是目前制备纺织基柔性可穿戴太阳能电池的一个技术难点。研究人员采用了一种来自纺织工业的标准生产工艺：转移印花。例如，由导电聚酯纤维组成的两个电极以及光吸收层，是通过常见的卷对卷工艺制备的，太阳能电池也黏合了一层额外的保护层，虽然该研究已经展示了织物基太阳能电池的基本功能，但较为可惜的是该机构研发的织物基太阳能电池的光电转化效率较低，其太阳能转化效率仅在0.1%~0.3%，而只有当太阳能转化效率超过5%时，织物基太阳能电池才是商业上可行的。而硅基太阳能电池的效率要高得多，在10%~20%。

这种新型太阳能电池不仅可以取代传统的太阳能电池，而且为特定应用供能需求提供了一种选择。如果可以利用汽车篷布采集太阳能，为其动力系统、制冷系统或者其他车载设备供电，将对人们的能源采集系统产生重要的影响。类似地，也可以将柔性光伏织物铺展于建筑物表面，取代混凝土抹面。或者是用于窗帘，它不仅可以产生阴凉，而且可以创造出额外的表面来发电（如曲折拐角处等），不再如同传统刚性硅基太阳能电池一样需额外占据大面积。而随着相关技术的突破，如果将光伏织物与日常服装相结合，则可以有效解决目前智能可穿戴电子织物的能源供给问题（图9-13）。

图9-13　可穿戴光伏织物

为了满足智能可穿戴电子设备微型化和轻量化的迫切发展需要，研究人员提出了构建轻质、可纺的纤维状太阳能电池的设想，即将传统的薄膜基功能层叠层结构转化为纤维状结构，其通常包含同轴、平行、互缠等结构。人们最早开发出以铁丝作为电极的染料敏化太阳能电池，随后陆续开发出聚合物太阳能电池，但纤维状固态染料敏化太阳能电池和聚合物太阳能电池的光电转换效率都比较低。近年来发展的钙钛矿太阳能电池具有可溶液加工、操作简便等优异特性，而且具有较高的光电转换效率，新型纤维状钙钛矿太阳能电池也逐渐被开发出来。复旦大学彭慧胜教授团队开发出高效率、可拉伸的新型纤维状钙钛矿太阳能电池，光电转换效率最高达到5.01%，最大拉伸量达到40%，光电转换效率在拉伸250个循环后保持在80%以上。该研究团队进一步通过优化材料形貌和器件结构设计，提高了纤维状钙钛矿太阳能电池的光电转化效率，达到9.49%。基于上述方法和思路，该团队构建了一系列高性能纤维状能量转化和存储器件，包括高效率纤维状染料敏化太阳能电池、可溶液加工的纤维状聚合物太阳能电池、可拉伸的纤维状超级电容器和高能量密度的纤维状锂离子电池等；进一步通过设计共用电极和芯鞘结构，在一根纤维上实现功能集成，构建了纤维状能量转化和存储集成器件，并进一步优化了输出电压和能量密度，实现能量转化和存储功能的匹配；最后，通过将纤维状太阳能电池进行编制，发展了柔性太阳能电池织物，并将其与储能器件在织物上实现集成获得自供电织物。

虽然近年来质轻、柔软和穿着舒适的织物基智能可穿戴电子设备引起研究人员的强烈兴趣，但突破单一的智能电子织物基太阳能电池发电、柔性、显示发光仍然是一个亟待解决的难题。韩国科学技术院（KAIST）的Kyung Cheol Choi等发展了一种不怕水、不怕弯折的织物基太阳能电池供能发光显示服装，通过将太阳能发电以及有机发光模块集成在织物中（图9-14），并制备了含有SiO_2/聚合物复合材料的防水层，使织物基聚合物太阳能电池和有机发光二极管（OLED）在水中具有优异的稳定性，在分别进行1000次弯曲测试和10min的清洗测试后，OLED的亮度几乎不变，测试后30天该电子织物仍表现出极高的运行可靠性，同时表现出优异的柔性和防水性。该研究为未来开发在水中以及耐水洗自供电的智能服装指明了方向。

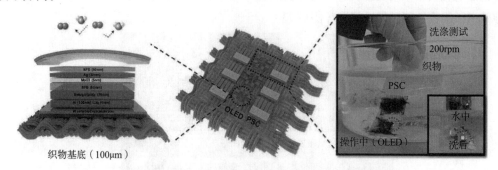

图9-14　耐水洗太阳能发电与发光显示一体化织物

第六节　避障智能衬衫

由于生理、神经因素或意外伤害导致的缺乏视觉感知被称为失明。根据世界卫生组织报告，全球约3.14亿人有视力相关问题，其中约4500万人处于失明的状态，他们的行动、与外界信息交换、周围环境的辨别读取都需要他人帮助。如果开发智能衬衫可以帮助视障人士与外界进行信息交换，并且能够识别周围的环境，将对于保障视障人士的人身安全以及户外高效移动具有十分重要的意义。避障智能衬衫就是这样一种高科技智能电子织物，能够帮助视障人士快速安全地在障碍物之间移动穿梭，实现与外界信息之间的准确交换（图9-15）。它将智能服装与传感器、执行器、电源以及数据处理单元融合在一起；通过传感器来感知周围的环境以及识别障碍物；通过执行器将经过信号处理单元分析的信息反馈给驱动系统并指引

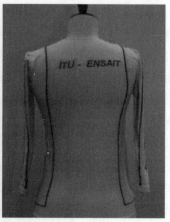

图9-15　避障智能衬衫

视障人士，从而构造出具有柔软、透气、轻便特性的智能可穿戴避障体系以便穿着在用户身上。其中，声呐作为一种用于快速探测、定位、确定障碍物以及测量物体距离的仪器具有十分重要的作用，为了将声呐装置微型化而且可以有效融入纺织品中并高效工作，其需要高导电的纤维/纱线（电阻<50Ω/m）并经过特殊织物结构设计以避免电路短路。需要注意的是，为了实现精确探测障碍物，获取更全面的多方位信息，需要多个传感器协同高效工作，并基于计算机运算系统对获取的数据进行整合、分析、评估；同时将分析出的信息以视障人士易于读取的方式进行快速反馈，如振动触觉，并根据指令调控振动的频率和强度。例如，较小角度的左/右转，只需要左/右臂上的第一个振动电机进行振动。类似地，若需要较大角度的左/右转，则可以发起左/右臂三个振动电机的振动，以提示视障人士控制转弯的幅度大小。

通过避障智能衬衫的工作原理可以看出，开发高性能避障智能衬衫需要电子学、信息技术、控制工程以及纺织工程等多学科的交叉融合。目前，避障智能衬衫还存在很多技术问题需要进一步完善，以便更加易于视障人士使用。需要将人体的全部穿戴系统进行高效联动而不仅只是局限于上衣，例如将大、小障碍物以及运动幅度与裤子、鞋子等联用实现更加精细的辨别与指导；鉴于多重传感以及振动的连续工作，其耗能问题也是需要持续改进的，通过新型纺织技术将摩擦纳米发电、织物太阳能电池、热发电以及纤维/织物储能电池作为电源编织进避障智能衬衫，以实现全天候不间断供能保障其持续工作。此外，智能电子服装在相关障碍人士的辅助以及治疗方面都有着广泛的应用，譬如纤维/织物基应力应变、温度传感器帮助瘫痪或截肢患者恢复触觉；而人工肌肉纤维则可以帮助其恢复运动能力；人机交互以及显示纤维/织物则可以帮助语言障碍人士进行信息的有效传输以及表达。

本章小结

智能电子纺织品在当今娱乐休闲市场充满活力，其以柔性纺织品为支撑，增加了许多高附加值功能。从健康数据采集、无线通信、柔性显示、储能、软体执行器等领域已经得到广泛的开发，而且融合可穿戴技术的智能手表/手环、智能戒指、智能眼镜等已逐渐走进人们的生活。许多研究已经证明智能电子织物将具有重要的应用前景，在这样的背景下，随着人们对娱乐休闲高科技产品兴趣和体验感的提高，智能电子纺织品在健康、体育与时尚领域也日渐引起人们更多的关注。正如微软公司在《人类的本质：2020年的人机交互》报告中所指出的："计算机和人类之间的生理界限将变得模糊，目前存在于人机界面之间牢固的界限正在消失，这种界面会离我们越来越近，电子装置将融入我们的衣服甚至身体。"因此，智能电子织物作为人与万物互联、互通、互动的关键载体，成为连接人与智能设备真正的钥匙。同时智能电子织物的浪潮已经从学术界逐渐蔓延至商业市场，并且冲击着线下的移动终端的产业和市场格局，致使众多科技公司重视智能电子织物的开发。最近，苹果公司正在研究如何将传感器和开关编织到智能电子织物中，并用于智能包、家具、服装等。这项名为"织物控制设备"的专利，主要涉及将智能功能嵌入电子织物的细节，在列举了每一种可以想象的电子设备类型后，该专利接着给出了更具体的、可立即识别的智能电子织物项目。此外，之前苹果公司还获得了一项专利，即通过智能手套控制苹果电脑。新的专利将其扩大到几乎所有可以用智能电子织物包裹的东西。

但同时应看出，在智能电子纺织品的开发中机遇与挑战共存，当前商业化推广的智能电子纺织品仍然较少，其实际应用仍然面临着较大的局限：一是低成本，需要整合到日常服装与家用纺织品中，当前智能电子纺织品的开发更多处于概念的提出，较少关注其生产成本；二是需进一步提高其性能，相比于传统的薄膜基的柔性电子器件，目前织物基柔性电子器件的性能仍然略显逊色；三是增加可靠性，作为与人体皮肤直接接触的织物，其电子电路以及长期穿戴过程中电子器件与人体安全保障仍需要更多的研究，以保障运行的安全可靠性；四是耐水洗性与耐磨性，与传统电子产品相比，智能电子织物使用的环境恶劣，衣物可能会弯曲、扭褶、重压、磨损等，而且会遭受日晒雨淋、水下工作环境等，这就需要其电路具有极高的抗恶劣环境性能，以保证其长期穿戴稳定性；五是与大规模制备相适应的纺织工艺技术，就编织电路而言，还缺少像印制电路板那样的电路设计、分析方法和工具以及自动化设计与分析的支撑。

另外，还缺少相应标准织物器件、连接件和封装技术，智能电子织物的机械制造需求也很苛刻。例如，柔性显示器件的最小许可弯曲直径一般为几厘米，而传统织物纤维在编织过程中的弯曲直径小于1mm，导致需要改进目前的纺织工艺以适应柔性显示织物的制备。此外，没有高机械强度拉伸承受力的电子织物往往会在机械制造过程中受到磨损、发生断裂，因此，随着智能电子织物的进一步发展，当前的技术和制造水平已无法完全满足相应的需求，并且需要多学科紧密交叉融合与成果的共享才有可能为其发展提供足够的推动力。在智能电子织物领域还缺乏相关技术标准与适合的测试方法，还没有形成完整的产业链。目前对智能电子织物的性能以及可穿戴测试多是基于开发者实验室自行测试环境以及标准下得出的结论，或许如同太阳能电池效率测试一样，由统一的测试机构按照统一标准给出性能测试结果更利于智能电子织物的开发。尽管智能电子织物的开发面临着许多问题，但是我们相信智能电子织物走进我们的日常生活不会太远。

参考文献

[1] HU J, MENG H, LI G, et al. A review of stimuli-responsive polymers for smart textile applications [J]. Smart Materials and Structures, 2012, 21(5): 053001.

[2] MEINANDER H. Smart and intelligent textiles and fibres [M]. Textiles in Sport. Woodhead Publishing, 2005.

[3] GONG Z, XIANG Z, OU YANG X, et al. Wearable fiber optic technology based on smart textile: A review [J]. Materials, 2019, 12(20): 3311.

[4] STYLIOS G K. Novel smart textiles [J]. Materials, 2020, 13(4): 950.

[5] SCHNEEGASS S, AMFT O. Smart textiles [M]. Cham, Switzerland: Springer, 2017.

[6] TAKAMATSU S, LONJARET T, ISMAILOVA E, et al. Wearable keyboard using conducting

polymer electrodes on textiles [J]. Advanced Materials, 2016, 28(22): 4485-4488.

[7] WANG Z, WAN D, CUI X, et al. Wearable electronics powered by triboelectrification between hair and cloth for monitoring body motions [J]. Energy Technology, 2022.

[8] STOPPA M, CHIOLERIO A. Wearable electronics and smart textiles: A critical review [J]. sensors, 2014, 14(7): 11957-11992.

[9] ZENG W, SHU L, LI Q, et al. Fiber-based wearable electronics: a review of materials, fabrication, devices, and applications [J]. Advanced Materials, 2014, 26(31): 5310-5336.

[10] Wearable electronics and photonics [M]. Elsevier, 2005.

[11] REIN M, FAVROD V D, HOU C, et al. Diode fibres for fabric-based optical communications [J]. Nature, 2018, 560(7717): 214-218.

[12] SHI X, ZUO Y, ZHAI P, et al. Large-area display textiles integrated with functional systems [J]. Nature, 2021, 591(7849): 240-245.

[13] ZHANG Z, GUO K, LI Y, et al. A colour-tunable, weavable fibre-shaped polymer light-emitting electrochemical cell [J]. Nature Photonics, 2015, 9(4): 233-238.

[14] SUN X, ZHANG J, LU X, et al. Mechanochromic photonic-crystal fibers based on continuous sheets of aligned carbon nanotubes [J]. Angewandte Chemie, 2015, 127(12): 3701-3705.

[15] ORTÍ E, BOLINK H J. Light-emitting fabrics [J]. Nature Photonics, 2015, 9(4): 211-212.

[16] ZHOU X, FANG S, LENG X, et al. The power of fiber twist [J]. Accounts of Chemical Research, 2021, 54(11): 2624-2636.

[17] JIA T, WANG Y, DOU Y, et al. Moisture sensitive smart yarns and textiles from self-balanced silk fiber muscles [J]. Advanced Functional Materials, 2019, 29(18): 1808241.

[18] FAN H, LI K, LIU X, et al. Continuously processed, long electrochromic fibers with multi-environmental stability [J]. ACS Applied Materials & Interfaces, 2020, 12(25): 28451-28460.

[19] FAKHARUDDIN A, LI H, DI GIACOMO F, et al. Fiber-shaped electronic devices [J]. Advanced Energy Materials, 2021, 11(34): 2101443.

[20] 徐昭, 解晓雨, 沈浩, 等. 纤维材料表面图案化构筑及应用研究进展 [J]. 复合材料学报, 2021, 38(10): 3159-3169.

[21] DUAN M, WANG X, XU W, et al. Electro-thermochromic luminescent fibers controlled by self-crystallinity phase change for advanced smart textiles [J]. ACS Applied Materials & Interfaces, 2021, 13(48): 57943-57951.

[22] YUN M J, CHA S I, SEO S H, et al. Insertion of dye-sensitized solar cells in textiles using a conventional weaving process [J]. Scientific Reports, 2015, 5(1): 1-8.

[23] SUN T, ZHOU B, ZHENG Q, et al. Stretchable fabric generates electric power from woven thermoelectric fibers [J]. Nature Communications, 2020, 11(1): 1-10.

[24] HE J, LU C, JIANG H, et al. Scalable production of high-performing woven lithium-ion

fibre batteries［J］. Nature, 2021, 597(7874): 57−63.

［25］ YAN W, NOEL G, LOKE G, et al. Single fibre enables acoustic fabrics via nanometre−scale vibrations［J］. Nature, 2022: 1−8.

［26］ ZOU D, WANG D, CHU Z, et al. Fiber−shaped flexible solar cells［J］. Coordination Chemistry Reviews, 2010, 254(9−10): 1169−1178.

［27］ HASHEMI S A, RAMAKRISHNA S, ABERLE A G. Recent progress in flexible−wearable solar cells for self−powered electronic devices［J］. Energy & Environmental Science, 2020, 13(3): 685−743.

［28］ PAN S, YANG Z, CHEN P, et al. Wearable solar cells by stacking textile electrodes［J］. Angewandte Chemie, 2014, 126(24): 6224−6228.

［29］ JEONG E G, JEON Y, CHO S H, et al. Textile−based washable polymer solar cells for optoelectronic modules: toward self−powered smart clothing［J］. Energy & Environmental Science, 2019, 12(6): 1878−1889.

［30］ QIU L, DENG J, LU X, et al. Integrating perovskite solar cells into a flexible fiber［J］. Angewandte Chemie International Edition, 2014, 53(39): 10425−10428.

［31］ LIU S, MA K, YANG B, et al. Textile electronics for VR/AR applications［J］. Advanced Functional Materials, 2021, 31(39): 2007254.

［32］ WEN F, SUN Z, He T, et al. Machine learning glove using self-powered conductive superhydrophobic triboelectric textile for gesture recognition in VR/AR applications［J］. Advanced Science, 2020, 7(14): 2000261.

［33］ MA S, WANG X, LI P, et al. Optical Micro/Nano Fibers Enabled Smart Textiles for Human−Machine Interface［J］. Advanced Fiber Materials, 2022: 1−10.

［34］ 伏广伟, 贺志鹏, 刘凤坤. 纺织服装业智能化与智慧化发展探究［J］. Wool Textile Journal, 2019, 47(8).

［35］ 张桂青, 鹿曼, 汪明, 等. 智能家居的"春天"来了［J］. 计算机科学, 2013, 4(6): 398−402.

［36］ 秦聪. 虚拟织物的手感生成和变形模拟［D］. 杭州: 浙江理工大学, 2013.

［37］ 陆骐峰, 孙富钦, 王子豪, 等. 柔性人工突触: 面向智能人机交互界面和高效率神经网络计算的基础器件［J］. 材料导报, 2020, 34(1): 1022−1049.

［38］ NING C, DONG K, CHENG R, et al. Flexible and stretchable fiber−shaped triboelectric nanogenerators for biomechanical monitoring and human−interactive sensing［J］. Advanced Functional Materials, 2021, 31(4): 2006679.

［39］ HE C, CAO M, LIU J, et al. Nanotechnology in the Olympic Winter Games and Beyond［J］. ACS Nano 2022 16 (4): 4981−4988.

［40］ ZHANG Y, REN H, CHEN H, et al. Cotton fabrics decorated with conductive graphene nanosheet inks for flexible wearable heaters and strain sensors［J］. ACS Applied Nano Materials, 2021, 4(9): 9709−9720.

［41］BAHADIR S K, KONCAR V, KALAOGLU F. Smart shirt for obstacle avoidance for visually impaired persons［M］. Woodhead Publishing, 2016.

图片来源

［1］图9-2: MA S, WANG X, LI P, et al. Optical micro/nano fibers enabled smart textiles for human-machine interface［J］. Advanced Fiber Materials, 2022: 1-10.

［2］图9-4: TAKAMATSU S, LONJARET T, ISMAILOVA E, et al. Wearable keyboard using conducting polymer electrodes on textiles［J］. Advanced Materials, 2016, 28(22): 4485-4488.

［3］图9-6: REIN M, FAVROD V D, HOU C, et al. Diode fibres for fabric-based optical communications［J］. Nature, 2018, 560(7717): 214-218.

［4］图9-7: SHI X, ZUO Y, ZHAI P, et al. Large-area display textiles integrated with functional systems［J］. Nature, 2021, 591(7849): 240-245.

［5］图9-8: YAN W, NOEL G, LOKE G, et al. Single fibre enables acoustic fabrics via nanometre-scale vibrations［J］. Nature, 2022: 1-8.

［6］图9-9: FAN H, LI K, LIU X, et al. Continuously processed, long electrochromic fibers with multi-environmental stability［J］. ACS Applied Materials & Interfaces, 2020, 12(25): 28451-28460.

［7］图9-10: JIA T, WANG Y, DOU Y, et al. Moisture sensitive smart yarns and textiles from self-balanced silk fiber muscles［J］. Advanced Functional Materials, 2019, 29(18): 1808241.

［8］图9-11: HE C, CAO M, LIU J, et al. Nanotechnology in the Olympic Winter Games and Beyond［J］. ACS Nano 2022 16 (4): 4981-4988.

［9］图9-12: HE J, LU C, JIANG H, et al. Scalable production of high-performing woven lithium-ion fibre batteries［J］. Nature, 2021, 597(7874): 57-63.

［10］图9-13: HASHEMI S A, RAMAKRISHNA S, ABERLE A G. Recent progress in flexible-wearable solar cells for self-powered electronic devices［J］. Energy & Environmental Science, 2020, 13(3): 685-743.

［11］图9-14: JEONG E G, JEON Y, CHO S H, et al. Textile-based washable polymer solar cells for optoelectronic modules: toward self-powered smart clothing［J］. Energy & Environmental Science, 2019, 12(6): 1878-1889.

［12］图9-15: BAHADIR S K, KONCAR V, KALAOGLU F. Smart shirt for obstacle avoidance for visually impaired persons［M］. //Smart Textiles and Their Applications. Woodhead Publishing, 2016: 33-70.

第十章 健康用智能电子纺织品可穿戴应用

第一节 引言

  2016年10月，中共中央、国务院印发了《健康中国2030年规划纲要》，提出了未来十五年中国健康医疗卫生发展愿景和目标，坚持预防为主、防治结合、中西医并重的科学发展原则。2021年3月，《中华人民共和国国民经济和社会发展第十四个五年规划和2035年远景目标纲要》发布，明确全面推进健康中国建设，推动健康关口前移。为落实"十四五"期间国家科技创新有关部署安排，2022年4月，国家重点研发计划启动实施"主动健康和人口老龄化科技应对"重点专项，提出以主动健康理念为指导，构建生命过程中的功能维护、危险因素控制、行为干预和健康服务技术产品支撑体系，提高主动健康和老年健康服务科技化、智能化水平，提高对生命过程中健康状况变化的认知水平，为实现健康中国2030的战略目标奠定坚实的基础等为总体目标。

  主动健康是人类围绕健康开展的一切社会活动的总和，包括从源头上控制健康风险因素，在过程中创造健康价值，在各种社会活动中积极应对人口安全危机，其具有预防性、精准性、个性化、主动性、共建共享、自律六大特征，如图10-1所示。主动健康强调系统地对个体全生命周期进行连续跟踪观察，进而对生理的状态、发展方向和优劣程度进行有效识别和评估，进而通过主动施加可控刺激，促进人体产生积极的自组织响应，从而实现身体机能向好发展。可穿戴生物传感设备可实现对人体生理特征的连续、动态监测，具有小巧、便捷、侵入性小等优点，自20世纪90年代首次推出，现已发展成可以集成到纺织品中的多学科交叉融合技术，形成了可以感知机械、电、热、磁声、化学、辐射等刺激，并做出相应反应或互动的智能电子纺织品。与硬质可穿戴设备相比，智能电子纺织品具有穿戴舒适性强、可洗、异物感弱、心理接受程度高等优势，显著提高了对个体长期实施生理参数监控和校正的可行性，其与5G网络、物联网、云计算和人工智能等技术的融合，对推动健康产业链、技术链、人才链创新发展，建立新型健康服务模式和健康产业，为国民经济发展提供更多的资源与市场空间具有积极意义。

  生理体征监测、预警和即时护理是智能电子纺织品在

图10-1 主动健康理论框架

主动健康领域的主要应用，金属（金、银、铜等）、无机（石墨烯、碳纳米管、炭黑等）、有机（聚乙炔、聚吡咯、聚噻吩等）、复合（金属系、碳系等）等导电材料的创新及其在纤维、纱线、织物、服装系统上使用（表10-1），助推了纺织材料基生物传感器的构筑，其中物理

表 10-1 智能电子纺织品用功能材料

	类别	应用	功能
导电材料	金属: Ag、Au、Cu、Ti、Ni 等	纤维、纱线、织物电极、纺织电路	连接、信号传输
	导电聚合物: PEDOT：PSS, 聚苯胺等		
	碳材料: CNT、石墨烯等		
传感材料	电化学传感材料: $LiMn_2O_4$、Ag_2O/Ag、CNT、石墨烯、MOFs	纤维、纱线、织物	生化传感、储能、药物传递
	力传感材料: PVDF、ZnO、PZTA、$BaTiO_3$、Mxenes	纤维、纱线、织物	力传感、能量收集
	热传感材料: PEDOT：PSS、CNT、Sb_2E_3–Bi_2E_3	纤维、纱线、织物	感温、热能量收集、热疗
	光传感材料: TiO_2, P_3HT：PCBMA	纤维、纱线、织物	光能量收集、光疗
封装材料	天然材料: 丝绸、棉花	纱线、织物	电子元件防水层、人体皮肤屏蔽层
	合成材料: PDMS、EVA	纤维、纱线、织物	电子元件防水层、人体皮肤屏蔽层

传感器（力学传感、光学传感、电位传感、温度传感）、生化传感器（湿度传感、生物流体传感、呼吸分析）可实现对脉搏、心率、血压、体温等生理指标的监测，而使用物理方法（辅助治疗、光疗、电疗、热疗）、生物化学方法（药物输送）的智能电子纺织品治疗设备可用于光疗、热疗、磁疗及精准给药等即时护理需求（图10-2），预计到2027年，全球健康用智能电子纺织品市场将超过21亿美元。

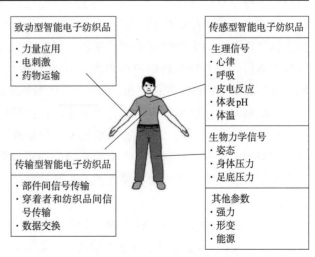

图 10-2 智能电子纺织品的用途

主动健康用智能电子纺织品的主要功能是提供生理体征的检测和校正，但在临床使用方面，智能纺织品极有可能被定为医疗设备，确保医学界对其科学性和临床有效性的认可及监管部门的许可至关重要，亟须科学家、临床医生、监管机构和行业各方协作，制定关于临床

测试、验证、批准和医疗设备许可指南的监管共识。同时，智能电子纺织品的属名及标准化是实现产业化的首要环节，不仅有助于明晰其与纺织品和可穿戴生物电子产品区别，更为其标准化生产、质量认证和行业监管提供了技术支撑，因此，建立具有影响力的智能电子纺织品领域的专业委员会也尤其重要。

主动健康用智能电子纺织品优势在于，其具有常规可穿戴电子产品不具备的透气性、透湿性、柔软性、适体性和舒适性，但受金属导线、外接电池及电路板等硬件设备及系统软件限制，智能电子纺织品并未实现真正意义上的可穿性，但柔性、低功耗电子制造技术的发展及其在纺织品中的应用，5G网络推广和万物互联时代的到来，为智能电子纺织品的去硬件化提供了有效解决途径，尤其是材料科学、纳米电子学和微型化等方面的技术进步，可使关键功能直接集成到纺织品本身，将其从外设依赖中解放出来，建立一个基于无线网络的协作、自适应和智能的系统，实现集诊断、治疗、供电、通信和计算等功能于一体的主动健康解决方案。

第二节　生命体征监测用智能电子纺织品

智能电子纺织品实现人体心率、血压、脉搏、体温、姿态等生命体征监测依靠纺织材料传感器，其功能实现主要有三个方面：一是压阻效应、压电效应、电容效应、热阻效应和摩擦电效应等应用于纺织材料上的可行性探索。电信号的产生、交换、分析与反馈是智能电子纺织品运行的基础，电学理论、生命科学、计算机科学的融合运用，构建多学科交叉融合的生命体征监测机制是功能实现的关键技术支撑，更是智能电子纺织品的理论基石。二是新材料的持续涌现。碳纳米管、石墨烯、银纳米线、MXenes等新材料通过共混纺丝、纱线混纺、机/针织、后整理等工艺制得的纺织材料，具有炭黑、石墨导电纺织材料难以比拟的导电性，有助于在保持纤维、纱线和织物原尺度和力学性能前提下电信号的高效传输。三是材料成型工艺的创新应用。如物理气相沉积（PVD）镀膜技术的应用，实现了金属膜、合金膜、聚合物膜导电纺织材料的制备；同轴纺丝技术实现了多层异质纤维一次成型；喷涂技术为高精度导电印花及低碳后整理提供了有效解决方案。

脉搏、心率、血压、体温等生理指标检测是现阶段智能电子纺织品的主要应用方向，具有适体、灵活、舒适、柔软、无侵入的优点，运用不同原理、使用不同材料和成型技术的各类纺织基生理信号监测传感器层出不穷（表10-2），基于此制得的智能电子纺织品通过与服装、绷带、敷料、床上用品的集成，在与人体大面积接触中捕捉重要的生理状态信息，为实现人体的大时间尺度连续动态测量和整体发展趋势的分析，疾病预防、诊治提供详细且连续的监测记录提供了数据基础。

表 10-2　部分生理指标监测用智能电子纺织品

类别	原理	材料	成型	应用
力传感	压阻效应	石墨纳米颗粒、铜纳米粒子、PDMS	同轴包覆→涂层→数字针织	人体姿态监测
	压电效应	钛酸钡（$BaTiO_3$, BTO）纳米粒子、PVDF、PDA	静电纺丝→涂层→织物复合	脉搏监测、人体运动监测
	电容效应	镍纳米颗粒、丙烯酰胺（AAm）、PDMS、棉织物	聚合物协助金属沉积	呼吸监测、关节运动
电传感	摩擦电效应	不锈钢纱线、尼龙长丝、聚四氟乙烯长丝	包覆纱→编织	颈动脉脉搏
		CNTs、PDMS、棉织物、Al、全氟乙烯丙烯共聚物膜	喷涂→真空蒸发镀膜→复合	血压、脉搏
	电描记法	银片、氟橡胶	自组装、印刷	肌电图
热传感	热阻效应	还原氧化石墨烯、棉纱线	涂层	体温监测
磁传感	磁弹效应	硅橡胶、纳米磁体	干纺、编织	脉搏监测
化学传感	电化学反应	丝织物、镍导电带	炭化、激光烧结	汗液分析

一、心率

心率是指正常人安静状态下每分钟心跳的次数，也叫静息心率。医学研究表明，心率偏高会增加心血管疾病和高血压的发病率，心率每分钟增加 10 次，心源性死亡风险至少增加 20%，虽然已经证明了心率升高与心血管疾病发病率和死亡率之间的关联，但心跳过速仍是一个易被忽视的心血管危险因素。主动健康的一项重要意义是预防疾病，因此，连续、实时、精确的心率监测将是预防、诊断和治疗心血管疾病的关键依据。

心跳包含心脏舒张和收缩两个过程，相应地会引起动脉搏动，即产生脉搏，因此，在正常情况下每分钟脉搏次数等于心率。基于压电效应、摩擦电效应和压阻效应的智能电子纺织品可感知生物力学信号，重建脉搏波形并提供精准的测试数据，如以 PDA@BTO/PVDF 纳米纤维为构件制备的非织造压电织物（图 10-3），具有优异的灵敏度（3.95V/N）和长期稳定性（7400 次循环后输出电压下降 <3%），从三名在颈部相同位置佩戴压电织物的志愿者中监测并记录了颈动脉脉搏波形，得到了各自的平均脉搏和波形特征，为动脉弹性、外周阻力和左心室收缩力的判断提供了数据支撑。

基于摩擦电效应的纺织品摩擦纳米发电机可利用人体弱脉搏驱动发电，用于心率的连续测量，如由聚偏二氟乙烯/银纳米线纳米纤维膜、乙基纤维素纳米纤维膜和两层导电织物复合而成的全纤维结构摩擦纳米发电机（图 10-4），其在纳米纤维上引入了分级粗糙结构，具有高适形性和优异的传感能力，在0~3kPa和3~32kPa的压力范围内，灵敏度分别达1.67V/kPa和0.20V/kPa，连续运行7200个工作循环后，仍具有优异的机械稳定性，将其贴合在颈动脉上，可实时捕获脉搏波信号。

纺织材料具有良好的柔韧性和变形能力，能够承受剪切力、弯曲力和压缩力。类似DNA双螺旋结构纱线构成的纺织柔性压阻器件（图10-5），实现了灵敏度、可重复性、线性度、滞后、响应/弛豫时间和工作电压性能的平衡，其由五层结构组成，中间层织物由双螺旋结构的纱线编织而成，置于聚酰亚胺（PI）基板的电极层上，对纺织单元进行凝胶封装后，传感器结构由聚萘二甲酸乙二醇薄膜覆盖，最后在其顶面覆盖一层聚萘二甲酸乙二醇薄膜。该压阻传感器会因表皮脉搏跳动产生电阻变化，实现实时脉搏监测，响应时间和弛豫时间均为2ms，使用6000次后仍保持95%的初始性能，且具有出色的信号一致性。

智能电子纺织品具有良好的适形性、皮肤友好性、舒适性和便捷性，是一种有效实时心率测量方法，可提供健康监测和临床诊疗的数据支撑。多变的使用环境给智能电子纺织品心率测量的准确性提出了挑战，形变极限高、使用寿命长、

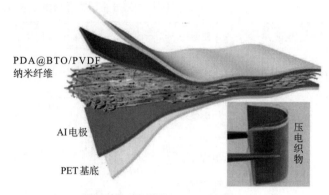

图10-3　脉搏监测用压电织物

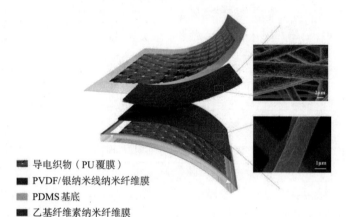

图10-4　脉搏监测用摩擦纳米发电机

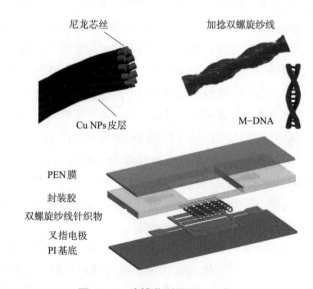

图10-5　脉搏监测用压阻织物

防水耐汗等使用性能的提升是其研究重点之一。同时，作为一类准医疗器械，心率测量用智能电子纺织品的合规性也是其临床试验和进入市场的重要前提条件，主动健康理念下多学科交叉融合创新是加速其市场化、商品化的重要措施。

二、血压

血压（BP）是指血液在血管内流动时作用于单位面积血管壁的侧压力，通常所说的血压是指体循环的动脉血压。正常成人安静状态下的血压范围较稳定，正常范围收缩压90~139mmHg，舒张压60~89mmHg。过低或过高的BP值分别对应低血压病和高血压病。高血压的定义是收缩压≥140mmHg，舒张压≥90mmHg，高血压会显著加剧罹患心脏、大脑和肾脏疾病的风险。世界卫生组织（WHO）指出，30~79岁高血压成年人达12.8亿人，其中约5.8亿人不知道自己患有高血压（41%女性患者，51%男性患者）。血压测量是诊断高血压的主要手段，但传统血压计为间歇性测量，便捷性也存在不足，且臂带可能会导致不适或组织损伤，而智能电子纺织品可穿戴、无创、连续测量血压的优势，使其在高血压患者的健康监测和临床诊疗的作用日益显现。

脉冲监测用摩擦电纺织传感器是将摩擦电效应与静电感应相结合，将生物机械压力转化为电信号。心脏收缩和舒张会使动脉血压周期性地上升和下降及动脉跳动，摩擦电纺织传感器可将动脉跳动引起的细微皮肤变形转化为电能，实现连续脉搏波形监测。如以CNTs

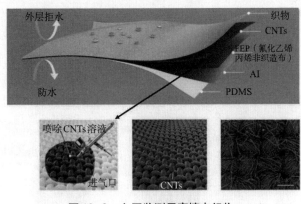

喷涂棉织物分层结构为导电网络的摩擦电纺织传感器（图10-6），该传感器五层结构，具有可扩展、兼容、防水等优点。其信噪比为23.3dB，响应时间为40ms，灵敏度为0.21μA/kPa，在辅助机器学习算法的帮助下，实现了对收缩压和舒张压连续、精确地测量。

基于脉搏传导时间的连续和无袖带血压监测已经在可穿戴电子设备中得到了广泛研究。丝素蛋白纳

图10-6　血压监测用摩擦电织物

米纤维具有良好的生物相容性，将其与深共晶溶剂（DES）和工程微结构电极结合制备的丝素蛋白纳米纤维离子压力传感器（图10-7），可实现长期、准确的血压测量。该传感器通由深共晶溶剂整理的电纺丝素蛋白纳米纤维膜介质和两个SF/Au薄膜电极组成，其在介电/电极界面和微观结构上引入电双层，以增强压力—电容效应，具有高灵敏度（138.5kPa^{-1}）、高适形性和较好的透气性[2056g/（m^2·h）]，可防止汗液导致信号恶化，确保皮肤血压监测中信号的准确性和稳定性，与心电图结合得到的收缩压和舒张压的误差分别为（0.6±3.57）mmHg和（0.7±3.72）mmHg。

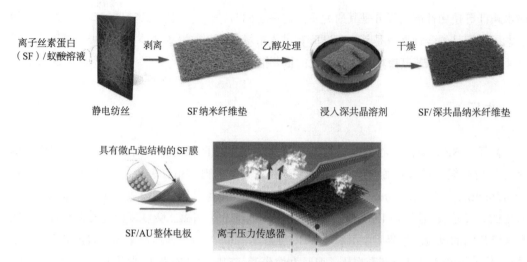

图 10-7　血压监测用压力—电容效应织物

灵敏度（GF）是传感器的一个重要参数，微观结构的引入可以有效提高织物基电阻传感器的灵敏度。常见的微观结构可分为二维和三维的微观结构，其中二维包括表面附着、褶皱和裂纹等。与三维结构相比，二维结构制作工艺更简单。二维结构中裂纹传感器的灵敏度较高（>5000），但大多数有裂纹的传感器只有一个应变层，传感范围有限。双应变层裂纹结构的纤维应变传感器（图 10-8）具有高灵敏度（0~30% 应变时 $GF=2165$，25%~30% 应变时 $GF=27381$），反应时间快（42ms），重复性高（>1000 次），迟滞率低（7.08%）。该传感器监测呼吸频率、心率的平均误差分别小于 2% 和 3%，收缩压、舒张压和平均血压的平均误差分别为 -0.0042mmHg、0.3730mmHg 和 0.2472mmHg，符合美国医疗仪器促进协会和英国高血压协会 A 级标准。

随着科技技术的快速发展，生活节奏加快，实时健康监测和评估愈加重要。脉搏波作为

图 10-8　血压监测用压阻效应纤维

人体最具代表性的信号之一，携带着心血管系统的重要信息，其波形是评价人类心血管系统生理和病理状态的重要依据。智能电子纺织品具有传统臂带式血压计不可比拟的便捷性，其实时提取人体颈动脉、指尖、踝关节和耳朵中微弱的脉搏信号，经解析转换后，可在个人数字终端中实现血压数据的分析与存储，实现连续的无创实时血压监测，对于预防高血压和提高诊疗效率具有积极作用。

三、体温

正常人体的体温是相对恒定的，主要依靠神经调节和体液调节实现。体温是维持人体生理功能的基础，也是反映人体健康状态的重要生理参数之一。体温变化不仅会对机体产生影响，而且是某些感染性疾病、非感染性炎症性疾病、内分泌疾病的指征。传统体温测量设备主要有玻璃内汞温度计（即水银温度计）、电子温度计（包括热敏电阻温度计、温差电偶温度计）、红外线温度计、液晶温度计，与传统温度计不同，智能电子纺织品温度传感器柔软、舒适，采用无创、"无感"的方式实时收集体温数据，为临床疾病的预防、诊断提供支持。

现阶段，热释电效应、塞贝克效应、热膨胀、红外辐射等机制虽已被用于温度传感，但智能电子纺织品主要通过热电阻效应，跟踪皮肤表面和体表微气候的温度变化，实现体温监测。热电阻效应是指物质电阻率随本身温度变化而改变。以金属材料为例，当其温度不高时，电阻率ρ与温度t的关系为：

$$\rho_t = \rho_0(1+\alpha t)$$

式中：ρ_t与ρ_0分别为温度t和初始温度（多为20℃）时的电阻率，α为电阻温度系数，α（即TCR）$=dR/(R \cdot dT)$，表示当温度改变1℃时，电阻值的相对变化，单位为$℃^{-1}$。

根据电阻随温度变化的机制，材料的电阻温度系数（TCR）为正时，电阻率随温度的升高而增加；TCR为负时，电阻率随温度的升高而降低，即存在正电阻温度系数、负电阻温度系数，或在某一特定温度下电阻值会发生突变的临界电阻温度系数。一般情况下金属的TCR为正，而半导体、导电聚合物和纳米材料的TCR从正到负范围较广，可通过改变载流子浓度、衬底或在复合材料中使用调整其热传感性能。

还原氧化石墨烯涂层纱线具有温度敏感性，可使用现有的纱线染色技术生产，成本低、产量高。通过自动编织技术制备的石墨烯纱线温度传感器，有助于减少使用过程对温度传感性能的影响，其以尼龙丝包覆或卷绕在氨纶丝上形成的氨纶包芯丝管状针织物为基底，传感器设置在管状针织物的正面，并在两侧编织了银纱补丁作为母线，如图10-9所示。该传感器电阻随着温度升高以近似恒定的速率减小（温度范围20~60℃），在25~55℃时具有良好的温度传感稳定性。

高TCR代表材料对温度变化的高灵敏度，基于纺织材料的温度传感器的TCR $> 10^{-2} ℃^{-1}$，如涂覆碳纳米管和离子液体（[EMIM]Tf$_2$N）混合物的蚕丝包覆纱为$1.23 \times 10^{-2} ℃^{-1}$，灵敏

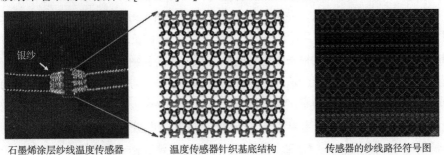

石墨烯涂层纱线温度传感器　　　　温度传感器针织基底结构　　　　传感器的纱线路径符号图

图10-9　石墨烯纱线针织温度传感器

度较金属高。另外，响应时间、抗干扰性、使用寿命也是需要考虑的性能指标。涂层、浸渍、3D打印、微加工、纺丝、纺纱、织造和非织造等技术创新，实现了本质导电聚合物（ICPs）、石墨烯、碳纳米管（CNTs）、半导体玻璃和金属在纺织基传感器制备方面的应用。热敏性微/纳米多孔纤维束也表现出了较好的灵敏度（热敏电阻常数$\beta=4994.55K$，在26℃时$\alpha=-5.58\times10^{-2}℃^{-1}$）、较短的响应/恢复时间（97ms/239ms），并且纤维的温度传感性能对应变（拉伸、弯曲和挤压）不敏感，适用范围广。

基于热释电效应的ZnO纳米线@PU纤维作为可伸缩温度传感器，在0%、25%、50%和100%的应变下，电阻温度系数分别为$39.3\times10^{-2}℃^{-1}$、$26.1\times10^{-2}℃^{-1}$、$20.1\times10^{-2}℃^{-1}$和$16.8\times10^{-2}℃^{-1}$，呈下降趋势，这是因为ZnO纳米线热膨胀会引起自发极化，产生极化电场和电荷分离，导致电流增加，在拉伸时，PU纤维彼此接近，ZnO纳米线的部分热膨胀受到限制，电流变化减小，电阻温度系数降低；基于塞贝克效应的热电油墨印刷针织温度传感器，可在100K温差下产生1.1mV的输出电压，20%应变下800次循环后仅有7%的电压偏差，在高温（100℃）和低温范围（30~60℃）输出电压与温度均呈线性关系；利用连续交替挤压工艺制备的由单壁碳纳米管（SWCNTs）和聚乙烯醇（PVA）水胶体组成的热电纤维，水胶体网络及其流变性优势使其均相粒子在连续基质中受到约束，实现了高均匀度、界面结合良好和轴向交替排列的PN型链段的可控制备。利用该纤维织成十字绣，当某节点接触一个热对象时，温度梯度会产生电位差，当环境温度为22℃时，随着物体温度从5℃增加到70℃，直接接触纤维的电压从0.85mV变为−2mV，在直接接触纤维下面的纤维的电压从−0.3mV变为1.0mV，电压与物体温度间呈近似线性关系。

基于纺织技术的温度传感器能够实现与人体体表的大范围接触，具有易生产、使用便捷、稳定性高、灵敏度高、应变不敏感、可拉伸及较好的生物相容性和穿戴舒适性等优点，有助于实现连续实时体温监测，提供翔实、准确的体温数据，用于健康状态的判断。

四、生物电位

生物电位（bioelectric potential）是指生物体中任意两点之间的电位差，利用电描记法，可形成脑电图（EEG）、心电图（ECG）、肌电图（EMG）和眼电图（EOG），为诊断和康复提供重要信息。电极捕捉、处理和传导电位变化，需与人体长时间直接接触，传统导电凝胶和刚性金属电极存在刺激皮肤、导致过敏等潜在风险，如Ag/AgCl一次性凝胶电极长期使用可能引发皮肤过敏，含液量下降导致信号不稳定等，不适合长期连续的生物电位监测。

织物电极可持续非侵入性地采集生物电位信号，其接触到皮肤时，由于电极和皮肤的接触面凸凹不平且无电解质或凝胶填充，造成电极界面一部分与皮肤接触，另一部分与皮肤无接触，因此，织物电极可认为是接触电极与非接触电极并联，其中，接触电极部分由于水分及少量空气层的存在，表现出电阻和电容特性，而非接触电极则表现出明显的电容特性。

不锈钢纤维、镀银纤维、CNT、石墨烯、聚吡咯等导电材料的使用，使织物电极的生物电位采集性能可媲美Ag/AgCl电极，且具有舒适、便捷和适用性强等优点，对于评估个人健康和预测心脑血管、呼吸系统和运动系统的功能障碍具有巨大帮助，是实现社区和居家监护的潜在突破性技术。

采集、记录生物电位过程中，会采集到许多无关信号，这些信号统称伪迹，伪迹的形式主要有外源性伪迹（环境、设备、操作等）和内源性伪迹（非目标性脑电、心电、肌电、眼电信号等）。智能电子纺织品在监测静止或小幅运动情况的生物电位信号可与临床用一次性凝胶 Ag/AgCl 电极媲美，但在动作幅度较大或高强度运动的情况下，易发生织物电极滑动、变形与脱落，导致伪迹，因此，分析织物电极—皮肤界面电化学特性，建立其等效电路模型，是抑制或减弱织物电极伪迹的有效手段。

（一）脑电图（EEG）

大脑皮层的神经元具有生物电活动，常有持续的节律性电位改变，临床上在头皮用双极或单极记录法来观察皮层的电位变化，记录到的脑电波称为脑电图（EEG）。脑电图是人体十分重要的电生理信号，包含着大量的人体生物信息，其应用覆盖了辅助治疗、脑部疾病诊断、思维认知和 BCI（脑机接口技术）等诸多领域。脑电信号强度弱、频率范围低，临床脑电图分析的脑波频率范围在 0.1~100Hz，特别是 0.3~70Hz，波幅 <200μV，常淹没在肌电、眼电及环境噪声中难以区分，因此，脑电监测用电极需具备较高的灵敏度及信噪比。

采用银涂层导电织物制备的脑电图电极，具有较低的噪声和柔软、透气性，可在没有导电凝胶的情况下实现脑电信号监测。使用真空抽滤法制备的氧化还原石墨烯涤纶织物电极具有良好的导电性及生物相容性，具备与 Ag/AgCl 电极接近的精度，长期使用信号不发生衰减，可以满足监测脑电信号的要求。通过热压法制备的电化学剥离石墨烯棉织物电极具有良好的电导率（表面电阻为 1.3Ω/sq），通过改变织物基底上石墨烯的表面密度，可以控制电极的薄片电阻和微观结构，此外，将其作为压阻传感器，压力灵敏度达 0.16kPa^{-1}，线性灵敏度达 100kPa，响应响应约为 373ms。印刷法也是导电通路和接触电极的高效制备方法，例如，通过将银颗粒/含氟聚合物复合油墨渗透到多孔纺织品上可得到双层可拉伸智能电子纺织品贴片，如图 10-10 所示，该印刷电子纺织品的导电率约为 3200S/cm，可实现 0~30Hz 脑电图的采集，与商业化凝胶电极相比，其运动伪影更小。

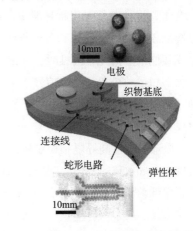

图 10-10　双层可拉伸智能电子纺织品贴片

（二）心电图（ECG）

心血管疾病（cardio vascular diseases，CVD）患病率在中国处于持续上升阶段，CVD 防治正由医院逐步向社区转移。心电图（ECG）作为一种非侵入性方法，通过测量心脏电位的变化（即"P-QRS-T"波形）指示心律是否异常。ECG 一般采用与 EEG 相同的 Ag/AgCl 一次性凝胶电极，而织物电极具有良好的舒适性，不会刺激皮肤，适合长时间佩戴。

织物心电电极与脑电电极的工作原理相同，区别在于心电信号波幅 < 5mV、频率范围

在0.05~100Hz，因此其信号采集难度略低于脑电信号。生物相容性是可穿戴电极的一个重要的考量指标，蚕丝作为具有良好生物相容性和皮肤亲和性的动物源纤维，已广泛应用于智能电子纺织品领域。通过聚多巴胺辅助提取蚕丝微纤维，并将其沉积在聚（3,4-乙基二氧噻吩）（PEDOT）表面，制备了超长导电蚕丝微纤维，其制备的导电柔性丝素贴片可用于心电图（信号波幅约0.4mV）和肌电图（信号波幅约100μV）电极。此外，由于该贴片具有抗氧化活性，可通过减少炎症和调节氧化应激，帮助糖尿病创面愈合。由聚四氟乙烯/银纳米线/丝纤维纳米纤维膜自外向内装配的三层织物，具有薄（约10μm）、高电导率（约3.58Ω/sq）、高透气性[51.5mm/s，35℃水蒸气传输速率=2553g/(m²·d)]、湿皮肤黏附（湿皮肤13N/m）和表面疏水性（接触角142.3°）等优点，与商用Ag/AgCl凝胶电极相比，具有更好的皮肤—电极界面、较高的信号质量、等效的信号强度和较低的信号噪声，在10Hz~1MHz的频率（特别是低频）内具有较低的阻抗，能够准确地监测微弱的电生理信号，如心电信号和肌电信号，清晰识别心电图"P–QRS–T"波形，对监测心肌梗塞、心律失常等心血管疾病具有积极意义。

随着远程和居家医疗的发展，公众自我健康监护的重要性越发凸显。采用浸涂和喷雾打印技术制造的石墨烯涂层织物电极在心电图记录（15s持续时间）具有良好相关性（分别为约96%和约98%），性能与Ag/AgCl凝胶电极相近，仅使用3个电极即可实现符合人体工程学的可穿戴单臂心电图监测。

（三）肌电图（EMG）

运动神经细胞或纤维兴奋时，其兴奋向远端传导而兴奋肌纤维产生肌肉收缩运动，并有电位变化，这种电位变化就是肌电图的来源，其波幅为50μV~5mV，频率范围在2~500Hz。肌电图能较为准确地反映和分辨神经损害和肌肉病变两类病变，当临床鉴别诊断肌肉无力、萎缩或其他某些情况有困难时，医师往往借助肌电图检查，此外它还可用于假肢、康复、人体工程学和运动科学。肌电信号采集区域为目标肌肉上方的皮肤表面，由于电极下方的肌肉运动，记录易出现运动伪影，并且易受邻近肌肉的干扰，因此织物电极采集肌电信号具有一定挑战。

石墨烯柔韧、高导电和稳定好，是构建电子纺织品的理想材料，非水分散石墨烯过程中的有机物会导致环境和健康问题，而在丝胶辅助下获得导电、亲水、透气、生物相容和可洗涤的石墨烯修饰电子纺织品，由含有天然丝胶涂层石墨烯的墨水对商业纺织品进行染色制备。共形涂层的亲水性丝胶—石墨烯薄片和保存完好的针织结构赋予了纺织品良好的导电性（861Ω/sq），在此基础上，开发了一种能够同时采集和分析肌电信号和机械信号的集成多传感纺织品，实现了对复杂人体运动的识别和区分。

为了适应日常生活和恶劣环境中的实际应用，可穿戴表皮电极必须同时具备良好的穿戴舒适性、优异的生理信号检测性能，以及对外界恶劣环境（汗液、污渍、腐蚀性液体等）的良好耐受性。传统的金属和凝胶电极因其柔韧性或透气性较差，难以满足表皮电极对耐形变能力、透气/透湿性、耐候性的需求。超可拉伸、具备优异健康监测性能和出色自清洁能力的织物基表皮电极，以高弹性、低杨氏模量、透气透湿的静电纺氢化苯乙烯—丁二烯嵌段共聚物（SEBS）弹性体织物为基材，以炭黑/碳纳米管杂化导电材料为导电层，并将全氟辛基三乙氧基硅烷改性的TiO_2纳米颗粒负载于导电层表面。弹性体纤维上自适应、耐形变的杂化导电网络可以在大拉伸下（>1000%）维持稳定的导电通路，而具有微纳结构和低表面能的外层能够为导电织物提供超疏水表面，能够实时、精确地传输人体ECG和EMG信号。利用层层组装可制备仿生分级结构的双梯度弹性织物，具备大形变下的快速透湿性能，在其上负载ZnO纳米颗粒实现液态金属电路高质量印刷，可赋予弹性织物在超大拉伸下的焦耳加热性能、生物电传输性能及持久的抗菌性能，精确监测人体的肌电信号。

大面积、高空间分辨率、可定制的智能电子纺织品生产工艺，是其临床实践中的实际部署面临的挑战，而通过可编程的双流道喷雾将$AgNO_3$纳米颗粒以亚毫米级的分辨率喷涂到镀铜织物上（空间分辨率为0.9mm线宽，电导率≥9400S/cm），可生产具有机械灵活性、透气性、舒适性和可洗涤的电子纺织品，其能紧密贴合各种身体尺寸和形状，支持在运动条件下高保真地记录皮肤上的电生理信号，在远程健康监测中具有可扩展性和实用性。

五、生化标志物

汗液、唾液、眼泪等身体分泌物含有重要的生物标记物，对健康监测和疾病诊断至关重要。汗液由不同的生化标志物组成，如代谢物（葡萄糖、乳酸、尿素等）、蛋白质、核苷酸和电解质（如氯、钠等），这些都是反映人体内部变化的重要指标。与其他分泌物相比，汗液诊断测试的侵入性较小。外泌汗腺分布在身体的许多部位，因此汗液的取样点有很多。因此，使用智能电子纺织品对汗液进行采样和分析较为简便。

汗液分析传感器主要有比色传感器、电化学传感器和荧光传感器，其中电化学方法是最受欢迎的方法，因为它灵敏度和选择性较高、反应快速、兼容性良好。丝织品衍生的氮掺杂碳纺织品（SilkNCT）可作为实时汗液分析电化学传感器中的工作电极，掺杂N的石墨结构和分层编织的多孔结构为碳织物提供了良好的导电性、丰富的活性位点和良好的润湿性，实现了高效的电子传输和反应物获取，其能够同时检测葡萄糖、乳酸、抗坏血酸、尿酸、Na^+和K^+，在25~300μM范围内，葡萄糖传感器的检出限为5μM，电流与葡萄糖浓度呈正比，灵敏度为6.3nA/μM；乳酸传感器的线性范围为5~35mM，检出限为0.5mM，灵敏度为174.0nA/mM；抗坏血酸传感器的线性范围为20~300μM，检出限为1μM，灵敏度为22.7nA/μM；尿酸传感器的线性范围为2.5~115μM，检出限为0.1μM，灵敏度为196.6nA/mM；Na^+的线性范围为5~100mM，K^+的线性范围为1.25~40mM，灵敏度分别为51.8mV和31.8mV，检出限分别为1mM和0.5mM，具有高灵敏度、良好的选择性和长期稳定性。

体液传感传感器下方积累的液体会极大地影响设备热湿舒适性，仿生Janus蚕丝电子织物可实现生理舒适性前提下的体液管理和分析。选取天然蚕丝织物作为传感器的核心材料，利用低表面能的十八烷基三氯硅烷与丝素蛋白反应，制备了超疏水的蚕丝基底，通过对疏水蚕丝织物的一侧进行等离子体处理，得到具有单向输水功能的单面亲水Janus蚕丝织物，将蚕丝—碳的芯鞘结构纱线编织在Janus蚕丝织物亲水一侧，得到Janus蚕丝基电子织物，其能将少量的电解质溶液（5μL）更充分地运送至亲水侧（电极侧），电极侧的汗液累积速度快，显著降低了产生稳定电信号所需的溶液体积阈值，传感器的响应时间也更短。为了实现较高的汗液捕获效率，利用多股亲水棉纤维和碳纳米管传感纤维加捻制备芯鞘传感纱线，其与超疏水织物基底之间较大的亲疏水差异，使汗液只能被芯鞘传感纱线捕获并传输至传感区域，对葡萄糖、Na^+、K^+和pH均表现出良好的灵敏性，汗液捕获效率达75%~90%，仅需0.5μL的汗液就可以实现稳定的电路连接，且芯鞘传感纱线在弯曲、扭转和抖动等动态变形过程中也保持了性能稳定。

智能电子纺织品电化学汗液传感器能够便捷、连续和无创地监测汗液中的生化标志物，反映人体健康信息，在临床诊断、远程和居家医疗等领域具有广阔的应用潜力。织物电化学汗液传感器由于优异的可穿戴性和生理舒适性而备受关注。但其在稳定性、敏感性、电源等方面的限制制约了进一步推广，而具有多功能、高集成度、智能化、完整高效的"信号传感—传输—诊断"能力的智能电子纺织品将是发展的重要方向。

第三节　医疗保健用智能电子纺织品

我国人口老龄化趋势明显，随着人均预期寿命提升，人们对医疗保健的需求越发强烈。个性化医疗保健服务可以提高医疗保健服务的效率与质量，但大范围应用面临巨大困难，而智能电子纺织品可以帮助缓解医疗保健服务资源紧张的情况，具有辅助治疗和保健功能的电子纺织品，已在光疗、电疗、热疗、创面护理、药物输送、抗菌保护、防电磁辐射、外骨骼等领域有所应用。智能电子纺织品的便捷性、可拓展性及可交互性也为社区医疗和居家医疗保健提供了有效的实现手段。

一、医疗用智能电子纺织品

（一）创面愈合

促进创面愈合有助于患者早日康复，在创面恢复期间，创面分泌物中的标记物是重要的评估指标，如氢离子浓度（pH）和炎症因子等。创面清理、医用辅料有助于监测创面恢复过程并促进愈合。医用纺织品能有效止血，防止创面细菌感染，但大多数难以降解，生物相容性差，并且部分医用纺织品弹性较差，阻碍了其在特定创面区域（如手腕、膝盖和其他关节）的进一步应用。一种具有高拉伸性能的人造蜘蛛丝蛋白（spidroin）复合可编程智能机织物（i-SPT）提供了有效的解决方案，如图10-11所示，该织物的微流体通道、微电路和pH响应光子晶体（PC）结构可监测伤口恢复过程，一旦i-SPT附着在创面，分泌物就会流入微流体通道，可根据PCs结构反馈的荧光信号来分析生物学特性。此外，集成微电路的i-SPT具有极强的伸缩性，可以防止创面进一步受损，对手指、手腕和肘部的屈曲具有较高的灵敏度和稳定的动态感知能力。

内源性电场（endogenouselec
tricfields，EF）是生物电信号传导的基础，
在伤口愈合、组织再生和促进内皮细胞迁
移中发挥重要作用。现阶段生物材料对早
期创面渗出物的管理有限，且无法对耦合
内源性电场做出积极反应，只能被动修复

图10-11　i-SPT织物组织结构图及光学图像

缺陷组织。通过将短纤维引导成三维网络结构并进行多功能修饰，构建了具有早期生物液
收集、耦合内源性电场响应功能的三维仿生短纤维支架（图10-12），可模拟创面内源性EF，
促进创面愈合。该支架具有快速可逆吸水性能（30s饱和吸水）和形状记忆性，良好的导电
稳定性利于内源性电场的传导，并能够维持至少20天，尤其在湿态下表现出高导电性，在
无外源性电刺激的情况下持续释放负载的血管内皮生长因子（VEGF），有利于糖尿病伤口的
治疗。

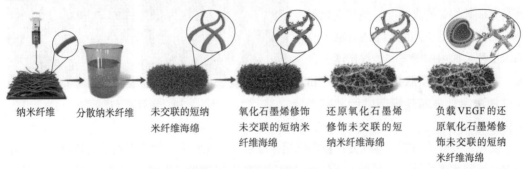

| 纳米纤维 | 分散纳米纤维 | 未交联的短纳米纤维海绵 | 氧化石墨烯修饰未交联的短纳米纤维海绵 | 还原氧化石墨烯修饰未交联的短纳米纤维海绵 | 负载VEGF的还原氧化石墨烯修饰未交联的短纳米纤维海绵 |

图10-12　三维仿生短纤维支架

（二）药物递送

对于慢性疾病需要长期给药，因此需要一个反馈治疗系统来按需给药以提高治疗效
率。能控制给药时间与剂量的伤口敷料（图10-13）有助于慢性伤口的治疗，其功能性
丝线由导电芯线组成，可作为微加热器，其外层涂覆有PEGDA-Alg水凝胶，并嵌入了
来自混合水凝胶的热响应药物载体，通过纺织工艺编织功能性丝线，辅以柔性电子驱动
器，制成了能够以不同剂量和速率递送多种药物的医用敷料，可按需释放抗生素和血管
内皮生长因子（VEGF），有效消除体外细菌感染和诱导血管生成，对组织伤口的愈合有
明显促进作用。

光纤是一种将光传递到所需位置
的有效方法，可作为循环系统的插入
探针实现准确给药。在光纤上涂上
稳定的金属有机框架（MOF）（UiO-
66），并通过升华方式负载抗癌药物5-
氟尿嘧啶（5-FU）。通过光纤传递不

图10-13　药物输送可控的伤口敷料

同波长的光到MOF触发5-FU的可控释放，为实现药物直接准确地输送到肿瘤区域提供了基础。

二、保健用智能电子纺织品

（一）光疗

新生儿黄疸是新生儿的一种常见疾病，大约2/3的新生儿有不同程度的黄疸，通常是轻度的，但重度黄疸或会导致发育异常，甚至是死亡。病理性黄疸治疗常采用光疗、给药和换血疗法等。大多数新生儿黄疸可以通过450~490nm的蓝光治疗，它是目前应用最广泛的干预措施。光疗纺织品可以解决保育箱的一些缺点，如新生儿不需隔离、治疗全程可由家人陪伴和使用便捷。由聚合物光纤制成的均匀发光纺织品可用作可穿戴的长期光疗设备，如图10-14所示。该光疗纺织品具有极其均匀的光强度，整体变化仅为4%，弯曲状态下的光纤耦合输出与编织工艺（如编织图案和纱线密度）有关，舒适度由与皮肤模型的摩擦力和透气性决定，可通过织造生产，易产业化。

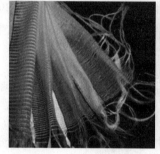

图10-14　光纤制光疗织物

发光二极管（LED）阵列光疗被广泛用作缓解新生儿黄疸，但它有明显的缺点，如患者失水、视网膜损伤等。而采用基于纺织品的可穿戴有机发光二极管（OLED）光疗织物符合人体曲率，灵活、便捷。柔性的蓝色OLED设计峰值波长为适用于黄疸治疗的470nm，适用于低压（<4.0V）下的黄疸治疗［光疗强度 > 20μW/(cm²·nm)］，其稳定运行周期 > 100h，且运行温度较低（<35℃），使用该光疗织物照射3h后，胆红素水平可下降到12mg/dL。

（二）热疗

近年来热疗智能纺织品在医疗保健领域发展迅速，其以电发热作为发热方式，具有发热效率高、温度可控、易生产的优点，可为风湿、关节炎以及血液循环不佳者提供热治疗。通过喷雾方式构建银纳米线（AgNWs）/MXene的3D导电网络结构的智能电子纺织品，实现了个人健康监护和热管理功能。基于AgNWs/MXene的导电网络结构的协同作用，智能织物表现出极好的电热性能，当外界施加1~4V电压时，智能织物产生的温度分别达25.8℃、44.1℃、73.5℃以及112℃，当施加3V电压时，能够产生比较稳定的温度信号，且其在平铺、扭曲和弯曲状态下均能保持稳定的产热性能。

利用废弃口罩制备熔喷织物/碳纳米管复合材料，用于可穿戴和可加热的智能纺织品表现出良好柔韧性和耐用性。通过浮动催化剂化学气相沉积法合成高质量单壁碳纳米管（SWCNTs），并将其定向涂覆在从废口罩回收的熔喷织物（MBFs），复合材料在低电压（5V）下可以达到约48℃的表面温度，掺杂AuCl₃后，相同电压下的表面温度升高到约

110°C，此外，复合材料具有良好的长期加热稳定性、可弯曲和耐洗涤性，且具有环保优势。

（三）电疗

外电刺激（ES）可促进伤口愈合，但临床应用的电疗设备通常需要大型体外电源，患者需要住院治疗。基于接触带电和静电感应的摩擦纳米发电机（iTENG），可将身体运动转换成周期性电能。可穿戴离子TENG贴片由完全可拉伸的TENG、电线和贴片组成（图10-15），可有效加速伤口愈合。弹性体微管结构中的可拉伸离子导电有机凝胶纤维作为可拉伸线材和可穿戴iTENG，编制成型的离子智能纺织品可用作伤口敷料和电极，当手指弯曲角度从30°增加到90°时，产生的电压从约0.75V_{pp}增加到3.3V_{pp}。此外将该智能织物设置在小鼠背部裸露皮肤上以产生电压，发现当小鼠处于平静状态时，几乎不产生电压，而当小鼠进行主动运动时，离散电压峰值达到约2V_{pp}，证实了电刺激可以通过自我运动来实现，并且该织物可有效促进伤口的愈合。

（四）防电磁辐射

电子工业的飞速发展导致电磁污染问题日趋严峻。孕妇是对电磁污染较为敏感的人群之一，电磁干扰（EMI）会引起孕妇情绪波动、头晕、恶心等问题，甚至导致胎儿畸变。此外，对预防和治疗孕期可能出现的水肿和关节疼痛，监测孕妇脉搏，也是保障孕期安全的重要措施。Co@C@碳织物具有电磁屏蔽、热疗和人体运动监测功能，其成型工艺如图10-16所示，其将金属有机框架和织物基底相结合用于电磁干扰高效屏蔽（电磁波屏蔽率>99.9%），并且具有较好的稳定性，90°反复弯曲500次、超声处理1h、1mol/L酸/盐/碱腐蚀12h后其电磁波屏蔽率>99.9%。此外，通过控制电压（1.5~3V对应41.8~84.9°C）和光照强度（0.2W/cm² 对应70.8°C）可实现温度可控的热疗，在实时监测脉搏、呼吸和关节活动等方

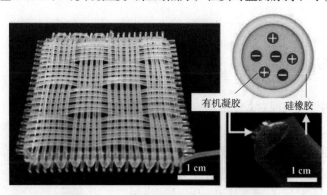

图10-15　离子智能纺织品的光学图像

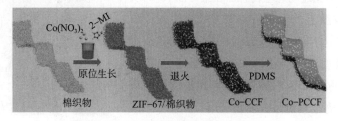

图10-16　Co@C@碳织物的成型工艺

面同样具有应用前景。

　　智能电子纺织品在可穿戴医疗保健方面的诸多应用，显示出了其在主动健康领域的巨大潜在价值。但现阶段，此类智能电子纺织品大多处于概念验证演示阶段，缺乏临床验证与实际用途。若作为医疗器械，其审批需要经过严格的程序和漫长的周期，因此，以患者和医生的需求为导向，实施多学科交叉融合创新，兼具安全性、实用性、便捷性和性价比，将有助于医疗保健用智能电子纺织品的发展。

第四节　体育运动用智能电子纺织品

　　运动干预是维护健康状态的重要干预手段。《2018—2030年促进身体活动全球行动计划》明确提出，到2030年将缺乏身体活动的人群减少15%。《全民健身计划（2021—2025年）》提出了健身智慧化服务："支持开展智能健身、云赛事、虚拟运动等新兴运动。"

　　智能电子纺织品在体育运动领域的应用潜力最大。据预测，到2026年，其市场规模将达15.3亿美元，其通过感测使用者生理，例如心率、呼吸、血压、ECG、EMG及惯性运动和相对运动等，可为运动者提供个性化健身指导、定制健身方案、提升身体机能。近年来，运动装备领导品牌开始逐渐进入智能电子纺织品领域，如李宁、安踏、Columbia等，同时Hexoskin、ATHOS等初创公司也积极参与，产业生态系统初具雏形，纺织企业、服装企业、运动品牌、信息技术企业的协同创新，将加速智能电子纺织品在体育运动领域的推广和产业化。

一、近场通信智能服装

　　体表传感器网络可实现对人体生理信号的连续测量，为临床诊断、运动和人机交互界面提供数据支撑。无线和无电池传感器是一种理想稳定的长期监测设备，但目前实现这种操作依赖于近场技术。近场通信（NFC）智能服装通过电脑绣花技术，使用低成本导线在普通服装上绣制近场感应传感器图案（图10-17），能够使安装在皮肤上的多个传感器无线连接到读取器，读取距离可达1m，而标准的NFC传感器与阅读器间隔最多为几厘米（移动设备通常＜4cm），该服装与NFC智能手机和设备兼容，并实现了脊柱姿势监测、温度和步态连续测量方面的应用，并且由于该服装为全纺织基，适合日常穿着且耐用性好。

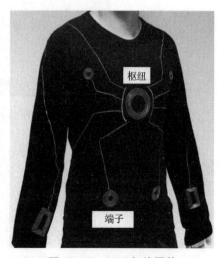

图10-17　NFC智能服装

二、健康管理智能服装

健康管理智能服装可捕获心脏、呼吸和身体活动指标，以Hexoskin智能服装（图10-18）为例，其于2013年发布，目前已经过多年持续改进。Hexoskin智能服装是非侵入性服装，由嵌入服装纺织品中的传感器和独立的监控器组成，可生成高分辨率数据集（每分钟超过42000个数据点），长期监测穿着者的呼吸、心脏、睡眠、日常活动等健康信息。传感器主要包括1个导联心电图（256Hz），配备2个呼吸感应体积描记（RIP）传感器（均为128Hz）和1个三轴加速度计（64Hz）。根据使用强度不同，监控器充电电池续航时间为12~30h，并具备可水洗、透气、轻便、速干等特点。穿戴者通过手机App查看相关数据，主要包括心率、睡眠质量、压力水平、疲劳程度、呼吸频率、步态、耗氧率等。

图10-18 Hexoskin智能服装及监控器

三、肌电监测运动服装

肌电监测主要应用于运动健身领域，运动服公司Athos基于肌电图原理，推出了可以水洗、烘干的Athos智能运动服，如图10-19所示，实现了对肌肉活动的感知和追踪。其核心设备为放置在服装中的集成微型EMG传感器，该传感器可实时捕捉生物特征信号，包括肌肉活动、心率、卡路里燃烧和活动时间、休息时间，并通过蓝牙发送数据到手机App以告知用户各部分肌肉的运动状态，分析和评估肌肉和健康状态，给予指导，提升锻炼质量。

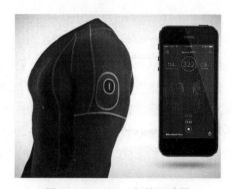

图10-19 Athos智能运动服

四、压感智能织物

压阻式传感器对电磁噪声有很强的抵抗力，且成本较低，易于大规模制造。基于上述优点，三维智能织物3DKnITS采用4种材料混合制造而成，如图10-20所示，首先使用数字针织机将导电尼龙、聚酯/氨纶和热塑性塑料纱线编织在一起，然后在

● 导电尼龙
● 压阻尼龙/氨纶
● 聚酯/氨纶
○ 热塑性塑料

图10-20 压感智能织物

中间加入压阻尼龙和氨纶，两层织物上的导电尼龙和中间的压阻尼龙即组成压力传感器。在挤压织物的同时，对应位置的电阻就会发生变化。随后，通过无线电路、电阻定位及计算机编程形成压力云图，将压力云图和用户的姿势与运动进行匹配，通过机器学习训练，开发了智能识别系统。该系统对运动类型识别的准确率达99.6%，对七种瑜伽姿势识别的准确率达98.7%，对于辅助运动、评估肢体协调程度和指导康复具有积极意义。

人们对体育运动热情的提升间接推动了智能电子纺织品的发展。现阶段，该类智能电子纺织品的主要作用是提供生理状态监控与运动指导，纺织传感器、柔性导电线、柔性电池无缝无感嵌入服装是保障穿着舒适性、提升用户认可度的重要途径。而突破数据的无线传输及软件设计等技术难点，更是需要多学科合作。

第五节　商业化主动健康用智能电子纺织品

随着智能电子纺织品的持续发展，兼具生物相容性、准确性、舒适性的商业化主动健康用智能电子纺织品层出不穷，预计到2027年，主动健康类智能电子纺织品市场将超过20亿美元，而人体生理状态监控、运动评估服装服饰是主要的市场（表10-3）。

主动健康用智能电子纺织品的便捷性、可洗性、无毒性、生物相容性等优势，使其在物理、化学和生物传感及能量收集、存储，与其他智能设备的数据接口方面展现出应用潜力，但集成度、稳定性、灵敏度、续航的不足，限制了其进一步推广，较传统同类产品性价比优势不足，又限制其规模化和产业化，此外，改变、培养用户消费习惯也需要相当长的周期，这些都是智能电子纺织品面临的挑战。

表10-3　商用化主动健康用智能电子纺织品

产品名称	公司	应用领域	服装解决方案	平台技术
Neurofabric	Siren	炎症、糖尿病	袜子	热电阻
Smart Socks	Palarum	运动、物理治疗	智能袜子	压力传感器
Texisock	Texisense	运动、物理治疗	智能袜子	压力传感器
Sensorla Smart Socks	Sensoria health	神经学	智能袜子	压力传感器
hexoskin	Carre Technologies Inc.	心血管、物理治疗	背心	功能集成
Master Caution	Healthwatch	心血管、物理治疗	背心	功能集成
Simpli ECG	Nanowear	心血管、物理治疗	背心	弹性体
Cardioskin	Bio Serenity	心血管	背心	电极
Cardioskin	Bio Serenity	神经学	背心和帽子	电极
E-skin	Xenoma	运动、物理治疗	紧身衣	功能集成

续表

产品名称	公司	应用领域	服装解决方案	平台技术
Skiin	Myant Inc.	运动、物理治疗、热疗	紧身衣	功能集成
Nextiles Fabric	Nextiles	运动、物理治疗	布料	压敏电阻
Intexar	DuPont	生殖、呼吸、物理治疗	布料	印刷电路
Hitoe	Toray Industries	生殖、呼吸、物理治疗	布料	弹性体

本章小结

主动健康用智能电子纺织品在生命体征监测（如心率、血压、体温、生物电位、生化标志物）、医疗保健、体育运动领域有诸多应用研究，市场初具雏形，一定程度上改变了医疗保健领域。如前所述，虽然该类纺织品已被证明在监测生理参数、辅助医疗、指导运动、居家保健等方面行之有效，但产业化困难仍是限制其进一步发展的关键环节。

主动健康用智能电子纺织品现阶段主要存在以下几点局限性：

（1）质量和可重复性难以控制。大多数智能电子纺织品仅限于实验室阶段制备，不具备大规模生产的基础。

（2）成本较高。电子纺织品大多是使用昂贵的材料或复杂的制造方法，不具有性价比优势，市场难以接受。

（3）缺乏指导标准化。由于不具备大规模生产基础，因此难以制造标准化器件，产品性能波动较大，且缺少性能评价行业标准，难以对其质量进行评定。

（4）缺乏功能集成与兼容的技术，能量收集和存储存在瓶颈，有线通信系统的局限，也限制智能电子纺织品的"可穿性"。

因此，凸显"无感"优势，提升主动健康用智能电子纺织品监测的准确性、多功能性、续航能力，无线传输、降低生产成本、保证数据安全是推动其产业化的重要前提。

参考文献

［1］LIU J, LI W, YAO H, et al. Proactive health: An imperative to achieve the goal of healthy china［J］. China CDC Wkly, 2022 (4): 799-801.

［2］李祥臣, 俞梦孙. 主动健康: 从理念到模式［J］. 体育科学, 2020(40): 83-89.

［3］ARAROMI O A, GRAULE M A, DORSEY K L, et al. Ultra-sensitive and resilient compliant strain gauges for soft machines［J］. Nature, 2020 (587): 219-224.

［4］Medical smart textiles market by technology (textile sensors, wearable technology), by application (surgery, bio-monitoring, therapy, and wellness), by end-use (hospitals and clinics, medical academic and research center), and by region［EB/OL］.

［5］TIAN X, LEE P M, TAN Y J, et al. Wireless body sensor networks based on metamaterial textiles［J］. Nature Electronics, 2019 (2): 243-251.

［6］LUO Y, LI Y, SHARMA P, et al. Learning human-environment interactions using conformal tactile textiles［J］. Nature Electronics, 2021 (4): 193-201.

［7］SU Y, CHEN C, PAN H, et al. Muscle fibers inspired high-performance piezoelectric textiles for wearable physiological monitoring［J］. Advanced Functional Materials, 2021 (31): 2010962.

［8］CHEN L, LU M, YANG H, et al. Textile-based capacitive sensor for physical rehabilitation via surface topological modification［J］. ACS Nano, 2020 (14): 8191-8201.

［9］LOU M, ABDALLA I, ZHU M, et al. Highly wearable, breathable, and washable sensing textile for human motion and pulse monitoring［J］. ACS Appl Mater Interfaces, 2020 (12): 19965-19973.

［10］FANG Y, ZOU Y, XU J, et al. Ambulatory cardiovascular monitoring via a machine-learning-assisted textile triboelectric sensor［J］. Adv Mater, 2021 (33): e2104178.

［11］MATSUHISA N, KALTENBRUNNER M, YOKOTA T, et al. Printable elastic conductors with a high conductivity for electronic textile applications［J］. Nat Commun, 2015 (6): 7461.

［12］AFROJ S, KARIM N, WANG Z, et al. Engineering graphene flakes for wearable textile sensors via highly scalable and ultrafast yarn dyeing technique［J］. ACS Nano, 2019 (13): 3847-3857.

［13］ZHAO X, ZHOU Y, XU J, et al. Soft fibers with magnetoelasticity for wearable electronics［J］. Nat Commun, 2021 (12): 6755.

［14］HE W, WANG C, WANG H, et al. Integrated textile sensor patch for real-time and multiplex sweat analysis［J］. Sci Adv, 2019 (5): eaax0649.

［15］PERRET-GUILLAUME C, JOLY L, BENETOS A. Heart rate as a risk factor for cardiovascular disease［J］. Prog Cardiovasc Dis, 2009 (52): 6-10.

［16］LOU M, ABDALLA I, ZHU M, et al. Hierarchically rough structured and self-powered pressure sensor textile for motion sensing and pulse monitoring［J］. ACS Appl Mater Interfaces, 2020 (12): 1597-1605.

［17］CHEN J, ZHANG J, HU J, et al. Ultrafast-response/recovery flexible piezoresistive sensors with DNA-like double helix yarns for epidermal pulse monitoring［J］. Adv Mater, 2022 (34): e2104313.

［18］More than 700 million people with untreated hypertension［EB/OL］.［2021-08-25］.

［19］WANG S, XIAO J, LIU H, et al. Silk nanofibrous iontronic sensors for accurate blood pressure monitoring［J］. Chemical Engineering Journal, 2023 (453): 139815.

［20］WU S, LIU P, TONG W, et al. An ultra-sensitive core-sheath fiber strain sensor based on double strain layered structure with cracks and modified mwcnts/silicone rubber for wearable medical electronics［J］. Composites Science and Technology, 2023 (231): 109816.

［21］张文宏, 李太生. 发热待查诊治专家共识［J］. 上海医学, 2018 (41): 385-400.

［22］中华医学会内分泌学分会. 成人甲状腺功能减退症诊治指南［J］. 中华内分泌代谢杂志, 2017 (33): 167-180.

［23］WU R, MA L, HOU C, et al. Silk composite electronic textile sensor for high space precision 2d combo temperature-pressure sensing［J］. Small, 2019 (15): e1901558.

［24］ZHANG X, TANG S, MA R, et al. High-performance multimodal smart textile for artificial sensation and health monitoring［J］. Nano Energy, 2022 (103): 107778.

［25］LIAO X, LIAO Q, ZHANG Z, et al. A highly stretchable ZnO@fiber-based multifunctional nanosensor for strain/temperature/uv detection［J］. Advanced Functional Materials, 2016 (26): 3074-3081.

［26］JUNG M, JEON S, BAE J. Scalable and facile synthesis of stretchable thermoelectric fabric for wearable self-powered temperature sensors［J］. RSC Adv, 2018 (8): 39992-39999.

［27］DING T, CHAN K H, ZHOU Y, et al. Scalable thermoelectric fibers for multifunctional textile-electronics［J］. Nat Commun, 2020 (11): 6006.

［28］KIM Y, BIN PARK J, KWON Y J, et al. Fabrication of highly conductive graphene/textile hybrid electrodes via hot pressing and their application as piezoresistive pressure sensors［J］. Journal of Materials Chemistry C, 2022 (10): 9364-9376.

［29］LA T G, QIU S, SCOTT D K, et al. Two-layered and stretchable e-textile patches for wearable healthcare electronics［J］. Adv Healthc Mater, 2018 (7): e1801033.

［30］JIA Z, GONG J, ZENG Y, et al. Bioinspired conductive silk microfiber integrated bioelectronic for diagnosis and wound healing in diabetes［J］. Advanced Functional Materials, 2021 (31): 2010461.

［31］YAN X, CHEN S, ZHANG G, et al. Highly breathable, surface-hydrophobic and wet-adhesive silk based epidermal electrode for long-term electrophysiological monitoring［J］. Composites Science and Technology, 2022 (230): 109751.

［32］OZTURK O, GOLPARVAR A, ACAR G, et al. Single-arm diagnostic electrocardiography with printed graphene on wearable textiles［J］. Sens Actuators A Phys, 2023 (349): 114058.

［33］LIANG X, ZHU M, LI H, et al. Hydrophilic, breathable, and washable graphene decorated textile assisted by silk sericin for integrated multimodal smart wearables［J］. Advanced Functional Materials, 2022 (32): 2200162.

［34］DONG J, WANG D, PENG Y, et al. Ultra-stretchable and superhydrophobic textile-based bioelectrodes for robust self-cleaning and personal health monitoring [J]. Nano Energy, 2022 (97): 107160.

[35] DONG J, PENG Y, NIE X, et al. Hierarchically designed super-elastic metafabric for thermal-wet comfortable and antibacterial epidermal electrode [J]. Advanced Functional Materials, 2022 (32): 2209762.

[36] CHANG T, AKIN S, KIM M K, et al. A programmable dual-regime spray for large-scale and custom-designed electronic textiles [J]. Adv Mater, 2022 (34): e2108021.

[37] HE X, FAN C, XU T, et al. Biospired janus silk e-textiles with wet-thermal comfort for highly efficient biofluid monitoring [J]. Nano Lett, 2021 (21): 8880-8887.

[38] CHENG C, QIU Y, TANG S, et al. Artificial spider silk based programmable woven textile for efficient wound management [J]. Advanced Functional Materials, 2021 (32): 2107707.

[39] WANG J, LIN J, CHEN L, et al. Endogenous electric-field-coupled electrospun short fiber via collecting wound exudation [J]. Adv Mater, 2022 (34): e2108325.

[40] MOSTAFALU P, KIAEE G, GIATSIDIS G, et al. A textile dressing for temporal and dosage controlled drug delivery [J]. Advanced Functional Materials, 2017 (27): 1702399.

[41] NAZARI M, RUBIO-MARTINEZ M, TOBIAS G, et al. Metal-organic-framework-coated optical fibers as light-triggered drug delivery vehicles [J]. Advanced Functional Materials, 2016 (26): 3244-3249.

[42] QUANDT B M, PFISTER M S, LUBBEN J F, et al. Pof-yarn weaves: Controlling the light out-coupling of wearable phototherapy devices [J]. Biomed Opt Express, 2017 (8): 4316-4330.

[43] LIU X, MIAO J, FAN Q, et al. Smart textile based on 3d stretchable silver nanowires/mxene conductive networks for personal healthcare and thermal management [J]. ACS Appl Mater Interfaces, 2021 (13): 56607-56619.

[44] CAO J, ZHANG Z, DONG H, et al. Dry and binder-free deposition of single-walled carbon nanotubes on fabrics for thermal regulation and electromagnetic interference shielding [J]. ACS Applied Nano Materials, 2022 (5): 13373-13383.

[45] JEONG S-H, LEE Y, LEE M-G, et al. Accelerated wound healing with an ionic patch assisted by a triboelectric nanogenerator [J]. Nano Energy, 2021 (79): 105463.

[46] BAI W, ZHAI J, ZHOU S, et al. Flexible smart wearable Co@C@carbon fabric for efficient electromagnetic shielding, thermal therapy, and human movement monitoring [J]. Industrial & Engineering Chemistry Research, 2022 (61): 11825-11839.

[47] LIN R, KIM H J, ACHAVANANTHADITH S, et al. Wireless battery-free body sensor networks using near-field-enabled clothing [J]. Nat Commun, 2020 (11): 444.

[48] WICAKSONO I, HWANG P G, DROUBI S, et al. 3DKnITS: Three-dimensional digital knitting of intelligent textile sensor for activity recognition and biomechanical

Monitoring［J］. Annual International Conference of the IEEE Engineering in Medicine & Biology Society, 2022 (44): 2403−2409.

［49］ LIBANORI A, CHEN G, ZHAO X, et al. Smart textiles for personalized healthcare［J］. Nature Electronics, 2022 (5): 142−156.

图片来源

［1］ 图10−1: LIU J, LI W, YAO H, et al. Proactive health: An imperative to achieve the goal of healthy china［J］. China CDC Wkly, 2022 (4): 799−801.

［2］ 图10−3: ARAROMI O A, GRAULE M A, DORSEY K L, et al. Ultra−sensitive and resilient compliant strain gauges for soft machines［J］. Nature, 2020 (587): 219−224.

［3］ 图10−4: LOU M, ABDALLA I, ZHU M, et al. Hierarchically rough structured and self−powered pressure sensor textile for motion sensing and pulse monitoring［J］. ACS Appl Mater Interfaces, 2020 (12): 1597−1605.

［4］ 图10−5: CHEN J, ZHANG J, HU J, et al. Ultrafast−response/recovery flexible piezoresistive sensors with DNA−like double helix yarns for epidermal pulse monitoring［J］. Adv Mater, 2022 (34): e2104313.

［5］ 图10−6: FANG Y, ZOU Y, XU J, et al. Ambulatory cardiovascular monitoring via a machine−learning−assisted textile triboelectric sensor［J］. Adv Mater, 2021 (33): e2104178.

［6］ 图10−7: WANG S, XIAO J, LIU H, et al. Silk nanofibrous iontronic sensors for accurate blood pressure monitoring［J］. Chemical Engineering Journal, 2023 (453): 139815.

［7］ 图10−8: WU S, LIU P, TONG W, et al. An ultra−sensitive core−sheath fiber strain sensor based on double strain layered structure with cracks and modified mwcnts/silicone rubber for wearable medical electronics［J］. Composites Science and Technology, 2023 (231): 109816.

［8］ 图10−9: AFROJ S, KARIM N, WANG Z, et al. Engineering graphene flakes for wearable textile sensors via highly scalable and ultrafast yarn dyeing technique［J］. ACS Nano, 2019 (13): 3847−3857.

［9］ 图10−10: LA T G, QIU S, SCOTT D K, et al. Two−layered and stretchable e−textile patches for wearable healthcare electronics［J］. Adv Healthc Mater, 2018 (7): e1801033.

［10］ 图10−11: CHENG C, QIU Y, TANG S, et al. Artificial spider silk based programmable woven textile for efficient wound management［J］. Advanced Functional Materials, 2021 (32): 2107707.

［11］ 图10−12: WANG J, LIN J, CHEN L, et al. Endogenous electric−field−coupled electrospun short fiber via collecting wound exudation［J］. Adv Mater, 2022 (34): e2108325.

［12］ 图10−13: MOSTAFALU P, KIAEE G, GIATSIDIS G, et al. A textile dressing for temporal and dosage controlled drug delivery［J］. Advanced Functional Materials, 2017 (27):

1702399.

［13］ 图 10-14: QUANDT B M, PFISTER M S, LUBBEN J F, et al. Pof-yarn weaves: Controlling the light out-coupling of wearable phototherapy devices ［J］. Biomed Opt Express, 2017 (8): 4316-4330.

［14］ 图 10-15: JEONG S-H, LEE Y, LEE M-G, et al. Accelerated wound healing with an ionic patch assisted by a triboelectric nanogenerator ［J］. Nano Energy, 2021 (79): 105463.

［15］ 图 10-16: BAI W, ZHAI J, ZHOU S, et al. Flexible smart wearable Co@C@carbon fabric for efficient electromagnetic shielding, thermal therapy, and human movement monitoring ［J］. Industrial & Engineering Chemistry Research, 2022 (61): 11825-11839.

［16］ 图 10-17: LIN R, KIM H J, ACHAVANANTHADITH S, et al. Wireless battery-free body sensor networks using near-field-enabled clothing ［J］. Nat Commun, 2020 (11): 444.

［17］ 图 10-20: WICAKSONO I, HWANG P G, DROUBI S, et al. 3DKnITS: Three-dimensional digital knitting of intelligent textile sensor for activity recognition and biomechanical monitoring ［J］. Annual International Conference of the IEEE Engineering in Medicine & Biology Society, 2022(44): 2403-2409.

第十一章　国防军工用智能电子纺织品可穿戴应用

第一节　引言

纺织业是我国的传统产业和重要的民生产业，纺织品服装出口的持续增长对解决社会就业和纺织业可持续发展至关重要。《纺织行业"十四五"发展纲要》指出，"十四五"期间，我国纺织行业在基本实现纺织强国目标的基础上，立足新发展阶段、贯彻新发展理念、构建新发展格局，进一步推进"科技、时尚、绿色"的高质量发展，成为"国民经济与社会发展的支柱产业、解决民生与美化生活的基础产业、国际合作与融合发展的优势产业"。随着新一轮科技革命的深入发展，高性能、多功能、轻量化、柔性化为特征的纤维新材料，为纺织行业价值提升提供了重要路径，在先进制造、安全防护、军事战争等领域，具有广阔的应用前景。

现代战争是大量使用现代先进武器和技术装配进行的战争，对士兵执行任务的精准性要求越来越高。如何在保证士兵生命安全的同时，提高单兵作战的载荷能力、机动灵活性和持续作战能力，成为现代化军事发展的重点问题。军用可穿戴外骨骼和智能作战服等军用装备应运而生，为战场状态实时监测、士兵生命体征监控和周围环境探查提供了支撑，有助于及时掌握士兵动向，减少伤亡。

第二节　国防军工用智能电子纺织品应用案例

一、智能地雷感知鞋垫

由哥伦比亚LemurDesignStudio公司研发设计的Save One Life智能地雷感知鞋垫，如图11-1所示，可感知10.46km（6.5英里）范围内地雷，并将地雷所在位置信息发送到穿着者所佩戴的手环上。该智能设备包括鞋垫和手环两部分，其中鞋垫部分根据人体工程学设计而成，适用于各种鞋靴产品，该鞋垫是将导电平面线圈、微处理器和无线电发射器整合在底部，当士兵巡经的范围内有大块金属的磁场反应，与鞋垫联通的手环发出警示信息，告知穿戴者绕行，保证安全。

二、伪装技术

伪装是军队战斗保障的重要内容，也是对抗侦察和攻击的重要保障手段。伪装的原理是减少目标与背景在可见光、激光、红外线、电磁波等波段的散射或辐射等特性上的差别，降低真实目标的可探测性，实现迷惑敌方军事侦察目的。最为常见的伪装方式为传统的迷彩服，由黄、绿、黑等颜色组成不规则图案，其反射光波与周围景物反射的光波大致相同，迷惑敌人目力侦查。但传统迷彩服存在功能单一、应用场景受限等特点，难以适应局势千变万化的现代战争。新材料、

图11-1　智能地雷识别鞋垫

新技术的应用，促进了伪装技术的进一步发展，如智能变色材料（如热致变色、光致变色、电致变色）在军事伪装服的应用。

1.生物伪装

生物伪装是未来战争重要的伪装方式，分为隐身、拟态、干扰等。美军根据变色龙变色原理，进行全波谱变色效能研究，制备了一种可变色蛋白质纤维，由该纤维制备的织物可随环境变化改变颜色，实现隐身效果。科学家根据蝴蝶翅膀中透光鳞片上的备沟、脊和瓦片状等微小结构对光线的衍射、折射和反射形成复杂色彩的原理，制备了一种能随环境变化色彩的织物，可有效避开敌方侦查。

2.红外伪装

红外隐身技术通过降低或改变目标的红外辐射特征实现降低目标可探测性，包括降低红外辐射强度和调节红外辐射途径。目前常用方法为通过涂覆低发射率材料实现改变物体红外辐射强度，此方法不会影响产品整体设计，实现物体辐射特性的调节，常见低红外发射率材料如金属材料和半导体材料。通过改变涂覆材料表面几何性质、半导体掺杂浓度可实现材料红外辐射强度的控制和调节。随着材料科技的发展，新兴红外隐身材料应运而生，相变材料、气凝胶等能根据外界环境变化发生光学和热学性质调整的新型材料进入人们的视野，逐渐被应用于红外隐身技术。相变材料结构会随温度、湿度等外界条件变化产生结构改变，进而影响材料的光学、电学性质，实现红外伪装。如二氧化钒在341K时可发生绝缘体—金属的一级结构转变，发射率突变达0.6，实现动态红外隐身效果。其他相变材料如$SmNiO_3$、稀土钽酸盐等相变材料均具有红外隐身材料的潜质。气凝胶独特的多孔结构和极低的密度，使其具有良好的隔热性能，通过有效的热管理实现调节物体辐射功率。电致变色材料、微纳结构金属粒子等也是未来隐身材料的重点研究领域。

人体的辐射强度取决于人体温度和红外辐射率，保证士兵身体与环境散发的红外辐射一致是实现红外隐身的关键。英国曼彻斯特大学通过将石墨烯分层涂覆在织物上，并附上离子

液体，制备了一种红外隐身织物。该织物在外接电压下，可实现对物体真实温度的掩盖。

三、单兵生命体征监测

执行任务过程中，士兵需要穿着作战服以及背负武器、物资等，对士兵体能和健康提出非常高的要求。单兵装备按照功能体系可分为武器子系统、防护子系统、保障子系统、支援子系统、指控子系统等五大类。其中保障子系统主要用于保护和监测士兵身体信号。智能生命体征监测服是保障子系统的重要组成部分，通过配备的传感器，可实时采集士兵生理信号，包括体温、脉搏、心跳、血压、睡眠状况、身体状态等，通过无线传输设备将采集的信号数据传输至后台。当士兵受伤或体征异常时，该系统可将相关信息发送至指挥官或医务兵，减少伤病和伤亡人数，在救治伤员和士兵战斗力评估中起到关键作用。智能生命体征监测服包括呼吸探测器、温度传感器、生理信号探测器等，可实现连续采集人体温度、压力、身体姿势等物理参数，通过算法处理等转换成生命体征指标，如心电、心率、体温、呼吸、血压和血氧饱和度等，以无线通信方式传送至后台，并及时反馈给医护人员和穿着者。美国海军资助项目Georgia Tech Wearable Motherbord（GTWM）开发了一款智能医护背心，如图11-2所示，能实时监测穿着者呼吸、脉搏、心跳、血压、身体姿势等。英国FIST计划、法国未来战士项目、澳大利亚Land125计划均有涉及单兵生命体征监测系统的研发。

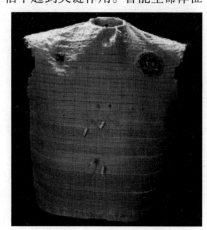

图11-2 智能医护衬衫

四、智能可穿戴外骨骼

智能可穿戴外骨骼可根据人肢体活动感应、伺服、驱动机械关节重现动作，从而为穿戴者提供保护，能大幅度提升人体体力、防护能力和对复杂环境的适应能力。可穿戴外骨骼包括整机设计、驱动器设计、控制策略三部分，其中控制策略即人机交互是可穿戴外骨骼的核心和难点。人机交互工作分为三步：感知人体行为意图、通过激光或超声感知周围环境做出判断并提供策略、实现物理运动。现阶段智能可穿戴外骨骼以间接获取人体行为的方法，通过内置的力学传感器如陀螺仪、加速度计、肌肉电信号等方式判断用户行为意图并实现控制。外骨骼设备从驱动原理上分为动力型和被动型，动力型外骨骼可通过外接能源装置提升操作者力量，多为全身设计；被动型外骨骼一般不携带电源，多为半身设计，不存在续航问题，可为腰背腿部提供支撑。

加利福尼亚大学伯克利分校研制了一款以液压驱动装置提供动力的用于下肢体的可穿戴外骨骼BLEEX，如图11-3所示。BLEEX有四个液压驱动关节，分别分布在臀部（两个）、

膝盖和脚踝，可实现负
载74.8kg（165磅）重
物以0.9m/s的速度行进，
无载荷下行进速度可达
1.3m/s。在BLEEX基础
上改良的接近实战应用
的HULC外骨骼，可绑
缚在士兵腿上增强士兵
的负重[最大负重90.7kg
（200磅）]行走能力。
HULC传感器主要位于

（a）BLEEX   （b）HULC

图11-3　智能可穿戴外骨骼

脚垫中，循序穿着者跑、走、爬、跪、蹲等动作，且具有可折叠、易穿戴的特点，目前有少
部分投入于美军作战中。

五、智能调温潜水作战服

士兵作战服对保护士兵在极端环境下生命健康具有重要意义。Mid6公司开发了一种新
型智能控温作战潜水服SmartSkin，外层材料由闭孔氯丁橡胶泡沫构成，中间夹层采用温敏
性水凝胶、聚氨酯泡沫的复合材料，利用凝胶的温度响应比环境温度变化快的特性，使材料
内部环境温度保持在凝胶相转变温度附近。与普通潜水作战服相比，Smartskin可以通过凝胶
相转变减少人体热量损失，保证士兵正常的作战能力。

六、数字传输智能服装

美国军队与麻省理工学院合作，在纤维热拉伸过程中，将微尺度数字芯片置入其中，开
发了一种具有记录、存储和数据传输功能的纤维，可实现人体温度、环境温度和湿度的记录
与传输。该纤维柔软，具有可缝性，在弯曲和洗涤10次后，仍具有良好的信息存储和传输功
能。试验表明，该信息存储装置可以存储767K全彩色短视频和0.48M音乐文件2个月。将该
纤维应用于士兵作战服，可以实现士兵温度、心跳等生理信息的记录与存储，也可同时记录
士兵所处环境的温度和湿度状况，为士兵提供作战指导并保护士兵身体健康。

七、伤口感染监测与预警智能绷带

士兵带伤作战或训练时排出大量汗液，易滋生细菌等有害微生物，导致伤口感染。采用
绷带与敷料包扎伤口，能够达到压迫止血、减少感染和保护伤口作用。然而传统绷带为非
透明纺织材料，无法感知伤口是否受到感染。基于此，瑞士EMPA研究中心开发了一种能够

"读取"伤口的智能绷带，并根据伤口状态及时给药。绷带新材料由聚甲基丙烯酸甲酯和具有生物相容性的Eudragit聚合物织造成纳米纤维膜，并将防腐化合物奥替尼啶双盐酸封装在纤维内。当伤口温度维持在32~34℃时，聚合物混合物保持固态，绷带不给药；当发生感染温度上升至37℃，聚合物变软，释放药物至组织中。由这种该智能绷带包扎伤口，能大幅提升对反复感染和早期炎症的创口治疗效果。

八、自修复智能作战防护服

作战区域存在多种有害物质，如病毒、细菌、神经毒气等，作战防护服可有效隔离有害物质。士兵执行任务时，会遇到灌木丛等障碍物，导致作战防护服出现损伤。美国陆军纳蒂克士兵研究开发与工程中心（NSRDEC）、马萨诸塞州大学洛厄尔分校、Triton公司合作研发了自修复涂层技术，可实现作战服面料上切口、裂口、破洞和刺孔等快速修复。该技术已被应用到美国三军轻便一体化服装技术（JSLIST）项目及三军飞行员防护套装（JPACE）项目中。JPACE军服材料为嵌有胶囊的选择性渗透膜。当薄膜破裂时，微胶囊打开，并在60s内修复裂口，借助间隙填充技术进行裂口修补。该渗透膜具有选择性，既能阻挡外界有害物质入侵，又能保证良好的吸湿透气性。

本章小结

智能服装在军事领域应用的研究起步虽早，但仍处于不断发展完善的阶段，尚存在一些技术问题有待改进。

（1）服装舒适性。现有军用智能可穿戴服装为实现多功能，需要整合多种电子元器件于一身，需要考虑电子器件材料选用、位置及分布、结构设计等问题，既要实现特殊功能，又要考虑穿着者的服用舒适性，不能因功能性影响士兵的移动性和灵活性。

（2）可操作性。军用智能服装因功能高度集中，计算系统构成复杂，增加了操作难度。应简化操作界面，保证士兵在复杂环境中能最短时间内实现对系统的控制。

（3）能源供应。高集成度的军用智能服装因系统运行、智能检测、无线传输等消耗大量电能，亟须开发低能耗、自发电的智能军用服装，保证士兵长时间执行任务的能源供应问题。

（4）安全性、可靠性。服装是人体的第二层皮肤，智能服装是与人体近距离接触的电子产品，材料的生物相容性、电磁辐射量及热量散发等会对人体造成一定影响，需要考虑如何规避此类风险。

（5）信息安全风险。安全风险应该从多维度防范和保障，军用智能服装储存大量机密信息，信息泄露和恶意更改伪造等会对军事分析和指挥造成严重干扰，关乎国防战略决策。因此，信息安全性和保密性尤为重要。

参考文献

［1］AGCAYAZI T, TABOR J, MCKNIGHT M, et al. Fully-textile seam-line sensors for facile textile integration and tunable multi-modal sensing of pressure, humidity, and Wetness ［J］. Advanced Materials Technologies, 2020, 5(8): 2000155.

［2］POUPYREV I, GONG N-W, FUKUHARA S, et al. Project Jacquard: interactive digital textiles at scale ［C］. Proceedings of the 2016 CHI Conference on Human Factors in Computing Systems, 2016: 4216-4227.

［3］SHIN Y-E, LEE J-E, PARK Y, et al. Sewing machine stitching of polyvinylidene fluoride fibers: programmable textile patterns for wearable triboelectric sensors ［J］. Journal of Materials Chemistry A, 2018, 6(45): 22879-22888.

［4］EICHHOFF J, HEHL A, JOCKENHOEVEL S, et al.: Textile fabrication technologies for embedding electronic functions into fibres, yarns and fabrics ［M］. Elsevier, 2013.

［5］ERGOKTAS M S, BAKAN G, STEINER P, et al. Graphene-Enabled Adaptive Infrared Textiles ［J］. Nano Letters, 2020, 20(7): 5346-5352.

［6］LOKE G, KHUDIYEV T, WANG B, et al. Digital electronics in fibres enable fabric-based machine-learning inference ［J］. Nature Communications, 2021, 12(1): 3317.

［7］PAN F, AMARJARGAL A, ALTENRIED S, et al. Bioresponsive hybrid nanofibers enable controlled drug delivery through glass transition switching at physiological temperature ［J］. ACS Applied Bio Materials, 2021, 4(5): 4271-4279.

图片来源

［1］图11-1智能地雷识别鞋垫［OL］. Lemur Studio Design公司网站.

［2］图11-2智能医护衬衫［OL］. 佐治亚理工学院网站.

［3］图11-3智能可穿戴外骨骼［OL］. 加利福尼亚大学伯克利分校网站.

第十二章 时尚设计智能电子纺织品可穿戴应用

第十二章图片资源

第一节 引言

在当今消费社会背景下，以身体为中心的审美消费与审美体验是人类追求时尚与实现自我价值的重要内容。现代时尚正朝向异质融合的方向发展，服装与身体之间的互动关系与空间得到了不断更新与延伸。随着智能电子纺织品的不断革新，现代人的生活理念和消费习惯也在潜移默化中发生了巨大的变化。消费者不仅仅崇尚以追求潮流的外在审美为主要消费理念，也开始注重服装作为身体一部分所能带来的穿着体验和时尚价值。设计师们从智能电子纺织品的视角重新分析传统纺织品在穿着效果、设计功能等方面存在的问题，并结合消费者的需求，将可持续、可再生、耗能少的新材料融入时尚设计中，改善设计产品，开拓新的研究方向。

智能服装是新型纺织材料与电子技术相结合的产物，不仅能感知外部环境和内部状态的变化，而且能够通过反馈机制对这些变化进行实时反馈。最初主要应用于航空航天及国防军工等特殊领域。随着智能纺织材料的不断发展，受智慧工厂（现代工厂信息化、数字化技术）的影响，现代时尚设计结合软件系统、互联网平台、物联网、大数据、云计算等，不断优化服装产业创新体系，实现智能时尚设计。通过电子信息技术整合后的智能纺织品具有感知身体及外界环境变化的性能，构筑起人类身体与外界之间的新的链接，有助于重新认识时尚、身体及人类自我的内外关系，了解现代时尚的新的表现方法。

第二节 智能感知服装

依赖电子信息技术，人们所穿的服装可以与身体各感官相互作用，通过传感、反馈、响应等功能，将身体内部的信息转化为可视化数据。智能纺织品不仅可以看作是人体的延伸，也可作为身体内外部链接的桥梁，通过可穿戴面料或设备将外部的感觉进行转化并作用于人体。

由 Vavara、Mar 与 Sebastian Mealla 合作的神经感知针织（Neuro Knitting）项目（图12-1）是纺织艺术与科学技术结合的优秀案例。Sebastian Mealla 是一名博士研究生，他的研究重点是大脑和身体信号在多模态交互中的可能用途，Sebastian Mealla 将生理计算方面的专业知识带到了这个项目中。Varvara Guljajeva 和 Mar Canet 是开放式硬件针织机 Knitic

（a）记录与编织过程

（b）佩戴效果

图 12-1　神经感知针织（Neuro Knitting）项目

的开发者，可以创造性地使用数字针织技术。

该项目利用可穿戴的非侵入式 EEG 耳机记录用户在聆听音乐时的情感状态，并将其脑电波活动绘制成针织图案。关于选定的音乐，第一个案例研究使用的是巴赫的《戈德堡变奏曲》，设计师从该作品中选取了 7 段旋律，音频时长约 10min，每秒对来自 EEG 设备 14 个通道的信号进行采样。测量了三个主要特征：放松、兴奋和认知负荷。记录后，这些特征被转换成针织图案。因此，模式的每一针都对应于由聆听行为刺激的独特大脑状态。这意味着用户对音乐的情感反应每秒都会被捕捉并记忆在针织服装图案中。通过应用这种技术，设计师能够根据独特的人类特征创建独特的模式。针织纺织品描绘了听众在试验过程中的情感和认知状态，它是一种使用户的隐含状态变得有形并以原始方式将它们可视化为大型个人数据足迹的方法。

Neuro Knitting 项目代表了一种新颖的个性化、衍生式设计和制造方式。一种将情感计算和数字工艺结合在一起的方法。因此，它为这两个领域提供了新的应用程序和创造性思维。当下消费市场对智能化、移动化产品的追求渐渐达到极致，智能可穿戴产品结合智能、医学、材料学、服装等多个领域技术应用，通过可穿戴电子纺织品，可以利用颜色、光线、气味、声音等刺激人们的感觉。

由梅丽莎·科尔曼（Melissa Coleman）和利奥妮·斯迈尔特（Leonie Smelt）合作的《圣裙》（The Holy Dress）（图 12-2）也是艺术与科学的经典案例。"圣裙"是一件可以检测谎言的服装，它通过语音压力分析确定穿着者是否在撒谎，因为语音压力可能是不诚实的指标。当穿着者说话时，裙子会亮起来，随着撒谎可能性的增加而增加。当这件衣服检测到谎言时，它会完全亮起并像闪电一样闪烁，同时用电击惩罚穿着者。

这件连衣裙是一件充满虚构和想象的设计，将电子技术融入服装中，拟人化地成为规范人类行为的一种范条或制度。试图通过服装中蕴含的电子技术筛选出的大数据帮助人类做出更好的决策。旨在

图 12-2　《圣裙》（The Holy Dress）

通过技术简化复杂的世界，帮助人类解决问题。

感官建筑师珍妮·蒂洛森（Jenny Tillotson）拥有英国中央圣马丁学院的时装学位和皇家艺术学院的印刷纺织品博士学位，她被公认为科学、技术、时尚传播和气味混合领域的领先创新者之一。她探索了可穿戴技术在健康和时尚方面不断扩大的嗅觉交流前沿。珍妮与科学时尚实验室联合开发一款精妙绝伦的情感感应连衣裙（图12-3）。这件连衣裙的面料通过模仿人体的神经生物学传递机制（自然的微流体处理系统），形成额外的皮肤层（Smart Second Skin），与最终用户的情绪相互作用并能够释放出香气，以控制他们不同的情绪状态。此外，这款服装的面料也可以根据天气特征改变颜色。

可持续发展问题是时尚行业始终关注的重点问题之一，智能电子纺织品可以对我们生存的环境进行感知。来自伦敦时装学院的艺术家海伦·斯道瑞（Helen Storey）教授和来自谢菲尔德大学的化学家托尼·里安（Tony Ryan）教授共同开启了催化服装（Catalytic Clothing）项目。该项目将空气净化光催化剂应用于纺织品和服装，探索了我们每个人在日常生活中都能积极为改善空气质量做出贡献的可能性（图12-4）。该项目的开创性作品之一——《她》（Herself）是世界上第一款能够净化周围空气的连衣裙。该作品于2010年在英国谢菲尔德市首次展出，并在世界范围内进行展览，提升了催化服装项目的知名度，并向世界各地的居民介绍了服装和纺织品在改善城市环境和居民健康方面可以发挥重要作用的概念。该项目结合了科学和艺术的力量来应对全球挑战：空气污染。催化服装进行了多次迭代，并与多所高校和艺术家展开合作，旨在将时尚和科学世界联系在一起，探索服装和纺织品用以净化空气的可能性与创新性。

图12-3　情感感应连衣裙：第二层皮肤
（Emotion Sensing Dresses, Second Skin）

图12-4　催化服装：《她》（Catalytic Clothing-Herself）

第三节　智能可变形服装

时尚产业发展至今，已经成为文化、科技、创意设计等方面软实力的标志，时尚产业愈加注重时尚与文化创意、科技、消费的融合，并与互联网、影视、传媒、艺术、会展、建筑、交互设计等进行跨界融合，共同构建新型时尚产业生态圈。在新技术、新产业的推动下，时尚产业将智能技术应用到时尚设计的各个环节，不断创造出新型智能材料和设计思路，带来独特的审美表达，传统时尚话语体系下的服装面料和结构呈现出多样化的趋势，智能化应用正在逐渐重塑时尚逻辑和产业模式。智能可变形服装是智能技术与时尚产业融合催生的创新型产品。

被誉为英国时装鬼才设计师的侯赛因·卡拉扬（Hussein Chalayan）的作品常常表现出一种概念，他的设计理念不仅局限于传统服装美学，而且试图体现出一种对未来审美体系和人类文明进化的思索，通过技术与机械，探索科技对身体和服装的改变。在2000年春夏系列 *Before Minus Now*[图12-5（a）]中，卡拉扬通过遥控装置操纵服装裙摆，展现出犹如飞机上下摆动的机翼般的效果。这是他将机械技术与时尚设计进行结合的首次尝试。2007年的系列 *Electric Animal*、"111"中，卡拉扬设计了令人惊叹的智能可变形服装。如图12-5（b）所示的连衣裙可以通过翻转、支撑等动作完成不同的外观形态。

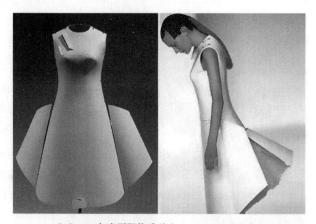

（a）2000年春夏服装系列（*Before Minus Now*）

（b）2007年春夏服装系列（*Electric Animal*）

（c）2013年秋冬服装系列

图12-5　Hussein Chalayan 的智能可变形服装

2013年的秋冬系列，卡拉扬再次展示出如魔术般的变装效果，科技在时尚设计中被运用得愈发炉火纯青 [图12-5（c）]。

加拿大华裔设计师高颖（Ying Gao）曾经说过："服装是与时间的邂逅，未来属于那些不断应用新技术的人，而电子技术将改变服装的结构与概念，为未来提供另一种可能。"同卡拉扬一样，高颖将时尚设计的探索方向拓展至现实与未来技术之间，选择用一种关心人类未来的方式来设计服装，她从社会和城市环境的转变中汲取灵感，探索服装的构造。

图12-6所示是高颖于2006年创作的互动连衣裙《流动的城》（*Walking City*），用棉花、尼龙和电子传感器等制作而成。衣身上类似于折纸艺术的褶皱部分可以随着空气的震动而发生变化，当观众靠近时，折叠的部分会像花朵绽放一般膨胀。这种类似于呼吸的流体运动是使用传感器和直接固定在尼龙和棉质面料上的气动机构来模拟的，仿佛赋予了服装作品以生命。这一系列作品设计灵感来源于英国建筑集体Archigram在1960年畅想的可移动和重启的可居住结构，旨在摸索建筑的流动性和变换性。

同*Walking City*类似，高颖于2007年创造了服装作品系列《生命之舱》（*Living Pod*）（图12-7），服装在人和环境之间起着中介作用。这件作品通过使用微型电动机，激活传感器，在经过平面裁剪设计后使服装结构足以被照射的光源所吸引而随之伸展开来。除了服装的机械运动，*Living Pods*还强调了当今时尚体系的两个基本方面：对抗和模仿。

创作于2013年的作品《动感》（*Incertitudes*）（图12-8）基于不确定性的概念，将机器人技术与高档纺织面料结合起来，创造出能够变形的交互式服装。这一系列是由两件交互式服装组成，服装的面料表层覆盖着缝针，通过电子设备实现对这些缝针的控制，它们可以对周围观众的声

图12-6　2006年高颖作品《流动的城》
（*Walking City*）

图12-7　2007年高颖作品《生命之舱》
（*Living Pod*）

音做出反应，服装通过针脚运动来对声音做出反应。衣服就好像在与观众进行充满不理解和不确定性的对话。*Incertitudes* 系列作品受哲学家吉尔·里波韦兹基（Gilles Lipovetsky）在 *Les temps hypermodernes*（2004）中提出的超现代和超个人主义概念的启发，旨在反映一个现实，即个人被引导生活在普遍不稳定的状态中。这种不确定性在 2016 年创作的两件名为 *Can't* 和 *Won't* 的连衣裙得到了进一步体现。*Can't* 和 *Won't* 互动连衣裙（图 12-9）由欧根纱、棉网、PVDF 和电子设备等制作而成，它们要求旁观者保持坚忍的态度和姿势，因为只有在这种情况下，服装的"寿命"才会被延长。这是因为服装会根据观者的面部表情识别系统做出反应，并在观者开始表情时停止移动。

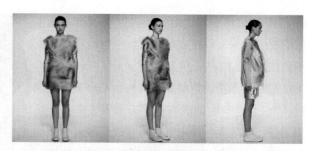

图 12-8 2013 年高颖作品《动感》（*Incertitudes*）

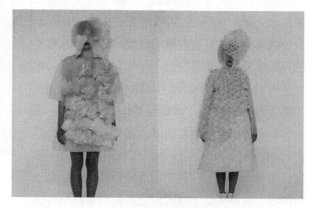

图 12-9 2016 年高颖的两件互动连衣裙作品
（*Can't* 和 *Won't*）

高颖在 2017 年创作的系列作品《未来的无限可能》（*Possible Tomorrows*）（图 12-10）是一套人工智能小礼服，采用指纹识别技术的交互式服装，由尼龙网/线、欧根纱、PVDF 线、热塑性塑料及电子设备等制作而成。当观者靠近它或触摸它时，衣身上浮动的衣片就会像含羞草一样开始缓慢地扭转或者卷曲起来，像一个有思想有灵魂的生命在向你招手，和你很友好地互动。该系列作品

图 12-10 2017 年高颖作品《未来的无限可能》
（*Possible Tomorrows*）

灵感来源于"安全感"，服装最本质的功能就是带给人安全感，但是保护人身体的同时衣服也变成了一堵心墙，这是人类发自内心对陌生人的抵抗。于是设计师出于"反安全"的理念设计了这套交互时装，它们只有在指纹无法被扫描仪识别的陌生人面前才会变得活跃。设计师希望服装不再是人与人之间的隔膜，让人们的心得到解放。这些服装的美感和动感唤起人们的无限遐想，模特颈间佩戴的箱型物其实是一个指纹感应装置，它会收录下触摸过它的人的指纹并且不再进行二次感应。也就是说，当它和你互动一次以后，你们就是朋友了，再想

让它舞动起来需要再找一个陌生人与它互动。如此生动的互动体验，好像衣服真的变成你身边一位可以交谈，与你互动的朋友一样。

　　智能电子纺织品的应用不仅可以通过科技手段使服装的形态发生变化，也可以记录人体的动态并进行转化。由达尼洛·齐齐奇（Danilo Zizic）和尼古拉·克内泽维奇（Nikola Knezevic）共同设计创造的Pacer连体服（图12-11），让穿着者的一举一动都成为一段旋律。Pacer连体服上配备有传感器和触发器，传感器负责捕捉

图12-11　Pacer连体服

人体肌肉运动，触发器会把收集到的信息转化成音乐旋律。穿上它能将你的每一个动作都转化成一段音乐。

第四节　智能发光服装

　　随着消费者对服饰美追求层次的提高，对服装颜色的要求也正在由实用型向新奇型转变。变色纤维材料借助于现代高新技术，使纺织品的颜色或花型随着光照、温度、湿度的变化而呈现出由常规的"静态"变为若隐若现的"动态"的效果，在纺织领域得到了飞快的发展及广泛的应用，主要分为光敏变色材料、热敏变色材料和热敏变色材料。

　　光敏变色材料是一种能在紫外线或者可见光的照射下发生变色、光线消失后又可以逆变到原来颜色的功能性染料。热敏变色材料是由于高温能引起变色体内部结构的变化，从而导致颜色的改变，当温度降低时，颜色又复原，多应用于纺织品印花方面，取得了一定的成果，国内已有一系列的热敏印花产品问世。湿敏变色材料变色的主要原因是空气中的湿度导致染料本身结构变化，从而使日光中可见光部分的吸收光谱发生改变，同时环境湿度对变色体的变色有一定的催化作用。

　　变色服装最早由美国国防部研制作为士兵的"隐形衣"，可以随着周围的环境而变换颜色。20世纪80年代以后，变色服装在民用领域得到广泛应用，如日本东邦人造纤维公司研制出一种叫"丝为伊"的变色服，当被紫外线照射时颜色发生变化；该公司还制成一种感温变色游泳衣，不同温度下变化出不同的颜色；英国的材料科学家研制出一种液晶服装面料，这种面料在28~33℃内具有变幻莫测的色彩。

　　进入21世纪后，变色服装的研制取得更大的进展。例如，日本研究了一种光色性染料，

能使合成纤维织物"染"上周围景物的颜色，把人的服装"融"在自然景色中；英国科学家将液晶材料微胶囊加工成可印染的油墨，涂敷在一种黑色纤维表面，随身体部位不同以及体温变化而瞬息万变显示出迷人的色彩；我国试制的见光变色腈纶线，编织成衣料后能随光源变化转换色彩。

艺术家和设计师们并不满足于服装面料的变色，进一步追求对色彩和光线的操控，能捕捉光线、变换颜色的纺织面料占据着人们的想象力。通过在纺织面料中添加发光油墨、LED灯和光纤等都可以使纺织面料进行光与色的变换。现在，照明系统已经开始直接融入纺织面料。许多艺术家和设计师通过导电纱线将LED组件嵌入面料中，或者将组件直接织进面料，或者通过使用导电油墨把组件连接为电路进行创作。LED组件变得越来越小巧灵活，便于使用。许多公司正在以不同的方式将LED和OLED灯直接与纺织面料结合。

如图12-12所示，设计师娜塔莉·沃尔什（Natalie Walsh）将光纤材料融入服装设计中营造出令人着迷的效果。光纤悬挂在气球式衬裙之上，随着空气的流动而不断摆动，发散出神秘的光泽。设计师侯赛因·卡拉扬（Hussein Chalayan）和高颖也曾探索过智能发光服装。2013年的作品系列（*No*）*where*（*Now*）*here*，一件衣服，两种状态，不发光时平淡无奇，当周围事物隐匿黑暗，你的一个注视就能让它亮起。面料中添加了发光纤维和视觉追踪器，通过目光对衣物不固定凝视实现明暗交替的视觉体验。该系列作品灵感来源于哲学家保罗·维里瑞奥（Paul Virilio）1979年创作的文章消失的美学（*Esthétique de la disparition*）。早餐时一个眨眼，茶杯掉落，撒在桌子上，短短几秒，印象是封闭的，人们无法记得当时发生了什么，一切都如此突然。（*No*）*where*（*Now*）*here*系列作品以"消失的瞬间"作为灵感，打通了瞬间与永恒的界限，模糊存在与消失的概念，用眨眼和凝视探索服装里的哲学意念（图12-13）。

在2016年，有"时尚界奥斯卡"之称的Met Gala慈善晚宴将当年的主题定为"手工×机械：科技时代的时尚"，激发了好莱坞和时尚精英们的大量未来主义造型。被誉为"世界上最会做裙子的男人"的设计师扎克·波森（Zac Posen）为女星克莱尔·丹尼斯定制了一套可以在黑暗中点亮的淡蓝色礼服[图12-14（a）]。这款独一无二的手工缝制作品采用透明硬纱和光纤制成，内置高强度LED灯，藏在礼服的下层结构中，让裙子

图12-12　光纤连衣裙
（Fiber Optic Dress）

图12-13　2013年高颖作品互动连衣裙

在黑暗中也能发光。在灯光下这件礼服就是一件优美的正常的晚礼服，但当熄灯的瞬间，整个裙摆变成夜空下的星光，仿佛是将天上的星星都摘下来缀在了她的裙子上，整个银河系都在她的礼服上闪闪发光。同场的女星卡罗琳娜·库伊科娃（Karolina Kurkova）的礼服由玛切萨（Marchesa）设计完成，并由 IBM Watson 提供技术支持，这件礼服的奇妙之处在于会根据人们在社交媒体上对 Met Gala 做出的反馈散发出光芒 [图 12-14（b）]。

（a）克莱尔·丹尼斯所穿礼服　　　　　　　　　　　（b）卡罗琳娜·库伊科娃所穿礼服

图 12-14　2016 年 Met Gala 慈善晚宴上的两款礼服

事实上，早在 2010 年的纽约大都会艺术博物馆慈善晚宴（Met Gala）中，女星凯蒂·佩里（Katy Perry）就曾穿着由 Cute Circuit 公司的创始人弗朗西斯卡（Francesca）和赖安（Ryan）她联合设计的发光礼服惊艳四座（图 12-15）。这件礼服的设计灵感来源于精致的玫瑰花瓣，由奢华的褶皱象牙色和腮红色意大利丝绸制成，营造出流畅而柔美的轮廓。此外，这件礼服内置了微型 LED 灯，会在晚上发出光芒并改变颜色，这件连衣裙可以被看作是世界首创，标志着可穿戴科技服装首次出现在红毯之上。

Cute Circuit 是科技与时尚融合的先驱代表，它讲究时尚和创新，是一家以高科技设计为主打的英国伦敦时装公司。Cute Circuit 是可穿戴技术领域的先行者，开创了智能纺织品和微观电子产品的高科技集成时装设计。Cute

图 12-15　2010 年 Met Gala 慈善晚宴上的一款礼服

Circuit 是第一个把 LED 应用在服装设计上的时装公司，也是第一个在百货商店出售 LED 照明时装产品的品牌。2014 年，Cute Circuit 在纽约时装周上的第一场时装秀标志着可穿戴技术首次在世界时装周上亮相 [图 12-16（a）]。该系列作品引入了移动控制的时尚定制概念，现已获得 Cute Circuit 的专利，其中还包括第一代 Mirror Handbag，这款夜光手袋至今仍是 Cute Circuit 最畅销的手袋之一。在这之后，Cute Cicuit 与香奈儿（Chanel）展开合作，开发数据中心系列作品，灵感正是来自 Cute Circuit 的独家发光手袋设计，在 Chanel 经典手袋中嵌入微型 LED 灯，展现出全新的视觉效果 [图 12-16（b）]。

（a）2014纽约时装周发布会　　　　（b）香奈尔与Cute Circuit合作作品

图12-16　Cute Circuit公司作品

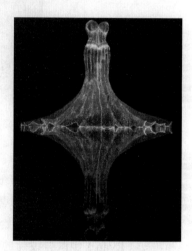

第十三届金鹰节开幕式上金鹰女神的服装也选择了"发光礼服"的表现形式，这件"发光礼服"由中国知名设计师彭晶倾力打造（图12-17）。为了更好地贴合开幕式"金鹰三十·正当潮"的晚会主题，彭晶希望能在设计中融入潮流前沿的科技元素，因此她选择采用发光面料，以"光芒"为题，用光线勾勒出服装的廓形，描绘出服饰的纹样。为了达到更好的发光效果，彭晶专门定制了指定色温的光源，5mm的暖白LED单灯亮度达到3000lx以上，这几乎是普通40W日光灯管亮度的6倍；同时还增加了发光体的数量，整件衣服采用了80多粒LED灯，而灯串的分组线长达2.5~2.8m。设计师在礼服的中间一层选用金色透明网纱，在最外层选用镶钻网纱来凸显舞台灯光下的金色光芒，最终呈现出美轮美奂的视觉效果。

**图12-17　第十三届金鹰节
金鹰女神服装**

第五节　智能虚拟服装

虚拟现实和增强现实环境技术在时尚领域的运用探索了时装设计和展示的可能未来，并探讨了数字领域在我们日常生活中迅速增加的作用。世界顶尖的设计院校纷纷开设此类课程，逐渐成为时尚艺术领域研究的新兴课题。在虚拟环境下，观看者成为参与者，参与者是体验的要素，在3D扫描的或富有想象力的模型中行走，并与外界进行实时交互。

如图12-18所示，伦敦皇家艺术学院学生伊娃·莉莉·芭莎（Eva Lili Bartha）的毕业设计利用创新技术工具，通过在VR/AR、沉浸式多感官体验、人体动作捕捉、虚拟手工艺等多个领域的研究，以跨领域的创作向大众展现前沿数字技术之下所塑造的未来时尚的全新面貌。在此次设计中，真实服装与虚拟服装各占50%，通过虚拟装置实现服装的可穿戴性，设计师可以自由地对服装进行裁剪和修改，引导观众进入幻想的世界，观看者也成为参与者，可以自由地对服装或虚拟的人体进行变化。设计师还可以利用VR/AR应用程序，在沉浸式的360°全方位查看自己设计的服装造型，发挥更多的想象空间，或是添加天马行空的复杂细节变化，同时减少了时装开发过程中物料的浪费。由于时尚的浪费现象与不可持续的状态，促使Eva用新兴技术来实施循环经济模式，并鼓励时尚界减少铺张浪费。Eva Lili Bartha的设计理念是向人们展示服装不仅仅是一种物质的消费主义。她的个人品牌致力于讲述她的故事，引导观众进入她自己想象的世界，并分享她的价值观，引起人们对实际问题的关注。

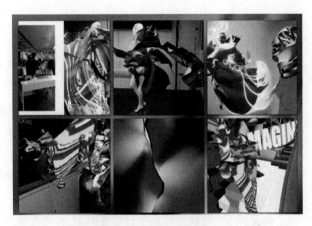

图12-18　英国皇家艺术学院学生Eva Lili Bartha 的毕业作品（2020年）

　　图12-19所示为英国皇家艺术学院学生马塞拉·巴尔塔雷特（Marcela Baltarete）的毕业作品《数字化者与解脱》（*Digtal Intro spection and Relief*），这一系列作品主要通过3D和动画软件来完成创作，同时在开发过程中将VR和AR融合在一起，设计师试图通过数字化手法重塑世界及

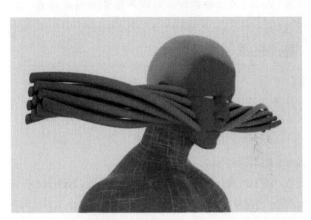

图12-19　英国皇家艺术学院学生Marcela Baltarete的毕业作品

躯体，以此挑战在线上体验日益丰富的当下，人们对于实体存在的需求。

本章小结

　　自21世纪初，智能电子纺织品在时尚领域的研究逐步深入，但反观行业现状，其普及仍处于起步阶段。目前，智能电子纺织品大多应用于手环、眼镜等智能可穿戴配饰，或作为治疗/职业辅助的配件形式存在，部分较为实用的智能服装也以医疗监护和运动健身为主。消费者对于人性化的智能服装的需求与日俱增，这对智能电子纺织品的研究开发者们提出了更高的要求。打通"需求—科研—应用—普及"的全流程，将人工智能与时尚产业的紧密融合，逐渐重塑整个行业产业链，从创意设计、生产制作、销售推广到消费升级，以科技为动力，根植于社会及用户的需求，向更加智能化、个性化、人性化、交互化、虚拟化的方向发展。

参考文献

［1］苏永刚，赵茜.智能纺织品视角下的现代服装设计［J］.毛纺科技，2020，48(11)：102-106.

［2］杨梅.智能服装的设计研发与发展展望［J］.产业与科技论坛，2010，9(2)：153-154.

［3］利百加·佩尔斯·弗里德曼.智能纺织品与服装面料创新设计［M］.赵阳，郭平建，译.北京：中国纺织出版社，2018.

［4］孙凤喜.对智能纺织品视角下现代服装设计的研究［J］.轻纺工业与技术，2021，50(9)：76-77.

［5］陈之瑜."科技＋时尚"：可穿戴技术到智能服装的发展浅析［J］.艺术科技，2017，30(6)：78，110.

［6］杨洁.人工智能赋能时尚产业业态创新研究［J］.纺织导报，2021(8)：78-81.

图片来源

［1］图 12-1：Varvara&Mar 创意工作室官网.

［2］图 12-2：Melissa Coleman 设计师官网.

［3］图 12-3：Trendhunter 官网.

［4］图 12-4：VOGUE 英国官网.

［5］图 12-5(a-c)：Lijiangfeng. Hussein Chalayan 的设计神话：未来审美体系的多维重奏［OL］. 2019-09-16.

［6］图 12-5d：Dan Howarth. Rise by Hussein Chalayan［OL］. 2013-03-06.

［7］图 12-6～图 12-13：Ying Gao 设计师官网.

［8］图 12-11：智能技术如何渗透服装领域［OL］. 服装专题，2016.

［9］图 12-12：Leslie Birch. How to be a Fiber Optic Lamp-Wearable Wednesday［OL］. 2014-04-09.

［10］图 12-14：Vanityfair 官网转载 -Paul Chi. Met Gala 2016: Claire Danes's Glow-in-the-Dark Gown Upstaged a Red-Carpet Robot Army［OL］. 2016-05-03.

［11］图 12-15：Jessie Van Amburg. The Best Hi-Tech Dresses form the 2016 Met Gala［OL］. 2016-05-03.

［12］图 12-16：Cute Circuit 工作室官网.

［13］图 12-17：周诗洁. 官宣！宋茜成为第 13 届金鹰节金鹰女神［OL］. 2020-10-15.

［14］图 12-18、图 12-19：英国皇家艺术学院(RCA)官网.